Spring Cloud
微服务架构开发实战

董超　胡炽维◎编著

机械工业出版社
China Machine Press

图书在版编目（CIP）数据

Spring Cloud微服务架构开发实战/董超，胡炽维编著. —北京：机械工业出版社，2018.7（2020.3重印）

ISBN 978-7-111-60452-5

Ⅰ. S… Ⅱ. ①董… ②胡… Ⅲ. 互联网络–网络服务器 Ⅳ. TP368.5

中国版本图书馆CIP数据核字（2018）第156132号

本书首先从微服务架构兴起的背景讲起，探讨了为何在分布式系统开发中微服务架构将逐渐取代单体架构，然后对Spring Cloud所提供的微服务组件及解决方案进行了一一讲解，从而让读者不但可以系统地学习Spring Cloud的相关知识，而且还可以全面掌握微服务架构应用的设计、开发、部署和运维等知识。

本书共11章，分为3篇。第1篇为微服务开发基础——Spring Boot框架及使用；第2篇为Spring Cloud组件实战；第3篇为微服务与Docker容器技术。其中第2篇为全书的核心，涵盖了构建微服务架构所需要的服务治理（Eureka）、客户端负载均衡（Ribbon）、微服务容错与降级处理（Hystrix）、微服务API统一网关（Zuul）、分布式配置中心（Config）、微服务调用链追踪（Sleuth）、微服务消息驱动开发（Stream）及微服务安全（OAuth及JWT）等相关知识。

本书内容通俗易懂，每章都结合实例进行讲解，特别适合Spring Cloud的入门读者阅读，也适合致力于互联网开发和Java开发的进阶读者阅读。如果你是运维人员，或者你对微服务架构有兴趣，那么本书也非常适合你阅读。此外，本书也可以作为相关培训机构的教材使用。

Spring Cloud 微服务架构与开发实战

出版发行：机械工业出版社（北京市西城区百万庄大街 22 号　邮政编码：100037）

责任编辑：欧振旭　李华君　　责任校对：姚志娟

印　刷：中国电影出版社印刷厂　　版　次：2020 年 3 月第 1 版第 2 次印刷

开　本：186mm×240mm　1/16　　印　张：20.75

书　号：ISBN 978-7-111-60452-5　　定　价：79.00 元

凡购本书，如有缺页、倒页、脱页，由本社发行部调换

客服热线：（010）88379426　88361066　　投稿热线：（010）88379604

购书热线：（010）68326294　88379649　68995259　　读者信箱：hzit@hzbook.com

前言

2014 年 3 月，Martin Fowler 在其博客上发表了 Microservices（微服务）一文，对过去几年逐渐开始流行的微服务架构开发模式给出了正式的定义。同年，Netflix OSS 将自己多年来在实际开发中所使用的微服务基础组件开源。随后，Pivotal 在 Netflix OSS 的基础上对这些组件进行了封装和集成，推出了 Spring Cloud。到如今，微服务架构已逐渐普及，在技术生态上也得到了不断完善和更新，其在容器、应用框架、发布管理及监控等方面都有了长足进步。微服务在日常开发中也崭露头角，逐渐得到了开发者的认同。与此同时，Spring Cloud 在过去几年中快速发展，不断迭代和更新，已经形成了微服务开发“全家桶”式的解决方案，逐渐在微服务开发领域奠定了坚实的基础。

当我第一次接触微服务的概念时，以为这又是一个“新瓶装旧酒”的把戏。就像当年一些大公司为解决分布式大型应用所提出的 COBRA、EJB、DCOM 和 ESB 等概念一样难以使用，它们甚至还没有来得及等用户完全掌握就退出了历史的舞台。当我再次注意到微服务时，是因为 Spring Cloud 的推出。在大致阅读了相关文档之后顺便“跑”了一下示例项目，我就被其深深吸引了。正是这次接触，使我改变了对微服务的看法。正巧接下来的一段时间，公司内部正在做架构调整，也发现了微服务有其可用之处，所以便在架构调整中引入了 Spring Cloud，并最终在项目中取得了不错的效果。这加深了我对微服务的好感，所以后续对 Spring Cloud 进行了更加深入和系统的学习与研究。

不过话又说回来，虽然公司的第一次微服务架构实践取得了不错的效果，但在实践中也出现了很多问题。感受最深的是，微服务架构不再仅仅是编写代码。单体架构应用开发，一般在完成代码编写之后部署上线就可以了。但在微服务架构下，项目的部署和运维等都面临着新的考验。幸好，Spring Cloud 本身提供了一系列开箱即用的功能，可以帮助开发人员降低微服务实践的难度。

这两年，图书市场上虽然已经有了一些与微服务相关的图书，但却鲜见一本比较系统、实用，能够真正解决开发人员实际问题的微服务架构图书。基于此原因，我下定决心写一本书，通过讲解 Spring Cloud 为微服务开发所提供的核心组件，带领读者进入微服务开发的世界，并将 Spring Cloud 中涉及的微服务核心解决方案及微服务模式通过示例的方式一一呈现给读者，以期解决开发人员的实际问题。

本书特色

- 本书内容丰富，不仅涵盖了Spring Cloud的核心组件，而且还介绍了如何通过Spring Boot来搭建微服务，并介绍了Kafka、ELK和Redis等流行技术。
- 书中对微服务架构中的“痛点”，比如安全和消息应用等，都有非常详细的讲解，可以让读者快速掌握如何通过OAuth 2.0和JWT构建单点登录安全解决方案。另外，本书还详细介绍了如何使用Kafka和Redis构建基于消息驱动的应用。
- 本书在讲解时给出了大量的开发示例，这些示例通俗易懂，且易于构建、运行和测试，能够让读者在学习微服务架构时快速进入实战，从而对Spring Cloud所提供的组件有直观认知。
- 本书通过实例来讲解微服务自动化部署解决方案，可以让读者不仅能够掌握微服务开发的知识，还可以学习微服务部署和运维的知识，从而全面理解微服务架构之道。

本书内容

本书共11章，分为3篇。书中首先从开发微服务所使用的基础框架Spring Boot开始讲起，然后重点讲述了Spring Cloud中的核心组件，最后介绍了微服务部署的相关技术。

第1篇 微服务开发基础——Spring Boot框架及使用（第1、2章）

第1章介绍了微服务架构开发的基础概念，并对比传统单体架构开发，总结了微服务架构的优缺点，以及如何将传统的应用拆分和迁移到微服务架构体系下，并列出了微服务架构的开发原则。

第2章讲述了微服务架构开发的基础——Spring Boot，并通过Spring Boot技术构建了贯穿本书的一个项目案例——电子商城的单体应用案例。通过对该项目案例的构建，讲解了开发时需要的基础知识，如RestController、JPA和API文档自动生成等技术。此外，本章还讲解了Spring Boot的一些特性，如自动配置机制和扩展机制等，这些特性在应用开发中都非常有用。

第2篇 Spring Cloud组件实战（第3~10章）

第3章探讨了微服务架构开发需要关心的关键特性及业界的解决方案，并给出了Spring Cloud子项目。本章的最后一节给出了Hello World经典示例程序，读者可以感受一下通过Spring Cloud构建微服务的威力。

第4章介绍了微服务架构最重要的一个服务支持组件：服务治理（Eureka）。通过介绍Eureka服务治理，可以让读者了解服务提供者如何将微服务注册到服务治理服务器中，以及服务消费者如何通过服务治理服务器来调用服务。在服务治理技术的基础上，本章还讲解了客户端负载均衡的实现方式及如何通过 Feign 实现声明式服务调用。

第 5 章讲解了当微服务远程调用失败时如何启动服务应急预案——服务降级处理（Hystrix）。通过服务降级处理可以避免因调用失败而引起的“雪崩效应”。本章首先讲解了如何使用 Spring Cloud Hystrix 实现服务降级处理；然后对 Hystrix 执行流程及相应的“断路器”模式进行了详细分析，并给出了实施服务降级处理时可以参考的模式；最后引入了可视化分析监控，对微服务中各个服务及相应的方法进行统计分析。

第 6 章讲述了如何通过 Spring Cloud 所提供的 Zuul 组件来实现 API 服务网关。通过 API 服务网关可以对后端具体实现细节进行隐藏，并且能够简化前端的调用。本章详细讲述了 Zuul 所提供的路由映射和请求过滤两个功能，并对路由映射规则进行了详细讲解。对于 Zuul 的请求过滤功能，重点讲述了过滤流程和几种标准的过滤器用法。通过这些过滤器，可以在 API 服务网关中统一实现用户身份验证、业务权限鉴权、流量与并发控制等处理，从而避免在每个微服务中重复实现这些处理。

第 7 介绍了如何将前面章节中的项目案例的配置统一迁移到配置资源库中进行管理，并通过 Spring Cloud Config 实现配置文件的加载和管理，从而实现在项目中不需要重复编写配置文件。本章还结合 Git 讲述了如何让配置文件具有版本管理的功能，以及如何对项目中的敏感配置信息进行加密和解密，并施行配置文件的动态刷新。

第 8 章介绍了微服务架构中比较让人头疼的一个问题：服务链路跟踪解决方案(Sleuth)。通过在项目中嵌入 Sleuth，可以一次性将用户服务请求所调用的所有微服务串联起来，从而掌握微服务之间的关系。本章剖析了 Sleuth 的基础原理，并通过 Zipkin 服务器对服务调用链路进行了可视化分析，然后在此基础上讲述了如何与 ELK 整合，从而将微服务日志集中在一起，避免了当排查问题时需要跨越多个服务器进行查看的弊端。

第 9 章介绍了如何在微服务之间实施面向消息驱动的开发（MoM），并基于一个翔实的例子讲述了消息的构建、发送和消费的整个流程。本章通过 Spring Cloud 的 Stream 项目实现了与 Kafka 消息中间件的对接，并讲解了如何使用“发布-订阅”模式。本章最后通过 Spring Cloud 基于 Stream 之上所提供的另外一个项目——Bus，实现了 Config 的自动刷新处理。

第 10 章讲述了微服务安全的相关内容。本章首先介绍了 Spring 提供的 Spring Security 框架；然后根据微服务架构的特点，介绍了如何基于 Spring Cloud Security 来实现 OAuth 2.0 协议的用户单点登录功能；最后再进一步将安全服务器所生成的用户访问令牌转换成 JWT 格式的令牌，从而让每一个微服务可以避免多次与认证服务器之间进行交互，提升了微服务架构应用的弹性和效率。

第3篇　微服务与Docker容器技术（第11章）

第 11 章首先介绍了微服务部署所需要的基础知识——Docker，读者掌握了有关 Docker 的知识后，便能够将编写的微服务部署到 Docker 容器中；然后介绍了如何使用自动构建部署工具——Jenkins，通过配置 Jenkins 的构建任务，可以实现对微服务源码变更的监控并进行自动发布，从而将开发者从重复、乏味的编译、打包部署中解放出来；最后简要介绍了微服务的集群管理和编排。

本书源代码获取方式

本书涉及的所有源代码文件都可以从 https://github.com/cd826/springcloud-demo 网站上下载。这些源代码按照书中的章节进行组织，并在源代码的 README.md 文件中给出了说明。如果某个章节中有多个不同的示例需要拆分成不同的项目，为了方便读者使用，将其分成了多个文件夹，而且在每一个文件夹中都包含了该示例所需要的全部工程代码。这些代码都可以使用 Maven 组织管理，并且可以在 IDE 之间使用根文件夹中的 pom.xml 导入整个工程，从而对示例代码进行编译、打包和测试，而不需要一个个地导入。

另外，书中涉及的所有源代码文件还可以在机械工业出版社华章公司的网站 www.hzbook.com 上获取。请在该网站上搜索到本书，然后找到资料下载模块即可下载。

书中涉及的所有示例代码均在 JDK 1.8 和 Maven 3.3.9 版本下测试通过。如果读者在编译时产生错误，需要仔细检查一下部分注释掉的配置和代码。因为这些被注释掉的配置和代码可能是为了配合书中演示的某些功能而被注释掉的。

此外，书中用到的工具和相关服务器环境等都可以在其官网上下载，读者可自行下载，本书源码中并不包含这些内容。

本书适合哪些读者阅读

- 如果你是一名 Java 程序员，并且打算构建分布式系统，那么本书适合你阅读；
- 如果你对微服务开发非常有兴趣，那么本书适合你阅读；
- 如果你对使用 Spring Cloud 开发云原生应用非常感兴趣，那么本书适合你阅读；
- 如果你正打算开发一款互联网应用产品，那么本书适合你阅读；
- 如果你想知道 Spring Cloud 中各子项目在微服务中的角色及位置，那么本书适合你阅读；
- 如果你想了解基于微服务架构的开发对运维和部署的影响，那么本书适合你阅读；
- 如果你是 Spring 技术的狂热分子，那么本书非常适合你阅读。

售后服务

读者阅读本书时若有疑问，或者有好的建议可以反馈给笔者或编辑，我们会抽空回复。

由于作者的水平所限，加之时间有限，书中可能还存在一些疏漏和不当之处，也敬请各位读者斧正。

联系我们请发电子邮件到 hzbook2017@163.com。

董超

目录

第 2 篇 Spring Cloud 组件实战

第3篇　微服务与Docker容器技术

第1篇
微服务开发基础——Spring Boot框架及使用

第 1 章　微服务架构开发

从软件开发诞生之初，业界一直致力于寻找大型分布式应用系统开发的“银弹”，从结构化编程、面向对象，到 COBRA、EJB、ESB、SOA 等。Fred Brooks 在《没有银弹：软件工程的本质性与附属性工作》一文中提出：大型分布式系统具有复杂性、隐匿性、配合性和易变性四大难题，不会存在任何单一软件工程上的突破，能够让开发生产力得到一个数量级上的提升。而微服务的出现虽然不是一颗“银弹”，但是它给出了四大难题的对策，解决了以往单体架构系统构建的困境。

1.1　单体架构应用的困境

在 Java 开发中，一个典型的单体架构应用就是将一个应用中所有的功能都打包在一个 WAR 文件中，并部署在应用服务器（如 Tomcat）中运行，如图 1-1 所示。

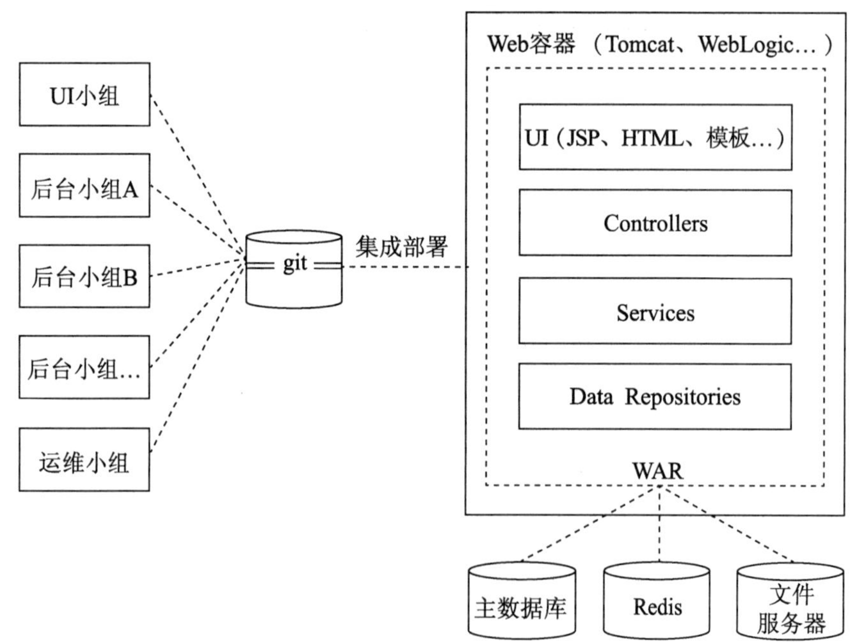

图 1-1　典型单体架构应用结构图

对于单体架构应用来说，随着业务的扩张，其开发、部署和运维都会越来越慢，越来越复杂，甚至在单体架构应用开发中敏捷模式都无法施展开。这是因为，在单体架构应用中，一个应用中承载的职责太多，其开发、部署和运维复杂度在后期几乎会呈几何性增长，应用的每次编译和启动都需要更长的时间，每次需要修改、增加新的功能时都需要更多的协调和测试。而对于新增的功能，每次修正 Bug 都会使系统的代码更加复杂，使开发-编译-启动-测试进入了一种恶性循环，大大降低了开发效率。

单体架构应用会逐渐变得不稳定，一方面是系统不断增长的复杂性造成的，另一方面是由于系统本身牵一发而动全身的特性造成的，可能一不注意，不常用的模块因为存在内存泄漏而造成整个服务无法正常提供服务，甚至引起服务崩溃。

在数据管理上单体架构应用容易产生漏洞，最常见的就是数据管理。单体架构应用往往要管理的数据类型 / 表都非常多，而且分布在不同团队之间，如果沟通不好可能某些团队的开发会直接操纵数据库表，最常见的方式就是在数据层通过写 SQL 语句操纵数据库表。这种做法相当于埋下不定时炸弹。当数据相关团队修改了数据库结构，由于之前的团队之间使用 SQL 语句进行处理，在系统编译、打包和测试时都有可能通过，但当在真实的生产环境使用时就有可能造成服务的崩溃。

单体架构的应用在开发时要求我们必须使用同一个技术栈，使得单体架构的应用很难接受或切换到其他框架、语言。因为重写一个应用的风险实在太大，即使有更合适的应用开发框架或语言，甚至应用所使用的框架有了新的版本，也很难进行升级。因此，开发者会发现因为这个限制很多应用还在使用着非常古老的技术和框架。

单体架构应用开发对于开发者来说，需要了解更多的东西，如系统架构、统一的开发模式、与之交互的相关模块等，造成了一个新加入的开发者需要更长的时间才能够进入开发状态。

此外，单体架构应用还有一个显著的问题就是由多名开发者同时修改一个代码库。一方面需要开发者自己快速提交所修改的代码，另一方面开发者在每次提交修改时都要心惊胆战地祈求代码不要发生冲突。这也造成了代码库很难快速进入稳定可发布状态。

在部署上，单体架构应用还会造成系统难以进行水平扩展，因为每一个应用实例对服务器来说都需要相同的硬件配置，这让服务器无法充分发挥其能力，造成浪费，并且部署的服务速度会随着代码积累逐渐变慢，性能降低。

1.2　微服务架构

在开发大型、复杂应用时我们常采用的开发方式就是模块化。这种大型应用的开发往往一个人是无法掌控全局的，通过模块化的方式可以将应用分解成多个具有关联的模块，并交由不同开发团队来完成。模块通过开发语言本身的机制进行构建，比如 Java 中我们会打包成一个 JAR 文件，模块之间的调用则是直接使用接口，依赖关系则可以使用 Maven

等工具进行管理。微服务架构中的服务其实和之前模块化开发很相似，但服务是有明确服务边界的，所以更易于开发和管控，同时也更易于单独部署和扩展。

1.2.1　如何定义微服务架构

微服务架构可以说是如何将功能分解成一系列服务的一种架构模式。对于一个应用系统包含两部分的需求：第一部分是功能性需求，用于定义一个应用是用来做什么的，该应用系统用来达到什么目的；第二部分就是非功能性需求，包括了对应用系统的扩展性、灵活性，还有性能、运维、安全、测试、监控等需求，这种非功能性需求是用来保障业务系统能够正确、顺畅地运行。而对于微服务架构来说，则着重于后一种需求。

微服务架构从结构上来看就是将一个应用拆分成多个松耦合的服务，这些服务之间通过某种协议（REST、RPC 等）进行互相协作，完成原单体架构下的业务功能，但提供更灵活的部署模式，更容易扩展，降低了开发、运维上的复杂度。对于微服务来说，其中一个关键点就是各服务之间的松耦合，各服务之间通过一种“标准”的协议进行沟通，不需要理解对方服务的实现逻辑、实现方式，只要在对方所提供的服务接口没有变化的情况下不会影响自己所提供的服务功能即可。总而言之，微服务核心思路就是**分而治之**。

对于微服务中的服务可以这么理解：**服务是一个可以独立运行、提供范围有限的功能（可以是业务功能，也有可能是非业务功能）的组件**。功能具体实现隐藏在组件内部，而对外则提供访问接口，外部其他服务可以通过这些接口进行访问与交互，从这一方面来说，微服务是可以单独部署运行的。

在《架构即未来》（英文名称《The Art of Scalability》）一书中提出了一个可扩展模型：**AFK 扩展立方体（Scaliability Cube）**，将应用抽象总结出可扩展的三个维度：产品、流程和团队，理论上可按照这三个维度进行扩展，从而可将一个单体系统进行无限扩展，如图 1-2 所示。

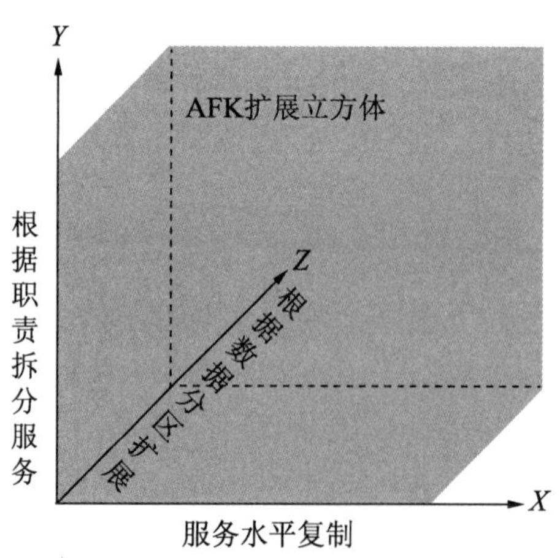

图 1-2　AFK 扩展立方体

- X 轴：X 轴的扩展指的是服务水平复制，也就是我们可以运行多个应用实例，然后再做一个集群负载均衡。这种方式的扩展在单体应用中可以说非常典型，在系统应用性能提升中往往能够快速见效。
- Z 轴：Z 轴的扩展可以理解为是基于数据分区的扩展，也就是我们可以运行多个应用实例，但与 X 轴的扩展不同的一点是每个应用实例仅用来处理部分数据。在其之前没有负载均衡器，取而代之的是一个路由，该路由根据请求中的参数或某项属性（比如用户 ID、订单 ID 等）将请求转发到不同的应用实例中进行处理。
- Y 轴：Y 轴的扩展就是接下来的微服务的功能拆分模式。基于 Y 轴的扩展思路可以将单体应用在业务层面上进行拆分，形成多个微服务。

X 轴和 Z 轴的扩展仅仅是提升了应用的容量和可用性，但并没有解决随着业务发展日益巨增的开发、运维复杂度，而 Y 轴的扩展使得我们可以从业务功能的角度将庞大的单体应用进行分而治之，一方面降低了业务开发、运维的复杂度，另一方面通过分而治之可以实现服务故障的隔离，提高系统响应时间。再者，拆分后也可以控制每个团队的规模，让团队的工作更加聚焦，也更利于团队的成长。

1.2.2　微服务架构的优点

微服务的设计理念参考了 UNIX 系统，每个微服务仅承担一种职责，并把该职责做到最好。因此，这让我们的应用看起来是一系列服务的集合。微服务架构具有以下优点。

- 松耦合：基于微服务架构的应用是一系列小服务集合，这些服务之间通过非具体实现的接口及非专有通信协议进行通信（比如 REST），这样只要原接口没有改变，就不会对服务消费者造成任何影响。
- 抽象：一个微服务对其数据结构和数据源拥有绝对的控制权，只有该服务才可以对数据做出修改，其他微服务只有通过该服务才能够访问数据。因此，该服务可以很方便地对所能提供的数据进行有效控制。
- 独立：每个微服务都可以在不影响其他微服务的情况下进行编译、打包和部署，这是单体架构应用所无法做到的。
- 应对用户需求的多样性：微服务架构可以让我们轻松应对不同客户的特殊需求，通过定义良好的接口，可以让不同的微服务承担不同的职责，同时快速部署上线能力可以让用户需求尽早实现。
- 更高可用性和弹性：微服务架构可以认为是一个去中心化的应用，每一个微服务都可以随时上线或下线。这样当某个微服务出现问题时只需要将其下线即可，其他同类型的微服务将承担其功能，对外仍旧可以提供服务，不会造成整个服务无法正常工作。

由于每个微服务都足够小，这可以让开发人员快速理解与掌握，而且对于微服务来说项目工程代码少，不会造成 IDE 速度变慢，开发和调试速度也非常有效率。微服务架构不会要求我们在一个应用中选用同一个技术栈，每个服务可以根据应用特性、开发人员特长选择合适的开发语言和框架。因为微服务足够小，非常容易进行重构或重写，同时在重构或重写的时候可以选择合适的开发语言和框架，而且一旦有更合适的技术也可以在低风险的情况下对应用进行升级改造，而不致于影响整个应用。通过微服务架构的实施，可以为我们带来开发、运维、升级上的灵活性。

因为每个服务都可以独立进行部署，开发人员可以很快对自己所开发的服务做出变更，而不会影响其他服务，也不会受到其他微服务的影响，持续集成和开发都非常灵活。

每个微服务都可以快速地实施 *X*、*Z* 轴扩展，并且可以为每个服务定义合适的硬件环境（I/O 密集型、计算密集型），而不像单体架构应用采用大锅饭的方式，可以为组织节约硬件成本。

从另一个角度来说，微服务架构可以进行错误隔离，比如之前所讲的内存泄漏，在微服务场景下，只会影响其本身的微服务实例，而不会对其他微服务造成影响。

1.2.3　微服务架构的缺点

但微服务架构终究不是应对业务复杂化的“银弹”，从其本身来说具有以下缺点。

- 可用性降低：微服务之间都是通过远程调用进行协作的，而远程调用的代名词就是不稳定，如果没有有效的方案，微服务架构可能会大大降低应用的可用性。当一个服务不可用时，有可能会引起级联反应，最终会造成应用的“雪崩效应”而拖垮整个应用。
- 处理分布式事务较棘手：当一个用户请求的业务涉及多个微服务时，如何保障数据的一致性就成为一个棘手的问题。传统开发通常会使用两阶段提交的解决方案来解决这个问题。但对于微服务架构来说，这个解决方案并不是一个很好的选择，甚至在某些情况下很难实现。
- 全能对象（God Classes）阻止业务拆分：在进行微服务拆分时可能最让人头痛的一个问题就是全能对象。几乎对于任何一个业务应用来说都可能存在一个或多个这样的全能对象。比如，对于电子商城应用中的订单就是这种对象，订单几乎会涉及电商应用中的每一个业务，它会阻止你进行业务拆分。
- 学习难度曲线加大：微服务架构虽然可以将业务分解为更小、更容易开发的模式，但是也需要开发人员学习掌握一系列的微服务开发技术，加大了进入门槛，这也是非常有难度的一个挑战。
- 组织架构变更：虽然对于单独一个微服务的部署简化了，但是整个应用部署的复杂度却提升了，需要涉及服务编排和服务治理等一系列处理，即不仅需要制定微服务之间的部署编排、关联关系、回滚计划等，还需要协调不同的团队，以及在人事组织上进行调整来适应这种变化。

到目前为止，微服务架构并没有一个业界最佳实践可以给予指导，所以构建微服务架构更像一门艺术，需要我们仔细思考，并根据业务的实际需求及发展，在实践中摸索出一套最佳方案。

1.3　微服务架构设计

架构定义是一门技术，但更是一门艺术。

如何进行微服务架构设计呢？简单来说可分为下面三个步骤：第一步，把应用中关键的需求定义出来；第二步，识别出采用微服务架构时应用中所包含的所有服务；第三步，将第一步所定义出的关键需求作为架构需求的场景来描述服务之间如何进行协作。这个步骤很像单体架构下我们所做的系统高层架构设计，通过高层架构设计会识别并定义出各个业务领域模型，这些业务领域模型包含了业务对象的关键操作流程，通过这些业务领域模型就可以辅助我们规划出整个应用架构，即各模块之间的协作关系。

在识别应用中的服务时，应首先专注于业务，通过业务逻辑的视角可以快速有效地将核心微服务识别出来。核心微服务识别出来之后，就可以围绕核心服务把相关联的服务都定义出来，并可以对这些服务进行分组、合并处理，最终完整定义出应用的一系列微服务。切记，不可以一开始从技术的角度去拆分，否则由于业务之间的关联关系很有可能会将设计出来的微服务拉入“焦油坑”中。

当识别出应用的每一个微服务后，我们就需要考虑这些微服务之间如何进行协作。定义各个微服务之间协作关系最有效的方式就是根据每一个业务进行分析。有些业务场景可能只需要某一个服务就可以完成，有些业务场景则可能需要两个或多个服务才可以。这些协作可能是实时同步的，也可能是异步执行，我们可以根据这些具体需求来确定使用何种方式进行交互（是使用 REST、RPC，还是消息）。此外，还有一个需要我们第一时间去考虑的问题就是用户的服务请求最初是由哪个服务承担的。

1.3.1　微服务粒度

可能我们在接触微服务架构之初，一腔热血看哪个都可以作为一个微服务，最终将系统中的每一个部分都拆分成了一个微服务。但如果是这样，我们所设计的微服务粒度将太过细，每一个微服务可能只实现了数据处理，而业务处理需要粘合过多的代码才能够让这些微服务整合来完成一个具体的业务处理，反而造成了更加复杂的系统，明显不合理。对于设计微服务来说，最好的方式是先专注于各个服务之间的交互，先把它们划分成粗颗粒度的服务，然后随着系统的升级和功能的提升，再将这些粗颗粒度的服务逐渐细化，形成更为合理的微服务粒度。

随着应用功能需求的增加或变化，原来的一个微服务中所承担的责任也在增加，当我们发现在一个微服务中已经承担了多种职责的话，这个时候就是考虑对微服务进行拆分的最佳时机。

那么如何衡量我们所设计的微服务粒度是否合适呢？对于过于粗粒度的微服务来说，该微服务一定承担了太多的职责，往往在服务中塞了过多的业务逻辑和业务规则，而且业务流程也非常复杂，难以理解（常常会让你感觉好像还是在开发单体系统一样）。对于粗粒度的微服务另一个明显的表现就是拥有众多数据的管理权限。对于一个粒度合适的微服务来说，其所管辖的数据也是有限的，一旦某个微服务所管辖的数据众多，并且这些数据之间也没有合适的业务关联，那么显然该微服务粒度太粗了，需要进行细化。

反之，如果所设计的微服务颗粒度太细，一个明显的标志就是每一个微服务几乎都需要和其他的微服务进行沟通，每个微服务只承担其中很少量的业务处理，然后就交给其他微服务处理，造成了一个外部请求需要经过太多的微服务才能够完成处理。当你想单拎出一个服务时，发现几乎不可能，因为每一个微服务都依赖于其他微服务，同时又被其他微服务所依赖。

微服务架构的设计一定是与时俱进的，因此我们也不可能在第一次设计时就设计出一个完美的架构体系。因此，在最初构建粗颗粒度的服务要优于过细的微服务，因为粗粒度的微服务会随着系统升级而逐渐细化形成粒度合适的微服务，而过细的微服务在构建和管理上非常复杂，也难以重构、合并成合适的大小。此外，也不要太过纠结教条式的设计规约，在开始时甚至可以允许两个微服务之间的数据进行相互处理和聚合，因为对于许多业务对象之间毕竟并没有一个清晰的界限。还是那句话：实践出真知，只有你行动了，开始着手让微服务“跑”起来了，终究有一天会找到那个合适你的微服务架构方案，否则即使讨论百遍也得不到。

1.3.2　微服务拆分原则

微服务架构的开发尚处于“蛮荒”时代，并没有一些成型的指导原则和模式供我们参考，但是我们可以从面向对象的开发理论中进行借鉴。*Robert C. Martin* 在《敏捷软件开发：原则、模式与实践》一书中提出了面向对象开发的一系列原则与模式，其中有以下两个原则可以在微服务拆分的时候借鉴：

- 单一职责原则（SRP）；
- 共同封闭原则（CCP）。

1. 单一职责原则

单一职责原则（Single Responsibility Principle，SRP）：
一个类应该有且只有一个变化的原因。

```
There should never be more than one reason for a class to
change.
```

我们在开发的时候深有体会，每一个职责都是一个变化引起类变化的中心。当功能变化时，通常需要通过更改相关的类来实现。如果一个类拥有多个职责，那么就会有多于一个原因来导致这个类的变化。另外，一个类承担多个职责后，往往这些职责就会耦合在一起，某一职责的改变可能会影响到其他的职责。这样的类设计是非常脆弱的，从而会导致应用的稳定性。因此，我们在进行类设计时要遵守单一职责原则。

同样，对于微服务设计来说，如果一个微服务承担太多职责的话，也会导致微服务业务之间的耦合，为业务进行改变时埋下了不稳定因素。所以，单一职责原则同样也适用于微服务设计，我们可以将微服务保持足够小，仅拥有一个业务职责，保持微服务的业务单一性，从而提升应用的稳定性。

2. 共同封闭原则

共同封闭原则（Common Closure Principle，CCP）：

包中的所有的类对于同一种性质的变化应该是共同封闭的。一个变化若对一个封闭的包产生影响，则将对该包中的所有类产生影响，而对其他包则不造成任何影响。

```
The classes in package should be closed together against the
same kinds of changes. A change the affects a package affects
all the classes in that package.
```

简单来说，共同封闭原则是延伸了面向对象开发中六大原则之一的开闭原则（OCP）中的**关闭**概念。就是说当需要修改某项业务时，我们需要将修改的范围限制在同一个包内，而不是遍布在很多包中。共同封闭原则指导我们如何对类进行有效的组织，将那些在业务概念上联系得非常紧密、通常一起发生改变的类，封装到同一个包中。通过共同封闭原则可以提升对应用组织上的管理。

同样，通过使用共同封闭原则可以将那些在业务上联系紧密，由于同一个原因而改变的服务组织在一个微服务中。这样一方面我们可以减少微服务的数量，另外一方面当业务发生改变时我们只需要一个业务开发团队进行单独修改，只需要重新部署该服务即可，减少了不同微服务开发团队之间沟通成本。

1.3.3 微服务自治原则

一个团队越大，那么沟通与协助成本就会越高。因此，在微服务治理中有一个重要的理念就是自治，自治范围并不只是代码和数据，还包含微服务的运行和维护管理，所以亚马逊的微服务有一个规则：你构建，你运行。

将微服务分而治之的另一个重要方面是数据管理的分而治之。传统单体架构应用的开发在很多时候多个业务之间的数据交互是直接通过操作数据库来完成，当需要更改某一业务数据库表时往往会涉及多个模块，甚至有时候根本不清楚修改这张数据库表到底会影响到多少业务代码，从而不敢动数据库表的定义，只好退而求其次，通过增加表来处理，进而加剧了系统架构的恶化。

虽然现在 O / R mapping 技术的出现从一定程度上解决了这个头痛的问题，但终未从根本上解决。而微服务中的分而治之理念，不但是指业务功能，也同时包含了对业务数据的管理。将业务数据管理进行私有化之后就进一步降低了业务之间的耦合度，所以实施微服务的架构师，一定要保持业务数据管理的私有化，即使你在项目中不能够分库，也要牢记这条规则，严格要求各微服务团队看好自己的数据。

微服务架构中的数据自治是指每个微服务拥有其业务领域对象下的数据，只有该微服务可以对这些数据进行操作（包含读取与更改），而其他微服务只有通过该服务才能访问到这些数据，不能直接通过数据库进行沟通。因此，我们可以不用为每一个微服务创建一个独立数据库，可以将它们统一存放在一个数据库中，保障不破坏上述的数据访问原则即可。

1.3.4　微服务交互原则

当我们开始使用微服务架构进行开发时，一个清晰明了、规范的交互方式将极大提升应用开发效率。通常，我们可以使用以下原则作为微服务接口设计的准则。

- 使用 REST 协议：REST 可以说在微服务互相调用之间起着非常重要的角色，强烈建议大家使用 HTTP 作为服务的调用协议，并在服务处理上使用 HTTP 标准动词（GET、PUT、POST 和 DELETE）。
- 使用 URI 表达：服务端点的 URI 应该能够清晰表达出我们所要解决的问题、提供的方法、相应资源信息及资源之间的关联关系。
- 使用 JSON 数据格式：JSON 作为轻量级数据格式协议，及自带的序列化和反序列化机制，几乎已经成为通信中的数据标准协议，并且对于前端开发来说非常容易使用与整合。
- 使用 HTTP 标准状态码：HTTP 协议本身具有非常丰富的状态码，那么使用这些状态码来作为服务调用结果的状态是非常合适的。

以上准则，总结起来就是让所设计的微服务接口更清晰，更容易让其他开发者掌握和使用。

1.3.5　微服务架构迁移

将单体架构应用迁移到微服务架构意味着一个漫长的过程，不过这和在开发时经常做的代码重构类似，只是变成了对架构的重构，因此可以从中吸取一些思路。对于代码重构，有一个很重要的指导思想就是不要大规模进行重构，而是一小步一小步来。作为开发人员，每次听到重写代码可能会很兴奋，但实际上却是充满了风险，道路也是非常崎岖坎坷，最终也有可能会失败，每一个重写过代码的开发者可能对这一点深有体会。

因此，与大规模进行重构相反，在进行微服务架构迁移时可以使用 Martin Fowler 提出绞杀（Strangler）模式。该策略名字来源于雨林中的绞杀藤，绞杀藤为了能够爬到森林顶端都要缠绕着某棵大树生长，最终使被缠绕的大树死掉，只留下树形一样的绞杀藤。通过这种策略，我们在迁移时应首先围绕着传统应用开发出新的微服务应用，并逐渐替代传统应用中的部分业务功能。通过这种方式逐步构建微服务应用，并替代、兼容整合旧的传统应用，直到微服务承担全部应用功能，而传统单体架构应用此时也就可以退出历史舞台了。

1.4　不应使用微服务架构的情形

之前我们一直在讲微服务架构对构建现代大型、复杂的互联网应用或企业应用是一种威力非常大的架构模式，但也有其不适应的情况。当我们在开发时遇到下属情形时应避免使用微服务架构：

- 构建分布式架构非常吃力时；
- 服务器蔓延时；
- 采用小型应用、快速产品原型时；
- 对数据事务的一致性有一定要求时。

要知道，微服务架构的开发意味着分布和细粒度，构建微服务架构的同时也就把更为复杂的服务编排、服务治理及服务运维等引入到你的组织架构中，这种与构建单体架构的复杂度不可同日而语。此外，微服务架构的开发还需要更高级的服务运维技术支持。如果你的组织尚未做好准备，那就不要轻易尝试，否则可能得不偿失，反而制约了产品的发展。

对于大多数微服务部署来讲，每个微服务都是部署在一台服务器或虚拟容器中，一个大型的微服务架构应用可能会有近百台服务器，它们随时可以在生产环境中进行构建和维护，这对一个企业来说将是一笔不小的开销，即使我们租用的是云服务提供商中一些低价服务器。另外，从运维的角度来说，运维这么多台服务器也不是一件省心、省力的工作，运维管理的开销可能对你的组织来说是雪上加霜。

微服务架构的诞生是为了解决可复用，并且需要快速扩展的大型应用的问题。但假如我们所要构建的应用比较小，功能简单，并且用户量也不是很大，或者我们所要构建的是初期产品，打算先开发出一个 MVP，在这个基础上快速迭代找到用户真正关心的功能点，那么，采用微服务架构很显然在这个时候不适合，因为构建微服务架构所需要的一些脚手架工作可能已经排满了我们的工作日程。

从理论上来讲，微服务架构只能满足 CAP 理论中的两点，当开发者采用微服务架构开发时一个指导理念往往就是数据自治，因此常常会将整个应用拆分成多个微服务。而每一个微服务所管理的数据有限，一个业务往往需要多个微服务协作才能完成，并且对数据库事务要求也不是很严格。因为，分布式事务管理始终是分布式架构开发的头等难题。假如开发者的应用对数据事务的一致性有要求，或者数据需要进行聚合等复杂处理，那么就需要仔细审视在应用中引入微服务架构开发的合理性了。对微服务来说，如果需要聚合多种数据，就意味着需要更多的微服务协作处理，这会造成服务效率的不可预测性，甚至会成为系统应用的一个瓶颈。

第 2 章　微服务基础——Spring Boot

在进行传统单体架构开发时 Spring 框架几乎成了不二之选，但启动一个 Spring 框架所需要进行的配置和集成估计会让我们感到头痛。当我们转移到微服务架构开发，面对一个一个需要快速开发上线的微服务应用时，首先可能会想到有没有一个快速构建微服务应用的脚手架，只需要在这个框架中填上微服务业务逻辑就可以运行。这个脚手架就是 Spring Boot。

2.1　Spring 与 Spring Boot

Spring 从出现开始就为企业开发提供了强有力的支持，从最初的依赖注入容器及灵活配置方式，经过多年的发展已经成为功能丰富、生态完整的企业应用开发全栈框架。从开发及架构上，Spring 框架具有以下优点：

- Spring 的依赖反转功能让我们可以开发出方便进行测试的代码。
- 提供了易用、灵活、强大的数据事务管理支持功能。
- Spring 强大的开放基因，使得其可以和众多框架，如 JPA / Hibernate、JSF、Kafka、RabbitMQ、Thymeleaf 等整合，都可以轻易地整合到应用开发中。
- 提供了标准化的 Web 应用开发支持 Spring MVC。

Spring 框架提供了如下功能和子系统：

- Spring Data；
- Spring MVC；
- Spring Security；
- Spring Session；
- Spring Cloud；

……

这些功能和子系统使开发者在开发时越来越专注于业务功能的开发，而将框架及基础设施的研发交给 Spring。但随之而来的问题也越来越突出，Spring 框架的高度灵活性和配置的多样性，使开发者在使用之初的学习难度曲线陡增，使用习惯之后又不得不面对在每个项目中几乎重复实现各项配置，如 DataSource、EntityManage、MessageSource、ViewResolver 等，而且一不小心还会出错，查找半天才知道是因为某个配置错误造成的。

从接触软件开发我们就知道，如果需要重复做一件事情，那么最好的方式就是让计算机代劳，而且永不会出错。因此，Spring 团队在意识到这个问题之后，就推出了 Spring Boot。Spring Boot 框架所提供的自动配置机制可以完成这些配置，快速启动一个项目，并且在后续的开发上配置保持最简。

在使用上，Spring Boot 通过提供一系列名称以 spring-boot-starter 开头的启动器帮助我们简化项目的依赖。比如，当我们在项目中添加了 spring-boot-starter-web 时，Spring Boot 就自动将相关依赖，如 spring-mvc、jackson-json、tomcat 等引入，从而将项目变成一个 Web 项目。大家可以到这里（http://t.cn/Rn30Zr7）查看全部的 Spring Boot 启动器列表。在开发时我们常用的启动器有以下几个：

- spring-boot-starter-web，Web 应用开发。
- spring-boot-starter-logging，日志处理；
- spring-boot-starter-jpa，数据存储管理；
- spring-boot-starter-security，安全管理；
- spring-boot-starter-actuator，应用监控；
- spring-boot-srarter-data-redis，Redis 数据库集成；
- spring-boot-starter-amqp，消息中间件集成。

在接下来的几节中我们将进行如下操作：

（1）使用 Spring Boot 快速构建一个最基础的应用框架，并且使用 Maven 脚本来管理和构建。

（2）在该应用框架基础上构建一个三层应用架构的电子商城应用示例。这个示例又可以分为以下几个步骤来完成：

① 通过分析电子商城需求设计出我们的业务实体对象。

② 基于 Spring Data JPA 完成数据的存储处理，并创建数据库初始化脚本。

③ 完成业务逻辑的设计与开发。

④ 采用 REST 完成对外 API 的开发，这样可以通过多种方式访问到应用功能。

（3）完成整个应用并打包运行示例项目。

通过上面的步骤，我们可以快速进入 Spring Boot 开发的世界。然后再基于 Spring Boot 框架一步步快速搭建出各个微服务应用。在这些步骤中，会穿插讲解 Spring Boot 中的一些核心机制，使我们在进入微服务开发之前可以掌握一些基于 Spring Boot 开发的基础知识。希望读者们能够享受接下来的过程。

2.2　快速启动 Spring Boot

首先，我们将使用 Spring Boot 快速构建一个最基础的应用框架。我们可以通过 Spring Boot 初始化工具（https://start.spring.io/），如图 2-1 所示，完成项目框架的搭建，也可以从本书源码中获取项目代码，或从这里（https://github.com/cd826/springcloud-demo）下载示例项目源码。此外，在本书中都会使用 Maven 来进行项目的依赖管理，如果读者还对 Maven 不熟悉，可以从这里（http://t.cn/zHwU8G4）进行了解。假如读者想在项目中使用 Gradle 而不是 Maven，那么可以在 IDE 环境中直接将 Maven 脚本转换为 Gradle，或通过手工进行转换。

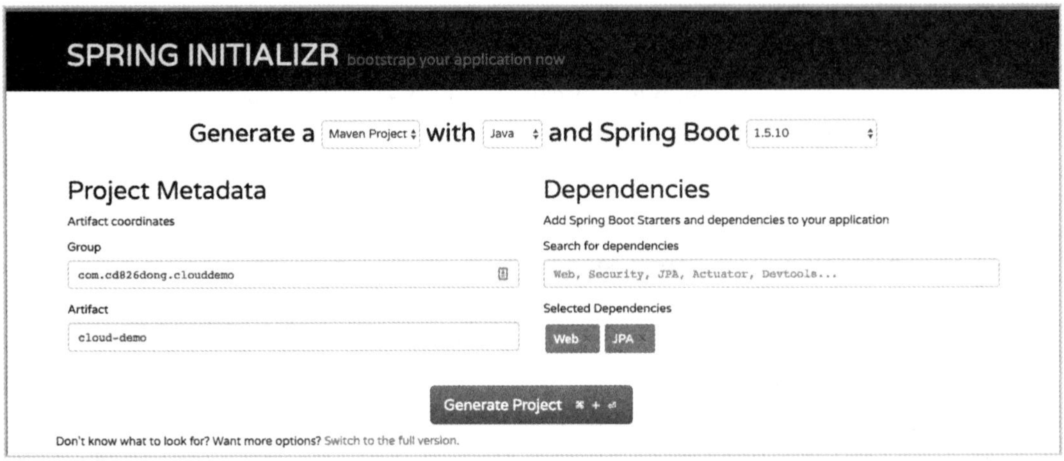

图 2-1　Spring Boot 初始化工具

2.2.1　编写 pom.xml 文件

一旦创建或下载了该示例项目的框架代码，就可以开始着手编写 Maven 脚本代码了。Maven 脚本文件默认为 pom.xml，存放在项目根目录下。下面列出了本示例项目所使用的 Maven 脚本代码：

```
<?xml version="1.0" encoding="UTF-8"?>
<project xmlns="http://maven.apache.org/POM/4.0.0"
   xmlns:xsi=http://www.w3.org/2001/XMLSchema-instance
   xsi:schemaLocation="http://maven.apache.org/POM/4.0.0
http://maven.apache.org/maven-v4_0_0.xsd">
   <modelVersion>4.0.0</modelVersion>
   <!-- 这里将项目的父项目设置为 Spring Boot，所使用版本为 1.5.2.RELEASE -->
   <parent>
      <groupId>org.springframework.boot</groupId>
      <artifactId>spring-boot-starter-parent</artifactId>
      <version>1.5.2.RELEASE</version>
   </parent>
   <!-- 这里设置本项目的 groupId、artifactId 和版本等信息 -->
   <groupId>cd826dong.cloud</groupId>
   <artifactId>cd826dong-clouds-boot</artifactId>
   <version>0.0.1-SNAPSHOT</version>
   <packaging>jar</packaging>
```

```
    <name>SpringCloud Demo Projects -- Spring Boot</name>
    <properties>
        <!-- 定义项目所使用的编码为 UTF-8 -->
        <project.build.sourceEncoding>UTF-8</project.build.source
        Encoding>
        <!-- 项目所用 JDK 1.8，也可以使用低版本，但建议还是使用 JDK 1.8 以上版本-->
        <java.version>1.8</java.version>
        <maven.compiler.source>${java.version}</maven.compiler.source>
        <maven.compiler.target>${java.version}</maven.compiler.target>
        <!-- 项目所使用第三方包的版本，建议以后都采用这种方式，统一在一个地方声明版本
        号，这样对项目可以进行统一管理，方便以后升级 -->
        <guava.version>20.0</guava.version>
        <swagger.version>2.6.1</swagger.version>
    </properties>
    <dependencies>
        <!-- 项目所用 Spring Boot starters: web -->
        <dependency>
            <groupId>org.springframework.boot</groupId>
            <artifactId>spring-boot-starter-web</artifactId>
        </dependency>
        <!-- Guava 可以为我们提供缓存、集合等一些方便的工具类 -->
        <dependency>
            <groupId>com.google.guava</groupId>
            <artifactId>guava</artifactId>
            <version>${guava.version}</version>
        </dependency>
        <!-- test -->
        <dependency>
            <groupId>org.springframework.boot</groupId>
            <artifactId>spring-boot-starter-test</artifactId>
            <scope>test</scope>
        </dependency>
    </dependencies>
    <build>
        <plugins>
            <!-- 该插件限定 Maven 打包时所使用的版本，避免出现版本不匹配问题 -->
            <plugin>
                <groupId>org.apache.maven.plugins</groupId>
                <artifactId>maven-compiler-plugin</artifactId>
                <version>3.5.1</version>
                <configuration>
                    <source>1.8</source>
                    <target>1.8</target>
                </configuration>
            </plugin>
            <!-- 该插件可以让 Maven 将工程直接打包成一个可以直接运行的 JAR -->
            <plugin>
                <groupId>org.springframework.boot</groupId>
                <artifactId>spring-boot-maven-plugin</artifactId>
            </plugin>
        </plugins>
    </build>
</project>
```

对于本 Maven 脚本需要说明以下几个关键点。

- Spring Boot 版本：这里采用 1.5.2.RELEASE；
- Spring Boot Starter：这里仅添加了 Web，说明这是一个 Web 应用；
- Guava：这是一个非常有用的工具库；
- spring-boot-maven-plugin 插件：该插件可以将项目打包成一个 Fat Jar，然后直接通过 java -jar 的方式运行。至于什么是 Fat Jar，后面会详细说明。

说明：在后续章节中，Maven 脚本文件不会像这里一样全部列出，仅会列出关键或需要修改的部分。

2.2.2　编写应用引导类

对于 Spring Boot 应用来说，首先需要创建一个应用引导类。引导类的作用是让 Spring Boot 框架启动并初始化应用。引导类需要一个 main(String[] args)主函数，并需要使用@SpringBootApplication 注解标识。代码如下：

```
package com.cd826dong.clouddemo;
// 为了保持代码列表的清晰，这里及后续都会省略 import 相关的代码
import …;
// @SpringBootApplication 注解可以让 Spring Boot 框架通过该类启动整个应用
@SpringBootApplication
public class Application {
    public static void main(String[] args) throws Exception {
        // 调用 SpringApplication 启动一个 Spring Boot 应用
        SpringApplication.run(Application.class, args);
    }
}
```

在基于 Spring Boot 框架的应用中，@SpringBootApplication 注解告诉 Spring 容器：使用该类作为所有 Bean 源，通过该起始点构建应用的上下文。@SpringBootApplication 注解继承自@EnableAutoConfiguration 和@ComponentScan，通过该注解使得项目在启动时 Spring 就会对该类所属目录下的所有子包进行扫描并根据 Spring Boot 的自动配置机制进行配置。

引导类如不在应用的根包中可能会造成部分配置或 Bean 无法被 Spring 扫描到，从而造成系统配置出错，导致启动失败。因此，建议读者在开始进行项目时始终将该引导类放在根包中，在我们的示例项目中根包就是 com.cd826dong.clouddemo。如果项目中由于某些原因不能这么做的话，可以通过@ComponentScan 注解进行修正，在@ComponentScan 注解中可以配置需要扫描包的位置，代码如下：

```
package com.cd826dong.clouddemo.XXX.XX.application;
import …
@SpringBootApplication
// 这里我们通过@ComponentScan 注解，将配置自动扫描的起始位置设置为 com.cd826dong
```

```
@ComponentScan("com.cd826dong.**")
@EntityScan(basePackageClasses=User.class)
public class Application {
    public static void main(String[] args) throws Exception {
        SpringApplication.run(Application.class, args);
    }
}
```

假如在项目中所要扫描的包有多个，那么可以在注解中通过逗号（,）将这多个包路径分开，如@ComponentScan("com.cd826dong.**, com.cd825dong.**")。

上面示例代码中，Application 类的 main()方法调用了 SpringApplication.run()，该方法会在项目启动时构建一个 Spring 容器，并返回一个 ApplicationContext 对象，也就是项目应用的上下文。对于 ApplicationContext 重要性，使用过 Spring 开发的读者都应该明白，但在这里因为不需要该对象做后续任何处理，所以没有列出来。

因此，在后续使用 Spring Boot 进行微服务应用开发时，一定要记得在引导类中添加@SpringBootApplication 注解。对于引导类的类名，可以不是 Application，读者可以根据项目实际需要进行改动。

还有一点需要说明的是，对于引导类来说其是整个应用启动的初始点，因此，如果在应用启动时需要进行某些初始化处理，那么最好都在该类中完成。

2.2.3 编写配置文件

对于一个 Spring Boot 应用，通常会有一个或多个配置文件，在配置文件中会存放应用所需的各项配置，如数据源、日志、启动端口等。Spring Boot 配置文件支持 properties 和 yml 两种格式，默认文件名称都是 application，存放在 resources 目录中。在本书的示例中会采用 properties 格式，如果读者喜欢使用 yml 格式，那么可以自行根据转换规则进行转换。本示例项目的配置文件（application.properties）内容如下：

```
# 应用启动后所监听的端口，可以不配置，默认就是 8080 端口
server.port=8080
# 配置日志输出级别，将 Spring 框架设置为 INFO 级别，而我们所编写的代码设置为 DEBUG 级别
logging.level.org.springframework=INFO
logging.level.com.cd826dong=DEBUG
```

2.2.4 运行项目

接下来就可以运行该项目了。启动运行方式有多种，比如可以选择直接在 IDE 中运行，如在笔者开发所用的 IDEA 中可以通过如图 2-2 所示的配置直接运行。

上面的方式开发调试非常方便。但是，对后续将要编写的微服务来说，更多的时候是打包成一个部署单元。在打包时就会使用之前我们在 Maven 脚本中所配置的 spring-boot-maven-plugin 插件，然后通过 mvn clean package 命令将项目打包成一个 Fat Jar，

在生产环境下可以直接使用下面的命令启动运行：

Name: SpringBoot-Demo　Share　Single instance only

Parameters　General　Runner　Logs

Working directory: /Users/cd826/MyWork/spring-cloud/boot

Command line: spring-boot:run

Profiles (separated with space):

add prefix '-' to disable profile, e.g. "-test"

Resolve Workspace artifacts

图 2-2　在 IDEA 中直接启动项目

```
# 通过-jar 直接启动
$ java -jar cd826dong-clouds-boot-0.0.1-SNAPSHOT.jar
```

应用成功启动后，在控制台中会看到如图 2-3 所示的输出。

```
CD826deMBP:spring-boot cd826$ java -jar cd826dong-clouds-boot-0.0.1-SNAPSHOT.jar
:: SpringBoot Demo (v0.0.1 BUILD-SNAPSHOT)                                BUILD-BY: CD826(CD826Dong@gamil.com)

2018-04-11 11:28:01.990  INFO 48587 --- [           main] com.cd826dong.clouddemo.Application      : Starting Application v0.0.1-SNAPSHOT on CD826deMBP with PID 48587 (/Users/cd826/CloudTest/spring-boot/cd826dong-clouds-boot-0.0.1-SNAPSHOT.jar started by cd826 in /Users/cd826/CloudTest/spring-boot)
2018-04-11 11:28:02.006 DEBUG 48587 --- [           main] com.cd826dong.clouddemo.Application      : Running with Spring Boot v1.5.2.RELEASE, Spring v4.3.7.RELEASE
2018-04-11 11:28:02.007  INFO 48587 --- [           main] com.cd826dong.clouddemo.Application      : No active profile set, falling back to default profiles: default
2018-04-11 11:28:02.144  INFO 48587 --- [           main] ationConfigEmbeddedWebApplicationContext : Refreshing org.springframework.boot.context.embedded.AnnotationConfigEmbeddedWebApplicationContext@736e9adb: startup date [Wed Apr 11 11:28:02 CST 2018]; root of context hierarchy
2018-04-11 11:28:05.838  INFO 48587 --- [           main] trationDelegate$BeanPostProcessorChecker : Bean 'org.springframework.transaction.annotation.ProxyTransactionManagementConfiguration' of type [org.springframework.transaction.annotation.ProxyTransactionManagementConfiguration$$EnhancerBySpringCGLIB$$6d7714c7] is not eligible for getting processed by all BeanPostProcessors (for example: not eligible for auto-proxying)
2018-04-11 11:28:06.441  INFO 48587 --- [           main] s.b.c.e.t.TomcatEmbeddedServletContainer : Tomcat initialized with port(s): 8080 (http)
2018-04-11 11:28:06.466  INFO 48587 --- [           main] o.apache.catalina.core.StandardService   : Starting service Tomcat
2018-04-11 11:28:06.469  INFO 48587 --- [           main] org.apache.catalina.core.StandardEngine  : Starting Servlet Engine: Apache Tomcat/8.5.11
2018-04-11 11:28:06.647  INFO 48587 --- [ost-startStop-1] o.a.c.c.C.[Tomcat].[localhost].[/]       : Initializing Spring embedded WebApplicationContext
2018-04-11 11:28:08.404  INFO 48587 --- [           main] j.LocalContainerEntityManagerFactoryBean : Building JPA container EntityManagerFactory for persistence unit 'default'
2018-04-11 11:28:10.184  INFO 48587 --- [           main] j.LocalContainerEntityManagerFactoryBean : Initialized JPA EntityManagerFactory for persistence unit 'default'
2018-04-11 11:28:13.219  INFO 48587 --- [           main] o.s.j.e.a.AnnotationMBeanExporter        : Registering beans for JMX exposure on startup
2018-04-11 11:28:13.246  INFO 48587 --- [           main] o.s.c.support.DefaultLifecycleProcessor  : Starting beans in phase 0
2018-04-11 11:28:13.372  INFO 48587 --- [           main] o.s.c.support.DefaultLifecycleProcessor  : Starting beans in phase 2147483647
2018-04-11 11:28:14.697  INFO 48587 --- [           main] s.b.c.e.t.TomcatEmbeddedServletContainer : Tomcat started on port(s): 8080 (http)
2018-04-11 11:28:14.704  INFO 48587 --- [           main] com.cd826dong.clouddemo.Application      : Started Application in 13.386 seconds (JVM running for 14.37)
```

图 2-3　通过控制台启动项目

那么什么是 Fat Jar 呢？从字面意义上可以理解为胖 Jar，也就是通过 Maven 打包所生成的这种 Jar 不仅仅包含本项目中源码所编译生成的 Java 类文件，还会包含项目所依赖的第三方库及有关项目启动的相关信息。比如，如果我们通过解压缩工具查看上面示例项目打包所生成的 cd826dong-clouds-boot-0.0.1-SNAPSHOT.jar 文件，可以看到在文件中会包含以下 3 个内容。

- 项目代码：项目中所有源码经编译后会统一存放在 BOOT-INF/classes 目录下。
- 项目依赖包：存放在 BOOT-INF/lib 目录下。
- 应用启动相关文件：在 org/springframework/boot/loader 目录下则包含了 Spring Boot 启动时所需要的类。

还有一点需要说明的是，在本示例项目中我们只构建了一个简单的 Java 类，并通过该类中的 `main()` 函数启动运行，并没有在打包之后将文件部署到任何 Web 容器中进行运行。那么示例项目为何就可以作为一个 Web 应用启动了呢？Spring Boot 又到底施展了什么“魔法”呢？如果仔细查看项目所依赖的包就会发现 spring-boot-starter-web 默认依赖了 spring-boot-starter-tomcat，通过该依赖，Spring Boot 在启动应用时就会启动一个内嵌的 Tomcat 容器，并在该容器中运行项目。如果不想使用 Tomcat 作为启动容器，而是使用 Jetty，那么可以在 pom.xml 文件中排除对 Tomcat 的依赖，并增加 spring-boot-starter-jetty 即可。

2.3 使用 Spring Boot 构建示例项目

前面说过，在本书中我们将要搭建的一个电子商城示例项目，对于该项目，大概每个读者都不陌生，因此在这里不再详细列出需求。为了方便接下来的讲解和讨论，示例项目中对功能进行了简化，仅涉及用户管理和商品管理两个部分，而其他功能，如订单、支付、优惠券管理等，则不在讨论范围内。

2.3.1 经典三层应用架构

在实际的 Web 应用项目开发中往往会采用分层架构体系进行开发，架构分层可以让我们所开发的系统更易于适应变化。而架构分层采用最广泛的就是三层架构开发，这三层分别说明如下。

- 客户端层 UI 层：主要用来与用户进行交互，显示数据并接收用户的输入，也常称为前端。一般对于一个应用通常会存在多种客户端，如 Web、H5、App 等。
- 应用层：是系统核心价值部分，其关注业务规则的制定和业务流程的实现，负责与 UI 层进行交互及数据存储的处理，我们常称为后端。
- 存储层：也称为持久层，通常是一个数据库，主要用来保存我们的业务数据。当然这里数据存储指的不仅仅是关系型数据库，也包含非关系型数据库，如 MongoDB、

Redis 或者文件存储系统，在我们存储附件、多媒体文件或图片时使用。

上述三层应用架构指的是在整个应用架构上的划分，其实对于后端（应用层）的开发在架构搭建时往往也可以分为以下三层。

- 业务逻辑层：该层主要承担两大职责，一是定义业务领域对象，或称为业务实体；二是业务逻辑的具体实现。业务实体常称为 Domain，而业务逻辑则是 Service。
- 接口层（API 层）：该层用来对接 UI 层，为 UI 层提供数据集业务处理接口，一般将其称为 Controller。此外，现在的应用开发一般会对接多种用户端 UI 层，所以常常在这里使用 REST 方式提供 API 接口，供各个应用端使用，因此也可以称之为 API 层。
- 数据接口层（DAO）：负责业务实体对象的数据处理，如增、删、改、查等，通常定义为 Repository。该层开发时往往会使用 O/R Mapping 技术，如 Hibernate、JPA 等。此外，数据接口层也包含对非关系型数据及文件或云存储的处理。

对于上面所描述的 Web 应用项目经典三层架构，可以通过图 2-4 来描述。

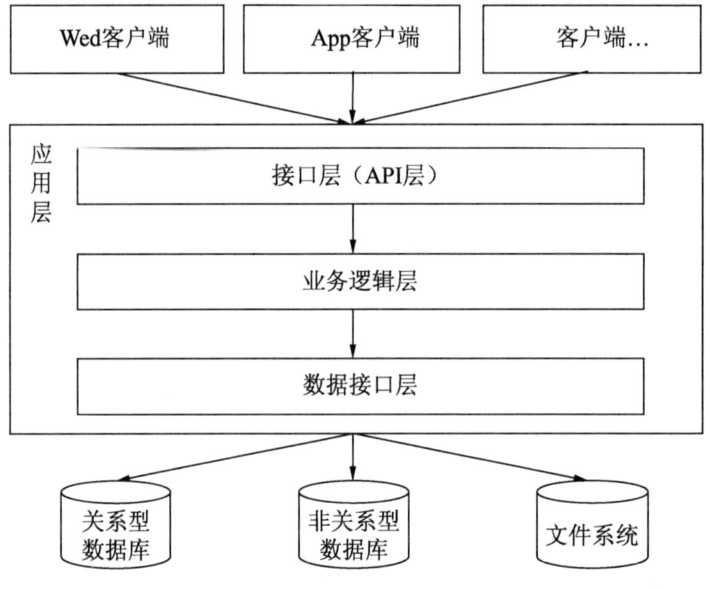

图 2-4　Web 应用项目经典三层架构

对于三层应用架构的优点，读者早已经了解，所以这里不再赘述。当使用三层架构进行开发时，Spring 提供了一系列的子项目：Spring MVC、Spring Data、Spring Session、Spring Security 等，使得开发者可以快速搭建出一个项目应用框架。下面来看看如何使用这些子项目及 Spring Boot 来创建本书示例项目：电子商城。

2.3.2　设计领域对象

对于三层应用架构开发来说，最难也是最先需要解决的就是业务领域对象（Domain）。

只有清晰地识别出这些业务领域对象，以及它们之间如何交互及关联关系之后，才能进行下一步的开发。这些业务领域对象将是开发系统的核心，也是以后最难以变更的部分。一旦业务领域对象定义不合理，往往会造成业务逻辑实现的复杂度升高及系统灵活性降低，甚至可能会造成开发失败。关于业务领域对象设计的更深层次的讨论，有兴趣的读者可以阅读《领域驱动设计：软件核心复杂性应对之道》（[美] Eric Evans）这本书。

根据所要开发的系统，我们可以识别出核心业务领域对象有以下三个（当然，这里还是对业务再一次进行了简化）。

- User：用户 / 客户，也就是谁来访问和使用我们的电子商城。
- Product：商品，我们所要展现给用户并且可以进行交易的物品。
- ProductComment：商品评论，用户购买商品后针对商品发表评论或使用心得。

最终的业务领域实体对象中 User 部分的代码如下：

```
package com.cd826dong.clouddemo.user.entity;
import …
// @Entity、@Table 和下面的@Id、@GeneratedValued 注解后面再进行说明
@Entity
@Table(name = "tbUser")
public class User implements Serializable {
    private static final long serialVersionUID = 1L;
    @Id
    @GeneratedValue
    /** 用户数据库主键 */
    private Long id;
    /** 用户昵称 */
    private String nickname;
    /** 用户头像 */
    private String avatar;
    // 使用了 Guava 中的 MoreObjects.ToStringHelper 来辅助处理 toString
    @Override
    public String toString() {
        return MoreObjects.toStringHelper(this)
                .add("id", getId())
                .add("nickname", getNickname()).toString();
    }
    // 省略 getters 和 setters
}
```

Product 部分的代码如下：

```
package com.cd826dong.clouddemo.product.entity;
import …
@Entity
@Table(name = "tbProduct")
public class Product implements Serializable {
    private static final long serialVersionUID = 1L;
    @Id
    @GeneratedValue
    /** 商品数据库主键 */
    private Long id;
```

```
    /** 商品名称 */
    private String name;
    /** 商品封面图片 */
    private String coverImage;
    /** 商品价格(分) */
    private int price;
    @Override
    public String toString() {
        return MoreObjects.toStringHelper(this)
                .add("id", getId())
                .add("name", getName()).toString();
    }
    // 省略 getters 和 setters
}
```

ProductComment 部分的代码如下：

```
package com.cd826dong.clouddemo.product.entity;
import …
@Entity
@Table(name = "tbProduct_Comment")
public class ProductComment implements Serializable {
    private static final long serialVersionUID = 1L;
    @Id
    @GeneratedValue
    /** 商品评论数据库主键 */
    private Long id;
    /** 所示商品的 ID */
    private Long productId;
    /** 评论作者的 ID */
    private Long authorId;
    /** 评论的具体内容 */
    private String content;
    /** 评论创建时间 */
    private Date created;
    @Override
    public String toString() {
        return MoreObjects.toStringHelper(this)
                .add("id", getId())
                .add("productId", getProductId())
                .add("authorId", getAuthorId())
                .add("content", getContent()).toString();
    }
    // 省略 getters 和 setters
}
```

在上面的每个业务实体的代码中都使用了 ToString Helper 来辅助处理 toString()，这在进行调试、日志输出时会非常有用。假如类比较简单，可以不用像上面通过手工的方式一个个输出属性，而可以借助 commons-lang 工具包中的 ToStringBuilder 通过反射机制来生成，如下面的代码：

```
// 使用 commons-lang 工具包中 ToStringBuilder 通过反射的方式生成
public String toString() {
```

```
    return ToStringBuilder.reflectionToString(this);
}
```

如果不想在 toString()中把全部属性都输出（试想一下，如果一个类有几十个属性），那么还是采用上面的方式更好。假如我们的类具有继承体系的话，而且在子类的 toString()方法中只想添加一些额外的输出，那么此时 Guava 也可以帮助我们进行简化，比如：

```
// 这是基类中的代码，我们额外增加了一个 toStringHelper 的方法
@Override
public String toString() {
    return this.toStringHelper().toString();
}
protected MoreObjects.ToStringHelper toStringHelper() {
    return MoreObjects.toStringHelper(this)
            .add("id", getId())
            .add("nickname", getNickname());
}

// 子类中的代码，这里我们只需要复写 toStringHelper 方法
@Override
protected MoreObjects.ToStringHelper toStringHelper() {
    // 这里只需添加所要输出的字段内容即可
    return super.toStringHelper()
            .add("age", getAge());
}
```

2.3.3　实现数据管理

一个应用系统都有数据存储的需求，最常见的方式就是将业务数据存储到关系型数据库中，如 MySQL、Oracle 等。对于 Java 开发来说，这一技术的需求从一开始就存在，经过这么多年，业界也已经有了多个非常成熟的解决方案。而 ORM（Object Relational Mapping）框架则是我们针对该需求首选的一个解决框架。在 ORM 框架中，Hibernate 是 ORM 框架中使用最广泛的一个实现。Hibernate 可以辅助我们将业务对象通过映射的方式存储到数据库中，而不需要使用最原始的 SQL 语言。

接下来，我们将会在示例项目中使用 Java 持久性规范 JPA（Java Persistence API）来完成数据存储处理。JPA 是 Sun 官方提出的一个数据存储标准接口定义，并且有许多实现方式，而上面所提到的 Hibernate 则是其中的一种实现方式。通过 JPA 可以将我们的业务与具体所要存储的数据库解耦，不需要为不同的数据库编写不同的处理方法，从而方便在多种数据库之间进行切换。

首先需要在项目中增加 spring-boot-starter-data-jpa 的依赖，因此在 pom.xml 中添加如下代码：

```
<!-- 通过引入该依赖，也默认使用了 Hibernate 作为缺省的实现 -->
<dependency>
    <groupId>org.springframework.boot</groupId>
    <artifactId>spring-boot-starter-data-jpa</artifactId>
</dependency>
```

其次还需选择一个数据库作为业务数据的存储。可选的数据库非常多，如 MySQL、PostrgreSQL、Oracle 等。但这里为了方便书中示例项目的讲解及读者测试，我们将采用一个非常轻量级并且可以内嵌的数据库 h2。因此，在 pom.xml 中我们还需要增加对 H2 数据库的依赖，代码如下：

```
<!-- 添加对 H2 数据库依赖 -->
<dependency>
    <groupId>com.h2database</groupId>
    <artifactId>h2</artifactId>
</dependency>
```

接下来就可以在项目配置文件（application.properties）中配置数据源属性。具体配置代码如下：

```
# 这里是 JPA 配置，针对 Hibernate
spring.jpa.open-in-view=true
spring.jpa.hibernate.ddl-auto=none
spring.jpa.show-sql=false
spring.jpa.properties.hibernate.physical_naming_strategy=
    com.cd826dong.clouddemo.util.HibernatePhysicalNamingNamingStrategy
# 这里是数据源配置，针对 H2
spring.jpa.database=H2
spring.datasource.driverClassName=org.h2.Driver
spring.datasource.url=jdbc\:h2\:mem\:testdb;DB_CLOSE_DELAY=-1;
spring.datasource.username=sa
spring.datasource.password=
# 当需要启动 H2 控制台时需要开启下面的配置
# spring.datasource.url=jdbc:h2:~/testdb
# spring.h2.console.enabled=true
#spring.h2.console.path=/h2-console
```

配置分为两部分，一部分是 JPA 的配置，针对 Hibernate；另一部分是数据源配置，针对 H2 数据库。

1. 关于Spring Data JPA

通过该依赖，我们在项目中就可以使用 Spring Data JPA 功能了。在进行具体数据访问功能编写之前，还需要完成业务领域对象与数据库之间映射关系的处理。最简单的实现方法就是通过 JPA 所提供的注解，常用注解有以下几个。

- @Entity：该注解的意思是指所注解的类会被认为是 JPA 的一个实体对象，JPA 就会对该对象进行映射处理。对于该注解有一个需要注意的地方就是在该类中必须有一个空的构造函数。当从数据库中加载对象时，JPA 就会通过该构造函数来实例化对象，并将数据库中的值赋值给所构建的示例，如果不小心在业务实体类中覆写了构造函数而忘记提供空的构造函数，就会造成数据加载错误。
- @Id：用来注解数据库主键，并且通过@GeneratedValue 告诉 JPA 自动生成主键的值，默认情况下会使用数据库自增方式。也可以通过下面的注解来指定主键的生成方式。

```
// 这里将主键 ID 生成的方式指定为使用 USER_SEQUENCE 序列
@Id
@GeneratedValue(strategy = GenerationType.SEQUENCE,generator ="userSeq")
@SequenceGenerator(initialValue =1,name ="userSeq",sequenceName ="USER_
SEQUENCE")
private long id;
```

- 实体关联关系：@OneToOne、@OneToMany、@ManyToOne 和@ManyToMany 这些注解可以用来处理业务实体之间一对一、一对多、多对一和多对多关系的声明，具体怎么使用这些注解，读者可以阅读相关书籍深入了解。
- @Table：该注解使用在业务实体类上，可以让我们自定义实体类会映射到数据库具体哪张表上。
- @Column：通常我们在开发时很少使用该注解，JPA 会自动将实体中的字段按照默认规则与数据库表进行一一映射，只有当默认的规则满足不了时才需要使用该注解自定义字段映射关系。

这里重点讲一下 Hibernate 数据库表映射规则及配置方式。一般，实体到物理数据库表的映射采用驼峰命名法，比如，User 实体类默认映射到的数据库表表名为 user，User 实体类中的字段 loginName，则默认会映射到数据表中的 login_name 字段上。

或许这种默认命名规则并不符合开发者所在项目中的命名规范，此时可以通过@Table 注解来更改实体所要映射到的数据库表，通过@Column 来更改字段映射规则。但是在更改这些数据库表映射规则时，还需要在项目配置中增加 properties. hibernate.physical_naming_strategy 属性配置，通过该属性指定自定义规则的处理方式。比如，在示例项目中我们使用 com.cd826dong.clouddemo.util.HibernatePhysicalNamingNamingStrategy 自定义类，该类的具体代码如下：

```
package com.cd826dong.clouddemo.util;
import …
@MappedSuperclass
public class HibernatePhysicalNamingNamingStrategy extends
    PhysicalNamingStrategyStandardImpl {
    @Override
    public Identifier toPhysicalTableName(Identifier name,
        JdbcEnvironment context) {
        return new Identifier(name.getText(), name.isQuoted());
    }
    @Override
    public Identifier toPhysicalColumnName(Identifier identifier,
        JdbcEnvironment jdbcEnv) {
        return convert(identifier);
    }
    // 更改 Hibernate 表名映射规则，保持 Entity 类中对数据库表命名的不变
    private Identifier convert(Identifier identifier) {
     if (identifier == null || !StringUtils.hasText(identifier.getText())) {
            return identifier;
        }
        String regex = "([a-z])([A-Z])";
        String replacement = "$1_$2";
```

```
        String newName = identifier.getText().replaceAll(regex,
           replacement).toLowerCase();
        return Identifier.toIdentifier(newName);
    }
}
```

注意：上面的配置是针对 Hibernate 5.x 版本的，如果读者是 Hibernate 4.x 版本的，其配置方式则有所不同，具体可以参考 Hibernate 配置文档。

最后就可以借助 JPA 来实现数据存储层代码了。通常，数据存储层会统一存放到一个命名为 repository 的包中，在该包中会完成用户、商品和商品评论存储功能代码。由于这些代码非常相似，这里只列出用户 repository 的代码，其他代码可以在本书源码中获取到。用户 repository 代码如下：

```
package com.cd826dong.clouddemo.user.repository;
import …
// 你没有看错，这就是用户 Repository 的全部代码
public interface UserRepository extends JpaRepository<User, Long> {
}
```

会不会很意外？当使用 JPA 时，对于简单的增、删、改、查等功能几乎不需要编写任何代码，只需继承 JpaRepository 接口即可。当查看该接口的源码时会发现 JpaRepository 继承自 PagingAndSortingRepository，而 PagingAndSortingRepository 又继承了 CrudRepository，从这些接口的命名上，我们可以推断所定义的 UserRepository 已经具备了分页数据查询和增、删、改、查等功能，事实也是如此。

对于该接口，我们也不需要在项目中进行实现，而是在项目启动时 Spring Data 会通过动态代码生成机制为我们创建该接口的具体实现类，并注册到 Spring 的应用上下文中，供我们在其他地方使用。此外，为方便查询处理，Spring Data 还提供了自然语义的数据访问处理机制。比如，我们可以在接口中定义一个名称为 findTop10OrderByJoinDateDesc 的方法，这时候 Spring Data 会自动实现查询最新加入的 10 个用户，并按照加入日期倒序排列。

Spring Data 所提供的这种语义查询方法在一些简单查询时会非常有用，但对于稍微复杂一些的查询，可能需要定义的方法比较长。比如 findTop10ByUserSexAndCityAndAgeOrderByJoinDateDesc，用来查询某个城市中指定年龄段最新加入的前 10 名男性或女性用户。这种命名方法显然使用时非常不友好，为此，Spring Data 还提供了@Query 注解，可以直接在方法中声明该方法查询时所使用的查询语句，所声明的查询语句使用 JPQL 语言。

此外，如果我们所要处理的数据访问处理比这些还要复杂，很难通过声明一个 JPQL 语句实现，此时我们可以使用 Spring Data 的扩展机制，为 Repository 声明指定一个扩展接口并提供相应的实现类，代码如下：

```
// 定义一个用户管理扩展的 repository
public interface UserRepositoryEx {
    List<User> findTopUser(int maxResult);
}
```

```
// 这个是用户管理扩展 repository 的实现，不需要增加@Component 等注解
// 另外，这里是不需要注解 Spring 的@Component 等注解
public class UserRepositoryImpl implements UserRepositoryEx {
    // 这里需要织入 entityManager
    @PersistenceContext
    protected EntityManager entityManager;
    // 通过 Query 对象实现具体查询
    public List<User> findTopUser(int maxResult) {
        Query query = this.entityManager.createQuery("from User");
        query.setMaxResults(maxResult);
        return query.getResultList();
    }
}
// 最后别忘记让 UserRepository 继承我们的自定义扩展，但不需要实现
public interface UserRepository extends JpaRepository<User, Long>,
    UserRepositoryEx {
}
```

扩展数据访问接口类的名称通常为主数据访问接口类增加一个 Ex 后缀，如上述示例中主数据访问接口类的名称为 UserRepository，扩展数据访问接口类的名称为 UserRepositoryEx。而相应实现类的名称则是为主数据访问接口类增加一个 Impl 后缀，上例中为 UserRepositoryImpl。需要注意的是，使用 Ex 只是一个默认约定，可以在项目中随便定义这个后缀，而实现类的 Impl 后缀是不可以随意定义的，但是可以在配置中通过 repository-impl-postfix 属性设置。

此外，当所继承的 Repository 中有些接口方法不需要时，那么可以在接口中重新声明需要的方法即可。这样 Spring Data 在动态生成时就只会生成所重新声明的方法，而基类中所定义的方法则不会暴露。

也许有些读者对这里有些迷惑，按道理来说数据存储是我们需要构建一个数据模型来适应数据存储的需要，但这里并没有看到。是的，对于一些复杂的业务来说是需要这么做的，但这里我们将数据模型和业务领域对象合二为一了，因为相对来说我们的数据比较简单。因此才会在上面的业务实体对象上增加了@Entity、@Table 等注解。

2．关于H2

对于 H2 数据库有两种使用方式：第一种是使用内存存储数据；第二种是使用文件存储数据。在本书的示例中为了方便进行测试和开发，默认使用了内存方式。

当我们使用 H2 数据库时，可以通过配置使得应用启动时帮我们创建一个 H2 控制台。H2 控制台是一个非常轻量级的 Web 应用，通过该控制台可以访问和操作 H2 数据库。启动成功后，控制台具体访问地址为 http://localhost:8080/h2-console/，如图 2-5 所示，只需要将上面所配置的数据库地址填写到 JDBC URL 中，就可以访问示例项目中的数据库，并可以进行相关操作。

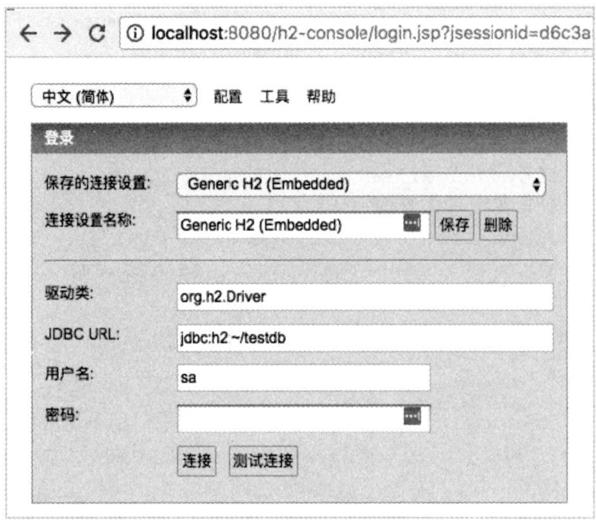

图 2-5　内嵌 H2 数据库控制台

比如，在 H2 的控制台界面中可以运行 SQL 语句，或者选择一张表并显示该表中的所有数据，运行结果如图 2-6 所示。

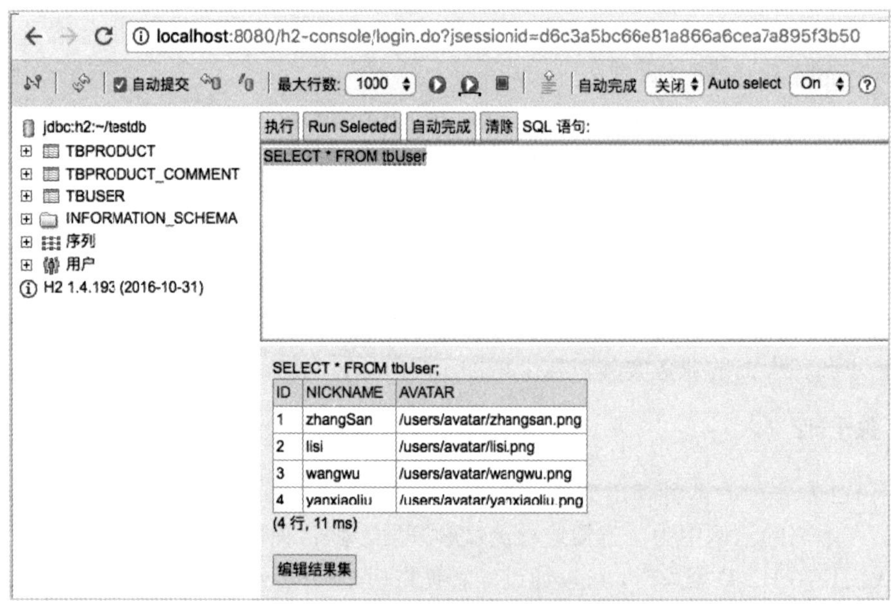

图 2-6　内嵌 H2 数据库控制台访问数据

3．关于依赖的版本

有些读者可能注意到在上面两个依赖中并没有定义依赖库的版本，这是因为在

pom.xml 文件所使用的 parent 中已经定义了，如果往上查看 pom.xml 的定义，就可以在 spring-boot-dependencies 项目中的 pom.xml 文件中查到下面的定义：

```
<properties>
   <!-- 其他依赖版本定义 -->
   <h2.version>1.4.193</h2.version>
</properties>
<dependencyManagement>

    <dependencies>
      ......
      <dependency>
         <groupId>org.springframework.boot</groupId>
         <artifactId>spring-boot-starter-data-jpa</artifactId>
         <version>1.5.2.RELEASE</version>
      </dependency>
      ......
   </dependencies>
</dependencyManagement>
```

可见，在 spring-boot-dependencies 项目中已经为开发者定义好所依赖的版本了，建议大家一般不需要再更改了。如果想更改依赖的版本，可以在自己工程中的 pom.xml 文件中覆写相应的属性即可。例如，通过下面的代码将所要使用的 H2 版本更改为 1.4.196：

```
<properties>
   <!-- 在项目的 pom.xml 文件中重新定义 H2 版本 -->
   <h2.version>1.4.196</h2.version>
</properties>
```

2.3.4　编写业务逻辑层

按照开发方式来说，设计和开发的顺序应该是：Domian→REST API→业务逻辑层→数据存储层，通过测试驱动的方式设计所需要的功能，但这里为了编写和讲解方便，对顺序做了一些调整，在真正开发时建议读者还是遵照测试驱动开发的理念进行开发。

对于用户管理来说所要提供的功能有：分页数据查询、获取某个用户详情、保存/更新用户信息及删除指定用户。因此，用户管理服务接口定义如下：

```
package com.cd826dong.clouddemo.user.service;
import …
public interface UserService {
    /**
     * 获取用户分页数据
     * @param pageable 分页参数
     * @return 分页数据
     */
    Page<User> getPage(Pageable pageable);
    /**
     * 加载指定的用户信息
     * @param id 用户主键
     * @return
```

```
     */
    User load(Long id);
    /**
     * 保存/更新用户
     * @param userDto
     * @return
     */
    User save(UserDto userDto);
    /**
     * 删除指定用户
     * @param id 所要删除的用户主键
     */
    void delete(Long id);
}
```

在这里，我们在保存 / 更新功能中引入了一个新的类 UserDto，也就是数据传输对象（Data Transfer Object，简称 DTO），用来处理跨进程或网络传输数据聚合容器。一般在该对象中只包含数据属性，而不包含任何业务逻辑。在这里及后续的示例中都会使用 DTO 对象作为前、后端分离时的数据传输。

针对用户服务的实现也非常简单，具体代码如下：

```
package com.cd826dong.clouddemo.user.service.impl;
import …
@Service
public class UserServiceImpl implements UserService {
    // 注入 UserRepository
    @Autowired
    protected UserRepository userRepository;
    @Override
    public Page<User> getPage(Pageable pageable) {
        // 这里直接使用 JPA 所提供的分页查询功能即可
        return this.userRepository.findAll(pageable);
    }
    @Override
    public User load(Long id) {
        return this.userRepository.findOne(id);
    }
    @Override
    @Transactional
    public User save(UserDto userDto) {
        // 对于保存，首先获取数据库中存在的对象，然后将所要保存的值复制进去
        User user = this.userRepository.findOne(userDto.getId());
        if (null == user) {
            user = new User();
        }
        user.setNickname(userDto.getNickname());
        user.setAvatar(userDto.getAvatar());
        return this.userRepository.save(user);
    }
    @Override
    @Transactional
    public void delete(Long id) {
        // 依然使用 JPA 提供的删除功能即可
```

```
        this.userRepository.delete(id);
    }
}
```

在方法的实现上，基本都是通过调用 UserRepository 相应的方法来完成，这里就不再进行解释了。另外，由于商品服务业务逻辑代码也比较简单，这里就不再列出，读者可以从本书源码中获取。

2.3.5　编写 RESTful API

最后一步就是编写对外交互的接口。本书中的示例将全部采用 RESTful API 的方式来实现，一方面 REST 是业界非常成熟的 Web 服务标准之一；另一方面通过 REST 可以支持多种应用客户端，如 Web、H5、App 等都可以进行访问与交互。

对于传统的 Web 应用开发，如果没有采用前、后端开发分离时，通常可以直接使用 HTML 或者模版引擎（Thymeleaf 等）技术，提供 UI 界面让用户可以操作。但这种开发方式意味着难以扩展到其他形式的客户端上。当转换采用基于 REST 架构开发模式时，就意味着接下来我们不必编写一套 UI 层代码就可以进行功能验证。例如，可以使用 curl 或 Postman 等工具直接访问所提供的 RESTful API 接口，验证功能的正确性。

因此，在接下来的示例及本书后续的所有示例项目中都不会涉及任何 UI 层的代码。对功能的验证统一使用 Postman 工具，读者可以到 https://www.getpostman.com/上下载并了解该工具的使用方法。

此外，我们所要编写的 RESTful API 并没有遵守最严格的方式，而是使用 Spring MVC 所提供的 RestController 来完成。

下面开始编写用户服务所提供的接口，代码如下：

```
package com.cd826dong.clouddemo.user.api;
import …
@RestController
@RequestMapping("/users")
@Api(value = "UserEndpoint", description = "用户管理相关 Api")
public class UserEndpoint {
    @Autowired
    private UserService userService;
    @RequestMapping(method = RequestMethod.GET)
    @ApiOperation(
        value = "获取用户分页数据",
        notes = "获取用户分页数据",
        httpMethod = "GET",
        tags = "用户管理相关 Api")
    @ApiImplicitParams({
        @ApiImplicitParam(
            name = "page",
            value = "第几页，从 0 开始，默认为第 0 页",
            dataType = "int",
            paramType = "query"),
```

```
        @ApiImplicitParam(
            name = "size",
            value = "每一页记录数的大小，默认为 20",
            dataType = "int",
            paramType = "query"),
      @ApiImplicitParam(
          name = "sort",
          value = "排序，格式为:property,property(,ASC|DESC)的方式组织",
          dataType = "String",
          paramType = "query")
})
public List<UserDto> findAll(Pageable pageable){
    Page<User> page = this.userService.getPage(pageable);
    if (null != page) {
        // 转换成 DTO 对象
        return page.getContent().stream().map((user) -> {
            return new UserDto(user);
        }).collect(Collectors.toList());
    }
    return Collections.EMPTY_LIST;
}
@RequestMapping(value = "/{id}", method = RequestMethod.GET)
@ApiOperation(
    value = "获取用户详情数据",
    notes = "获取用户详情数据",
    httpMethod = "GET",
    tags = "用户管理相关 Api")
@ApiImplicitParams({
    @ApiImplicitParam(
        name = "id",
        value = "用户的主键",
        dataType = "int",
    paramType = "path")
})
public UserDto detail(@PathVariable Long id){
    User user = this.userService.load(id);
    return (null != user) ? new UserDto(user) : null;
}
@RequestMapping(value = "/{id}", method = RequestMethod.POST)
@ApiOperation(
    value = "更新用户详情数据",
    notes = "更新用户详情数据",
    httpMethod = "POST",
    tags = "用户管理相关 Api")
@ApiImplicitParams({
    @ApiImplicitParam(
        name = "id",
        value = "用户的主键",
        dataType = "int",
        paramType = "path"),
    @ApiImplicitParam(
        name = "userDto",
        value = "用户详情数据",
```

```
            dataType = "UserDto",
            paramType = "body"),
    })
    public UserDto update(@PathVariable Long id,
        @RequestBody UserDto userDto){
        userDto.setId(id);
        User user = this.userService.save(userDto);
        return (null != user) ? new UserDto(user) : null;
    }
    @RequestMapping(value = "/{id}", method = RequestMethod.DELETE)
    @ApiOperation(
        value = "删除指定用户",
        notes = "删除指定用户",
        httpMethod = "DELETE",
        tags = "用户管理相关 Api")
    @ApiImplicitParams({
        @ApiImplicitParam(
            name = "id",
            value = "所要删除用户的主键",
            dataType = "int",
            paramType = "path")
    })
    public boolean delete(@PathVariable Long id){
        this.userService.delete(id);
        return true;
    }
}
```

熟悉 Spring MVC 的读者都知道，这个类其实是一个 Controller 类。Spring MVC 针对 Controller 提供了两个注解@Controller 和@RestController。当我们在一个 Controller 类中添加了@RestController 注解时，该类中所有使用了@RequestMapping 的方法就会返回响应体（response body），如果使用的是@Controller 注解，则是会将 HTML 部分的代码也一起返回给调用者，也可以在使用@Controller 注解的方法上同时增加@ResponseBody 来达到同样的目的。

@RequestMapping 注解可以使用在方法或类上，如果是注解在类上，那么该类中所有注解的方法都会继承类中所声明的属性。@RequestMapping 还有两个简化的注解@GetMapping 和@PostMapping，分别用来处理 Get 和 Post 请求。

此外，在编写 RESTful API 时还需要注意一点，当方法的返回值是一个对象时，Spring MVC 就会默认使用 JSON 序列化方法将对象序列化为一个 JSON 格式的字符串，并返回给请求者。而假如方法中返回的是基础数据类型（如 boolean、int 等）则无法进行序列化，从而造成错误。所以在使用@RestController 时需要注意返回值，最好的方式就是对返回值进行统一包装，这样方便前端进行处理。

可能有些读者对代码中出现的@Api、@ApiOperation、@ApiImplicitParams 有些疑问，因为它们并不属于 Spring MVC，而是属于 Swagger。Swagger 的目标是为 REST API 定义一个标准的、与语言无关的接口，使开发者在无源码或者没有 API 文档的情况下可以发现和理解系统所提供的各种服务。用一句话简单来概述就是：Swagger 所开发的 API 可根据上述注解自动生成 API 文档。如果要让 User Endpoint 代码能够通过编译，还需要在 pom.xml 文件中添加下面的 Swagger 依赖：

```
<properties>
    <!-- 定义 Swagger 的版本 -->
    <swagger.version>2.6.1</swagger.version>
</properties>

<!-- Swagger 依赖 -->
<dependency>
    <groupId>io.springfox</groupId>
    <artifactId>springfox-swagger-ui</artifactId>
    <version>${swagger.version}</version>
</dependency>
<dependency>
    <groupId>io.springfox</groupId>
    <artifactId>springfox-swagger2</artifactId>
    <version>${swagger.version}</version>
</dependency>
```

之后还需要在项目 webapp 目录下创建一个 swagger 目录，并将从 https://github.com/swagger-api/swagger-ui 下载的 UI 代码解压到该目录下。这样当系统启动后，就可以在浏览器中通过地址 http://localhost:8080/swagger/index.html 访问到所生成的 API 文档，界面如图 2-7 所示。Swagger 的详细使用说明已经超出了本书范围，有兴趣的读者可以去官网（https://swagger.io/）上深入了解。

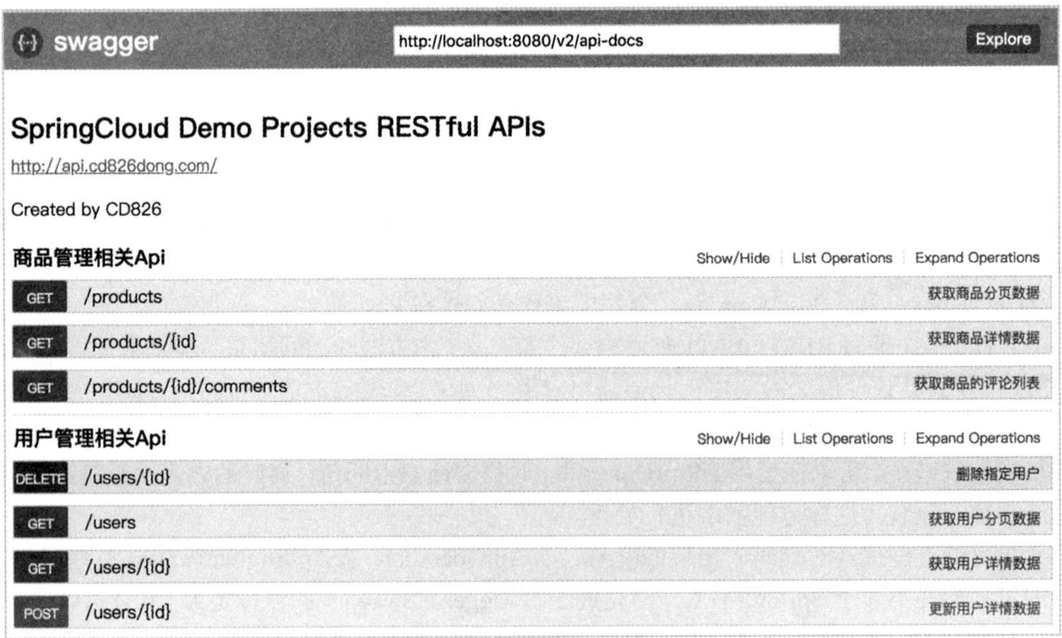

图 2-7　Swagger 访问界面

同样，对于商品服务的 API 这里也不列出了，读者可以从本书源码中获取。

2.3.6　数据库初始化

还差一项工作，我们就可以运行电子商城项目了，这项工作就是数据库初始化。数据库的初始化可以使用多种方式，在真实生产环境中一般会采用手动方式完成，因此需要编写数据库表创建脚本、数据初始化脚本。在开发过程中可以使用 Hibernate 根据实体类自动创建数据库。在本书示例中将使用 Spring Boot 提供的 Spring JDBC 的方式初始化数据库。

Spring Boot 框架所提供的 Spring JDBC 初始化 DataSource 特性，是在启动系统时检测 classpath 根目录下是否有 schema.sql 和 data.sql 脚本文件，如果存在这两个脚本文件存在或者其中一个，将会尝试加载并执行该脚本。首先使用 schema.sql 创建数据库表，然后使用 data.sql 初始化数据。如果脚本初始化产生异常，那么应用系统启动将会失败。

此外，还可以在项目配置文件中通过设置 spring.datasource.schema 属性的值，定义数据库创建脚本的位置，通过 spring.datasource.data 属性设置数据初始化脚本的位置。如果将 spring.datasource.initialize 属性设置为 false，那么 Spring Boot 在启动时将不执行数据库初始化处理。此外，当我们使用这种机制时，需要把 hibernate.ddl-aut 设置为 none，这样就可以避免启动时 Hibernate 试图根据实体类创建数据库表而造成的错误。示例项目中数据库初始化脚本代码如下：

```
drop table if exists tbProduct;
drop table if exists tbProduct_Comment;
drop table if exists tbUser;
-- 创建商品表
create table tbProduct
(
  id              int unsigned not null auto_increment comment '主键',
  name            varchar(100) comment '商品名称',
  cover_image     varchar(100) comment '商品封面图片',
  price           int not null default 0 comment '商品价格(分)',
  primary key (id)
);
-- 创建商品评论表
create table tbProduct_Comment
(
  id              int unsigned not null auto_increment comment '主键',
  product_id      int unsigned comment '所属商品',
  author_id       int unsigned comment '作者 Id',
  content         varchar(200) comment '评论内容',
  created         TIMESTAMP comment '创建时间',
  primary key (id)
```

```
);
-- 创建用户表
create table tbUser
(
  id                int unsigned not null auto_increment comment '主键',
  nickname          varchar(50) comment '用户昵称',
  avatar            varchar(255) comment '用户头像',
  primary key (id)
);
```

数据初始化脚本代码如下：

```
-- 导入测试商品列表
insert into tbProduct (id, name, cover_image, price)
   values(1, '测试商品-001', '/products/cover/001.png', 100);
insert into tbProduct (id, name, cover_image, price)
   values(2, '测试商品-002', '/products/cover/002.png', 200);
insert into tbProduct (id, name, cover_image, price)
   values(3, '测试商品-003', '/products/cover/003.png', 300);
insert into tbProduct (id, name, cover_image, price)
   values(4, '测试商品-004', '/products/cover/004.png', 400);
insert into tbProduct (id, name, cover_image, price)
   values(5, '测试商品-005', '/products/cover/005.png', 500);
-- 导入测试用户列表
insert into tbUser (id, nickname, avatar)
   values(1, 'zhangSan', '/users/avatar/zhangsan.png');
insert into tbUser (id, nickname, avatar)
   values(2, 'lisi', '/users/avatar/lisi.png');
insert into tbUser (id, nickname, avatar)
   values(3, 'wangwu', '/users/avatar/wangwu.png');
insert into tbUser (id, nickname, avatar)
   values(4, 'yanxiaoliu', '/users/avatar/yanxiaoliu.png');
-- 导入商品 3 的评论列表
insert into tbProduct_Comment (id, product_id, author_id, content, created)
   values(1, 3, 1, '非常不错的商品', CURRENT_TIMESTAMP());
insert into tbProduct_Comment (id, product_id, author_id, content, created)
   values(2, 3, 3, '非常不错的商品+1', CURRENT_TIMESTAMP());
insert into tbProduct_Comment (id, product_id, author_id, content, created)
   values(3, 3, 4, '哈哈，谁用谁知道', CURRENT_TIMESTAMP());
```

2.3.7　启动测试

现在我们第一版电子商城项目已经开发完成了，下面可以编译、打包、运行，然后在 Postman 中访问我们所提供的 API 端点。比如，我们访问用户列表端点 http://localhost:8080/users，可以看到如图 2-8 所示界面。如果能从界面中看到所导入的用户列表已经正确显示出来，就表示我们使用 Spring Boot 开发的第一个项目已经运行成功。

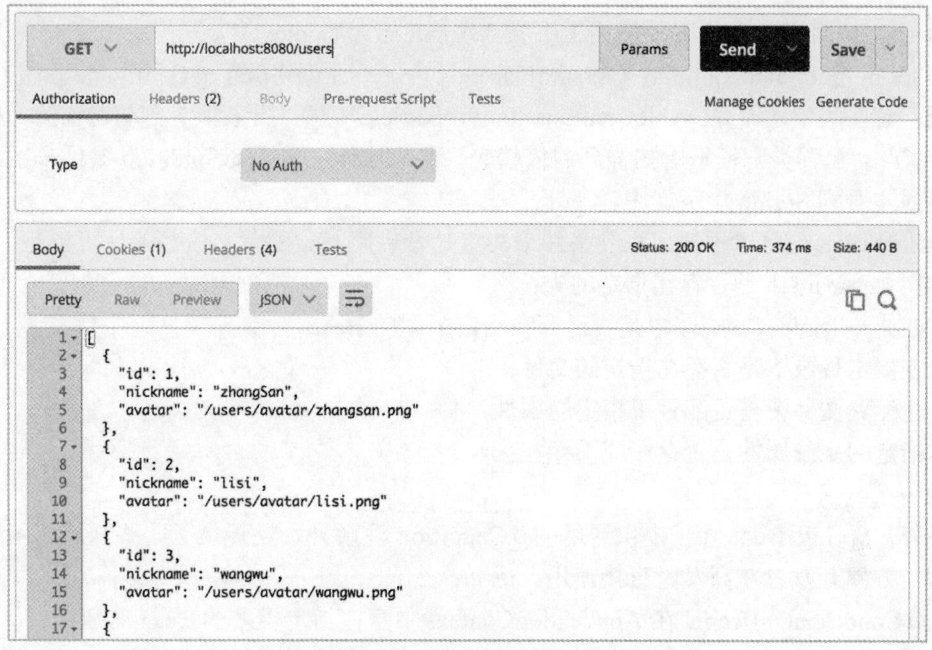

图 2-8　使用 Postman 访问用户列表

2.4　Spring Boot 特性

Spring Boot 框架最重要的目标之一就是简化基于 Spring 的开发，因此 Spring Boot 提供了一系列的特性来实现这个目的，其中比较重要的有自动配置机制、日志和属性配置等。下面来大致了解一下这些特性。

2.4.1　Spring Boot 自动配置机制

前面我们说过之所以使用 Spring Boot 框架，就是因为其提供了自动配置机制可以大大减少我们开发时需要重复配置的工作量。那么 Spring Boot 的自动配置机制到底是如何进行工作的呢？因为本书的重点不是 Spring Boot，因此这里我们只对核心机制进行简单剖析，关于 Spring Boot 更详细的自动配置机制，读者可以阅读 Spring Boot 相关书籍。

Spring Boot 自动配置机制从核心上可以总结为以下两点：

- 通过@EnableAutoConfiguration 为基于 Spring 的应用开启自动配置机制；
- 通过一系列的@Conditional 完成自动配置机制的实现。

首先，@EnableAutoConfiguration 注解可以让 Spring 开启自动配置机制。开启后，Spring 在系统启动时就会通过自动扫描项目 class 目录下所包含的依赖包，以及依赖的条件自动注册 Bean，从而构建 Spring 的应用上下文（Application Context）。

在 spring-boot-autoconfigure-[version].jar 中包含了一系列注解了@Configuration 的自动配置类，这些类中还有@EnableConfigurationProperties 注解，用来指定自动配置的一些条件。这些自动配置类则根据所扫描到的依赖包，通过对所注解的@Condition 条件来决定是否开启并注册到 Spring 上下文中。

@Condition 则可以根据一系列条件来决定是否启用某项配置，这些条件可以是：

- 在 classpath 下是否存在指定的类；
- 在 ApplicationContext 中是否已存在指定类型的 Bean；
- 在指定目录下是否存在指定的文件；
- 在配置文件中是否配置了指定的属性；
- 指定的系统属性是否存在或不存在；

……

另外，Spring Boot 除了提供通用的@Condition 注解外，还提供了一些开箱即用的条件注解，方便开发者在开发时直接使用。比如：

- @ConditionOnBean：在 ApplicationContext 中存在指定类型的 Bean 时启用。
- @ConditionOnMissingBean：在 ApplicationContext 中不存在指定类型的 Bean 时启用。
- @ConditionOnClass：在 classpath 下存在指定类时启用。
- @ConditionOnMissingClass：在 classpath 下缺少指定类时启用。
- @ConditionOnProperties：当存在指定属性配置时启用。
- @ConditionOnResource：当存在指定资源时启用。
- @ConditionOnWebApplication：当应用是一个 Web 应用时启用。

……

这里只列出了一部分条件注释，具体列表读者们可以查看 org.springframework.boot.autoconfigure.condition 中的 Condition 注解定义。

细心的读者可能会发现在上面的电子商城示例中，我们并没有为应用增加@EnableAutoConfiguration 注解，那么应用是如何开启自动配置机制的呢？的确，我们并未直接在应用的引导类中添加该注解，但如果仔细查看一下所注解的@SpringBoot Application 的源码可以发现，该注解继承了@EnableAutoConfiguration，当在引导类中添加@SpringBoot Application 注解时，Spring Boot 就已经为应用默认启动了自动配置机制。

2.4.2 Spring Boot 扩展属性配置

在开发应用系统时或多或少都会有一些属性 / 配置参数需要设定，如数据源、单点登录集成参数、支付配置等，而且通常在不同的开发环境下这些参数也不同。作为开发者，一定不愿意把这些参数硬编码在代码中，每次部署不同环境时都需要修改、编译、打包。因此最常用的解决方案是将这些参数分离并将它们写入一个单独的 Properties 或 XML 文件中。以前单独使用 Spring 框架时，可以通过@PropertySource 来指定这些配置文件列表。

当我们使用 Spring Boot 时，Spring Boot 针对这个问题做了进一步的简化。Spring Boot 通过自动配置机制在系统启动时就自动创建了 PropertyPlaceHolderConfigurer 的 Bean，并默认从 class 目录下的 application.properties（或 application.yml）文件中加载作为系统的默认配置。因此，在开发时只需要在该文件中配置所要的参数即可。

在 Spring 中还有一个机制，可以在项目中定义多个 profile 配置文件，文件命名格式为 application-{profile}.properties（或 yml）。当我们启动不同的环境时，Spring Boot 就可以从相应的配置文件中加载并覆盖默认的配置。比如，可以为开发环境定义 application-dev.properties，为发布环境创建 application-stage.properties 文件，在启动时可以通过参数 spring.profile 来指定所要启动的环境即可。

Spring 还为开发者提供了几个注解，可以方便开发者将配置文件中所配置的数据直接注入到指定的对象中。

- @Value：将配置参数的值直接注入到指定的 Bean 属性中。
- @ConfigurationProperties：通过指定的前缀，批量将配置的值注入一个 Bean 中。
- Spring 还提供了一些属性配置校验注解，如@NotNull、@Email、@Min、@Max 等，可以辅助对参数配置进行有效性检验。

在属性配置中，属性的名称并不需要与 Bean 中的字段名称严格保持一致。比如，在 Bean 中字段名称为 wechatAppId，那么配置的属性名称可以为 wechatAppId、wechat-app-id 或 WECHAT_APP_ID 都是可以的。此外，对于@Value 还可以使用 SpEL 表达式进行配置，同时还可以为该配置指定默认值（当属性配置文件中没有该属性配置时使用，这样可以避免在应用启动时报错）。

2.4.3　Spring Boot 日志配置

日志对开发人员的重要性不言而喻，调试、上线后排查、后期用户行为分析等都少不了日志的身影，正确而有效地使用日志工具，对每一个开发人员来说都是必不可少的一项重要技能。Spring Boot 在这个方面也提供了快速集成的方案。

默认情况下，当开发者使用 Spring Boot 框架时，就依赖了 spring-boot-starter-logging，该依赖包为开发者的日志系统提供了一个抽象层接口，使开发者可以和多种日志系统直接进行集成，如 SLF4J、Logback、Log4j2 等。如果在项目中不指定具体使用何种日志系统，那么 Spring Boot 将默认集成 Logback 作为实现，我们也可以在 pom.xml 文件中指定其他日志系统，比如下面的配置脚本让我们在应用中使用 Log4j 而不是 Logback：

```
<dependency>
    <groupId>org.springframework.boot</groupId>
    <artifactId>spring-boot-starter</artifactId>
    <exclusions>
        // 排除 Spring Boot 默认对 Logback 的依赖
      <exclusion>
```

```
            <groupId>org.springframework.boot</groupId>
            <artifactId>spring-boot-starter-logging</artifactId>
        </exclusion>
    </exclusions>
</dependency>
// 增加对 Log4j 的依赖
<dependency>
    <groupId>org.springframework.boot</groupId>
    <artifactId>spring-boot-starter-log4j</artifactId>
</dependency>
```

另外，Spring Boot 会使用自动配置机制，根据开发者所使用的日志系统对日志进行自动配置，也就是说，开发者不需要为日志系统定义配置文件也可以使用，比如之前的电子商城示例项目。但如果 Spring Boot 在 class 目录下发现了 logback.xml（针对 logback）或 log4j.proerties（针对 Log4j），那么 Spring Boot 就会启用这些配置。

在开发中，Spring Boot 还为我们提供了一种更为简洁的日志配置方式，就是直接在项目配置文件中进行配置，代码如下：

```
# 配置日志输出级别
logging.level.org.springframework=INFO
logging.level.com.cd826dong=DEBUG
# 配置日志输出路径
logging.path=/var/logs/app.log
```

结合 Spring 的扩展属性配置机制，可以在配置文件中为不同环境启动不同的日志级别。比如在开发环境下启动 DEBUG 级别，而在生产环境中启动 INFO 或 WARN 级别。

2.5　关于敏捷开发

现在互联网应用的开发都追求尽快地将功能上线，以便尽快试错，确定哪种功能才是用户真正需要的。而原来的传统开发过程中需要经过漫长设计的时代已经满足不了这种快速开发和迭代的需要，经过长时间开发出来的产品往往一上市就已经落后了。

在敏捷开发中开发者将不再面临要么全有，要么什么都没有的困境，而是通过快速构建一个最小可行性产品（Minimum Viable Product，简称 MVP），然后通过快速的产品功能迭代，可以让产品尽可能早日上线，面向用户，并实现其商业价值。

当开发者使用敏捷开发时，重构就会成为日常开发过程中的常态。敏捷开发要求开发者每次的改进（添加、优化、修改 Bug）都不能太大，如果需要增加 / 改动的较大，那么这个时候或许就不能严格遵守敏捷开发的原则，需要在进行代码重构的同时添加一些必要的改进。因为对于一项大的改进可能需要多个迭代（Sprint）周期，这时开发者可能已经明确知道需要对架构的哪些部分进行升级，所以此时开发者可以很好地把架构改进计划融入到多个迭代周期中，否则当后期需要进行功能叠加时，可能会寸步难行，此时再来“还”这个“技术债务”是一件比较头痛的事，反而可能与敏捷开发背道而驰。

另外，测试驱动开发（Test Driven Development，简称 TDD）可以说是现代开发所常用的一种开发驱动方式，指的是在编写业务逻辑之前先编写单元测试，首先会让测试失败，然后再通过实现具体的代码让测试通过。测试驱动开发可以很好地驱使开发者对业务需求的深层次思考，及早发现伪需求，从而保障系统功能的正确性。另外，测试驱动开发的一个最大优势就是在保障不改变功能的情况下可以持续地对代码进行改进和重构，这样就可以让开发者既能够快速开发又能够保障系统功能的稳定性。

关于 Controller 层单元测试，有时开发者可能会认为对 Controller 层的单元测试并不重要，因为该层的代码一般会比较简单，常常是做转发处理。但其实 Controller 层的单元测试是非常重要的，一旦开发者为 Controller 编写了单元测试，也就为其所编写的业务功能增加了双保险，特别是进行微服务开发时，往往是多个团队在进行协作开发，各微服务之间需要这些 API 才能够进行协作处理。当开发者更改了接口时，单元测试就会失败，这样就可以及早发现并进行更正，避免影响到其他 API 消费者。从这种意义上来说，REST API 就是多个团队之间的一种契约，而单元测试则可以监督契约的不可变性。

2.6　关于 RESTful API 设计

让我们先来了解一下什么是 RESTful。首先，REST 这个词来源于 Roy Thomas Fielding 博士在 2000 年所发表的博士论文，在论文中 Fielding 将他对互联网软件的架构原则定名为 REST，即 Representational State Transfer 的缩写。

那么 REST 又是什么意思呢？从字面上可以理解为：表现层状态转化。那么表现层又指的是什么表现层呢？很明显这里缺少了主语的修饰语，既然 Fielding 博士提出这个是针对互联网软件的，所以很明显所谓的表现层是指资源（Resources）的表现层，对于互联网来说，网络上任何一个具体信息（如一段文本、一张图片、一首歌曲或一种服务）都可称为一个资源。对互联网上的资源我们可以使用 URI（统一资源标识符）指向它，每种资源都可以对应一个特定的 URI，要获取这个资源，访问相应的 URI 就可以。

当我们在浏览器中输入一个网址的时候，就发起了客户端和服务器的一个交互过程，在这个过程中，势必涉及资源相应数据和状态的变化。这是因为对所有的互联网应用，资源都是保存在服务器上，因此客户端每次向服务器发送请求就代表了让服务器端资源发生“状态转化”（State Transfer），而资源的这种转化最终会通过表现层展示出来，所以这就是 REST-表现层状态转化。

我们把符合 REST 这种原则的互联网应用架构称之为 RESTful 架构。随着互联网应用开发的普及，RESTful 架构因为具有结构清晰、符合标准、易于理解、扩展方便等特点，所以被越来越多的互联网应用所支持。而采用 RESTful 架构风格所设计出来的 API，则称为 RESTful API。在进行 RESTful API 设计时，有以下指导原则可以参考：

- 以资源为中心进行 URL 设计；

- 正确使用 HTTP 方法及状态码；
- 查询及分页处理原则；
- 其他指导原则。

2.6.1　以资源为中心进行 URL 设计

资源是 RESTful API 的核心，所有的操作都是针对某一特定资源进行的，所以简洁、清晰、结构化的 URL（统一资源定位符）设计是至关重要的。对于资源，我们可以理解为是一个集合，所以 URL 中尽量使用复数来表示资源，而对于特定的单个资源则通过添加 ID 或者其他唯一标识符来表示。对于有关联关系的资源可以通过资源嵌套方式来表示，如下面的示例：

```
/users
/users/{id}
/users/{loginName}
/products/{id}/comments
```

注意：根据 RFC3986 标准中规定，URL 是大小写敏感的，而且 Spring MVC 默认对 URL 也是区分大小写的，所以为了避免歧义，定义 URL 时最好都使用小写字母。

此外，RESTful API 的设计最好做到 Hypermedia 化，也就是在返回结果中包含所提供相关资源的链接，使得用户可以根据返回结果就能得到后续操作需要访问的地址。这种设计也被称为 HATEOAS（Hypermedia As The Engine Of Application State）。比如 Github API 设计就是这种设计，当访问 https://api.github.com 时，就会得到一个 API 地址列表：

```
{
  "current_user_url": "https://api.github.com/user",
  "authorizations_url": "https://api.github.com/authorizations",
  ......
}
```

得到这个 API 列表之后，就可以根据需要执行相应的 URL 即可。

2.6.2　正确使用 HTTP 方法及状态码

资源的 URL 设计好之后，所有针对资源的操作都是使用 HTTP 方法指定的。比较常用的方法有：GET 用来获取资源，POST 用来创建资源（也可以用于更新资源），PUT 用来更新资源，DELETE 则是用来删除资源，还有一个 PATCH 方法用来更新资源，但用的比较少，常使用 POST 来替代。

在实际资源操作中，我们常常会增加一些资源处理动作，这时一般会给该动作增加一个端点，并使用 POST 执行该动作，如 POST /orders/{id}/resubmit 重新提交订单。

有时候也可以把动作转换成资源，比如喜欢一个商品就可以使用 POST /products

/{id}/star，而取消喜欢则可以使用 DELETE /products/{id}/star。通常在创建或者更新一个资源时，应该返回资源的最新数据，而删除资源一般不会返回内容。

由于 REST 是基于 HTTP 协议的，因此对于用户请求的应答中应该使用正确的状态码，以便客户端能够做出正确的处理。HTTP 标准状态码都是三位整数，大概分成了以下几个区间。

- 2XX：请求正常处理并返回。
- 3XX：重定向，请求的资源位置发生变化。
- 4XX：客户端发送的请求有错误。
- 5XX：服务器端错误。

作为正常响应，需要把状态码设置为 200。如果服务器内部发生错误一般会返回 500。对于每一个码所表示的具体意义，读者可以参考网址 https://httpstatuses.com/，这里不再展开介绍。

2.6.3　查询及分页处理原则

通常我们遇到查询时需要附加一些查询条件对所要显示的列表进行过滤，这个时候可以通过在 URL 中附加参数来实现，比如：

- ?state=closed：查询指定状态。
- ?limit=10：指定返回 10 条记录。
- ?page=2& size=25&sort=created,desc：进行分页查询，并指定每页记录数及排序方式。

当我们使用 Spring Data 的 Pageable 进行分页查询时，需要传入的分页参数的默认名称如下。

- page：所要查询的页面数，也就是第几页数据。从 0 开始，默认值也是 0。
- size：每一页中最大记录数，默认值为 20。
- sort：分页数据的排序字段及方式，格式为 property(,ASC|DESC)。其中排序方式为可选，默认排序方式为升序（ASC）。该参数可以多个，比如 sort=firstname& sort=lastname,asc。

如果分页参数和项目中不同，可以通过实现 PageableHandlerMethodArgumentResolverCustomizer 接口进行自定义。

2.6.4　其他指导原则

在编写 RESTful API 时，除了遵守上面几个大的原则之外，对于 API 的响应返回格式、I 版本设计、域名等可以参考下面几个小的指导原则。

1. 使用JSON作为响应返回格式

对于响应所返回的数据格式使用 JSON 再合适不过了。JSON 具有可读性、紧凑性及多种语言支持等优点，并且对前端开发中的 JavaScript 也支持，其他 App 开发都有比较成熟的库支持，所以使用 JSON 作为 API 返回的数据格式是最合适的。如果用户需要其他格式，如 XML，可以通过请求头部中 `Accept` 来指定。

2. API域名

应该尽量将 API 全部部署在一个专用的域名之下，如 https://api.cd826dong 或 https://www.cd826dong/ api。

3. API版本

在设计 API 时最好将 API 的版本放入 URL 中，如 https://api.cd826dong/v1/users。

4. 错误处理

当出现错误时，在响应的内容中需要通过 errmsg 给出明确的信息，还可以创建统一的错误码，可以使用 errcode 返回。如果只是返回类似 4XX Bad Request 状态码给客户端，很难让客户端知道具体是哪里有问题，从而无法快速修改。此外，对于返回的错误信息最好以 JSON 的数据格式返回，这样可以方便客户端进行统一处理。例如：

```
{
    errcode:40001,
    errmsg:"这是一个错误信息"
}
```

第2篇 Spring Cloud组件实战

第 3 章　Spring Cloud 简介

2014 年 3 月，Martin Fowler 在其博客上发表了 Microservices 一文，对过去几年逐渐开始流行的微服务架构开发模式给出了正式的定义。同年，Netflix 将自己多年实际开发所使用的微服务基础组件通过 Netflix OSS（Open Source Software）进行开源，加速了微服务架构模式的推广和普及。随之，Pivotal 在 Netflix OSS 的基础上进行了封装和集成，推出了 Spring Cloud。如今，随着微服务架构的普及，使微服务在技术生态上得到了不断的完善和更新，不论是容器、应用框架、发布管理及监控等都有了长足的进步。

但基于微服务架构的开发并不仅仅是代码。一个基于微服务架构的应用，所包含的微服务动辄十几甚至上百，对于每一个微服务都有几个或几十个实例在运行，而且分布在众多服务器（物理或虚拟容器）之上。而如何让这些微服务整体协作起来，形成一个和谐、有效和强健的应用，就绝不仅仅是编写代码而已。因此，在构建微服务架构的应用时，除了代码之外，还需要一些基础设施、运维管理的支持等，通过这些基础设施和运维管理，可以对所构建的微服务实现统一管理与运维监控。

就如代码开发时有 GoF 的经典开发模式可以供我们参考使用一样，对于微服务架构，业界也有一些成功的模式和实践，Spring Cloud 就是微服务架构应用的集大成者。在进入 Spring Cloud 世界之前，让我们先从搭建微服务架构应用的多个角度进行分析，了解一下微服务架构需要解决的核心问题，以及业界有哪些解决方案可以借鉴。

3.1　微服务架构的核心关键点

针对构建微服务架构时需要考量的核心关键点，总结如图 3-1 所示。

1. 微服务的服务治理

当我们架构微服务应用时首先遇到的一个问题是，作为消费者如何访问并调用服务提供者所提供的服务，作为服务提供者如何能让服务消费者知道并进行消费。在传统应用开发时，通常是在开发语言层面上解决这个问题，可能我们从来也没有考虑过这个问题，甚至可以说这个问题在传统开发时根本不存在。但在微服务架构下，同一个微服务可能同时存在多个实例，并且这些微服务实例还在不停上线、下线，那么它们如何相知、相识并进行通信呢？使用物理地址显然不行，因为不知道服务提供者到底在哪台服务器，服务当前是否仍然在线，如果服务不在线还进行调用岂不是造成调用失败？

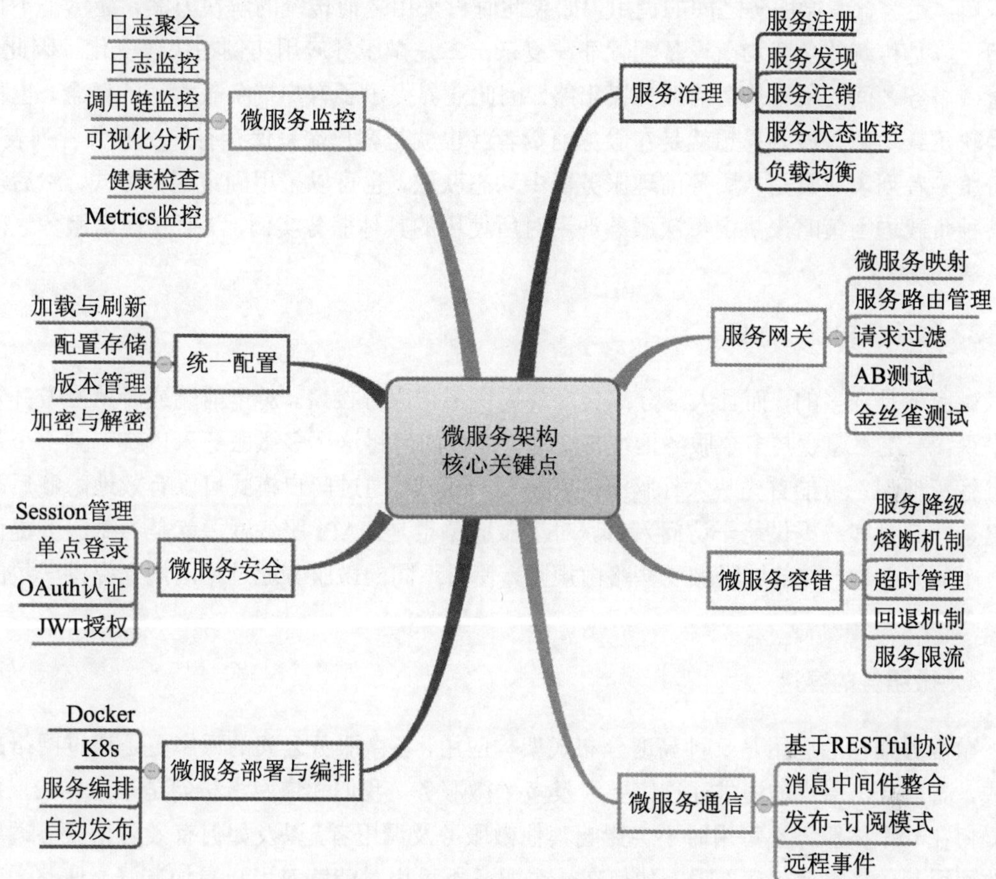

图 3-1　微服务架构的核心关键点

此外，对于微服务架构应用来说还有一个重要考量因素：快速水平扩展。在进行快速扩展时我们不可能预先知道所有的服务实例地址并告知服务消费者，而且也无法确定有哪些、有多少消费者会来消费。

业界对于此问题典型的解决方案就是服务治理（服务注册及服务发现）。通过服务发现，消费者可以在预先不知道服务提供者物理地址的情况下，仅通过相应的服务名称就可以实现服务调用。服务注册机制，可以让服务提供者在上线时将所提供的服务信息注册到服务治理服务器中，供服务消费者使用。当服务下线时将自己从服务治理服务器中注销，避免服务消费者调用而造成的异常。

2．微服务的负载均衡

对于负载均衡，传统应用通常会在用户请求的入口通过负载均衡设备（如 F5 等）或通过 Ngnix 反向代理方式实现负载均衡。但在微服务架构下负载均衡不仅仅指的是用户请求入口，还包含了微服务之间的调用。如果此时再采用之前传统的解决方案，显然是不合适的：一是传统的负载均衡设备配置非常复杂；二是微服务应用实例在快速变化。因此，针对微服务之间的负载均衡需要另谋出路。因此业界提出了客户端负载均衡的概念，也称之为软负载均衡。核心思想就是在服务消费者（也就是客户端）保存有一份服务者列表，这份服务者列表通常是从服务治理服务器中动态获取，也可以采用固定配置方式，然后通过某种负载均衡策略来决定每次服务调用时所使用的具体服务实例，从而实现微服务之间的负载均衡。

3．微服务的统一入口

微服务是众多的，而且大部分都会对外提供某种服务接口。对于前端或者第三方开发者来说，一定不愿意与多个服务地址打交道。那么如何将这么多微服务入口统一到一个入口进行管理呢？可能首先映入你脑海的就是门户模式，通过门户模式可以有效地隐藏后端的复杂性，对客户提供统一访问入口。对于微服务也是，API 服务网关就是为微服务提供了一个统一入口，并能够附加一些路由规则，使得不同的微服务通过路由规则提供一致的访问入口。

4．微服务的容错

微服务架构的应用是一种高度分布式架构应用，各微服务之间的调用更是通过网络来完成，而且一个用户的请求往往需要涉及多个微服务。我们知道网络访问是不可靠的，那么如何在一个微服务不可用时不会影响其他微服务及调用者，以及如何有效防止服务调用失败而引起的“雪崩效应”呢？如何在一个服务不可用时能够对用户更加友好，使整个应用非常具有弹性呢？这些是实施微服务架构时一个非常重要的话题。

在业界，针对微服务架构的容错提出了断路器、服务降级等模式，这些模式都可以有效防止微服务调用失败而引起的连锁反应，并且在必要时可以通过这些模式主动实施应用的降级处理，从而保证核心业务的正常运行。

5．微服务的统一配置

单体应用中可以直接在所开发项目中进行配置管理。而在微服务架构中，一个应用被拆成众多的微服务，并由不同的团队负责，而这些微服务中会存在一些共同的配置数据，如果还是分散在各个项目中分别进行管理，那么面对数十个、上百个应用实例，可以预见变更一个配置数据时的难度。此外，我们也不希望某个应用实例可以独立进行变更，从而造成更大的混乱。因此，如何统一对配置进行管理和发布更新，就需要在构建微服务之初进行思考。

6. 微服务的监控

微服务的灵活和强大也为开发者带来了“噩梦”一般的调试和跟踪分析体验。单体架构下所有的应用都在一起，根本不存在难以调试的问题。对于调用和跟踪分析的重要性不言而喻，特别是当应用正式上线时，通过日志分析可以快速定位到问题所在。而在微服务场景下调试将难以进行，因为一个用户请求会涉及多个微服务应用，要在多个应用下统一进行调试将会非常困难。应用上线后，日志多由服务实例自己管理，如何将分散在多个日志之间的调用串联起来，形成一个完整的请求调用链，将是另外一个非常大的挑战。因此，针对这个问题及需求，业界在微服务监控中提供了日志聚合、日志可视化分析、调用链跟踪等解决方案，都可为我们所构建的微服务应用的运维提供强有力的武器。

7. 微服务的部署

在动辄几十个甚至上百个服务实例在线，并且不断上线、下线的场景下，开发者一定不愿意通过手工构建和部署这些服务实例。此时，开发者更愿意将这些处理交付给自动化工具去做，一方面可以提升工作效率，另一方面通过自动化的方式才能够保障所构建和部署的服务实例一致化。因此，业界针对这种需求提出了相应的解决方案，包括通过构建—发布管道来构建自动化发布流程。可以通过 Docker 工具来快速部署，通过 k8s 来构建自动化部署编排等。

3.2 Spring Cloud 技术概览

Spring Cloud 没有重复造车轮，也没有从零开始构建，它是在 Netflix OSS 等多家开源的基础上，使用 Spring Boot 风格将这些比较成熟的微服务框架组合起来，屏蔽掉了复杂的配置和实现原理，为快速构建微服务架构的应用提供了一套基础设施工具和开发支持。所提供的基础设施，如服务发现、客户端负载均衡、API 网关、微服务容错、统一配置中心、消息总线及微服务调用监控等，都可以做到一键启动和部署，极大减轻了我们进入微服务世界的难度。Spring Cloud 所提供的核心功能包含：

- 基于 Netflix 实现服务治理、客户端负载均衡和声明式调用；
- 服务网关；
- 微服务容错管理；
- 整合消息中间件提供消息驱动式开发；
- 基于 Spring Security 提供微服务安全、单点登录功能；
- 分布式、版本化的统一配置管理；
- 微服务调用链及追踪管理。

Spring Cloud 并不是一个传统意义上的项目，而是众多子项目的一个大集成，因此在版本号中 Spring Cloud 也没有采用传统的方式，而是通过一个“发布列车”的概念来定义版本，如 Angel、Brixton 及本书中所用的 Dalston，以及接下来的版本 Edgware 和 Finchley 等。这些发布列车的命名都是使用伦敦地铁站名作为发布的名称，每增加一个主要版本时，就使用伦敦地铁站中的第二高字母作为版本名称。例如，Angel、Brixton 及本书中所使用的 Dalston，以及接下来的版本 Edgware 和 Finchley 等。

3.2.1 Spring Cloud 子项目

对于 Spring Cloud 旗下的子项目大致可以分为两类：一类是对现有成熟的第三方开源项目 Spring Boot 化，进行封装集成，使得我们基于 Spring 的开发非常容易集成和使用。第二类是新增一些微服务架构开发所需的基础设施，如 Spring Cloud Config 提供了统一配置中心、Spring Cloud Stream 则充当了与 Kafka、RabbitMQ 等消息中间件快速集成的桥梁。如图 3-2 就是 Spring Cloud 整体架构设施及所包含的子项目结构图。

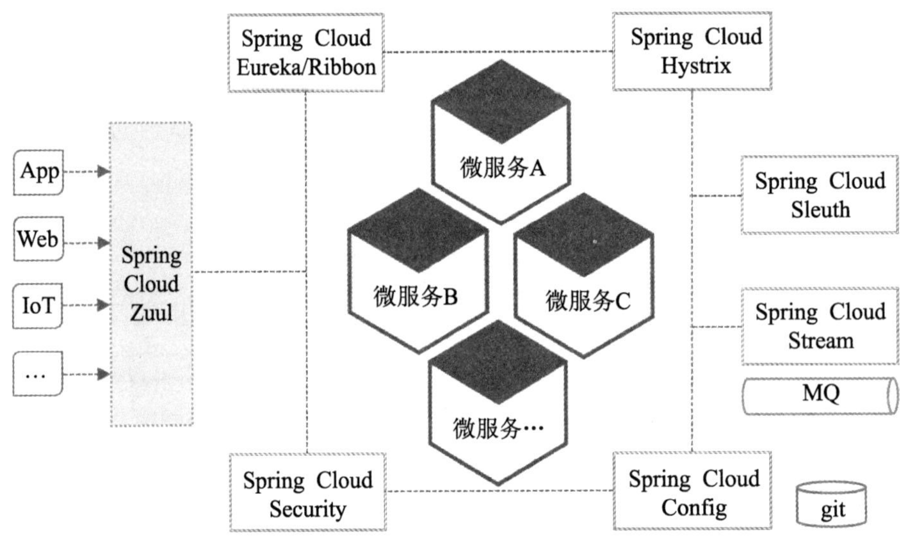

图 3-2 Spring Cloud 架构图

1. Spring Cloud与Spring Boot

对于我们所要构建的微服务架构应用来说，每一个微服务就是一个独立的应用，而对于每一个独立的应用都需要一些基础设施和配置的要求：快速启动、能够提供基于 REST 架构的服务接口等。而 Spring Boot 可以担当此任，也的确如此。Spring Boot 可以说是微服务架构的核心技术之一。快速启动不言而喻，通过在 Spring Boot 应用中添加 Spring MVC 依赖，就可以快速实现基于 REST 架构的服务接口，并且可以提供对 HTTP 标准动作的支持。而且 Spring Boot 默认提供 JackJson 序列化支持，可以让服务接口输入、输出支持 JSON，可谓如虎添翼。因此，当使用 Spring Cloud 进行微服务架构开发时，使用 Spring Boot 是一条必经之路。

2. Spring Cloud与服务治理

服务治理是 Spring Cloud 的核心，在实现上其提供了两个选择，即 Consul 和 Netflix 的 Eureka。在后面的章节中我们会深入讲解 Eureka，而关心 Consul 的读者可以到其项目主页（https://cloud.spring.io/spring-cloud-consul/）详细了解，在本书中将不展开讨论。

对于 Eureka 本身来说是 Netflix 开源的一款服务治理的产品，Spring Cloud 对其进行了二次封装，形成了 Spring Cloud Netflix 子项目。Eureka 提供了服务注册中心、服务发现客户端，以及注册服务的 UI 界面应用。在 Eureka 的实现中，节点之间相互平等，有部分注册中心“挂掉”也不会对整个应用造成影响，即使集群只剩一个节点存活，也可以正常地治理服务。即使所有服务注册节点都宕机，Eureka 客户端中所缓存的服务实例列表信息，也可让服务消费者能够正常工作，从而保障微服务之间互相调用的健壮性和应用的弹性。

3. Spring Cloud与客户端负载均衡

Spring Cloud 通过对 Netflix 微服务开源项目中的 Ribbon 再次封装，实现了客户端负载均衡。Ribbon 默认与 Eureak 进行无缝整合，当客户端启动的时候，从 Eureka 服务器中获取一份服务注册列表并维护在本地，当服务消费者需要调用服务时，Ribbon 就会根据负载均衡策略选择一个合适的服务提供者实例并进行访问。

此外，通常在微服务调用时通过 RestTemplate 进行调用，这时需要开发者处理参数、调用路径等，Spring Cloud 通过集成 Netflix 的 Feign 项目，为开发者提供了声明式服务调用，从而简化了微服务之间的调用处理方式。并且默认 Feign 项目集成了 Ribbon，使得声明式调用也支持客户端负载均衡功能。

4. Spring Cloud与微服务容错、降级

微服务容错、降级旨在为微服务架构提供更大的弹性，在 Spring Cloud 中，将再一次拥抱 Netflix，通过集成其下子项目 Hystrix，通过所提供的@HystrixCommand 注解可以轻松为我们所开发的微服务提供容错、回退、降级等功能。此外，Hystrix 也默认集成到 Feign 子项目中。

Hystrix 是根据“断路器”模式而创建。当 Hystrix 监控到某服务单元发生故障之后，就会进入服务熔断处理，并向调用方返回一个符合预期的服务降级处理（fallback），而不是长时间的等待或者抛出调用异常，从而保障服务调用方的线程不会被长时间、不必要地占用，避免故障在应用中的蔓延造成的雪崩效应。

而 Hystrix 的仪表盘项目（Dashboard）可以监控各个服务调用所消耗的时间、请求数、成功率等，通过这种近乎实时的监控和告警，可以及时发现系统中潜在问题并进行处理。

5．Spring Cloud与服务网关

Spring Cloud 通过集成 Netflix 中的 Zuul 实现 API 服务网关功能，提供对请求的路由和过滤两个功能，其中路由功能负责将外部请求转发到具体的微服务实例上，是实现外部访问统一入口的基础。过滤器功能则负责对请求的处理过程进行干预，是实现请求校验、服务聚合等功能的基础。通过 Zuul，可以将细粒度的服务组合起来提供一个粗粒度的服务，所有请求都导入一个统一的入口，对外整个服务只需要暴露一个 API 接口，屏蔽了服务端的实现细节。通过 Zuul 的反向代理功能，可以实现路由寻址，将请求转发到后端的粗粒度服务上，并做一些通用的逻辑处理。

此外，Zuul 默认会与 Eureka 服务器进行整合，自动从 Eureka 服务器中获取所有注册的服务并进行路由映射，实现 API 服务网关自动配置。

6．Spring Cloud与消息中间件

现代应用中对消息中间件的依赖也越来越重，开发时很多应用功能常借助消息方式来完成。Kafka 和 RabbitMQ 等消息中间件也逐渐成为开发者应用中的一部分，使用这些中间件进行消息的收发处理是一件非常烦琐的事情，更别说在生产环境下更换消息中间件了。Spring Cloud 为简化基于消息的开发，提供了 Stream 子项目，通过建立消息应用抽象层，构建了消息收发、分组消费和消息分片等功能处理，将业务应用中的消息收发与具体消息中间件进行解耦，使微服务应用开发中可以非常方便地与 Kafka 和 RabbitMQ 等消息中间件进行集成。

此外，Spring Cloud Bus 基于 Stream 进行扩展，可以作为微服务之间的事件、消息总线，用于服务集群中状态变化的传播。比如 Spring Cloud Config 借助 Bus，可以实现配置的动态刷新处理。

7．Spring Cloud与分布式配置中心

针对微服务架构下的配置文件管理需求，Spring Cloud 提供了一个 Config 子项目。Spring Cloud Config 具有中心化、版本控制、支持动态更新和语言独立等特性。在 Config 子项目中将微服务应用分为两种角色：配置服务器（Config Server）和配置客户端（Config Client）。使用配置服务器集中地管理所有配置属性文件，配置服务中心可以将配置属性文件存储到 Git、SVN 等具有版本管理仓库中，也可以存放在文件系统中。默认采用 Git 的方式进行存储，因此可以很容易地对配置文件进行修改，并实现版本控制。

8．Spring Cloud与微服务链路追踪

Spring Cloud 中的 Sleuth 子项目为开发者提供了微服务之间调用的链路追踪。Sleuth 核心思想就是通过一个全局的 ID 将分布在各微服务服务节点上的请求处理串联起来，还原了调用关系，并借助数据埋点，实现对微服务调用链路上的性能数据的采集。因此，通

过 Sleuth 可以很清楚地了解到一个用户请求经过了哪些服务、每个服务处理花费了多长时间，从而可以对用户的请求进行分析。

此外，通过将采集的数据发送给 Zipkin 进行存储、统计和分析，从而可以实现可视化的分析和展示，帮助开发者对微服务实施优化处理。

9．Spring Cloud与微服务安全

对于应用来说，安全是重要的考虑因素之一。Spring Cloud Security 为我们提供了一个认证和鉴权的安全框架，实现了资源授权、令牌管理等功能，同时结合 Zuul 可以将认证信息在微服务调用过程中直接传递，简化了我们进行安全管控的开发。此外，因为 Spring Cloud Security 默认支持 OAuth 2.0 认证协议，因此单点登录也可以非常容易实现，并且 OAuth2.0 所生成的令牌可以使用 JWT 的方式，进一步简化了微服务中的安全管理。

10．Spring Cloud的其他子项目

除了前面提到的子项目外，Spring Cloud 中还提供了以下项目。

- Spring Cloud Cli：提供了以命令行和脚本的方式来管理微服务。
- Spring Cloud Data Flow：一个用于开发、执行大数据处理的统一编程模型和托管服务。其基于原生云，并重新对 Spring XD 进行设计，简化了大数据应用的开发，为基于微服务的分布式流处理和批处理数据通道提供了一系列模型和最佳实践。
- Spring Cloud Task：用于短时的任务管理和调度微服务管理，通常与 Data Flow 一起使用。
- Spring Cloud Starters：类似于 Spring Boot 的启动项目，为基于 Spring Cloud 的微服务开发提供开箱即用的依赖管理。
- Spring Cloud Contract：这是面向 Java 的契约框架，消费者驱动的，旨在帮助开发者完成微服务测试的子项目。

随着 Spring Cloud 生态圈不断扩大，子项目也在不断增强，通过这些子项目可以大大提高开发者基于微服务架构的开发效率。

3.2.2　为何选择 Spring Cloud

作为目前最流行的微服务架构开发，Spring Cloud 的技术生态不断地发生着巨大变化，如容器、k8s、ServiceMesh、Cloud Native、gRPC 等新技术、新理念不断涌出。我们为何会选择 Spring Cloud 呢？原因如下：

- Spring Cloud 作为 Spring Boot 的传承，遵循约定优于配置的原则，在使用时不需要复杂的配置就可以运行起来，学习曲线低。
- Spring Cloud 中的大部分子项目开箱即用，采用自动化配置机制，可说使用门槛非常低。

- Spring Cloud 属于 Spring 大家族，而 Spring 是进行企业级开发的首选框架，因此在项目中引入 Spring Cloud 的技术成本比较低。
- Spring Cloud 的口号就是开发“面向云环境的应用程序”，通过集成成熟的第三方开源组件，为微服务架构的开发提供了全方位的支持，并且在 Spring 这棵大树下后续的更新、完善都有保障。
- Spring Cloud 抛弃了传统的 RPC 通信，采用了基于 HTTP 的 REST 方式，使得微服务接口更为灵活，服务提供者和消费者之间的依赖只需要一纸契约即可，而不存在代码级别的强依赖，这对快速演化的微服务架构更合适。
- Spring Cloud 并没有限制所使用的环境，可以与异构系统进行整合。同时对于所提供的各组件服务既可单独部署，又可集中部署，方便了运维和管理。

从整体上看，Spring Cloud 的功能相比其他解决方案，如 dubbo、nginx 等，更为强大，所提供的微服务组件涵盖面更广。而且作为 Spring 体系中的一员，可以非常容易地与之前采用 Spring Framework 或 Spring Boot 所构建的项目完美融合，从而让开发者在项目中可以更快、更易地推广微服务架构的开发。

3.3　Spring Cloud 版 Hello World 示例

我们在学习 Java 时可能写的第一个程序就是 Hello World，在学习 Spring Cloud 时，我们也使用一个 Hello World 的示例，让读者快速对如何使用 Spring Cloud 进行微服务开发有一个更直观的了解。下面就来搭建这个 Spring Cloud 版的 Hello World 示例，在该示例中包含下面 3 个微服务应用。

- Service-Discovery：这是一个服务治理微服务。
- Hello-Provider：作为服务提供者，为服务消费者提供 hello 服务。
- Hello-Consumer：作为服务消费者，承担对用户请求的响应，并调用服务提供者实现业务逻辑处理。

为了简化，下面并不会将 3 个微服务应用的全部代码列出来，而是仅列核心部分的代码。如果读者对接下来的代码看不懂也不用担心，因为在本书接下来的章节中会针对 Spring Cloud 中的这些核心子项目进行一一讲解。但如果你是一个心急的读者，略过了第 2 章，并且对 Spring Boot 也不是很了解，那么还是希望你能够回过头仔细先学习一下第 2 章关于 Spring Boot 的基础知识，然后再学习本节的内容。

如果你想先感觉一下把整个示例项目运行起来的快感，可以从本书的源码中获取本示例的全部代码并编译打包后，按照下面的命令直接运行即可：

```
# 先运行服务发现服务器
$ java -jar service-discovery-0.0.1-SNAPSHOT.jar

# 再运行服务提供者微服务
```

```
$ java -jar hello-provider-0.0.1-SNAPSHOT.jar

# 最后运行服务消费者服务
$ java -jar hello-consumer-0.0.1-SNAPSHOT.jar
```

在该示例中包含了微服务架构开发时所必备的一些核心概念：服务发现、客户端负载均衡、声明式调用，以及微服务容错保护中的服务熔断、服务降级等。首先来看看服务提供者的代码：

```
package com.cd826dong.clouddemo.provider.api;
import …
// Hello 服务提供者
@RestController
@RequestMapping("/hello-provider")
public class HelloProviderEndpoint {
    @RequestMapping(value = "/{name}", method = RequestMethod.GET)
    public String hello(@PathVariable String name){
        return "Hello, " + name + "!";
    }
}
```

服务提供者的代码非常简单，就是一个普通的 RestController，当用户请求/hello 端点，并附加名称参数时，就返回一个 Hello，*name*!的字符串。

下面来看看重点部分，即消费者的代码：

```
package com.cd826dong.clouddemo.consumer.api;
import …
@RestController
@RequestMapping("/hello")
public class HelloConsumerEndpoint
    @Autowired
    private HelloService helloService;
    // 这是我们提供的服务端点，其通过调用服务提供者提供的功能实现
    @RequestMapping(value = "/{name}", method = RequestMethod.GET)
    public String hello(@PathVariable String name){
        return this.helloService.hello(name);
    }
}
```

对于上面所列代码，可能有些读者会想这个不就是一个标准的 RestController 吗？和微服务好像没有关系。如果你这么想也是对的。的确，在我们编写对外服务的端点时是没有什么区别的，但这里的重点其实是 HelloService，其代码如下：

```
package com.cd826dong.clouddemo.consumer.service;
import …
// 这是一个远程 Hello 服务客户端，用来调用 HelloConsumer 所提供的服务
@FeignClient(value = "HP-SERVICE", fallback = HelloServiceFallback.class)
public interface HelloService {
    @RequestMapping(value = "/hello-provider/{name}",
                    method = RequestMethod.GET)
    String hello(@PathVariable("name") String name);
}
```

这是一个远程 Hello 服务客户端，在服务消费者微服务中并没有实现该接口，而是通过 Spring Cloud 所提供的 Feign 子项目来实现，也就是为何我们在接口声明中添加了 @FeignClient注解的原因。在注解中，value 属性表示所要调用的具体服务名称 HP-SERVICE，而 fallback 属性设置为 HelloServiceFallback.class，表示当所调用的微服务不可用时，使用该类所提供功的能替代原服务，也就是微服务容错功能。具体 HelloServiceFallback 代码如下：

```
package com.cd826dong.clouddemo.consumer.service;
import …
// Hello 服务降级实现
@Component
public class HelloServiceFallback implements HelloService {
    public String hello(String name) {
        return "Hello, " + name + ", I'm fallback!";
    }
}
```

该代码非常简单，当用户调用降级 hello()方法时简单返回一个组合的字符串，并标示该响应是一个降级响应（I'm fallback）。再者，当我们使用 Feign 时，就会默认与 Spring Cloud 所提供的客户端负载均衡 Ribbon 集成，所以示例中的代码就有了客户端负载均衡的能力。

最后来看一下运行结果。首先，编译后依次启动 Service-Discovery、Hello-Provider 和 Hello-Consumer 这 3 个服务，并确保都能启动成功。这时候访问服务消费者所提供的服务端点 hello，可以看到如图 3-3 所示的界面。

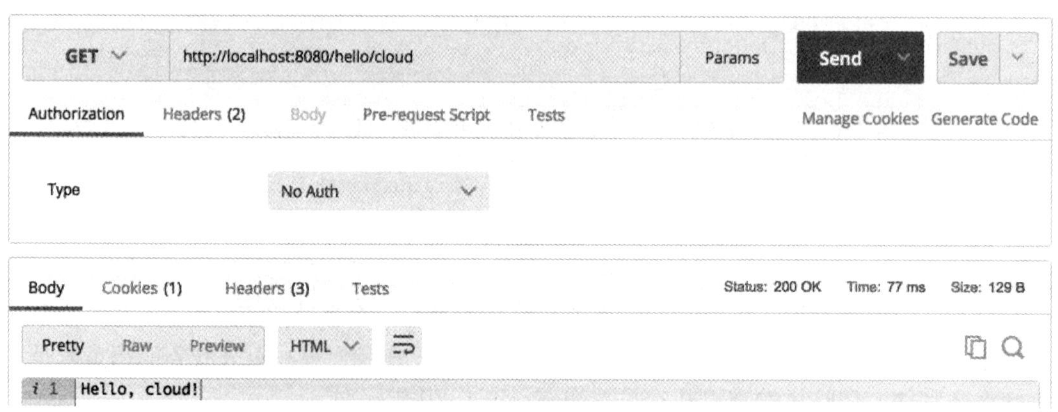

图 3-3　Hello, cloud 界面

注意：如果开发者不是按照上面三个服务器的顺序启动，那么在初次访问的时候可能不会获取到正确的结果，这是由服务治理机制造成的，在后面的章节中还会详细说明。

这时候我们将关闭服务提供者 Hello-Provider，然后再次访问，可以看到如图 3-4 所示的界面，说明所提供的微服务容错保护已经起效。当我们关闭服务提供者微服务之后，

hello-provider 端点已不可用，此时服务消费方就会通过 HelloServiceFallback 实施服务降级处理。

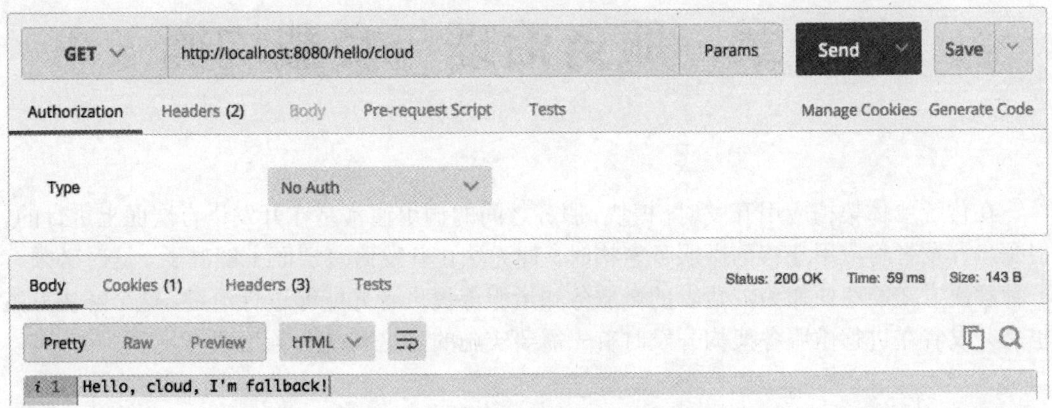

图 3-4　Hello, cloud 的服务降级

通过上面的快速示例，读者已经对基于 Spring Cloud 进行微服务架构应用的开发有了直观的认识。在接下来的章节中我们将深入学习和了解 Spring Cloud 的每一个核心子项目，并希望读者通过这些内容的学习，能够掌握如何构建自己的微服务架构及应用。

第 4 章　服务治理与负载均衡

在传统单体架构应用开发时，模块、服务之间的调用通常是在开发语言层面上进行的。但是当开发者将应用迁移到微服务架构时，便无法在开发语言层面上解决了。这时必须有一种解决方案能够让作为消费者的微服务知道服务提供者并能够进行消费，这个解决方案也是开发者在进行微服务架构开发时首先需要实施的，这就是服务治理。

4.1　什么是服务治理

服务治理对于微服务架构应用来说非常重要。一方面，微服务架构中各微服务实例的一个重要能力就是可以快速上线或下线，从而让服务可以快速进行水平扩展，并保证服务的可用性。那么此时服务消费者如何快速地与这些不断上线或下线的服务保持正常通信就是首要解决的问题，而服务治理正好帮助我们解决了这个问题。

服务治理通过抽象将服务消费者和服务提供者进行隔离。消费者不需要知道具体服务提供者的真实物理地址就可以进行调用，也无须知道具体有多少个服务者可用；而服务提供者只需要将自己注册到服务治理服务器中就可以对外提供服务，也不需要知道具体是哪些服务调用了自己。另一方面，服务治理能够为微服务架构提升应用弹性，当其中的一个服务提供者实例不可用或者出现问题时，服务治理服务器可以发现这个有问题的服务实例，在调度服务消费者时可以绕开有问题的服务实例，从而将对应用的影响降低到最低。

基于云的服务治理具有以下优点。

- 更高的可用性：服务治理可以支持动态的服务实例集群环境，任何服务实例可以随时上线或下线。服务消费者只需要知道服务名称就可以调用相应的服务，而不需要具体的物理地址。服务提供者的实例信息由服务治理服务器进行统一管理，当一个服务实例不可用时，治理服务器可以将请求转给其他服务提供者，当一个新的服务实例上线时，也能够快速地分担服务调用请求。
- 负载均衡：服务治理可以提供动态的负载均衡功能，可以将所有请求动态地分布到其所管理的所有服务实例中进行处理。
- 提升应用的弹性：服务治理的客户端会定时从服务治理服务器中复制一份服务实例信息缓存到本地中，这样即使当服务治理服务器不可用时，服务消费者也可以使用本地的缓存去访问相应的服务，而不至于中断服务。通过这种机制，极大地提高了应用的弹性。

- 高可用性集群：可以构建服务治理集群，通过互相注册机制，将每个治理服务器所管辖的服务信息列表进行交换，使服务治理服务拥有更高的可用性。

Eureak 是 Netflix 开源微服务框架中一系列项目中的一个。Spring Cloud 对其进行了二次封装，形成了 Spring Cloud Netflix 子项目，但未对 Netflix 微服务实现原理进行更改，只是进行了 Spring Boot 化，使开发者更容易使用和整合。

在 Eureka 解决方案中，对于服务治理有如下 3 个概念。

- 服务治理服务器（Eureka 服务器）：服务注册中心，负责服务列表的注册、维护和查询等功能，也就是 Eureka 服务器。
- 服务注册代理（服务提供者）：如果一个微服务是一个服务提供者，那么可以通过服务注册代理将服务配置信息注册到治理服务器上。服务注册代理可以理解为一个 Eureka 客户端，负责将微服务所提供的服务向 Eureka 服务器执行注册、续约和注销等操作，以使服务消费者可以发现并进行消费。在服务注册时需要向服务治理服务器提供服务名称、宿主服务器 IP 地址、服务端口号、域名等主要数据。
- 服务发现客户端（服务消费者）：也是一个 Eureka 客户端。它在启动时会默认从所服务治理服务器中获取所有的服务注册表信息，通过所获取到的服务注册列表信息来消费相应的服务。

通过上述抽象的服务概念，就可以让各个微服务之间进行通信，对于这种机制读者应该非常熟悉。因为这种机制就像网络应用中的 DNS 服务，通过给一个服务器定义一个名称，就可以在不知道该服务器具体 IP 地址的情况下进行访问。

平常我们所说的服务提供者和服务消费者并不是一个严谨的说法。往往一个服务消费者也是一个服务提供者，同时服务提供者也可能会调用其他微服务所提供的服务。当然，在进行微服务构建时还需要遵守业务层级之间的划分，尽量避免微服务之间的循环依赖。

4.2　构建服务治理——Eureka

接下来我们将在第 2 章中的电子商城示例基础上改造成微服务架构，改造后的系统架构如图 4-1 所示。

从改造后的系统架构图上可以看出，我们搭建了一个服务治理服务器——Eureka 服务器，并将原来的电子商城示例项目拆分成了两个微服务：用户微服务和商务微服务。这 3 个微服务分布对应于服务治理中的 3 个角色：服务治理服务器、服务提供者和服务消费者。

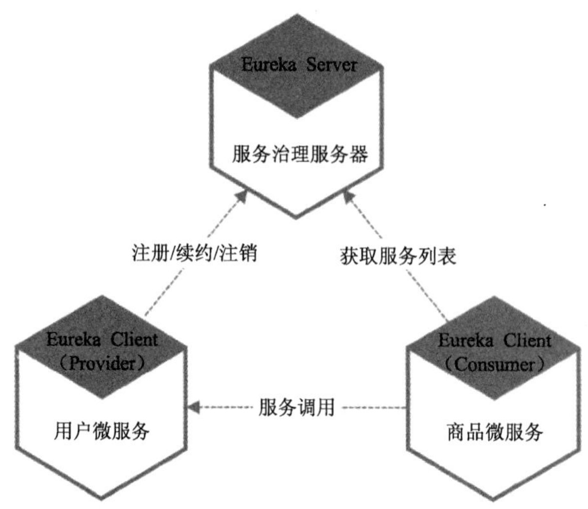

图 4-1　电子商城微服务架构图

4.2.1　搭建微服务 Parent 工程

我们已经知道 Spring Boot 框架是进行微服务开发的一个利器，所以接下来的微服务搭建都会采用 Spring Boot 框架。此外，在 Maven 中有一个继承的概念，通过继承，可以在父 pom.xml 文件中对所使用的 Spring Cloud 及第三方依赖的版本进行统一管理，当后续需要升级某个第三方依赖时，只需要在父 pom.xml 文件中统一修改就可以了。

首先构建微服务 Parent 工程，该工程仅用来定义 pom.xml 文件，后续所开发的微服务中的 pom.xml 文件皆继承自该 pom.xml 文件。下面列出了 pom.xml 文件的详细内容：

```
<?xml version="1.0" encoding="UTF-8"?>
<project xmlns="http://maven.apache.org/POM/4.0.0"
   xmlns:xsi=http://www.w3.org/2001/XMLSchema-instance
   xsi:schemaLocation="http://maven.apache.org/POM/4.0.0
   http://maven.apache.org/maven-v4_0_0.xsd">
   <modelVersion>4.0.0</modelVersion>
   <!-- 因为项目都是基于 Spring Boot 进行开发,所以这里继承了 Spring Boot 的 pom -->
   <parent>
      <groupId>org.springframework.boot</groupId>
      <artifactId>spring-boot-starter-parent</artifactId>
      <version>1.5.2.RELEASE</version>
   </parent>
   <!--Parent 的 Group、版本定义 -->
   <groupId>cd826dong.cloud</groupId>
   <artifactId>springcloud-book-parent</artifactId>
   <version>0.0.1-SNAPSHOT</version>
   <!-- 注意，这里所要打包成的文件格式是 POM，而不是常规的 JAR 或者 WAR-->
   <packaging>pom</packaging>
   <name>SpringCloud Demo Projects(Eureka) -- Parent Pom</name>
```

```
    <!-- 通用属性、JDK 版本及通用依赖包版本定义 -->
    <properties>
        <project.build.sourceEncoding>UTF-8</project.build.sourceEncoding>
        <java.version>1.8</java.version>
        <maven.compiler.source>${java.version}</maven.compiler.source>
        <maven.compiler.target>${java.version}</maven.compiler.target>
        <guava.version>20.0</guava.version>
    </properties>
    <!-- Spring Cloud 使用 Dalston.SR4 版本 -->
    <dependencyManagement>
        <dependencies>
            <dependency>
                <groupId>org.springframework.cloud</groupId>
                <artifactId>spring-cloud-dependencies</artifactId>
                <version>Dalston.SR4</version>
                <type>pom</type>
                <scope>import</scope>
            </dependency>
        </dependencies>
    </dependencyManagement>
    <!-- 单元测试的依赖，不过仅在 test 时依赖 -->
    <dependencies>
        <dependency>
            <groupId>org.springframework.boot</groupId>
            <artifactId>spring-boot-starter-test</artifactId>
            <scope>test</scope>
        </dependency>
    </dependencies>
    <build>
        <plugins>
            <plugin>
                <groupId>org.apache.maven.plugins</groupId>
                <artifactId>maven-compiler-plugin</artifactId>
                <version>3.5.1</version>
                <configuration>
                    <source>1.8</source>
                    <target>1.8</target>
                </configuration>
            </plugin>
        </plugins>
    </build>
</project>
```

在 Parent 工程的 pom.xml 文件中定义工程的基础信息如下。

- groupId：cd826dong.cloud；
- artifactId：springcloud-book-parent；
- version：0.0.1-SNAPSHOT；
- 编译和运行的 jdk 版本：1.8。

以及核心两个依赖及版本如下。

- Spring Boot：版本为 1.5.2.RELEASE；

- Spring Cloud：版本为 Dalston.SR4。

此外，还有一个需要注意的地方是 packaging 配置，这里将其设置为 pom，也就是说这个项目不像之前的普通项目最终会打包成一个 JAR 或者 WAR，而仅仅是 POM 类型的项目，编译后可以作为其他项目的 parent 父项目。

4.2.2 搭建服务治理服务器——Eureka 服务器

接下来，让我们着手来搭建服务治理服务器——Eureka 服务器。该服务器的工程是一个典型的 Spring Boot 应用，所要编写的 pom.xml 文件将继承上面 Parent 工程，同时增加 spring- cloud-starter-eureka-server 依赖包，最后 pom.xml 文件的具体代码如下：

```
<!-- 将 parent 指定为上面所构建的 POM 工程 -->
<parent>
    <groupId>cd826dong.cloud</groupId>
    <artifactId>springcloud-book-parent</artifactId>
    <version>0.0.1-SNAPSHOT</version>
    <relativePath>../parent</relativePath>
</parent>
<!-- 这里不再定义 groupId 和 version，而是继承自 parent -->
<artifactId>service-discovery</artifactId>
<!-- 将 packaging 设置为 JAR，如果不设置默认也是 JAR-->
<packaging>jar</packaging>
<name>SpringCloud Demo Projects(Eureka) -- Eureka Server</name>
<dependencies>
    <!-- 定义对 Eureka 服务器包的依赖 -->
    <dependency>
        <groupId>org.springframework.cloud</groupId>
        <artifactId>spring-cloud-starter-eureka-server</artifactId>
    </dependency>
</dependencies>
```

此外，还需要修改 Spring Boot 的应用引导类，在应用引导类中增加服务治理服务器所需要的注解。这里强调说明的一点是 Spring Cloud 继承了 Spring Boot 框架的理念，多数应用及配置都是通过注解和自动发现机制来实现的。在使用时只需要完成两步：第一步是在应用中的 pom.xml 文件中声明相应依赖，第二步是将注解添加到引导类或者配置类中，然后 Spring Boot 就可以按照约定方式自动完成相应的配置，并启动所需要的功能框架。

下面就是服务治理服务器应用引导类的具体代码：

```
package com.cd826dong.clouddemo;
import …
// 只需要增加@EnableEurekaServer 即可启动 Eureka 服务器的相关功能
@EnableEurekaServer
@SpringBootApplication
public class Application {
    public static void main(String[] args) {
        new SpringApplicationBuilder(Application.class).web(true).run(args);
    }
}
```

对于该应用引导类非常简单，只是在普通 Spring Boot 应用上增加@EnableEurekaServer 注解。通过@EnableEurekaServer 注解，Spring Boot 在启动应用的时候就会自动构建一个默认的服务治理服务器。

不过，在启动该应用之前还需要在工程配置文件（application.properties）中增加一些配置，内容如下：

```
# 服务器运行的端口
server.port=8260
# Eureka 相应的配置
eureka.client.register-with-eureka=false
eureka.client.fetch-registry=false
eureka.server.wait-time-in-ms-when-sync-empty=5
```

server.port 属性设置了 Eureka 服务器启动的端口，这里我们设置为 8260。该属性可以不设置，如果不设置则使用 Spring Boot 的默认端口：8080。

eureka.client.register-with-eureka 属性是用来控制当 Spring Boot 启动服务完成后是否将该服务注册到服务治理服务器上。这里因为服务本身就是服务治理服务器，而且尚未构建任何服务治理集群，因此将其设置为 false，表示不注册。

接下来的 eureka.client.fetch-registry 属性也设置为 false，表示应用启动后不需要从服务治理服务器中同步已注册的服务注册列表数据到本地。

到这里，我们的第一个服务治理服务器已经搭建完毕，可以在 IDE 中通 spring-boot:run 命令启动该服务。或者打包成一个 Fat Jar，在控制台中通过 java -jar 命令来启动。当服务器启动成功之后，在浏览器中通过 http://localhost:8260 可以访问 Eureka 的控制台，如图 4-2 所示。

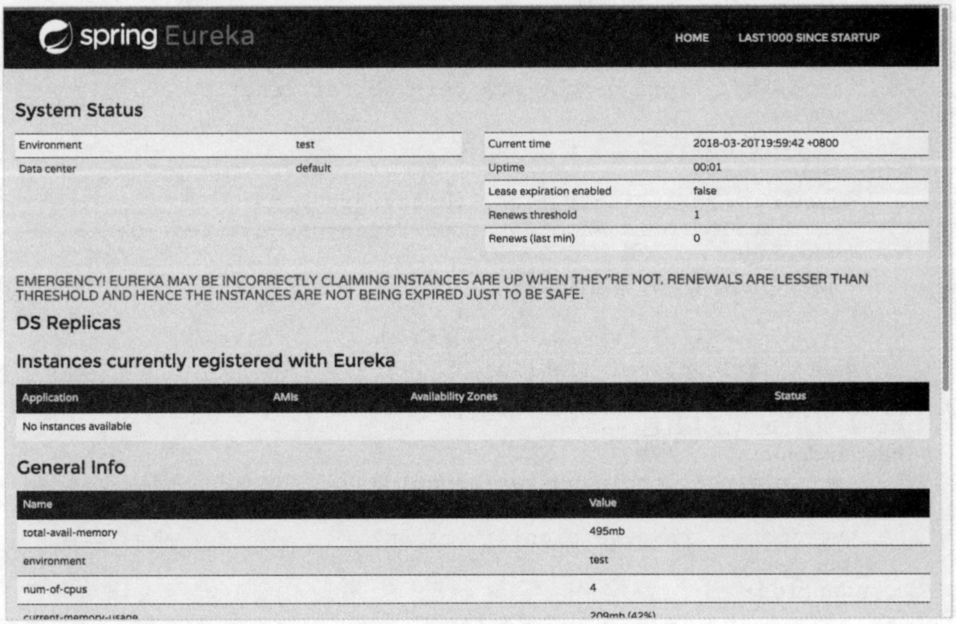

图 4-2　Eureka 服务器控制台

4.2.3　搭建服务提供者——注册服务

接下来让我们把原来的电子商城示例项目中的用户管理部分改造成一个微服务——用户微服务。用户微服务是一个服务提供者，在后续的商品微服务中将会调用用户微服务中的接口获取商品评论者的用户信息。和搭建服务治理服务一样，首先需要编写 pom.xml 文件，该文件继承 Parent 工程中的 pom.xml，并增加 spring-cloud-starter-eureka 依赖，使用户微服务具有服务注册代理的功能。改造后的用户微服务 pom.xml 脚本代码如下：

```
<!-- 继承所定义的父项目 springcloud-book-parent -->
<parent>
    <groupId>cd826dong.cloud</groupId>
    <artifactId>springcloud-book-parent</artifactId>
    <version>0.0.1-SNAPSHOT</version>
    <relativePath>../parent</relativePath>
</parent>
<!-- 设置当前项目的打包类型、artifactId 等信息 -->
<artifactId>user-service</artifactId>
<packaging>jar</packaging>
<name>SpringCloud Demo Projects(Eureka) -- User Service</name>
<dependencies>
    <!-- 这里对 Eureka 依赖不是 eureka-server -->
    <dependency>
        <groupId>org.springframework.cloud</groupId>
        <artifactId>spring-cloud-starter-eureka</artifactId>
    </dependency>
    <!-- 这是一个 Web 类型的项目 -->
    <dependency>
        <groupId>org.springframework.boot</groupId>
        <artifactId>spring-boot-starter-web</artifactId>
    </dependency>
    <!-- 对 JPA 的依赖 -->
    <dependency>
        <groupId>org.springframework.boot</groupId>
        <artifactId>spring-boot-starter-data-jpa</artifactId>
    </dependency>
    <!-- 我们使用 h2 数据库做测试 -->
    <dependency>
        <groupId>com.h2database</groupId>
        <artifactId>h2</artifactId>
    </dependency>
    <!-- 引入 Guava 工具包 -->
    <dependency>
        <groupId>com.google.guava</groupId>
        <artifactId>guava</artifactId>
        <version>${guava.version}</version>
    </dependency>
</dependencies>
```

接下来修改应用引导类。我们需要在应用引导类中增加@EnableDiscoveryClient 注解，具体代码如下：

```
package com.cd826dong.clouddemo.user;
import …
// 这里增加注解是@EnableDiscoveryClient，而不是@EnableEurekaServer
@EnableDiscoveryClient
@SpringBootApplication
public class Application {
    public static void main(String[] args) {
        SpringApplication.run(Application.class, args);
    }
}
```

该应用引导类与服务治理服务器的主要区别就是：服务治理服务器中的注解为@EnableDiscoveryServer，而这里的注解为@EnableDiscoveryClient。@EnableDiscoveryClient 注解表示这是一个 Eureka 客户端，通过该注解，在 Spring Boot 启动完毕之后，就会根据配置中的信息尝试与服务治理服务器进行连接，连接成功之后进行服务注册或者服务注册信息的同步。

对于用户微服务中其他的代码，包含 api、entity、repository 和 service 的代码，都将与前面章节中用户管理的代码保持一致，不做任何修改，可以直接复制过来复用。

最后完成项目配置文件的升级，修改后的代码如下：

```
# 用户微服务的端口
server.port=2100
# 用户微服务的应用名 / 服务 ID
spring.application.name=userservice
# Eureka 相关配置
eureka.instance.prefer-ip-address=true
eureka.client.register-with-eureka=true
eureka.client.fetch-registry=true
eureka.client.service-url.defaultZone=http://localhost:8260/eureka

# 这里省略了 Logger、JPA、H2 等配置
……
```

首先将用户微服务启动端口设置为 2100，启动完成之后就可以通过该端口直接访问相应的用户管理功能。

接下来通过 spring.application.name 属性设置服务名称为 userservice。在后续微服务配置管理章节中会讲到，该属性应配置在 bootstrap.properties 文件中，而不是 application.properties 文件中，但在此之前，为了简明性，我们会全部配置在 application.properties 文件中，具体会在后面章节中详细说明。

配置文件的最后是针对服务治理服务器的配置。之前我们在 Eureka 服务器配置中将 eureka.client.register-with-eureka 和 eureka.client.fetch-registry 属性都设置为了 false，但在这里需要设置为 true，表示需要将用户微服务注册到 Eureka 服务器中，并需要从 Eureak 服务器中同步所有注册服务数据到本地。

通常，对于 Eureak 客户端我们都会把这两个属性设置为 true，但某些情况下可能需要

将某个属性设置为 false。比如一个服务实例单纯地仅作为服务提供者并不消费其他服务，那么就可以将 eureka.client.fetch-registry 设置为 false。同样，如果一个服务实例仅作为服务消费者而不对外提供服务，那么可以将 eureka.client.register-with-eureka 设置为 false。因此，对于本示例中的用户微服务，我们也可以把属性 eureka.client.fetch-registry 设置为 false，毕竟在整个示例项目中我们并没有去访问其他微服务。

而 Eureka 服务器的地址则是通过 eureka.client.service-url.defaultZone 属性来设置，这里我们设置为 http://localhost:8260/eureka，也就是 4.2.2 节中所构建的 Eureka 服务器，需要注意的是，如果后面的测试不是在同一部设备上运行，那么这里需要指定 Eureka 服务器的具体 IP 地址。

此外，一个服务实例注册到 Eureka 服务器时大概需要 30 秒才能够在控制台中查看到该服务。这是因为，Eureka 要求服务提供者必须发送 3 次心跳（默认每次心跳间隔为 10 秒）后才认为该服务实例已经准备好，可以对外提供服务了。因此，当启动完一个服务实例时，在 Eureka 控制台中没有立即显示是一种正常现象。

到这里，我们已经完成用户微服务的改造了，下面可以进行测试了。如果启动正常，则可以在控制台中看到如下一段日志（注意，要确保已经先启动了 Eureka 服务器）：

```
com.cd826dong.clouddemo.user.Application:Started Application in 14.
881seconds
(JVM running for 15.924)
com.netflix.discovery.DiscoveryClient:DiscoveryClient_USERSERVICE/
cd826dembp.lan:userservice:2100 - registration status: 204
```

说明用户微服务已经在服务治理服务器中注册成功，此时如果打开 Eureka 控制台，将会看到如图 4-3 所示的界面。

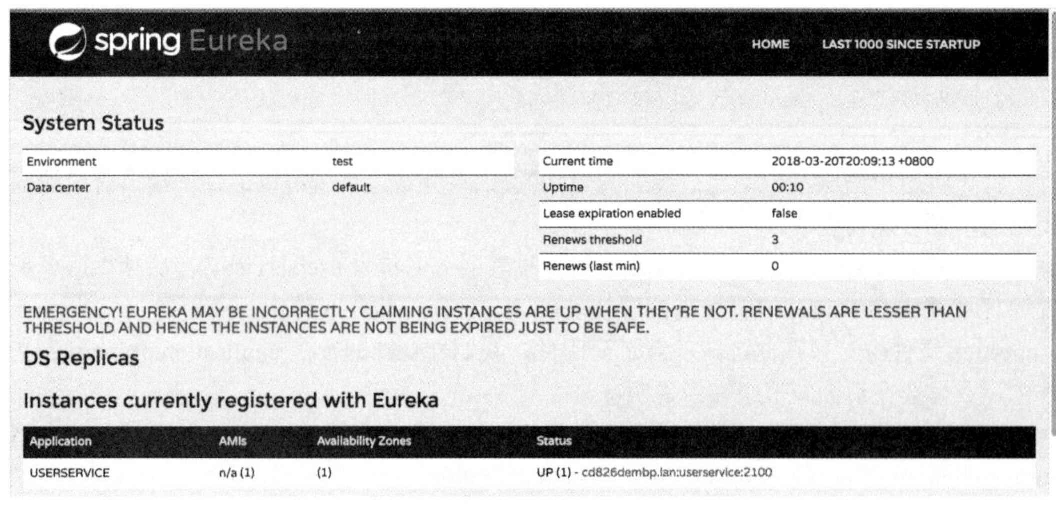

图 4-3　Eureka 服务器控制台——用户微服务

在图 4-3 中可以看到用户微服务（USERSRVICE）已经注册成功。

Eureka 服务器还提供了一个端点（/eureka/apps/[APPID]）可以查看所注册的服务详细信息。我们通过使用 Postman 访问该端点，界面如图 4-4 所示。

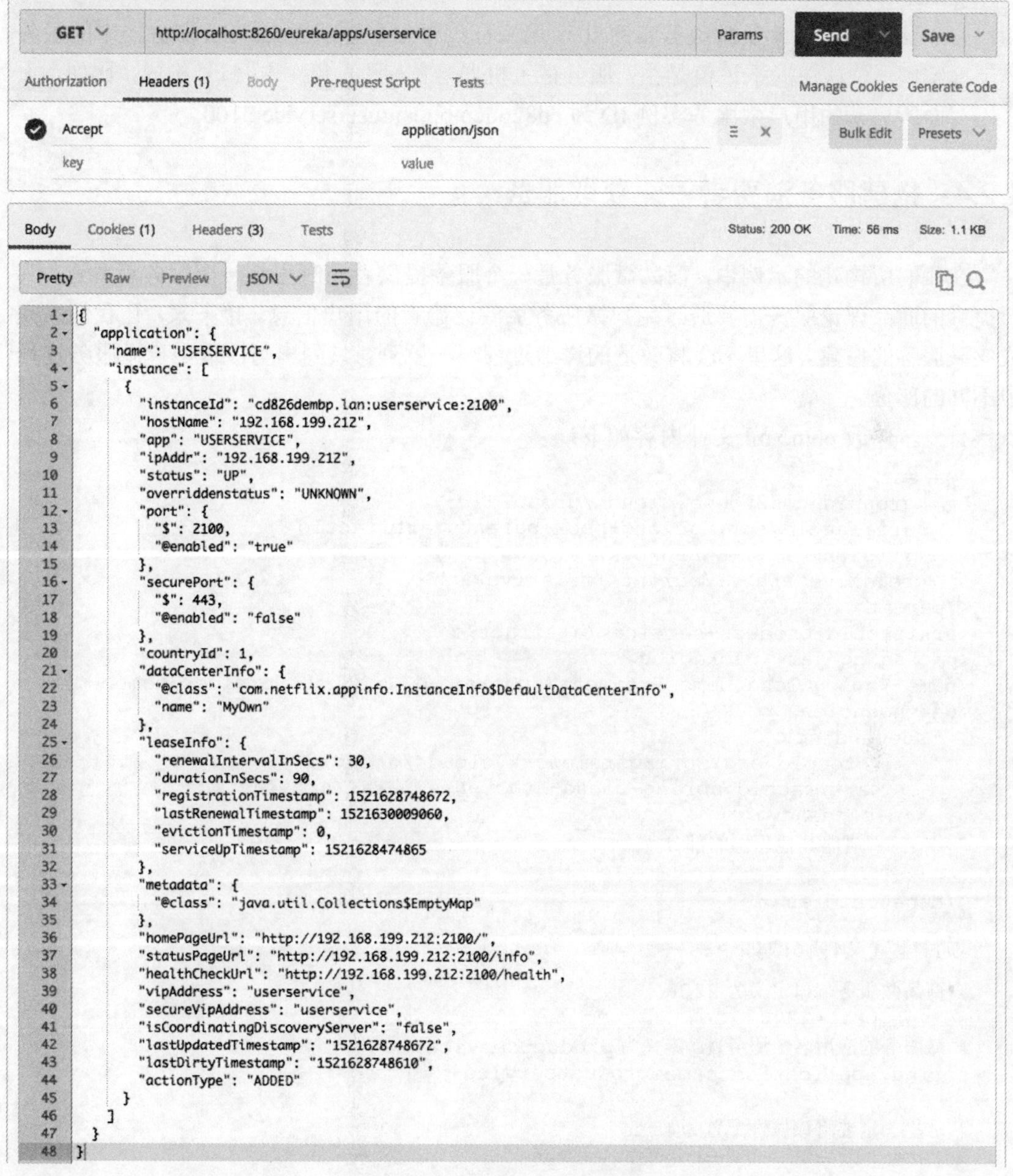

图 4-4　用户微服务注册信息

对于每一个需要注册到 Eureka 服务器的服务都需要提供以下两个 ID。

- application.name：即应用的 ID，用来对服务进行分组，相同的 ID 表示这些服务实例所提供的服务是相同的。当使用 Spring Boot 构建微服务时，该 ID 将使用 spring.application.name 属性所设置的值。例如，对于用户微服务，我们设置的值为：userservice。

- instanceId：也就是微服务实例 ID，用来标识每一个注册到 Eureka 服务器中的服务实例。默认情况下该值是由：服务宿主机器名称+服务名称+端口号构成，比如，上面所启动的用户微服务实例 ID 为 cd826dembp.lan:userservice:2100。

4.2.4　搭建服务消费者——获取服务

在我们所构建的示例中，商品微服务是一个服务提供者同时也是一个服务消费者，其所提供的商品评论服务需要通过用户微服务加载评论者的用户信息。接下来，让我们来完成该微服务的搭建。这里不会将改造的详细过程一一罗列，只列出与改造用户微服务过程中不同的部分。

首先，修改 pom.xml 文件内容如下：

```
<parent>
    <groupId>cd826dong.cloud</groupId>
    <artifactId>springcloud-book-parent</artifactId>
    <version>0.0.1-SNAPSHOT</version>
    <relativePath>../parent</relativePath>
</parent>
<artifactId>product-service</artifactId>
<packaging>jar</packaging>
<name>SpringCloud Demo Projects(Eureka) -- Product Service</name>
<dependencies>
    <dependency>
        <groupId>org.springframework.cloud</groupId>
        <artifactId>spring-cloud-starter-eureka</artifactId>
    </dependency>
    <!-- 省略其他相同的部分 -->
    ……
</dependencies>
```

项目配置文件修改如下：

```
# 商品微服务端口定义为 2200
server.port=2200
# 微服务的应用名 / 服务 ID 定义为 productservice
spring.application.name=productservice

# 这里一定要将该属性配置为 true
eureka.client.fetch-registry=true

# 这里省略了相同的配置
……
```

对于配置文件的修改这里需要注意的一点是，必须要将 eureka.client.fetch-registry 的值设置为 true，表示应用启动成功之后需要从服务治理服务器中获取已注册的服务列表数据到本地。如果这里将该属性设置为 false，那么当调用商品评论服务时，应用就会抛出无法找到服务器的错误。应用第一次与服务治理服务器同步注册服务列表数据后，默认以每 30 秒的频率与治理服务器进行同步。在配置中，可以通过属性 eureka.client.registry-fetch-interval-seconds 重新指定同步的时间间隔。

接下来是商品微服务中最重要的修改：调用用户微服务。在单体架构的应用中我们直接通过注入的用户服务接口类来完成此功能，但在微服务架构中，用户服务的相关代码根本不会在商品服务中出现，否则就无法实现微服务的自治。那么该如何进行调用呢？在 Spring Cloud 中提供了多种实现方式，下面让我们先来一个最直接的方式，通过 RestTemplate 来调用。修改完成后，商品服务 API 代码如下：

```
package com.cd826dong.clouddemo.product.api;
import …
// 这里所需要注解的是@RestController，而不是@Controller
@RestController
@RequestMapping("/products")
public class ProductEndpoint {
    protected Logger logger = LoggerFactory.getLogger(ProductEndpoint.
    class);
    @Autowired
    private ProductRepository productRepository;
    @Autowired
    private ProductCommentRepository productCommentRepository;
    // 这里注入了 RestTemplate，接下来就可以通过其调用用户微服务了
    @Autowired
    @Qualifier(value = "restTemplate")
    private RestTemplate restTemplate;
    /**
     * 获取商品列表
     * @return
     */
    @RequestMapping(method = RequestMethod.GET)
    public List<Product> list() {
        return this.productRepository.findAll();
    }
    /**
     * 获取指定商品的详情
     * @param id 商品的 Id
     * @return
     */
    @RequestMapping(value = "/{id}", method = RequestMethod.GET)
    public Product detail(@PathVariable Long id){
        return this.productRepository.findOne(id);
    }
    /**
     * 获取指定商品的评论列表
     * @param id 商品的 ID
     * @return
     */
    @RequestMapping(value = "/{id}/comments", method = RequestMethod.GET)
    public List<ProductCommentDto> comments(@PathVariable Long id){
```

```
        List<ProductComment> commentList = this.productCommentRepository.
            findByProductIdOrderByCreated(id);
        if (null == commentList || commentList.isEmpty())
            return Collections.emptyList();
        return commentList.stream().map((comment) -> {
            ProductCommentDto dto = new ProductCommentDto(comment);
            dto.setProduct(this.productRepository
                .findOne(comment.getProductId()));
            dto.setAuthor(this.loadUser(comment.getAuthorId()));
            return dto;
        }).collect(Collectors.toList());
    }
    /**
     * 通过 RestTemplate 加载评论者的用户信息
     * @param userId 用户 ID
     * @return
     */
    protected UserDto loadUser(Long userId) {
        UserDto userDto = this.restTemplate.getForEntity(
            "http://USERSERVICE/users/{id}",UserDto.class,userId).getBody();
        if (userDto != null) {
             this.logger.debug("I came from server : {}",
            userDto.getUserServicePort());
        }
        return userDto;
    }
}
```

从上面的代码中可以看到，我们移除了原来 UserService 的注入，替代的是 RestTemplate。商品评论中获取用户详情的代码则是通过 restTemplate.getForEntity()方法，直接将请求的结果映射为 UserDto 对象，具体代码如下：

```
UserDto userDto = this.restTemplate.getForEntity(
    "http://USERSERVICE/users/{id}",
    UserDto.class,
    userId).getBody();
```

从上面代码中可以看到，通过 restTemplate 进行访问时，并没有使用具体的用户微服务地址，取而代之的是用户微服务的服务名称 USERSERVICE。当我们进行访问时，服务治理客户端会根据该名称查询相应的服务实例有哪些，并从这些服务实例中选择一个进行访问。

对于微服务架构来说，在编写代码时最好能够遵守自治的原则，所以这里 UserDto 类需要在商品微服务中编写，而不是依赖用户微服务中的相关代码。采用这种方式还有一个好处就是，让我们可以对用户对象进行裁剪，从而更适合商品微服务。UserDto 的具体代码在这里就不列出来了，具体可以参考本书源码。

如果想让 restTemplate 能够正常运转，还需要在应用引导类中进行一些修改，具体代码如下：

```
package com.cd826dong.clouddemo.product;
import …
@EnableDiscoveryClient
```

```
@SpringBootApplication
public class Application {
    // 创建一个 RestTemplate Bean
    @Bean(value = "restTemplate")
    RestTemplate restTemplate() {
        return new RestTemplate();
    }
    public static void main(String[] args) {
        SpringApplication.run(Application.class, args);
    }
}
```

到这里，服务消费者部分也编写完成了。下面让我们编译打包，并依次启动 Eureka 服务器、用户微服务和商品微服务，然后在 Eureka 服务器控制台中可以看到这两个服务都已经成功注册，如图 4-5 所示。

Instances currently registered with Eureka

Application	AMIs	Availability Zones	Status
PRODUCTSERVICE	n/a (1)	(1)	UP (1) - cd826dembp.lan:productservice:2200
USERSERVICE	n/a (1)	(1)	UP (1) - cd826dembp.lan:userservice:2100

图 4-5　微服务注册信息

然后通过 Postman 请求商品评论服务：http://localhost:2200/products/3/comments，可以看到界面如图 4-6 所示，说明商品服务已经能够正确地通过 Eureka 访问到用户微服务了。

图 4-6　访问商品评论服务

4.3　使用客户端负载均衡——Ribbon

对于大型应用系统来说负载均衡（Load Balancing，LB）是一个首要被解决的问题。在微服务架构出现之前，负载均衡方案主要是集中式负载均衡方案，在服务消费者和服务提供者之间有一个独立的负载均衡系统，该系统通常由专门的硬件（如 F5）或者基于软件（Visual Studio、HAproxy 等）来承担。负载均衡器上有所有服务的地址映射表，当服务消费者调用某个目标服务时，先向负载均衡系统发起请求，由负载均衡系统以某种策略（如 Round-Robin）做负载均衡后再将请求转发给目标服务。对于这种集中式负载均衡有以下缺点。

- **单点失败**：对于集中式负载均衡解决方案来说，虽然可以尽力提高其可用性，但单点失败却难以避免，一旦负载均衡宕机，则整个应用将无法访问。
- **难扩展**：集中式负载均衡不是说不能够进行扩展，而是扩展时非常困难，往往需要人工介入，这在微服务架构所要求快速启停服务时很难做到。
- **复杂**：传统集中式负载均衡给人第一感觉就是复杂，并且非常复杂。因为对于传统集中式负载均衡来说其经常扮演的是一个代理分发角色，将用户的请求映射到具体的物理服务器上，甚至有些负载均衡解决方案还需要其本身对请求做一些处理（如修改请求头）。所以，运维人员往往需要经过培训、摸索，才能使用，并配备专业技术人员或者向厂家购买维护服务才可以。

4.3.1　什么是客户端负载均衡

和传统单体应用架构不同，由于微服务架构是由一系列职责单一的细粒度服务构成的分布式网状结构，微服务之间的通信多是通过轻量机制进行，如 REST。这时势必会引入服务发现服务，如前面我们所使用的 Eureka 服务器。同时对于某一服务来说，通常服务提供者是以集群方式提供服务，这也引发了对负载均衡的需求。根据负载均衡所在位置的不同，目前针对微服务架构中负载均衡的解决方案主要有以下 3 种。

第一种解决方案是集中式负载均衡方案。在服务消费者和服务提供者之间有一个独立的负载均衡系统来承担负载均衡功能，这种方案和之前的传统单体架构负载均衡实现原理一致，如图 4-7 所示。

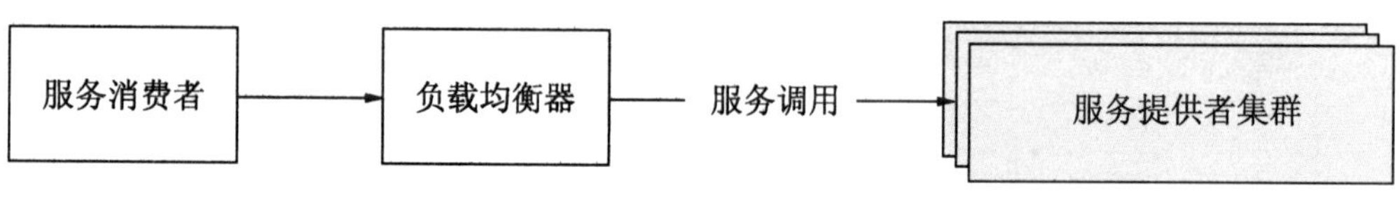

图 4-7　集中式负载均衡

第二种解决方案是进程内负载均衡方案。该方案将负载均衡处理功能以库的方式整合到服务消费者应用中，因此该方案也被称为客户端负载均衡方案。这个解决方案需要配合服务发现功能，在服务消费者启动时需要从服务发现服务器中获取所有服务注册信息，并定时同步这些注册信息。当服务消费者需要访问某个服务时，内置的负载均衡器就会以某种负载均衡策略选择一个目标服务实例，然后在本地所缓存的服务注册表信息中查询该目标服务的具体地址，最后向目标服务发起请求，如图 4-8 所示。

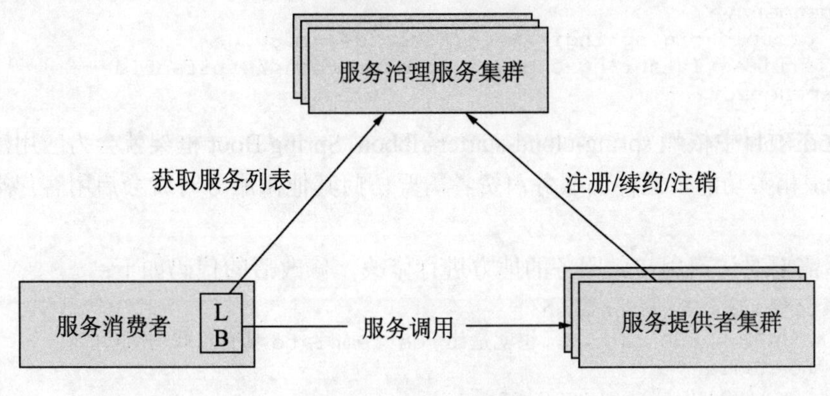

图 4-8　进程内负载均衡

第三种解决方案是：主机独立负载均衡进程方案。该方案是针对第二种解决方案的一种折中处理方案，原理和第二种方案基本类似，所不同之处是将负载均衡和服务发现功能从服务消费者的进程内移出来，变成同一个主机上的一个独立进程，为该主机上的一个或者多个服务消费者提供负载均衡处理，如图 4-9 所示。

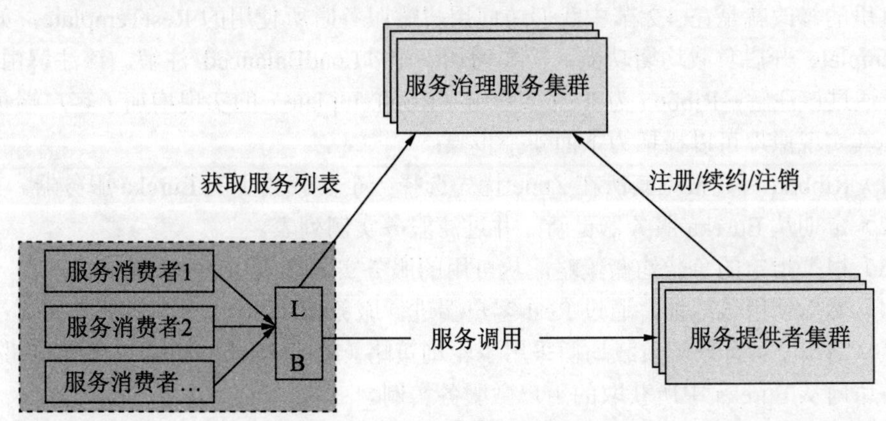

图 4-9　主机独立负载均衡

对应于第二种负载均衡方案的实现，在 Netflix 的微服务开源项目中有一个子项目 Ribbon，该子项目可以和 Eureak 进行无缝整合，共同为我们提供客户端负载均衡功能。接下来让我们通过扩展 4.2 节中的示例，搭建一个基于 Ribbon 的客户端负载均衡示例。

4.3.2 启用 Ribbon

从客户端负载均衡解决方案的原理中可以看到，需要进行修改的仅是服务消费方，在示例中也就是商品微服务，而对于服务提供方则不需要进行任何修改。

首先，在商品微服务工程中的 pom.xml 文件中增加如下依赖：

```
<dependency>
    <groupId>org.springframework.cloud</groupId>
    <artifactId>spring-cloud-starter-ribbon</artifactId>
</dependency>
```

通过在项目中依赖 spring-cloud-starter-ribbon，Spring Boot 框架就会为应用注入并配置好 Ribbon 相关功能，这样当服务消费者需要访问其他微服务时就会启用客户端负载均衡功能。

然后需要对访问用户微服务的地方进行修改。修改后的代码如下：

```
public class Application {
    // 增加@LoadBalanced，也就是让 restTemplate 具有负载均衡功能
    @LoadBalanced
    @Bean(value="restTemplate")
    RestTemplate restTemplate() {
        return new RestTemplate();
    }
    public static void main(String[] args) {
        SpringApplication.run(Application.class, args);
    }
}
```

这里的修改就是在 4.2 节中我们访问用户微服务时所使用的 RestTemplate，如果要为 RestTemplate 开启负载均衡功能，需要增加一个@LoadBalanced 注解。该注解由 Ribbon 提供，通过该注解，Ribbon 为 Rest 客户端（RestTemplate）的实现增加了客户端负载均衡功能，其实现原理可以概括为下面 4 个步骤：

（1）Ribbon 首先根据其所在 Zone 优先选择一个负载较少的 Eureka 服务器。

（2）定期从 Eureka 服务器更新，并过滤服务实例列表。

（3）根据指定的负载均衡策略，从可用的服务实例列表中选择一个。

（4）然后使用该地址，通过 Rest 客户端进行服务调用。

默认情况下，客户端负载均衡采用了轮询策略（RoundRobinRule），也就是说 Ribbon 会交替访问从 Eureka 中所获取的用户微服务实例。

在商品微服务中启用客户端负载均衡所需要的修改就是这些，下面我们可以进行相关测试，验证 Ribbon 是否让商品微服务具有了负载均衡功能。

为了方便读者能够清晰地看到负载均衡起作用，对用户微服务中所返回的用户对象做了一下简单修改，这样当用 Postman 进行访问时就可以清晰地看到用户信息是从哪个用户微服务实例中返回的，具体代码修改如下：

```
// (1) 对 UserDto 对象进行修改，增加 userServicePort 属性
public class UserDto implements Serializable {
    // 这里省略了原来的属性定义
    ……
    // 主要是增加了该属性，用来指示该数据来源那个用户服务端口
    private int userServicePort;
    public UserDto(User user, int userServicePort) {
        this.id = user.getId();
        this.nickname = user.getNickname();
        this.avatar = user.getAvatar();
        this.userServicePort = userServicePort;
    }
    // 省略了其他的 getter 和 setter
    ……
}

// (2) 对 UserService 进行修改，可以让 UserDto 对象返回服务端口
@Service
public class UserService {
    //通过 Spring 的属性注入，将当前服务器端口注入进来
    @Value("${server.port}")
    protected int serverPort = 0;
    @Autowired
    protected UserRepository userRepository;
    // 获取注册用户列表
    public List<UserDto> findAll() {
        List<User> users = this.userRepository.findAll();
        return users.stream().map((user) -> {
                //将服务端口写入 UserDto 对象中
            return new UserDto(user, serverPort);
        }).collect(Collectors.toList());
    }
    // 获取指定的注册用户信息
    public UserDto load(Long id) {
        User user = this.userRepository.findOne(id);
        if (null != user) {
            // 和上面一样将服务端口写入 UserDto 对象中
            return new UserDto(user, serverPort);
        }
        return null;
    }
    // 省略原来的代码
    ……
}
```

4.3.3 负载均衡测试

依次启动 Eureka 服务、两个用户微服务实例和商品微服务。两个用户微服务实例端口分别为 2100 和 2110。启动方式是通过 Maven 将用户微服务打包成一个 Fat Jar，然后通过下述命令启动，这样就可以启动两个用户微服务实例：

```
# 第一个用户微服务实例，使用默认端口：2100
java -jar user-service-0.0.1-SNAPSHOT.jar

# 第二个用户微服务实例，通过 server.port 参数指定端口为 2110
java -jar user-service-0.0.1-SNAPSHOT.jar --server.port=2110
```

启动后，我们在 Eureka 控制台中可以看到如图 4-10 所示界面，说明两个用户微服务都已经启动成功，并注册到了 Eureka 服务器中。

Instances currently registered with Eureka

Application	AMIs	Availability Zones	Status
PRODUCTSERVICE	n/a (1)	(1)	UP (1) - cd826dembp.lan:productservice:2200
USERSERVICE	n/a (2)	(2)	UP (2) - cd826dembp.lan:userservice:2100 , cd826dembp.lan:userservice:2110

图 4-10　注册两个用户微服务

接下来就可以进行负载均衡测试了。测试方式非常简单，只需要通过 Postman 多次访问商品评论服务（地址是 http://localhost:2200/products/3/comments），然后可以观察返回来的结果，如果可以看到图 4-11 和图 4-12 所示的界面交替出现，就说明商品评论服务在获取用户信息时交替访问了两个用户微服务实例。

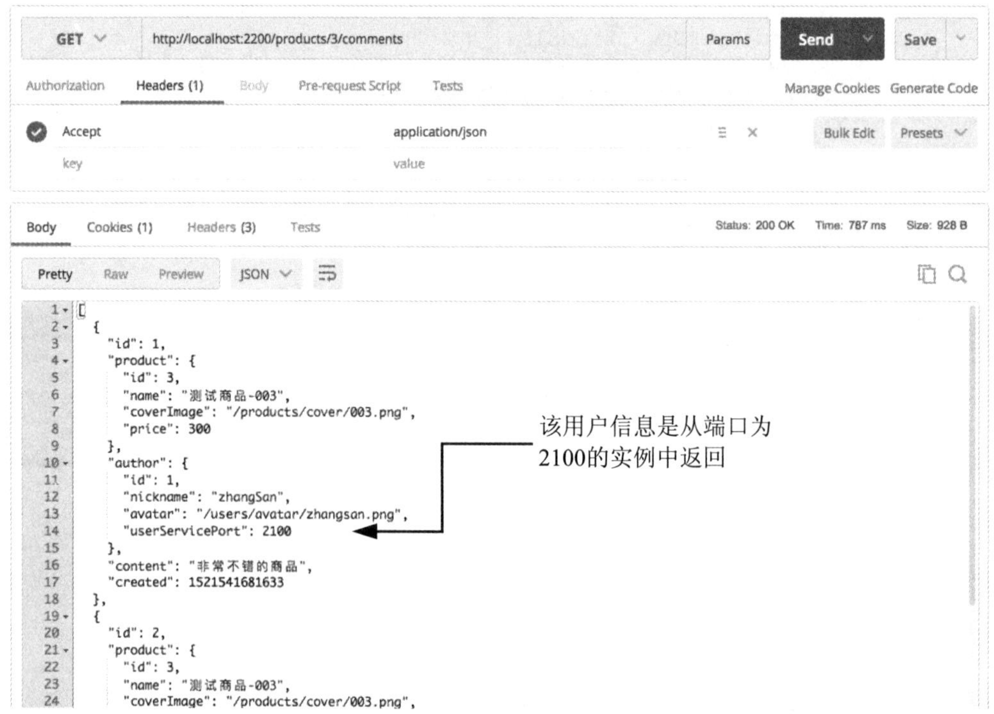

图 4-11　负载均衡测试——2100 服务器返回结果

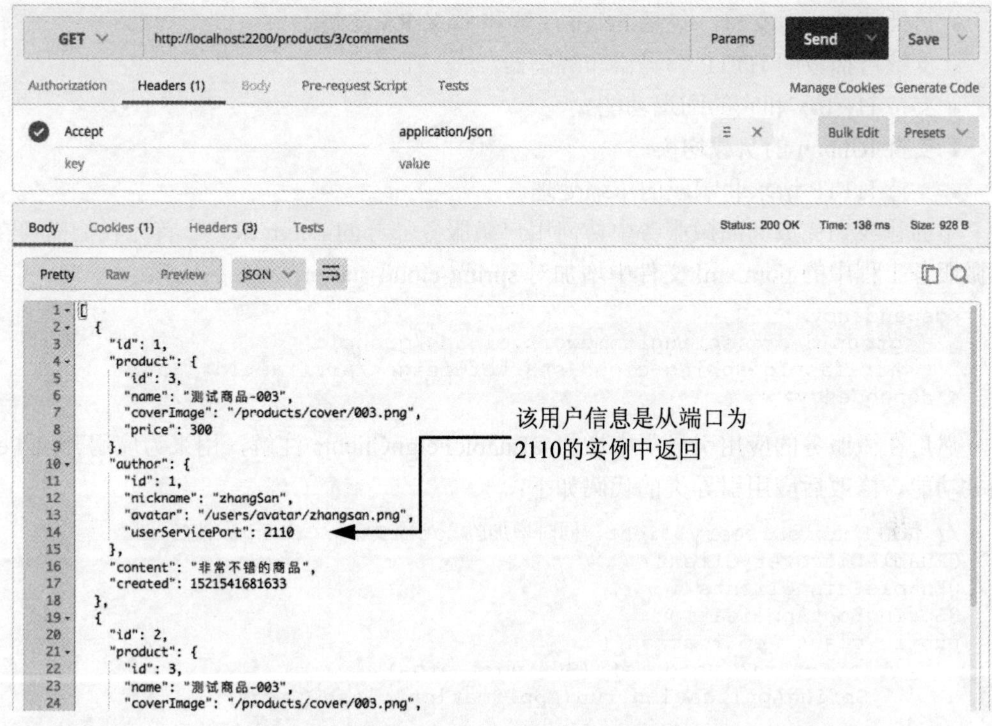

图 4-12　负载均衡测试——2110 服务器返回结果

恭喜你，商品微服务的客户端负载均衡已经启用成功。

4.4 使用 Feign 简化微服务调用

当我们通过 RestTemplate 调用其他微服务的 API 时，所需的参数必须在请求的 URL 中进行拼接，如果参数少的话或许还可以忍受，一旦有多个参数时，拼接请求字符串一方面效率低下，另一方面也不容易进行管理。那么有没有更好的解决方案呢？答案是有：Netflix OSS 中的 Feign 子项目。

Feign 是一个声明式的 Web Service 客户端，它的目的就是让 Web Service 调用更加简单。Feign 提供了 HTTP 请求的模板，通过编写简单的接口并插入注解，就可以完成 HTTP 请求的参数、格式、地址等信息的声明。通过 Feign 代理 HTTP 请求，我们只需要像调用方法一样调用它就可以完成微服务请求及相关处理。

Feign 整合了 Ribbon 和 Hystrix（有关 Hystrix 的内容，将在第 5 章进行讲解），可以让我们不再需要显式地使用这两个组件。此外，Spring Cloud 还对 Feign 提供了 Spring MVC 注解的支持，也使得我们在 Web 中可以使用同一个 HttpMessageConverter。

总的来说，Feign 具有如下特性：

- 可插拔的注解支持，包括 Feign 注解和 JAX-RS 注解。
- 支持可插拔的 HTTP 编码器和解码器。
- 支持 Hystrix 和它的回退功能。
- 支持 Ribbon 的负载均衡。
- 支持 HTTP 请求和响应的压缩处理。

下面让我们完成商品微服务中访问用户微服务部分的 Feign 改造。首先我们需要在商品微服务工程中的 pom.xml 文件中增加对 spring-cloud-starter-feign 的依赖：

```
<dependency>
    <groupId>org.springframework.cloud</groupId>
    <artifactId>spring-cloud-starter-feign</artifactId>
</dependency>
```

然后在微服务的应用引导类中增加@EnableFeignClients 注解，用来为应用开启 Feign 相关功能。修改后应用引导类的代码如下：

```
// 保留 EnableDiscoryClient，同时增加@EnableFeignClients 注解
@EnableDiscoveryClient
@EnableFeignClients
@SpringBootApplication
public class Application {
    public static void main(String[] args) {
        SpringApplication.run(Application.class, args);
    }
}
```

经过上面的修改，Spring Boot 框架在启动时就为我们准备好 Feign 环境了，接下来就可以使用 Feign 进行用户微服务访问。

之前，我们对用户微服务的访问是在商品服务的端点中完成的，更改成 Feign 后需要新增一个 UserService。应用启动时 Feign 就会使用动态代码机制根据我们所定义的用户服务接口生成相应的类实例，并注入到 Spring 的应用上下文中。在使用方式上，可以像使用普通 Bean 一样使用该服务。新增 UserService 接口代码如下：

```
package com.cd826dong.clouddemo.product.service;
import …
// 这里需要注意，一定要对该接口添加@FeignClient 注解
@FeignClient("USERSERVICE")
public interface UserService {
    // 这里是获取用户列表，注意请求的地址一定要与用户微服务所提供的地址一致
    @RequestMapping(value = "/users", method = RequestMethod.GET)
    List<UserDto> findAll();

    // 获取用户详情，需要注意的是用户的主键也是通过 pathvalue 的方式传递的
    @RequestMapping(value = "/users/{id}", method = RequestMethod.GET)
    UserDto load(@PathVariable("id") Long id);
}
```

@FeignClient 注解中的 name 属性值设置为用户微服务名称：USERSERVICE，这样 Feign 就可以通过 Eureka 服务器获取用户微服务实例，并进行调用。而所定义的用户信息

访问的两个接口 findAll()和 load()方法都是使用@RequestMapping 进行注解的，这个是 Spring MVC 的注解，读者都比较熟悉了，所以不再详细说明了。

此外，假如在项目中 UserService 是单独编译成一个 JAR 包，如果该 JAR 包和主应用类不在同一个包中，那么在使用@EnableFeignClients 注解时需要指定 basePackages 属性值。否则，当应用启动时就会报无法找到 UserService Bean 的错误。代码如下：

```
// 将 basePackages 的值设置为 Feign 注解所在包的名称
@EnableFeignClients(basePackages="your.service.base.package.**")
@EnableFeignClients
@SpringBootApplication
public class Application {
    public static void main(String[] args) {
        SpringApplication.run(Application.class, args);
    }
}
```

最后一步，对商品服务端点进行修改。将前面通过 RestTemplate 访问的方式更改为直接使用 UserService 方式进行访问，修改后的代码如下：

```
@RestController
@RequestMapping("/products")
public class ProductEndpoint {
    // 这里删除了原来 RestTemplate 的代码，替代为 UserService
……
    // 另外，这里省略了原来不需要更改的代码
    @Autowired
    private UserService userService;
    @RequestMapping(value = "/{id}/comments", method = RequestMethod.GET)
    public List<ProductCommentDto> comments(@PathVariable Long id){
        List<ProductComment> commentList =
            this.productCommentRepository.findByProductIdOrderBy
            Created(id);
        if (null == commentList || commentList.isEmpty())
            return Collections.emptyList();
        return commentList.stream().map((comment) -> {
            ProductCommentDto dto = new ProductCommentDto(comment);
            dto.setProduct(…);
            // 这里转换通过 UserService 获取用户信息
            dto.setAuthor(this.userService.load(comment.getAuthorId()));
            return dto;
        }).collect(Collectors.toList());
    }
}
```

到这里针对商品微服务的 Feign 改造已全部完成，下面我们就可以启动进行测试了。编译打包后，按照之前的顺序依次启动 Eureka 服务器、用户微服务和商品微服务，然后再使用 Postman 访问商品评论服务（地址是 http://localhost:2200/products/3/comments）。如图 4-13 所示，说明通过 Feign 商品微服务已经能够正确访问用户微服务中相应的功能了。

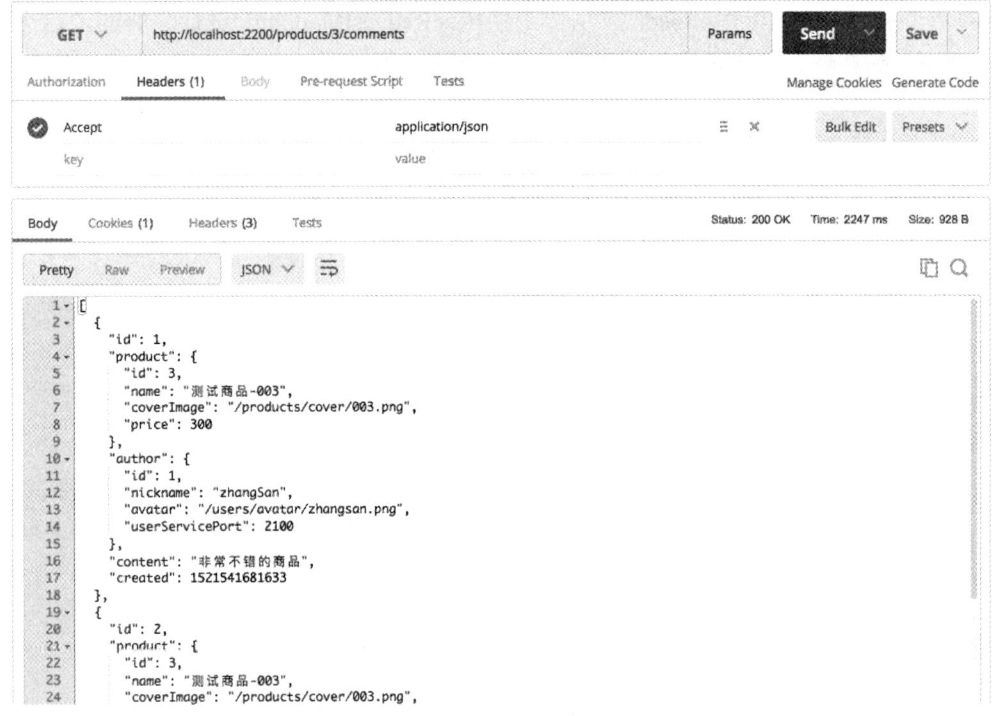

图 4-13 使用 Feign 访问用户微服务

4.5 深入 Eureka

对于 Eureka 的使用，读者已经有所了解了，接下来让我们深入了解 Eureka 的底层中服务注册、续约、注销这些原理，以及当注册一个微服务到服务治理服务器时为何需要花费那么长的时间，才可以被消费者所使用。

4.5.1 服务注册及相关原理

在分布式系统领域有个 CAP 定理（CAP theorem），又被称为布鲁尔定理（Brewer's theorem），它指出对于一个分布式计算系统来说，不可能同时满足以下 3 点。

- 一致性（Consistency）：同一个数据在集群中的所有节点，同一时刻是否都是同样的值。
- 可用性（Availability）：集群中一部分节点故障后，集群整体是否还能处理客户端的请求。
- 分区容忍性（Partition tolerance）：是否允许数据的分区，数据分区的意思是指是否允许集群中的节点之间无法通信。

这 3 个特性在任何分布式系统中都不可能同时满足，最多同时满足其中两个。对于大多数分布式环境，尤其是涉及数据存储的场景，数据一致性应该是首先被保证的，像 Zookeeper 采用的设计原则就是 CP 原则，即任何时刻对 Zookeeper 的访问请求能得到一致的数据结果，同时系统对网络分割具备容错性，但是它不能保证每次服务请求的可用性。

而对于微服务的治理而言，核心就是服务的注册和发现。所以对于服务发现场景来说，针对同一个服务，即使注册中心的不同节点保存的服务提供者信息不尽相同，也并不会造成灾难性的后果。因为对于服务消费者来说，能消费才是最重要的，即使拿到的可能是不正确的服务实例信息，都要尝试消费一下，也好过因为无法获取实例信息而不消费。所以，对于服务发现而言，可用性比数据一致性更加重要，AP 胜过 CP。因此，Netflix 在设计 Eureka 时遵守的也就是 AP 原则。

在 Eureka 的实现中，节点之间是相互平等的，部分注册中心的节点“挂掉”也不会对集群造成影响，即使集群中只剩一个节点存活，也可以正常提供发现服务。即使所有的服务注册节点都“挂”了，Eureka 客户端中所缓存的服务实例列表信息，也能够让服务消费者正常工作，这就保证了微服务之间的互相调用是足够健壮的，微服务系统是具有足够弹性的。

下面让我们来了解一下 Eureka 中服务发现、服务注册的相关实现原理。

1. 服务注册（Register）

在微服务架构中，一个服务提供者本质上也是一个 Eureka 客户端。启动时，会调用 Eureka 所提供的服务注册相关方法，向 Eureka 服务器注册自己的信息。同时，在 Eureka 服务器会维护一个已注册的服务列表。注册服务列表使用一个嵌套 HashMap 保存信息，数据结构如下：

- HashMap 的第一层为应用名称和对应的服务实例。
- HashMap 的第二层为服务实例及其对应的注册信息，包括宿主服务 IP 地址、服务端口、运行状况指示符、URL 等数据。

当服务实例状态发生变化时（如微服务自身检测认为服务不可用的时候），就会向 Eureka 服务器更新自己的服务状态，同时用 replicateToPeers()向其他 Eureka 服务器节点做状态同步。

但是，当我们在服务配置文件中将 eureka.client.register-with-eureka 属性配置为 false 时，则不会执行上述的处理。

2. 服务续约（Renew）

当服务启动并成功注册到 Eureka 服务器后，Eureka 客户端会默认以每隔 30 秒的频率向 Eureka 服务器发送一次心跳（可以在配置文件中通过 eureka.instance.lease-renewal-interval-in-seconds 属性进行更改）。发送心跳起始就是执行服务续约（Renew）操作，避免自己的注册信息被 Eureka 服务器剔除。续约的处理逻辑和与服务注册逻辑基本一致：首先更新自身状态，然后同步到其他 Eureka 服务器节点。

对于 Eureka 服务器来说如果在默认的时间内（90 秒），也就是连续 3 次没有收到客户端的心跳，则会将该服务实例从所维护的服务注册表中剔除，以禁止流向该实例的流量。不过，如果当 Eureka 服务器处于自我保护模式，则不会清除该服务实例信息。我们可以通过 eureka.instance.lease-expiration-duration-in-seconds 来指定这个时间。

```
eureka.instance.lease-renewal-interval-in-seconds=30
eureka.instance.lease-expiration-duration-in-seconds=90
```

注意，如果该值设置得太大，即使服务实例已经不存在，也可能会有流量路由到该服务实例，造成服务调用失败。而如果设置太小，很可能因为网络问题导致服务实例误被 Eureka 服务器从服务注册表中剔除。因此，Eureka 官方建议我们最好不要修改这两个属性的配置。

3. 服务下线与剔除

当服务实例关闭时，服务实例会先向 Eureka 服务器发送服务下线请求。发送请求后，该服务实例信息将从 Eureka 服务器的实例注册表中删除。

4. 获取服务

Eureka 客户端在启动时会从 Eureka 服务器中获取注册表信息，并将其缓存在本地。Eureka 客户端会使用该信息查找相应的服务，并进行调用。该注册列表信息定期（默认为 30 秒）从 Eureka 服务器进行同步。每次返回注册列表信息可能与 Eureka 客户端的缓存信息不同，由 Eureka 客户端自动处理。

如果由于某种原因导致注册列表信息不能及时匹配，Eureka 客户端则会重新获取整个注册表信息。Eureka 服务器缓存注册列表信息，并对整个注册表及其中的每一个服务实例信息进行压缩，压缩内容和没有压缩的内容完全相同。Eureka 客户端和 Eureka 服务器可以使用 JSON/XML 格式进行通信。在默认的情况下 Eureka 客户端使用压缩 JSON 格式来获取注册列表的信息。

5. Region、Zone

Eureka 的官方文档对 Regin、Zone 并没有进行详细的说明，这是由于 Region 和 Zone（或者 Availability Zone）均是 AWS（Amazon Web Services）的概念。在非 AWS 环境下，可以暂时将 Region 简单地理解为大区域或地域，比如当我们租用阿里云服务器的时候需要选择华南、华北、华东等，Zone 可理解成机房。这里不展开详细说明，有兴趣的读者可以去参考 AWS 中的概念说明（http://t.cn/RnDZuSR）。

4.5.2 Eureka 自我保护模式

之前我们提到 Eureka 设计哲学采用的是 AP 原则，也就是宁可保留错误的服务注册信息，也不盲目注销任何可能健康的服务实例。因此，在 Eureka 中有一个自我保护模式，并默认开启。在自我保护模式下，Eureka 服务器会保护服务注册表中的信息，不再注销任何服务实例。当开启自我保护模式时，在 Eureka 控制台将看到如图 4-14 所示的界面。

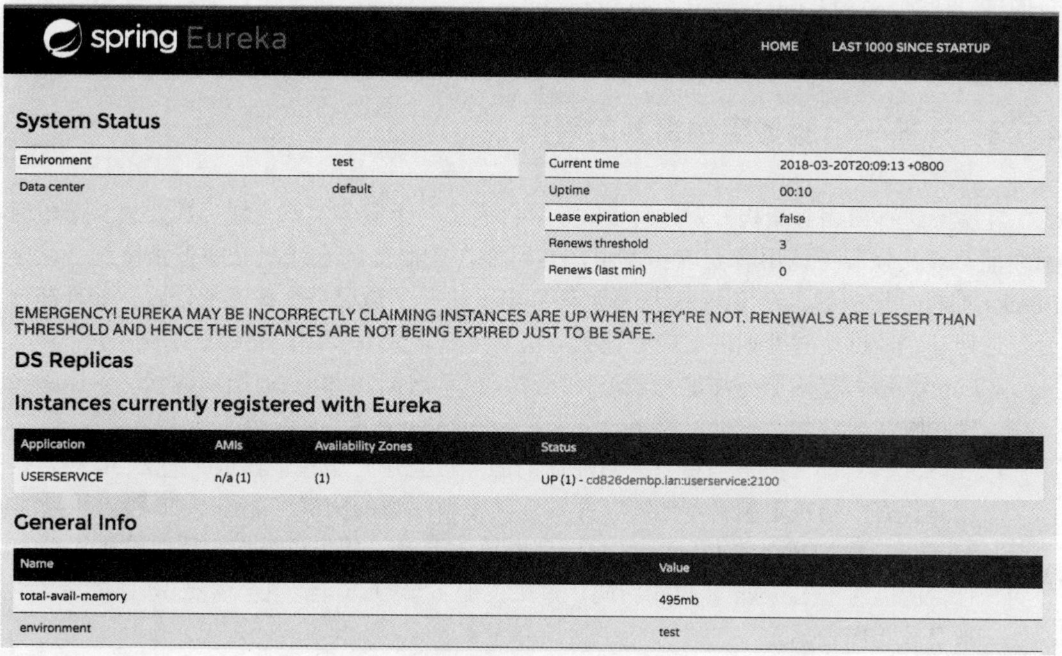

图 4-14 Eureka 自我保护模式

在控制台将会以红色字体显示以下告警信息：

```
EMERGENCY! EUREKA MAY BE INCORRECTLY CLAIMING INSTANCES ARE UP WHEN THEY'
RE NOT. RENEWALS ARE LESSER THAN THRESHOLD AND HENCE THE INSTANCES ARE NOT
BEING EXPIRED JUST TO BE SAFE.
```

Eureka 服务器自我保护模式开启的条件是：当 Eureka 服务器每分钟收到心跳续租的数量低于一个阈值，就会触发自我保护模式。当它收到的心跳数重新恢复到阈值以上时，该 Eureka 服务器节点才会自动退出自我保护模式。心跳阈值计算公式如下：

服务实例总数量×（60 / 每个实例心跳间隔秒数）×自我保护系数（0.85）

其中，对于每个实例心跳间隔秒数前面已经讲过是 30 秒，可以通过 eureka.instance.lease-renewal-interval-in-seconds 属性进行修改。自我保护系数的默认值为 0.85，该值可以通过 eureka.server.renewal-percent-threshold 属性进行更改。也就是说，在默认情况下，如果有 15%的 Eureka 客户端的心跳包丢失时，Eureka 服务器就会进入自我保护模式。

可以通过将 eureka.server.enable-self-preservation 属性的值设置为 false 来禁用该模式。

此外，默认情况下 Eureka 服务器还会以每 5 分钟的间隔从与它对等的节点（这些节点由 eureka.client.service-url.defaultZone 配置指定）中复制所有的服务注册数据以达到同步的目的，如果这个同步因为某种原因导致失败，也会让 Eureka 服务器进入自我保护状态。之前的示例中我们只构建了一个 Eureka 服务器，并没有其他对等的节点，所以无法同步其他服务注册信息，因此 5 分钟后会在 Eureka 的控制台上看到之前所示的告警信息。我们可以通过 eureka.server.wait-time-in-ms-when-sync-empty 属性配置来设置这个时间间隔，或者直接禁用自我保护模式。

4.5.3　注册一个服务实例需要的时间

在实际进行微服务架构开发过程中，经常会遇到一个服务实例上线后需要很长一段时间才能够被其他服务调用者获取和使用，并不能在微服务一上线就立即被获取到，这是 Eureka 的机制造成的。在 Eureak 服务治理环境下，一个微服务上线有三处缓存处理和一处延迟处理，经过这些处理后才能够被服务消费方获取到并使用，它们分别是：

- Eureka 服务器对服务注册列表进行缓存，默认时间为 30 秒。所以即使一个服务实例刚刚注册成功，它也可能不会立即在/eureka/apps 端点的结果中出现。
- Eureka 客户端（服务消费方）对注册的服务信息进行缓存，默认时间为 30 秒，也就是说客户端决定刷新本地缓存并发现其他新注册的实例可能需要 30 秒。
- Ribbon 负载均衡会从 Eureka 客户端获取服务列表，并将负载均衡后的结果缓存 30 秒，所以对于 Eureka 客户端新同步过来的服务节点，可能也会需要 30 秒之后才能被负载均衡使用。
- 服务实例（Eureka 客户端）在启动时（不是启动完成），不是立即向 Eureka 服务器注册，而是在一个延迟时间（默认为 40 秒）之后才向 Eureka 服务器注册。

综上几个因素，一个新的服务实例，即使能够很快启动的实例，也不能马上被 Eureka 服务器发现，其他服务消费者需要一段时间，最长可能需要 2 分钟以上，才能够被发现和使用。

4.5.4　Eureka 高可用集群及示例

高可用，即 High Availability（HA），也就是经常说服务器可用为 4 个 9（99.99%）或 5 个 9（99.999%）。那么如何实现 Eureka 服务器的 HA 呢？一般对于 Eureka 服务器可以通过运行多个实例来构建集群，解决单点问题，提高可用率。由于 Eureka 服务器采用的是 Peer to Peer 对等通信，是一种去中心化的架构，没有 ZooKeeper 集群中的 master 和 slave 之分，因此每一个节点都是对等的。

在这种架构中，每个节点可以通过彼此互相注册来提高可用性，我们只需要在每个节点中添加一个或多个有效的 serviceUrl 指向其他 Eureka 服务器节点，这样每个节点都可被视为其他节点的副本。如果某台 Eureka 服务器宕机，Eureka 客户端的请求会自动切换到新的 Eureka 服务器节点，当宕机的服务器重新恢复后，Eureka 会再次将其纳入到服务器集群管理中。当节点开始接受客户端请求时，所有的操作也会进行节点间复制，将请求复制到其他 Eureka 服务器当前所知的节点中。

此外，我们知道 Eureka 客户端会在本地缓存服务列表数据，这就使得 Eureka 服务器即便在单机模式下也具备了一定的弹性。

在微服务项目（服务提供者或服务消费者）中通过 eureka.client. service-url.defaultZone 属性配置多个 Eureka 服务器地址并不能够保障 Eureka 的高可用，该属性只是能够让该微服务实例可以与多个 Eureka 服务器进行通信，将自己的服务注册到这些服务器上，并从这些服务器中获取所注册的服务列表。

为了能够让 Eureka 服务高可用，必须让 Eureka 服务器之间能够互相复制、同步所注册服务的实例信息。通过 Eureak 点对点的通信模式，可以将注册到各个 Eureka 服务器上的服务实例信息复制和同步，从而让整个 Eureka 集群中的每一个服务器都拥有所有注册服务的信息列表。

接下来将通过一个示例来演示如何搭建 Eureka 服务器高可用集群。首先，我们在原来的 Eureka 服务器工程中增加以下几个 profile 配置文件。

（1）application-sdpeer1.properties 配置文件内容如下：

```
# 服务名称和端口，服务名称也可以统一在 application.properties 中指定
spring.application.name=servicediscovery
server.port=8260
# 服务器运行的宿主机器的名称：sdpeer1
eureka.instance.hostname=sdpeer1
eureka.client.register-with-eureka=true
eureka.client.fetch-registry=true
# 同时向 sdpeer2、sdpeer3 中的 Eureka 服务器注册
eureka.client.service-url.defaultZone=http://sdpeer2:8262/eureka,
    http://sdpeer3:8263/eureka
```

（2）application-sdpeer 2.properties 配置文件内容如下：

```
# sdpeer2 的端口
server.port=8262
# 服务器运行的宿主机器的名称：sdpeer2
eureka.instance.hostname=sdpeer2
eureka.client.register-with-eureka=true
eureka.client.fetch-registry=true
# 同时向 sdpeer1、sdpeer3 中的 Eureka 服务器注册
eureka.client.service-url.defaultZone=http://sdpeer1:8260/eureka,
    http://sdpeer3:8263/eureka
```

（3）application-sdpeer 3.properties 配置文件内容如下：

```
# sdpeer3 的端口
server.port=8263
# 服务器运行的宿主机器的名称：sdpeer3
eureka.instance.hostname=sdpeer3
eureka.client.register-with-eureka=true
```

```
eureka.client.fetch-registry=true
# 同时向 sdpeer1、sdpeer2 中的 Eureka 服务器注册
eureka.client.service-url.defaultZone=http://sdpeer1:8260/eureka,
    http://sdpeer2:8262/eureka
```

演示示例是在同一主机中运行多个 Eureka 服务器，Eureka 在启动时会过滤同一主机名称，因此在本示例中我们不能直接使用 localhost，需要在主机的 host 文件中对主机名称进行映射：

```
# 进行主机名称映射
127.0.0.1 sdpeer1
127.0.0.1 sdpeer2
127.0.0.1 sdpeer3
```

这里配置了 3 个 Eureka 服务实例，每个 Eureka 实例与其他两个实例分别进行两两互相注册。有读者可能会问为何需要两两互相注册呢，使用如图 4-15 所示的注册方式不是一样吗？

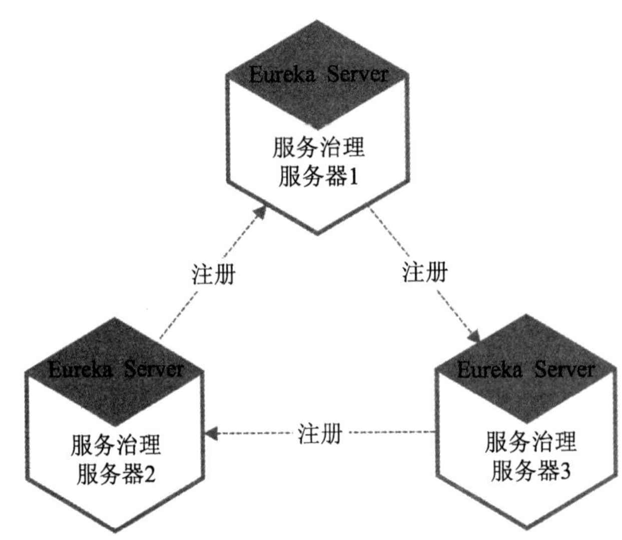

图 4-15　错误的 Eureka 集群注册模式

但其实是不行的，因为 Eureka 在进行注册服务信息同步时并不支持二次传播，也就是说 sdpeer2 能够获取到 sdpeer3 中的注册服务，但是不能够获取 sdpeer1 中的注册服务。因此正确的 Eureka 服务集群注册方式应该如图 4-16 所示，它们之间是两两互相注册的。

接下来，修改用户微服务中 Eureka 服务器地址，让其注册到其中的任何一个 Eureka 服务器即可。因为 Eureka 服务器之间会进行注册服务信息的同步，如果启动成功，那么在任何一个 Eureka 服务器的控制台中都可以看到用户微服务的实例。比如，这里将用户微服务中的 Eureka 配置修改为如下：

```
# 将 Eureka 服务器地址设置为 sdpeer2
eureka.client.service-url.defaultZone=http://sdpeer2:8262/eureka
```

```
# 这里省略了其他配置
……
```

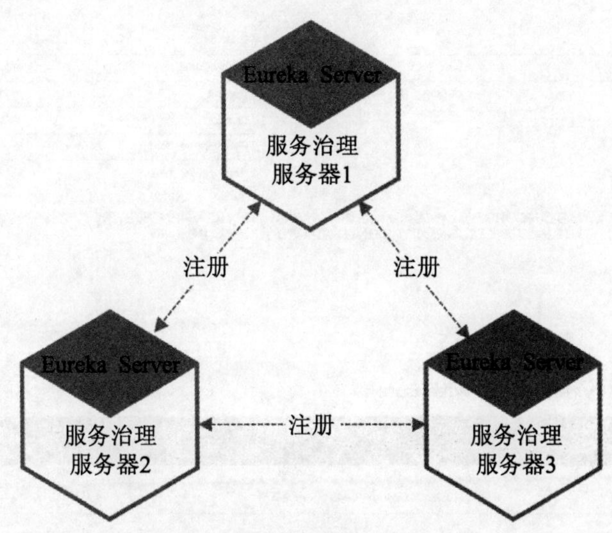

图 4-16　Eureka 集群注册模式

最后，通过下述命令在控制台中分别启动这 3 个 Eureka 服务器及 2 个用户微服务：

```
# 启动 sdpeer1 的 Eureka 服务器，端口为：8260
java -jar -Dspring.profiles.active=sdpeer1
    service-discovery-0.0.1-SNAPSHOT.jar

# 启动 sdpeer2 的 Eureka 服务器，端口为：8262
java -jar -Dspring.profiles.active=sdpeer2
    service-discovery-0.0.1-SNAPSHOT.jar

# 启动 sdpeer3 的 Eureka 服务器，端口为：8263
java -jar -Dspring.profiles.active=sdpeer3
    service-discovery-0.0.1-SNAPSHOT.jar

# 启动第一个用户微服务实例，使用默认端口：2100
java -jar user-service-0.0.1-SNAPSHOT.jar

# 启动第二个用户微服务实例，通过 server.port 参数指定端口为 2110
java -jar user-service-0.0.1-SNAPSHOT.jar --server.port=2110
```

通过浏览器访问 http://localhost:8260，也就是 sdpeer1 的 Eureka 服务器的控制台，可以看到如图 4-17 所示界面。

从截图中可以看到，当前 Eureka 服务器与 sdpeer2 和 sdpeer3 中的 Eureka 互相复制，并且注册到 sdpeer2 中的用户微服务信息已经同步到当前服务器中。到这里我们的高可用 Eureak 服务器集群也大功告成。

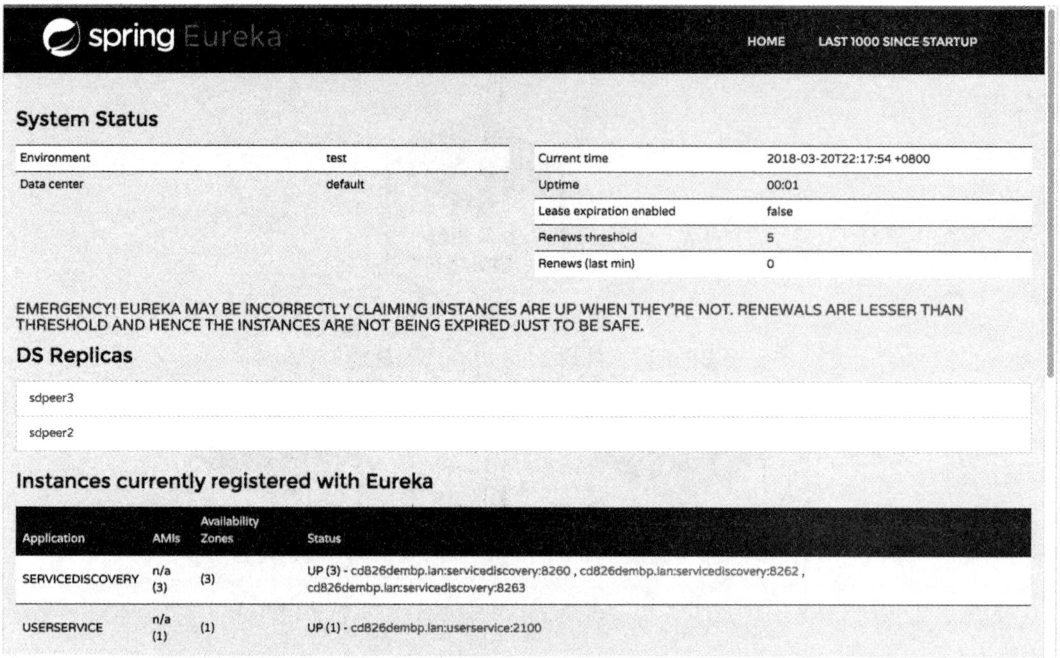

图 4-17　Eureka 集群

4.5.5　多网卡及 IP 指定

默认情况下，当一个服务注册到 Eureka 服务器后，其他的服务消费者会通过该服务所部署的主机名称进行通信，所以在开发时我们常常会碰到下面的错误：

```
Servlet.service() for servlet [dispatcherServlet] in context with path []
threw exception [Request processing failed; nested exception is org.
springframework.web.client.ResourceAccessException: I/O error on GET
request for "http://usesservice/users": Connection timed out: connect;
nested exception is java.net.ConnectException: Connection timed out:
connect] with root cause
```

这是因为在开发环境中并没有 DNS 支持，所以当采用主机名称进行通信的时候就会产生无法找到服务器的错误。同样当我们使用 Docker 等进行部署时，由于主机名称是随机生成的，所以也会造成服务无法访问的错误。这时可以通过 preferIpAddress 属性设置服务在注册时使用 IP 地址注册，而不是主机名称。通过该设置，服务消费者就会通过 IP 地址来调用相关的服务，而不是主机名称。

此外，默认情况下 Eureak 客户端会使用 Spring 框架中 InetUtils 工具类的 findFirstNonLoopbackAddress()方法来获取服务实例所在宿主服务器主机的 IP 地址。如果宿主服务器上有多个网卡，可能此方法所获取到的 IP 地址不是你想要的，这时可以通过在配置文件中手工指定一个 IP 来解决。配置如下：

```
eureka.instance.prefer-ip-address=true
eureka.instance.ip-address=192.168.1.11
```

因此，强烈推荐在项目中使用 IP 地址而不是主机名称来注册微服务。

4.5.6 Eureka 服务访问安全

在这之前一旦启动了 Eureka 服务器，可以在浏览器中输入 http://localhost:8260/后，进入 Eureak 服务器管理界面，这可能会让你觉得不安全，特别是在生产环境中。下面让我们看看如何给 Eureka 服务器增加用户认证。

最简单的方式就是在 Eureka 服务器配置中增加如下配置：

```
security.basic.enabled=true
security.user.name=cd826
security.user.password=pwd
```

同时需要在 pom.xml 文件中增加对 spring-boot-starter-security 的依赖：

```
<dependency>
    <groupId>org.springframework.boot</groupId>
    <artifactId>spring-boot-starter-security</artifactId>
</dependency>
```

此时为 Eureka 服务器启动 HTTP basic 认证，当访问 http://localhost:8260/eureka 时，就会弹出如图 4-18 所示的对话框，需要输入用户名和密码。

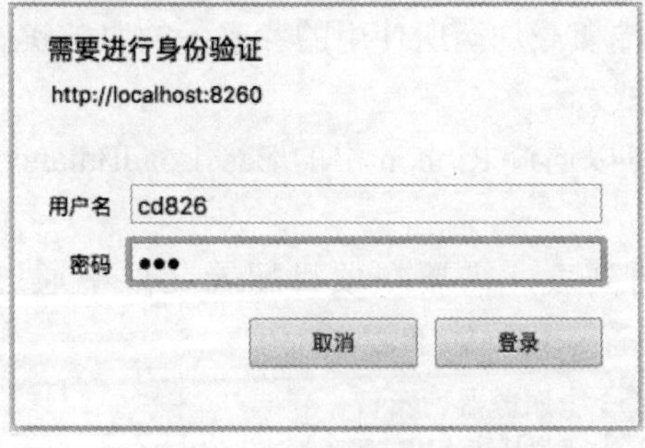

图 4-18　Eureka 服务器用户认证

对于 Eureka 客户端，这时需要通过下面的配置方式来提供安全认证：

```
eureka.client.service-url.defaultZone=
    http://cd826:pwd@${eureka.instance.hostname}:${server.port}/eureka
```

另外，如果需要更复杂的认证方式，可以在 ClientFilter 中注入一个类型 DiscoveryClient OptionalArgs 的@Bean，这样客户端与服务端的调用都会经过这个过滤器。

注意：由于 Eurake 的限制，不可能为每一个服务都配置单独的认证，因此只会使用第一个被发现的认证方式。

4.6　深入 Ribbon

在上面的示例中我们通过 Ribbon 所提供的@LoadBalanced 注解就开启了客户端负载均衡，那么 Ribbon 到底是通过什么机制来实现客户端负载均衡？在实际应用中应选择什么负载均衡策略呢？

4.6.1　Ribbon 客户端负载均衡原理

对于一个客户端负载均衡实现方案来说，核心是下面 3 部分。

- 服务发现：能够自动发现所依赖服务的列表。
- 服务监听：能够监测到失效的服务，并高效地将失效服务从服务列表中剔除。
- 服务选择策略：也就是负载均衡策略，能够决定如何在多个服务实例中选择一个有效的服务实例，并进行相应的服务请求处理。

Ribbon 作为 Spring Cloud 中客户端负载均衡实现方案，在实现原理上和前面所说的核心一致。在具体实现上 Ribbon 提供了下面 6 个组件：

1．服务器列表（ServerList）

服务器列表就是客户端负载均衡所使用的各服务的服务实例列表。Ribbon 在实现上支持下面 3 种服务器列表方式。

- 静态服务器列表：可以通过 Ribbon 中的 BaseLoadBalancer 所提供的 setServersList()方法直接进行设置。
- 基于配置的服务器列表：需要在项目配置文件中通过<服务名称>.ribbon.listOfServers 属性进行设置。代码如下：

```
# 这里为用户服务配置了 3 个服务器列表
userservice.ribbon.listOfServers=http://192.168.0.12:2100,
   http://192.168.0.12:2110, http://192.168.0.16:2100
```

- 基于服务发现的服务器列表：当我们在应用中同时使用 Ribbon 和 Eureka 时，默认就会使用该种方式，在应用启动时 Ribbon 就会从 Eureka 服务器中获取所有注册服务的列表数据，并保持同步。

2．服务器列表过滤器（ServerListFilter）

当开发者使用动态服务器列表时，该组件会对原始服务列表使用一定策略进行过滤，并返回有效的服务器列表给客户端负载均衡器使用。Ribbon 在具体实现上提供以下可用过滤器供开发者在应用中进行选择。

- ZoneAffinityServerListFilter：该过滤器基于区域感知的方式，实现对服务实例过滤，仅返回与本身所处区域一致的服务提供者实例列表。
- ServerListSubsetFilter：该过滤器继承自 ZoneAffinityServerListFilter，在进行区域感知过滤后，仅返回一个固定大小的服务列表，也就是说不会返回全部符合条件的服务实例列表。这种过滤器非常适用于拥有大规模服务器集群的系统。默认将返回 20 个服务实例，但可以通过 ribbon.ServerListSubsetFilter.size 属性设置具体返回的服务实例个数。
- ZonePreferenceServerListFilter：是 Spring Cloud 整合 Netflix 时新增的一个过滤器。当开发者使用 Spring Cloud 整合 Eureka 和 Ribbon 时就会默认使用该过滤器。其主要是实现通过配置或者 Eureka 所属区域来过滤出同区域的服务实例列表。

3．服务实例存活探测（IPing）

简单来说服务实例存活探测就像开发者常用的 ping 指令一样，用来监测一个微服务实例是否有响应。Ribbon 通过该组件来判断所持有的服务实例列表中的各服务可用情况，如果监测到某服务实例不再可用则会从列表中及时剔除。Ribbon 默认提供的实现如下。

- PingUrl：通过定期访问指定的 URL，来判断服务器是否可用。
- PingConstant：不做任何处理，只是返回一个固定值，用来表示该服务器是否可用，默认值为 true，即可用。
- NoOpPing：不做任何处理，直接返回 true，表示该服务器可用，这是默认策略。
- DummyPing：直接返回 true，但实现了 initWithNiwsConfig 方法。
- NIWSDiscoveryPing：根据 DiscoveryEnabledServer 中 InstanceInfo 的 InstanceStatus 属性判断，如果该属性的值为 InstanceStatus.UP，则表示服务器可用，否则为不可用。

4．负载均衡策略（IRule）

负载均衡策略是负责选择一个最终服务实例地址作为负载均衡处理结果。Ribbon 提供的选择策略有轮询、根据响应时间加权、断路器（当 Hystrix 可用时）等。这部内容将在后面再详细介绍。

5．负载均衡器（ILoadBalancer）

Ribbon 负载均衡的具体实现主要是通过 LoadBalancerClient 类来实现的，而 LoadBalanCer 又将具体处理委托给 ILoadBalancer 来处理。对于 ILoadBalancer，可以理解为客户端负载均衡“大总管”，其通过配置 IRule、IPing 等信息，并通过 ServerList 获取服务器注册列表的信息，默认以每 10 秒的频率向服务列表中的每一个服务实例发送 ping 请求，检测服务实例是否仍存活，最后使用负载均衡策略对 ServerListFilter 过滤得到最终可用的服务实例列表进行处理，并获取到最终要调用的服务实例，然后就可以交给服务调用器进行调用。

ILoadBalancer 也是一个接口，在具体实现上 Ribbon 提供了 3 个具体实现，分别是 DynamicServerListLoadBalancer、ZoneAwareLoadBalancer 和 NoOpLoad Balancer。DynamicServerListLoadBalancer 继承自 ILoadBalancer 基础实现 BaseLoadBalancer，在基础的负载均衡功能上增加了运行期间对服务实例动态更新和过滤的功能。而 ZoneAwareLoad Balancer 则是继承 DynamicServerListLoadBalancer，并在此基础上增加防止跨区域访问的问题。当我们使用 Spring Cloud 整合 Eureka 和 Ribbon 时，默认就会使用该实现。

6. 服务调用器（RestClient）

服务调用器也就是负载均衡后，Ribbon 向服务提供者发起 REST 请求的工具。

对于 Ribbon 所提供的 6 大组件及相应功能我们已经了解了一些，那么为何当我们在 RestTemplate 增加@LoadBalance 注解后就可以为服务调用开启负载均衡处理呢？这就是 LoadBalancerInterceptor 的功劳了。当给 RestTemplate 增加了@LoadBalance 注解后，LoadBalancerAutoConfiguration 就会对该 RestTemplate 进行处理，在 RestTemplate 的拦截器列表中添加一个 LoadBalancerInterceptor 拦截器，当通过 RestTemplate 进行服务请求时，LoadBalancerInterceptor 中的拦截方法就会启动，通过 LoadBalancerClient 使请求具有负载均衡功能，具体拦截所执行的代码如下：

```
public ClientHttpResponse intercept(HttpRequest request, byte[] body,
    ClientHttpRequestExecution execution) throws IOException {
    URI originalUri = request.getURI();
    String serviceName = originalUri.getHost();
    Assert.state(serviceName != null,
        "Request URI does not contain a valid hostname: " + originalUri);
    // 此处的代码就是调用了 Ribbon 的负载均衡客户端的负载均衡处理
    return (ClientHttpResponse)this.loadBalancer.execute(
        serviceName,
        this.requestFactory.createRequest(request, body, execution));
}
```

4.6.2 Ribbon 负载均衡策略及配置

负载均衡策略主要负责从可用服务实例列表中选择一个，作为最终所要访问的服务实例。Ribbon 本身提供了下面几种负载均衡策略，开发者可以根据需要在实际生产环境中进行选择。

- RoundRobinRule：轮询策略，Ribbon 以轮询的方式选择服务实例，即每次调度执行 i = (count + 1) mod n，并选出第 i 台服务实例。其中 count 为执行请求的计数次数，n 为当前可用的服务器总个数。这个是默认值，所以示例中所启动的两个用户服务会被商品服务交替访问到。
- RandomRule：随机选择，也就是说 Ribbon 会随机从可用的服务实例列表中选择一个进行访问。
- BestAvailableRule：最大可用策略，即先过滤出故障服务实例后，选择一个当前并发请求数最小的。

- WeightedResponseTimeRule：带有加权的轮询策略，对各个服务实例响应时间进行加权处理，然后再采用轮询的方式获取相应的服务实例。
- AvailabilityFilteringRule：可用过滤策略，先过滤出有故障的或并发请求大于阈值的一部分服务实例，然后再以线性轮询的方式从过滤后的实例清单中选出一个实例。
- ZoneAvoidanceRule：区域感知策略，先使用主过滤条件（区域负载器，选择最优区域）对所有实例过滤并返回过滤后的实例清单，依次使用次过滤条件列表中的过滤条件对主过滤条件的结果进行过滤，判断最小过滤数（默认 1）和最小过滤百分比（默认 0），最后对满足条件的服务实例则使用 RoundRobinRule（轮询方式）方式选择一个，这个策略可以降低服务之间的调用延迟，提升系统效率。

一般地，我们可以在项目配置文件中通过属性进行配置，比如将商品微服务中调用用户微服务负载均衡策略更改为区域感知策略，配置方式如下：

```
# 这里将用户服务负载均衡策略配置为 ZoneAvoidanceRule
userservice.ribbon.NFLoadBalancerRuleClassName=
   com.netflix.loadbalancer.ZoneAvoidanceRule
```

也可以通过下面的方式使用代码进行配置。

```
// 这里声明 UserService 的 Ribbon 客户端使用 UserRibbonConfiguration 类进行配置
@Configuration
@RibbonClient(name="userservice",
configuration="UserRibbonConfiguration.class")
public class RibbonConfiguration {
}
// 这里是 UserService 具体的负载均衡配置
@Configuration
public class UserRibbonConfiguration {
   String listOfServers = "http://192.168.0.12:2100," +
   "http://192.168.0.12:2110,http://192.168.0.16:2100";
    // 构建固定的服务器列表
   @Bean
   public ServerList<Server> ribbonServerList() {
      List<Server> list = Lists.newArrayList();
      if (!Strings.isNullOrEmpty(listOfServers)) {
         for (String s: listOfServers.split(",")) {
            list.add(new Server(s.trim()));
         }
      }
      return new StaticServerList<>(list.toArray(new Server[0]));
   }
   // 将服务器存活探测策略更改为通过 URL 来判定
   @Bean
   public IPing ribbonPing() {
      return new PingUrl(false, "/cs/hostRunning");
   }
   // 将负载均衡策略定义为区域感知策略
```

```
    @Bean
    public IRule ribbonRule() {
        return new ZoneAvoidanceRule();
    }
}
```

注意： UserRibbonConfiguration 需要增加@Configuration 注解，但是不能让@ComponentScan 扫描到，否则该配置类中所构建的 Bean 将会覆盖 Spring 上下文，也就是说会覆盖 Ribbon 默认的配置，这样不但 UserService 服务使用该配置，所有的 Ribbon 客户端也会使用该配置，但这可能不是我们想要的。那么如何不被@ComponentScan 扫描到呢？有两种实现方式：一种是在@ComponentScan 注解中显式声明排出，另外一种是让这些配置不在应用引导类所在包的下面。

4.6.3　直接使用 Ribbon API

当我们在应用中使用 Ribbon 时，除了通过使用@LoadBalanced 注解支持负载均衡，还可以直接使用 Ribbon 所提供的 LoadBalancerClient 来实现负载均衡。示例代码如下：

```
@RestController
@RequestMapping("/products")
public class ProductEndpoint {
    // 这里省略了前面章节中相同的代码
    ......
    // 注意这里需要将原来的 restTemplate 删除，替换成该属性，并且不能使用原来的 Bean
    @Autowired
    @Qualifier(value = "lbcRestTemplate")
    private RestTemplate lbcRestTemplate;
    // 织入 Ribbon 的客户端负载
    @Autowired
    private LoadBalancerClient loadBalancerClient;

    // 获取商品评论列表
    @RequestMapping(value = "/{id}/comments", method = RequestMethod.GET)
    public List<ProductCommentDto> comments(@PathVariable Long id){
        List<ProductComment> commentList =
            this.productCommentRepository.findByProductIdOrderByCreated(id);
        if (null == commentList || commentList.isEmpty())
            return Collections.emptyList();
        return commentList.stream().map((comment) -> {
            ProductCommentDto dto = new ProductCommentDto(comment);
            dto.setProduct(…);
            // 这里转换成新的用户获取方式
            dto.setAuthor(this.loadUserEx(comment.getAuthorId()));
            return dto;
        }).collect(Collectors.toList());
    }
```

```
    // 区别于原来的用户加载方式，这里直接使用 Ribbon 的 API 进行用户信息加载
    public UserDto loadUserEx(Long userId) {
        // 首先通过 loadBalancerClient 获取一个用户微服务实例
        // choose 方法将根据所配置的客户端负载策略从用户微服务实例中选择其中一个
        ServiceInstance instance =
            this.loadBalancerClient.choose("USERSERVICE");
        URI userUri = URI.create(String.format("http://%s:%s/users/{id}",
                                  instance.getHost(),
                                  instance.getPort()));
        logger.info("Target service uri = {}. ", userUri.toString());
        // 然后再通过 restTemplate 进行请求
        UserDto userDto = this.lbcRestTemplate.getForEntity(
            userUri.toString(), UserDto.class, userId).getBody();
        if (userDto != null) {
            this.logger.debug("I came from server : {}",
                userDto.getUserServicePort());
        }
        return userDto;
    }
}
```

在 Application 中，我们需要做如下修改：

```
public class Application {
    //将原来的@LoadBanlance 注解删除
    @Bean(value = "lbcRestTemplate")
    RestTemplate lbcRestTemplate() {
        return new RestTemplate();
    }
    public static void main(String[] args) { …… }
}
```

需要注意的是，在 loadUserEx()中所使用的 restTemplate 不能使用之前标注了@LoadBanlanced 的 RestTemplate，否则在进行请求时 restTemplate 会把服务实例的逻辑名称当作服务名称来使用，从而造成找不到相应的服务实例的错误。

```
# cd826dembp.lan 是用户微服务服务器所部署的服务器名称
java.lang.IllegalStateException: No instances available for cd826dembp.lan
```

此外，还可以通过@Primary 注解让两种类型的 RestTemplate 共存，这样在 loadUserEx()方法中就可以默认使用 lbcRestTemplate()方法所创建的 Bean。代码如下：

```
public class Application {
    // 增加了@Primary 注解，这样当在其他地方需要使用时，默认会先使用该 Bean
    @Primary
    @Bean(value = "lbcRestTemplate")
    RestTemplate lbcRestTemplate() {
        return new RestTemplate();
    }
    // 这里我们不需要删除
    @Bean(value = "restTemplate")
    @LoadBalanced
    RestTemplate restTemplate() {
        return new RestTemplate();
```

```
    }
    public static void main(String[] args) { … … }
}
```

4.7　深入 Feign

通过在项目中引入 Feign，可以让开发者通过注解的方式实现远程微服务调用，大大简化了代码的编写。接下来深入了解一下使用 Feign 时的几个关键点。

4.7.1　Feign 的参数绑定

Feign 支持多种注解，我们可以根据需要使用 Feign 自带的注解或者 JAX-RS 注解。此外，Spring Cloud 还对 Feign 进行了增强，使得 Feign 支持了 Spring MVC 注解。例如之前 UserService 中代码：

```
@RequestMapping(value = "/users", method = RequestMethod.GET)
List<UserDto> findAll();

@RequestMapping(value = "/users/{id}", method = RequestMethod.GET)
UserDto load(@PathVariable("id") Long id);
```

我们使用的都是 Spring MVC 的注解。在 Spring MVC 中常用的注解有以下几种。

- @RequestParam：绑定单个请求参数值。
- @PathVariable：绑定 URI 模板变量值。
- @RequestHeader：绑定请求头数据。
- @RequestBody：绑定请求的内容区数据并能进行自动类型转换等。

这些注解都可以在使用 Feign 时使用，这些样例如下：

```
// 使用请求参数
@RequestMapping(value = "/products/detail", method = RequestMethod.GET)
Product loadByItemCode(@RequestParam("itemCode") String itemCode);
// 使用路径参数
@RequestMapping(value = "/products/{itemCode}", method = RequestMethod.
GET)
Product loadByItemCode(@PathVariable("itemCode") String itemCode);
// 使用请求头数据
@RequestMapping(value = "/products/detail", method = RequestMethod.GET)
Product loadByItemCode(@RequestHeader("itemCode") String itemCode);
```

上述几个样例都是同样的功能：加载指定商品的详情。不过这里需要注意的是不论 @RequestParam、@PathVariable 还是@RequestHeader，它们的 value 都是不可以少的，也就是说不能像 Spring MVC Controller 中这样声明：

```
@RequestMapping(value = "/products/{itemCode}", method = RequestMethod.
GET)
Product loadByItemCode(@PathVariable String itemCode);
```

因为，在 Spring MVC 中这些注解会以参数名称作为默认值，但 Feign 则不会，必须声明。

我们也可以在参数绑定中使用多个不同的注解，例如：

```
@RequestMapping(value = "/products/{itemCode}", method = RequestMethod.
POST)
Product changPrice(@PathVariable("itemCode") String itemCode,
                   @RequestParam("price") int price);
```

在我们进行开发时，在参数中往往会通过对象传递一个参数，比如注册用户的服务接口如下：

```
// 用户注册服务
User register(User user);
```

那么如何把复杂的用户信息传递过去呢？答案也非常简单，就是使用上面列出来的 @RequestBody 注解，代码如下：

```
@RequestMapping(value = "/users/register", method = RequestMethod.POST)
User register(@RequestBody User user);
```

同样，在使用的时候需要注意 User 对象必须要有默认构造函数，否则 Feign 会无法根据传递过来的 JSON 字符串转换为 User 对象，从而抛出异常，造成调用不成功。

4.7.2 Feign 中的继承

可能有些读者在看到商品微服务中的 UserService 会发现，UserService 接口中的代码和用户微服务中的 UserEndpoint 的代码几乎是一样的，那么是否可以定义一个共同的父接口来消除重复的代码呢？答案是肯定的，Feign 是支持继承的。比如，我们再增加一个公用的工程 user-api，然后定义一个 UserApiService 接口作为 UserEndpoint 和 UserService 的父接口，代码如下：

```
// 这里将相同的代码提取到 UserApiService 中
public interface UserApiService {
    @RequestMapping(value = "/users", method = RequestMethod.GET)
    List<UserDto> findAll();
    @RequestMapping(value = "/users/{id}", method = RequestMethod.GET)
    UserDto load(@PathVariable("id") Long id);
}
```

然后让用户微服务和商品微服务工程都依赖该包，同时将用户微服务中的 UserEndpoint 代码修改如下：

```
// 这里只需要标注@RestController 注解即可，而@RequestMapping 已经在基类中声明
@RestController
public class UserEndpoint implements UserApiService {
    @Autowired
    private UserService userService;
    // 注意，这里不需要再标注@RequestMapping 注解
    @Override
    public List<UserDto> findAll(){
```

```
        return this.userService.findAll();
    }
    // 同样，不需要标注@RequestMapping 注解
    @Override
    public UserDto detail(@PathVariable Long id){
        return this.userService.load(id);
    }
    // 省略其他代码
    ......
}
```

商品微服务中的 UserService 代码修改如下:

```
// 这里还是需要标注@FeignClient 注解
@FeignClient("USERSERVICE")
public interface UserService extends UserApiService {
    // 不需要实现，也无须另外增加方法
}
```

从上面修改后的代码来看，通过继承的确简化了 Feign 开发，但在使用微服务架构进行开发时有一个原则，就是保持各微服务的自治性。假如像上面这样通过继承的方式，会造成服务提供方与服务消费方之间代码的紧耦合，一方修改代码都会对另一方造成干扰，因此不推荐这种做法，也不建议在服务提供方和服务消费方之间共享接口。

4.7.3　Feign 与 Swagger 的冲突

假如你在项目中使用了 Swagger，那么可能会造成无法启动，并抛出下面的错误:

```
Error starting ApplicationContext. To display the auto-configuration report
re-run your application with 'debug' enabled.
2017-12-23 19:25:10 656 [restartedMain] ERROR o.s.boot.SpringApplication -
Application startup failed
org.springframework.beans.factory.UnsatisfiedDependencyException: Error
creating bean with name 'productEndpoint': Unsatisfied dependency expressed
through field 'productService'; nested exception is org.springframework.
beans. factory.BeanCreationException: Error creating bean with name ' com.
cd826dong. clouddemo.product.service.ProductService': FactoryBean threw
exception on object creation; nested exception is java.lang.NullPointer
Exception
    at org.springframework.beans.factory.annotation.AutowiredAnnotation
    BeanPostProcessor$AutowiredFieldElement.inject(AutowiredAnnotation
    BeanPostProcessor.java:588)
    at org.springframework.beans.factory.annotation.InjectionMetadata.
    inject(InjectionMetadata.java:88)
    ......
```

造成这个错误的原因是因为在项目中所使用的 Swagger 版本太低造成的，只需要将 Swagger 升级到 2.6.1 版本以上即可，如下：

```
<dependency>
    <groupId>io.springfox</groupId>
    <artifactId>springfox-swagger-ui</artifactId>
```

```
    <version>2.6.1</version>
</dependency>
<dependency>
    <groupId>io.springfox</groupId>
    <artifactId>springfox-swagger2</artifactId>
    <version>2.6.1</version>
</dependency>
```

4.8　微服务健康监控

对于一个应用来说，特别是当开发者将之转化为微服务架构之后，就不仅仅是提供业务功能了，还需要提供服务运行的健康状态数据，通过这些健康状态数据，可以让开发者时刻知道服务运行是否健康。可以通过所构建的微服务健康监测接口，还可以使用一些云健康平台对微服务实例进行管理。

当开发者使用了 Eureka 后，当一个微服务上线后，Eureka 服务器就会持续对该微服务进行监控，并通过所提供的服务健康监测接口来判定该服务是否可用。

另外，当开发者使用 Spring Boot 来构建微服务时，Spring 已经提供了一个 Spring Actuator 子项目，该子项目开箱即用。Actuator 提供的对应用系统自身和监控的集成功能，包含了对应用系统进行配置查看、运行状态监控及相关功能统计等功能。这些监控统计数据通过 REST 端点方式暴露，并返回 JSON 数据，使用时只需要在项目中加入下面的依赖即可：

```
<dependency>
    <groupId>org.springframework.boot</groupId>
    <artifactId>spring-boot-starter-actuator</artifactId>
</dependency>
```

当在项目中添加该依赖后，Spring Boot 在启动系统后就会构建一系列的端点，通过这些端点就可以获取到服务的运行状况。其中比较常用的端点有下面几个。

- /autoconfig：该端点用来获取 Spring Boot 自动化配置机制所产生的自动化配置信息报告，包含了所有自动化配置的候选项及每个候选项自动化配置条件是否满足等信息。
- /beans：该端点列出所有由 Spring Boot 创建 Bean 的配置列表。
- /configprops：该端点用来获取应用中配置的属性信息报告。
- /env：该端点用来获取应用所有可用的环境属性报告，包括环境变量、JVM 属性、应用的配置、命令行中的参数等。
- /health：该端点用来报告当前应用的健康状态报告信息，比如应用是否启动、磁盘空间等。
- /metrics：该端点用来报告当前应用及宿主主机的各类重要度量指标，比如 CPU 数量、内存信息、线程信息和垃圾回收信息等。

- /mappings：在应用使用了 Spring MVC 时，该端点返回所有控制器映射关系报告。
- /info：该端点用来返回应用自定义属性配置信息。
- /shutdown：通过该端点可以关闭应用。

比如，应用启动后通过/health 端点可以获取到应用的健康状态，如图 4-19 所示。

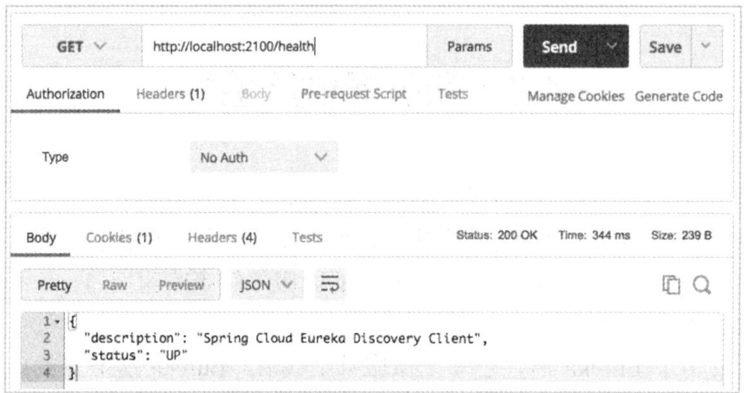

图 4-19　应用 Health 端点

通过/**metrics** 端点可以访问应用一些度量指标数据，如图 4-20 所示。

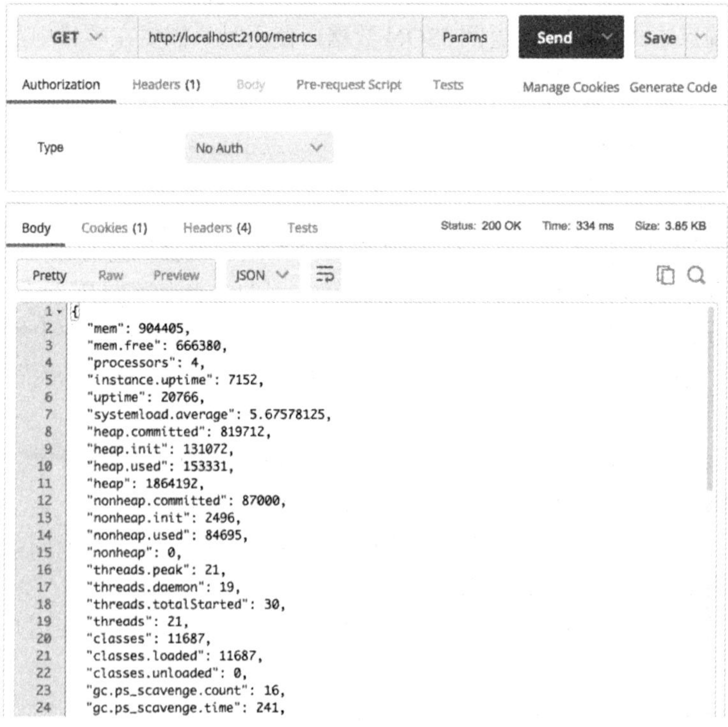

图 4-20　应用 metrics 端点

默认的，当开发者在应用中加入 Actuator 依赖后，上述端点都可以被访问到，但是有些端点可能开发者不希望被用到或访问到，比如最典型的就是/shutdown 端点，那么此时可以在配置文件中通过下面的属性配置来禁用：

```
# 禁用/shutdown 端点
endpoints.shutdown.enabled=false

# 禁用/configprops 端点
endpoints.configprops.enabled=false
```

4.9　异构服务解决方案——Sidecar

前面的示例及所讲的都是使用 Java 及 Spring Boot 框架。假如一个服务的实现不是采用这种技术，那么是否依然可以使用 Eureka+Ribbon 达到服务治理的目的呢？而且之前我们也讲过微服务架构的一个优势就是不强求使用同一种技术栈。Spring Cloud 的确已经考虑到这些，所以提供了一个解决方案：Sidecar。通过 Sidecar，可以将异构的服务加入 Spring Cloud 所构建的服务架构体系中。但关于 Sidecar 的使用已经超出本书所讲的范围，有需要的读者可以在 http://t.cn/RnDZO0i 上具体学习一下如何使用。

第 5 章　微服务容错保护——Hystrix

我们在实践微服务架构时，通常会将业务拆分成一个个微服务，微服务之间通过网络进行互相调用，从而形成了微服务之间的依赖关系。由于网络原因或者自身的原因，微服务并不能保证服务百分之百可用。如果单个服务出现问题，则调用该服务时会出现延迟甚至调用失败的情况；若调用失败，用户则会重新刷新页面并尝试再次调用，再加上其他服务的调用，从而增加了服务器的负载，导致某个服务瘫痪，甚至整个服务崩溃。

调用相互依赖的微服务而出现问题是在所难免的，开发者很难避免因某些因素而导致的服务之间依赖的调用失败，但是可以尽可能地在调用失败时减少或避免对调用方带来的影响，提前做好应急措施。当遇到问题时，可以及时地启动应急预案，让系统进行自我调节和保护。如果不能及时有效地隔离有问题的微服务，则所有的服务请求有可能会因为这个单点故障而阻塞，从而产生“雪崩效应”，导致整个服务都不能正常对外提供服务。此时就需要我们对微服务进行容错保护，及时发现微服务故障并进行处理。

5.1　什么是微服务容错保护

在 Netflix 所提供的解决方案中有一个名为 Hystrix 的库，通过该库可以为我们解决以下问题：

- 对第三方接口/依赖服务潜在的调用失败提供保护和控制机制。
- 在分布式系统中隔离资源，降低耦合，防止服务之间相互调用而导致级连失败；
- 快速失败及迅速恢复。
- 在合适的时机对服务进行优雅降级处理。
- 对服务提供近乎实时的监控、报警和控制操作。

Hystrix 是根据“断路器”模式而创建的。“断路器”本身是一种开关装置，当某个服务单元发生故障之后，通过断路器的故障监控（类似熔断保险丝机制），向调用方返回一个符合预期的服务降级处理（fallback），而不是长时间地等待或者抛出调用方无法处理的异常，这样就保证了服务调用方的线程不会被长时间不必要地占用，从而避免了故障在分布式系统中的蔓延乃至崩溃。Hystrix 的原理结构如图 5-1 所示。

当然，在请求失败频率较低的情况下，Hystrix 还会直接把故障返回给客户端。只有当失败次数达到阈值（默认在 20 秒内失败 5 次）时，断路器才会被打开并且不再进行后续通信，从而直接进行服务降级（fallback）处理。

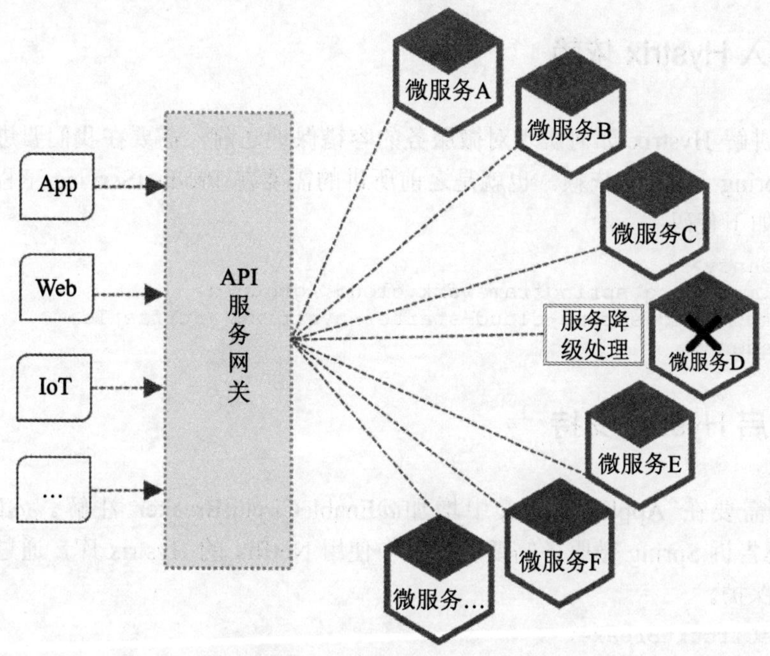

图 5-1　Hystrix 原理结构图

Hystrix 的开发和实现遵守如下设计理念：

- 防止由于单个服务的故障，而耗尽整个系统容器（如 Tomcat）的线程资源。
- 快速失败，而不是在队列中积压服务请求。
- 提供服务降级（fallback）处理机制。
- 使用隔离技术（如舱壁隔离、泳道和断路器等模式）来隔离服务依赖之间的影响。
- 通过近乎实时的监控和告警，及时发现系统中的潜在问题。
- 通过配置更改可以优化低延迟传播的恢复时间，并且 Hystrix 支持大多数属性的动态更改，从而允许开发者可以实时对低延迟反馈循环进行修改和优化。
- 提供对整个所依赖客户端在执行过程中的故障保护与隔离，而不仅仅是网络流量。

总的来说，Hystrix 是想通过隔离保护和自我调节机制而提供强大的容错能力，避免任何一个第三方依赖或服务调用的单点故障而带来级联失败的问题，从而避免整个服务崩溃。

5.2　快速启动 Hystrix

接下来看一下如何快速地在之前所搭建的示例项目中引用 Hystrix。首先，对于微服务容错来说保护的是服务消费方，在示例中也就是商品服务的 ProductService 工程。接下来的代码更改主要集中在对 ProductService 工程进行修改，其他工程的代码将保持不变。

5.2.1　引入 Hystrix 依赖

在开始讲解 Hystrix 如何实现对微服务的容错保护之前，需要在我们要进行保护的项目中引入 Spring Hystrix 依赖。也就是之前所讲的需要在 ProductService 工程的 pom.xml 文件中增加如下代码：

```
<dependency>
    <groupId>org.springframework.cloud</groupId>
    <artifactId>spring-cloud-starter-hystrix</artifactId>
</dependency>
```

5.2.2　开启 Hystrix 支持

接下来需要在 Application 类中增加@EnableCircuitBreaker 注解。@EnableCircuitBreaker 注解告诉 Spring 微服务需要在项目中使用 Netflix 的 Hystrix 库，通过该库开启对服务的容错保护。

```
@EnableCircuitBreaker
@EnableDiscoveryClient
@SpringBootApplication
public class Application {
    public static void main(String[] args) {
        SpringApplication.run(Application.class, args);
    }
}
```

5.2.3　修改 UserService 实现

我们的业务是当读取商品评论时，需要访问用户微服务获取该评论者的用户信息，所以接下来需要保护的服务是 UserSerivce。实现服务的保护需要使用@HystrixCommand 注解，该注解告诉服务调用者在调用失败时可以通过 fallbackMethod 参数指定的方法来实现服务降级处理。

```
@Service
public class UserServiceImpl implements UserService {
    @Autowired
    private RestTemplate restTemplate;
    // 这里是通过 restTemplate 获取全部用户信息，并声明降级方法 findAllFallback
    @Override
    @HystrixCommand(fallbackMethod = "findAllFallback")
    public List<UserDto> findAll() {
        UserDto[] userDtos = this.restTemplate.getForObject(
            "http://USERSERVICE/users/", UserDto[].class);
        return Arrays.asList(userDtos);
```

```
    }
    // 这里是查询一个具体用户的方法，降级方法是 loadFallback
    @Override
    @HystrixCommand(fallbackMethod = "loadFallback")
    public UserDto load(Long id) {
        return this.restTemplate.getForEntity(
            "http://USERSERVICE/users/" + id,
            UserDto.class).getBody();
    }
    // 该方法是 findAll 方法的降级方法，当 restTemplate 无法访问到 USERSERVICE 时
    // 调用该方法返回一组固定的用户信息
    protected List<UserDto> findAllFallback() {
        List<UserDto> userDtos = new ArrayList<>();
        userDtos.add(new UserDto(1L, "zhangSan_static",
            "/users/avatar/zhangsan.png"));
        // 这里忽略了部分代码，具体可以参考本书的源代码
        return userDtos;
    }
    // 该方法是 load 方法的降级方法，当 restTemplate 无法访问到 USERSERVICE 时
    // 调用该方法返回一个匿名用户信息
    protected UserDto loadFallback(Long id) {
        return new UserDto(id, "Anonymous", "default.png");
    }
}
```

在上面 UserService 代码的实现中分别对 findAll()和 load()方法添加了服务降级处理方法 findAllFallback()和 loadFallback()，也就是说当调用 findAll()或 load()方法出现异常或错误的时候（示例中模拟 UserService 服务不可用），Hystrix 会通过调用 findAllFallback()或 loadFallback()方法来获取返回值，并返回给调用者。

5.2.4　容错测试

首先依次启动 Eureka Server、用户微服务（为了测试，这里启动了两个实例，端口分别为 2100 和 2300）和商品微服务，启动后在 Eureka Server 的监控界面中可以看到注册的服务，如图 5-2 所示。

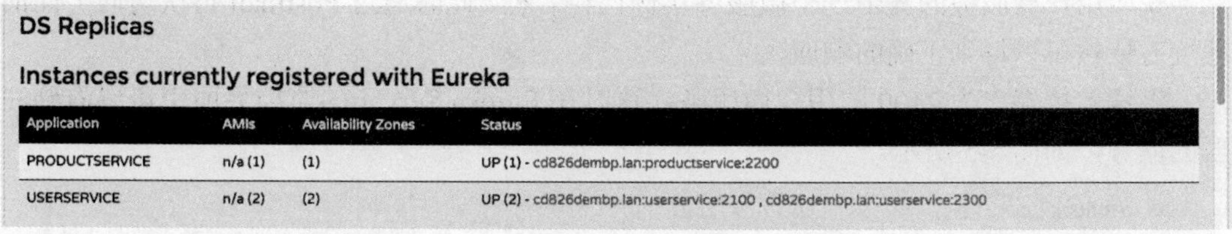

DS Replicas

Instances currently registered with Eureka

Application	AMIs	Availability Zones	Status
PRODUCTSERVICE	n/a (1)	(1)	UP (1) - cd826dembp.lan:productservice:2200
USERSERVICE	n/a (2)	(2)	UP (2) - cd826dembp.lan:userservice:2100 , cd826dembp.lan:userservice:2300

图 5-2　Eureka Server 中注册的服务实例 1

然后通过 Postman 访问 http://localhost:2200/products/3/comments，如图 5-3 所示。

从界面截图中可以看到，已经成功获取到商品的评论信息列表，而且评论者的用户信息也是完整的。

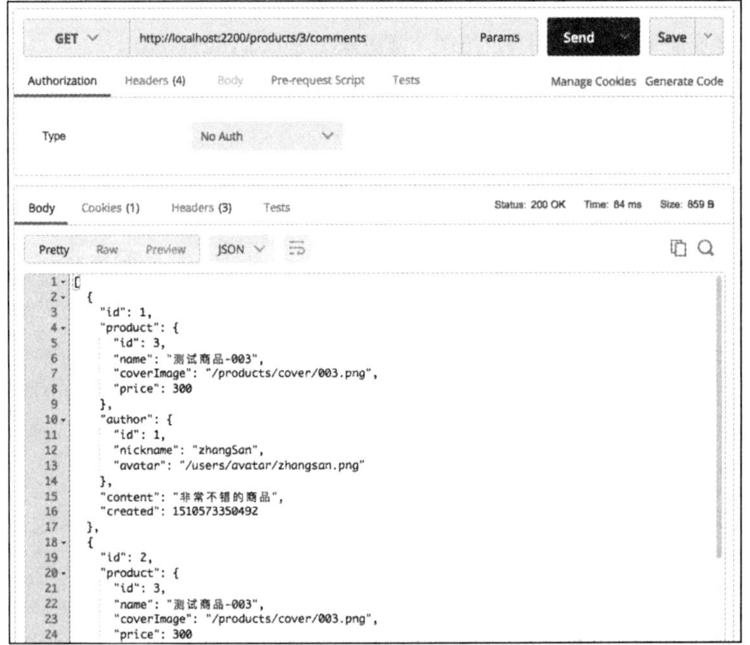

图 5-3 获取商品评论列表 1

然后停掉端口为 2300 的用户微服务，这时在 Eureka Server 的监控界面中可以看到注册的服务，如图 5-4 所示。

DS Replicas

Instances currently registered with Eureka

Application	AMIs	Availability Zones	Status
PRODUCTSERVICE	n/a (1)	(1)	UP (1) - cd826dembp.lan:productservice:2200
USERSERVICE	n/a (2)	(2)	UP (1) - cd826dembp.lan:userservice:2100 DOWN (1) - cd826dembp.lan:userservice:2300

图 5-4 Eureka Server 中注册的服务实例 2

说明用户微服务的其中一个微服务实例已经宕机，此时通过 Postman 再次访问上面的地址时依然可以得到正确的响应。

继续停掉端口为 2100 的用户微服务，这时在 Eureka Server 的监控界面中可以看到注册的服务，如图 5-5 所示。

DS Replicas

Instances currently registered with Eureka

Application	AMIs	Availability Zones	Status
PRODUCTSERVICE	n/a (1)	(1)	UP (1) - cd826dembp.lan:productservice:2200
USERSERVICE	n/a (1)	(1)	DOWN (1) - cd826dembp.lan:userservice:2300

图 5-5 Eureka Server 中注册的服务实例 3

从图 5-5 中可以看到用户微服务的所有服务实例都已宕机，此时再访问上面的地址，其访问的结果如图 5-6 所示，说明 Hystrix 的服务降级已经起作用了，当全部用户微服务实例宕机后，商品微服务中的 UserService.load()方法调用进入了服务降级处理，通过降级方法 loadFallback()返回相应的值。

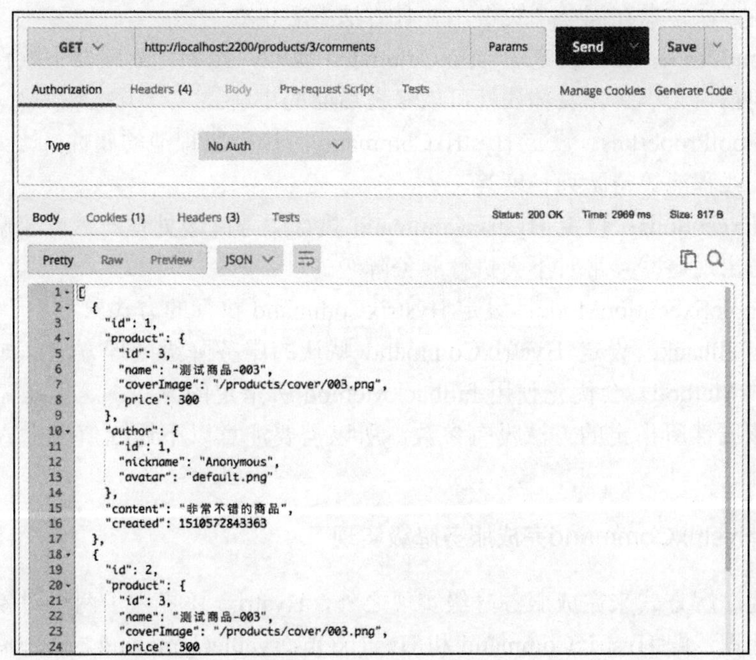

图 5-6　获取商品评论列表 2

5.2.5　服务降级的两种实现方式

Netflix 的 Hystrix 在对微服务降级处理实现中提供了两种方式，一种是通过上面示例中的@HystrixCommand 注解方式来实现，另外一种是通过继承 HystrixCommand 类来实现。下面来看看这两种方式有什么区别，以及各自的具体使用方法。

1. 使用注解完成服务降级实现

使用注解可以最小程度地侵入我们的代码，可以快速让原来的功能支持服务降级。使用时仅需在要进行服务降级处理的方法上增加@HystrixCommand 注解即可，并通过 fallbackMethod 属性设置该方法在降级处理时所使用的方法，然后在降级方法中实现服务降级逻辑处理。这里需要说明的一点是，通过 fallbackMethod 所指定的方法要与原方法具有相同的方法签名，否则会降级失败。

@HystrixCommand 注解的属性说明如下。

- groupKey：设定 HystrixCommand 分组的名称。
- commandKey：设定 HystrixCommand 的名称。
- threadPoolKey：设定 HystrixCommand 执行线程池的名称。
- fallbackMethod：设定 HystrixCommand 服务降级所使用的方法名称，注意该方法需要与主方法定义在同一个类中，并且方法签名也要一致。
- commandProperties：设定 HystrixCommand 属性，比如，断路器失败百分比、断路器时间窗口大小等，具体属性可以参考后面的讲解。
- threadPoolProperties：设定 HystrixCommand 所执行线程池的属性，比如，线程池的大小、线程池等待队列长度等。
- ignoreExceptions：设定 HystrixCommand 执行服务降级处理时需要忽略的异常，也就是当出现这些异常时不会执行服务降级处理。
- observableExecutionMode：设定 HystrixCommand 执行的方式。
- defaultFallback：设定 HystrixCommand 默认的服务降级处理方法，如同时设定了 fallbackMethod，会优先使用 fallbackMethod 所指定的方法。这里还需要说明的一点是该属性所指定的方法没有参数，所以需要注意以下返回值与主方法返回值的兼容性。

2. 继承HystrixCommand完成服务降级实现

除了使用注解方式来完成服务降级实现之外，Hystrix 还提供了两个对象来支持服务降级实现的处理，即 HystrixCommand 和 HystrixObservableCommand，其中后者是用在所依赖服务返回多个操作结果的时候。在实现服务降级时，如果是继承 HystrixCommand，则需要实现 getFallback()方法，如果是继承 HystrixObservableCommand，则需要实现 resumeWithFallback()方法。

继承 HystrixCommand 的降级代码实现示例如下：

```
// 这里继承了 HystrixCommand 需要在 getFallback 中实现服务降级逻辑处理
public class CommandHelloFailure extends HystrixCommand<String> {
    private String name;
    public CommandHelloFailure(String name) {
        super(Setter.withGroupKey(HystrixCommandGroupKey
                                    .Factory.asKey("ExampleGroup")));
        this.name = name;
    }
    @Override
    protected String run() throws Exception {
        // 在这里实现具体的业务处理逻辑
        return "Hello " + this.name + "!";
    }
    @Override
    protected String getFallback() {
        // 在这里实现服务降级处理逻辑
        return "Hello Failure " + this.name + "!";
```

```
    }
}
```

继承 HystrixObservableCommand 的降级代码实现示例如下：

```
// 继承 HystrixObservableCommand 需要在 resumeWithFallback 中实现服务降级逻辑处理
public class ObservableCommandHelloFailure extends
        HystrixObservableCommand<String> {
    private String name;
    public ObservableCommandHelloFailure(String name) {
        super(Setter.withGroupKey(HystrixCommandGroupKey
                                  .Factory.asKey("ExampleGroup")));
        this.name = name;
    }
    @Override
    protected Observable<String> construct() {
        // 在这里实现具体的业务处理逻辑
        return Observable.just("Hello " + this.name + "!");
    }
    @Override
    protected Observable<String> resumeWithFallback() {
        // 在这里实现服务降级处理逻辑
        return Observable.just("Hello Failure " + this.name + "!");
    }
}
```

5.2.6 在 Feign 中使用 Hystrix 回退

在上面的示例中，@HystrixCommand 需要注解到具体的方法上，下面来看看当使用 Feign 时应该如何实现 Hystrix 回退。对于如何在商品微服务中开启 Feign 支持并实现对用户微服务的调用，请参考第 4 章中的相关内容来完成。

首先需要增加一个用户微服务回退实现，代码如下：

```
package com.cd826dong.clouddemo.product.service;
import …
@Component
public class UserServiceFallback implements UserService {
    // 实现用户列表查询回退方法
    @Override
    public List<UserDto> findAll() {
        return this.findAllFallback();
    }
    // 实现用户详情获取回退方法
    @Override
    public UserDto load(Long id) {
        return this.loadFallback(id);
    }
    // 具体用户列表回退方法
    protected List<UserDto> findAllFallback() {
        List<UserDto> userDtos = new ArrayList<>();
        userDtos.add(new UserDto(1L, "zhangSan_static",
            "/users/avatar/zhangsan.png"));
```

```
        userDtos.add(new UserDto(2L, "lisi_static",
            "/users/avatar/lisi.png"));
        userDtos.add(new UserDto(3L, "wangwu_static",
            "/users/avatar/wangwu.png"));
        userDtos.add(new UserDto(4L, "yanxiaoliu_static",
            "/users/avatar/yanxiaoliu.png"));
        return userDtos;
    }
    // 具体用户详情回退方法
    protected UserDto loadFallback(Long id) {
        return new UserDto(id, "Anonymous", "default.png");
    }
```

然后，修改 Feign 所注解的用户服务，修改后的代码如下：

```
package com.cd826dong.clouddemo.product.service;
import …
// 要开启回退必须设置 fallback 的值
@FeignClient(name = "USERSERVICE", fallback = UserServiceFallback.class)
public interface UserService {
    @RequestMapping(value = "/users", method = RequestMethod.GET)
    List<UserDto> findAll();

    @RequestMapping(value = "/users/{id}", method = RequestMethod.GET)
    UserDto load(@PathVariable("id") Long id);
}
```

上面最重要的修改就是在原来的@FeignClient 注解中增加 fallback 属性，并将属性的值设置为我们上面所定义的类 UserServiceFallback.class。

最后还需要在应用配置文件中增加下面的配置：

```
feign.hystrix.enabled=true
```

这样就完成了整个修改。下面打包测试，在用户微服务不可用的情况下，再次访问商品评论服务，此时依然可以获取如图 5-6 所示的返回界面，这说明 Hystrix 服务降级已经正确运行了。

当我们使用 Feign 简化远程服务调用时，可以为远程服务调用构建一个回退实现，并在 Feign 的注解中通过 fallback 属性进行声明。这样当远程服务不可用时，Hystrix 则会使用该声明对服务进行降级处理。

5.3　Hystrix 容错机制分析

Hystrix 是如何实现上述目标的呢？简单来说有以下几点：

- Hystix 通过 HystrixCommand 或 HystrixObservableCommand 对所有第三方依赖/服务调用进行封装，整个封装对象是运行在一个单独线程之中。
- 可配置依赖调用超时时间，超时时间一般设为比 99.5%平均时间略高即可。当调用超时时，直接返回或进行服务降级处理。

- 为每个依赖关系 / 服务调用维护一个小的线程池（或信号量），如果已满，那么依赖服务调用将立即被拒绝，而不是排队等待。
- 对服务调用的执行状态：成功、失败（客户端抛出异常）、超时及线程拒绝等进行统计；
- 如果某服务调用的错误百分比高于阈值，则可以通过手动或自动的方式打开断路器，这样在一段时间内停止对该服务调用的所有请求。
- 当服务请求被拒绝、连接超时或者断路器打开时，可以直接执行服务降级处理（fallback）；
- Hystrix 提供几乎实时的指标监控和配置变化。

5.3.1　Hystrix 整体处理流程

下面我们先来看一下 HystrixCommand 的执行流程图，如图 5-7 所示。

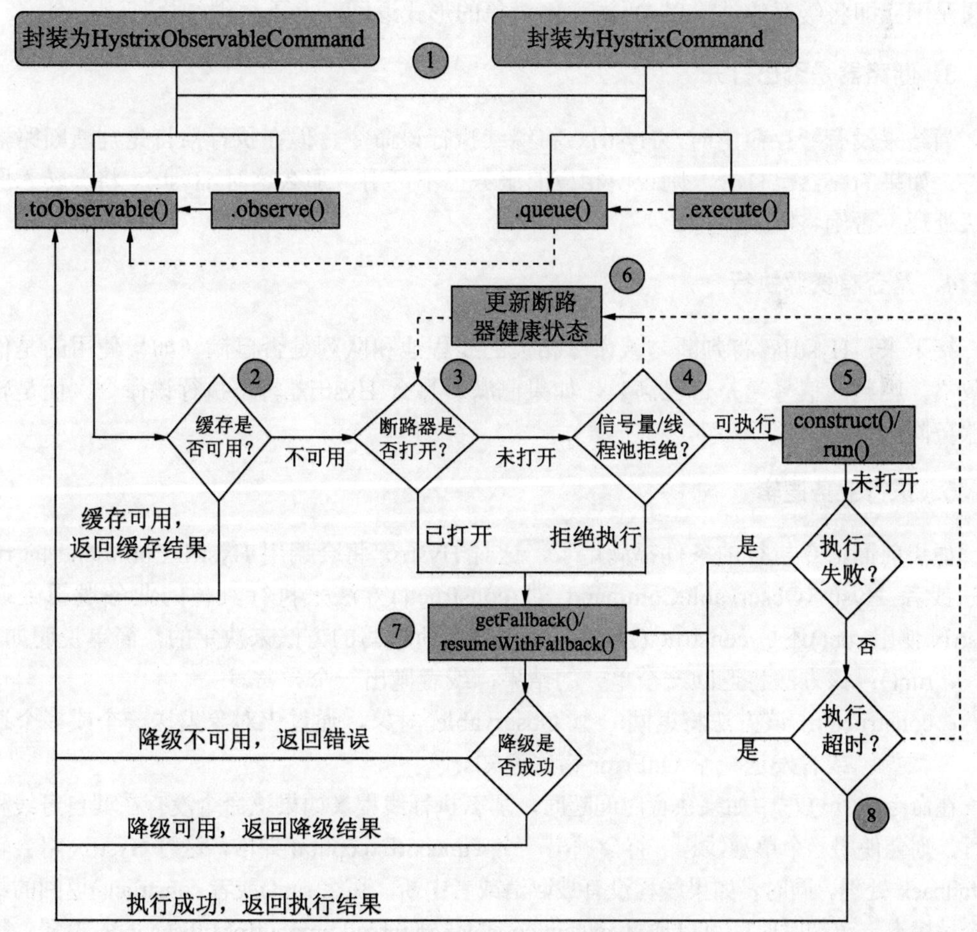

图 5-7　HystrixCommand 执行流程图

该流程图描述了从用户提交请求到服务处理完返回的整个过程，该过程大致可以分为以下 8 个关键过程，下面逐一进行分析。

1. 命令封装与执行

对于这两个命令的封装和执行，在前面的示例中也说过，Hystrix 主要是通过使用命令模式，将用户对业务服务调用请求的操作进行封装，通过该封装实现了调用者与实现者的解耦。同时更重要的是：Hystrix 通过该模式来完成对整个请求的改造处理，从而实现了在不侵入微服务业务逻辑的情况下，为微服务增加了一层服务容错处理功能，使开发者在进行微服务编写时可以专注于业务逻辑的实现。

2. 结果缓存是否可用

当我们为 Hystrix 开启了缓存功能时，Hystrix 在执行命令时首先会检查是否缓存命中，如果是则立即将缓存的结果以 Observale 对象的形式返回，并不再继续执行该命令。

3. 断路器是否已打开

当结果没有缓存命中时，Hystrix 将继续执行该命令，但在执行前将先判断断路器的状态。如果断路器已打开，则说明相应的服务已不可用，那么这时 Hystrix 将会转入服务降级处理，否则将继续执行。

4. 是否有资源执行

接下来，Hystrix 将判断与该命令相关的线程池和队列是否已满（如果使用的是信号量隔离，则判断信号量是否已满），如果已满，那么 Hystrix 将不执行该命令，而是转入到服务降级处理。

5. 执行业务逻辑

如果前面命令执行的条件都满足了，这时 Hystrix 将会调用 HystrixCommand 的 run()方法或者 HystrixObservableCommand 的 construct()方法来执行具体的业务逻辑处理，Hystrix 使用 run()还是 construct()方法，是由前面所编写的方法来决定的，简单说明如下。

- run()：该方法将返回一个单一的结果，或者抛出一个异常。
- construct()：该方法将返回一个 Observable 对象，通过该对象发送一个或多个返回数据，或者发送一个 OnError 错误通知。

在命令执行过程中如果执行时间超时，那么执行线程（如果该命令没有在其自身线程中执行，则会使用一个单独线程）将会抛出一个 TimeoutException 异常，这时 Hystrix 将会转入到 fallback 处理。同时，如果线程没有被取消或者中断，那么 run()或者 construct()返回的结果将会被抛弃，该超时时间可以通过 execution.isolation.thread.timeoutInMilliseconds 设置，默认值为 1000ms。

另外需要注意的是，没有很好的办法强制将线程停止，Hystrix 能做到的最好处理方法就是在 JVM 上抛出一个 InterruptedException，如果业务方法没有正确地响应该异常，那么线程将会继续执行，即使客户端已经收到了 TimeoutException，这会对 Hystrix 的线程池造成影响。此外，大部分 Http client 库尚不能正确处理 InterruptedException，所以我们需要正确地配置 Http client 的读写超时时间。

如果命令执行成功，那么 Hystrix 在返回结果之前，会记录一些日志和监控信息数据，以便后续对断路器健康状态进行评估。

6. 更新断路器健康数据

在上面的过程中，Hystrix 将会把采集到的“成功”、“失败”、“拒绝”和“超时”等数据提交给断路器，断路器则会把这些统计数据更新到一系列的计数器中，然后根据这些统计数据计算断路器是否需要打开；一旦断路器打开，在恢复期结束之前 Hystrix 都会对该服务进行熔断处理，在恢复期之后会根据采集到的数据再次进行判断，如果仍未达到健康状态，则将继续对该服务实施熔断处理的操作，直至符合健康状态为止。

7. 服务降级处理

从图 5-7 中可以看到以下几种情况都会进入服务降级处理：

- 断路器已打开；
- 无资源执行命令(线程池、队列或信号量已满)；
- 执行命令失败；
- 执行命令超时。

当使用 HystrixCommand 时降级处理逻辑将通过 getFallback()来实现，如果使用的是 HystrixObservableCommand，降级逻辑则是通过 resumeWithFallback()实现。

在实现服务降级处理时，最好能够提供一个默认的处理结果，该结果最好是从内存缓存中或者一个静态逻辑处理中计算得到，不要再有任何网络调用的依赖。这是因为，一旦降级处理中包含网络处理，那么势必需要再次对该响应进行 HystrixCommand / HystrixObservableCommand 封装处理，从而造成级联处理，增大了系统的不稳定性，并且，降级处理终究还是要回归到一个能够稳定返回的实现上。

8. 返回结果

一旦 Hystrix 命令执行成功（不论是缓存中的返回、所依赖服务处理的返回还是业务降级的返回，Hystrix 都认为是已执行成功），将根据我们调用的不同返回直接处理结果或者 Observable。

5.3.2 HystrixCommand 与 HystrixObservableCommand

Hystrix 主要是通过 HystrixCommand 和 HystrixObservableCommand 两个类来实现对服

务的保护，那么这两个类有什么区别呢？

- 从命令模式上来说，HystrixCommand 是一个阻塞型命令，当执行命令时可以直接获取到执行结果。而 HystrixObservableCommand 是一个非阻塞型命令，该命令的调用者通过订阅其返回对象来获取执行的结果。不过，HystrixCommand 命令也提供了 observe()方法，可以返回一个非阻塞型对象，但返回的 Observable 对象只能向调用者发送一次数据。
- 从代码编写上来说，HystrixCommand 命令的业务逻辑写在 run()方法中，服务降级逻辑写在 getFallback()方法中；而 HystrixObservableCommand 的业务逻辑写在 construct()方法中，服务降级逻辑写在 resumeWithFallback()方法中。
- 从执行上来说，HystrixCommand 的 run()是由新创建的线程执行；而 HystrixObservableCommand 的 construct()则是由调用程序线程执行。
- 从执行返回的结果来说，HystrixCommand 只能返回一个执行结果；而 HystrixObservableCommand 则可以按顺序向调用者发送多条执行结果。

从前面的 Hystrix 执行流程图中可以看到，HystrixCommand 和 HystrixObservableCommand 总共提供了 execute()、queue()、observe()和 toObservable()4 种命令执行方式，那么这 4 种命令执行方式之间有什么联系和区别呢？

让我们先看一下这 4 种方式的区别。

- execute()：该方法将以同步堵塞方式执行 run()。也就是说当调用 execute()后，Hystrix 将会首先创建一个新线程来运行 run()，同时调用者程序会在 execute()调用处一直处于堵塞状态，直到 run()运行完成。
- queue()：该方法将以异步非堵塞方式执行 run()。也就是说当调用 queue()后，调用者线程就直接返回一个 Future 对象，同时 Hystrix 创建一个新线程运行 run()，调用者通过 Future.get()拿到 run()的返回结果，而 Future.get()则是堵塞执行的。
- observe()：执行该方法时，Hystrix 会首先触发执行 HystrixCommand 的 run()方法，或执行 HystrixObservableCommand 的 construct()方法。对于 HystrixCommand，将创建一个新线程以非堵塞方式执行 run()；如果是 HystrixObservableCommand，将在调用程序线程堵塞执行 construct()。然后再调用 subscribe()完成事件注册，如果 run()或 construct()执行成功则触发 onNext()和 onCompleted()方法，如果执行异常则触发 onError()。
- toObservable()：与 observe()不同的是，toObservable()方法是先注册，注册完成后自动触发并执行 run()或 construct()方法。

在官方中称 `observe()` 调用方式为热响应式调用（Hot Observable），也就是说不论是否已经订阅，Hystrix 都会立即执行该命令。同时 Hystrix 会提供一种 ReplaySubject 方式进行过滤，所以不必担心已经执行但是还没被订阅的命令执行结果会丢失。

对于 toObservable()的调用方式则称为冷响应式调用（Cold Observable），也就是说直到订阅这个命令才会执行，否则要进行等待。

那么，这 4 种方式之间又有什么关联呢？下面我们来仔细分析一下 Hystrix 的源码。首先是 execute()方法的源码：

```
public R execute() {
    try {
        return this.queue().get();
    } catch (Exception var2) {
        throw Exceptions.sneakyThrow(this.decomposeException(var2));
    }
}
```

然后是 queue()方法的源码：

```
public Future<R> queue() {
        final Future<R> delegate = this.toObservable()
                                            .toBlocking().toFuture();
    Future<R> f = new Future<R>() {
        // 省略其他具体实现的代码
    };
    if (f.isDone()) {
        // 省略其他具体实现的代码
    } else {
        return f;
    }
}
```

最后是 observe()方法的源码：

```
public Observable<R> observe() {
    ReplaySubject<R> subject = ReplaySubject.create();
    final Subscription sourceSubscription = this.toObservable()
                                                .subscribe(subject);
    return subject.doOnUnsubscribe(new Action0() {
        public void call() {
            sourceSubscription.unsubscribe();
        }
    });
}
```

从源码中可以看到：execute()方法其实是通过 queue().get()方法实现的；而 queue()方法是通过 toObservable().toBlocking().toFuture()方法实现的；observe()方法是通过 toObservable().subscribe(subject)方法实现的。所以说，最终每一种调用方式都是基于 toObservable()这个方法实现的。

5.3.3 断路器原理分析

在 Hystrix 执行命令的过程中最重要的一步就是与断路器打交道，首先在执行命令之前先判断断路器是否已打开，如果已打开则相应的服务就不可用，那么 Hystrix 将会转入服务降级处理，否则将继续执行。另外，当命令执行后，不论是否执行成功，Hystrix 都会将收集到的数据提交给断路器以更新断路器的状态。那么断路器到底是什么呢？

断路器本身其实是一种开关装置，用于在电路上保护线路过载，当线路中有电器发生短路时，断路器能够及时切断故障电路，防止发生过载、发热、甚至起火等严重后果。在分布式架构中，断路器模式的作用也是类似的，当某个服务单元发生故障（类似用电器发生短路）之后，通过断路器的故障监控（类似熔断保险丝），向调用方返回一个服务降级处理或错误响应，而不是让客户端长时间地等待。这样就不会使得线程因调用故障服务被长时间占用而不释放，避免了故障在分布式系统中蔓延。

Hystrix 中的断路器正是起到这种服务容错保护的作用，Hystrix 在运行过程中会向每个命令对应的断路器报告成功、失败、超时和拒绝的状态，断路器维护计算统计的数据，根据这些统计的信息来确定断路器是否打开。如果打开，后续的请求都会进行服务降级处理。然后会隔一段时间尝试半开，放入一部分流量请求进来，相当于对依赖服务进行一次健康检查，如果恢复，那么断路器会关闭，随后完全恢复调用。

Hystrix 断路器提供了下面 6 个配置参数，在使用断路器时需要根据实际需要进行相应的配置。

- circuitBreaker.enabled：是否启用断路器，默认值为 true。
- circuitBreaker.forceOpen：是否强制打开断路器，如果强制打开那么将拒绝执行任何命令，该配置默认值为 false。另外，该配置的优先级高于下面的 forceClosed 配置。
- circuitBreaker.forceClosed：是否强制关闭断路器，强制关闭后 Hystrix 将允许执行任何命令，而不做任何检查，默认值为 false。如果 forceOpen 的值设置为 true 则会忽略该配置的值。
- circuitBreaker.errorThresholdPercentage：设定断路器开启的错误百分比，当一段时间内命令执行中的错误超过了该阈值时，断路器将会被打开，该值的默认值为 50%。
- circuitBreaker.requestVolumeThreshold：设定在一个滚动统计窗口中，开启断路器计算命令请求的最小阈值。也就是说，在一个滚动统计窗口中如果命令请求数小于该值，即使所有请求都失败，断路器也不会打开，该配置的默认值为 20。也就是说在一个统计窗口中至少要有 20 个命令请求时，Hystrix 才进行错误百分比计算。滚动统计窗口时长默认为 10 秒，可以通过 metrics.rollingStats.timeInMilliseconds 进行设置。
- circuitBreaker.sleepWindowInMilliseconds：设定断路器进行半开试探休眠时间，单位为毫秒（ms），该设置的默认值为 5000ms。当断路器开启一段时间之后（5000ms），Hystrix 会尝试放出一部分命令进行试探，判断相应的服务是否恢复。

上面这 6 个参数都可进行全局设置，也可针对单独命令进行设置。全局设置可以通过 hystrix.command.default.circuitBreaker.*进行设置，如针对某个单独命令设置，则可使用形如 hystrix.command.HystrixCommandKey.circuitBreaker.*的属性进行设置，其中，HystrixCommandKey 为 HystrixCommand 初始化时所设置的值：

```
// 这里设置了 HystrixCommandKey 的值为 testCommandKey
.andCommandKey(HystrixCommandKey.Factory.asKey("testCommandKey"))
```

1. 断路器如何打开

从上面的配置中可以知道，当满足下面条件时，Hystrix 就会开启断路器（排除强制打开参数配置）：

- 当在一个滚动统计窗口中命令请求数超过 requestVolumeThreshold 设置的值（默认值为 20）时。
- 命令执行失败百分比超过了 errorThresholdPercentage 设置的值（默认值为 50%）。

也就是在默认情况下错误率超过 50%且 10 秒内超过 20 个命令请求进行中断拦截，这时候断路器将会被打开，Hystrix 将会对所有命令执行请求进行服务降级处理。

2. 断路器如何关闭

当断路器打开一段时间后（该值通过 sleepWindowInMilliseconds 设置），Hystrix 就会进入半开（Half-Open State）状态，当一个命令请求通过这个断路器时，断路器则尝试不阻断这个命令请求，而是直接将这个命令请求通过，如果这个命令请求仍然执行失败，那么断路器会直接回到打开状态。如果这个命令请求执行成功，那么断路器就会关闭，并且开始进行下一次统计。

5.3.4　Hystrix 异常——HystrixBadRequestException

在 HystrixCommand 的 run()方法中，如果运行时抛出了异常，就会执行降级处理，但是有一个异常例外，即 HystrixBadRequestException。当 run()方法抛出该异常后，Hystrix 并不会触发服务降级处理逻辑，所以当开发者需要在命令执行过程中抛出不需要进行降级处理的异常时，就可以抛出该异常。

如果使用的是注解，那么可以在注解中指定 ignoreException 的值来设置忽略的异常类型，例如：

```
@HystrixCommand(ignoreException={BadRequestException.class})
public User load(Long id) {
    // 具体实现代码省略
……
}
```

5.4　服务隔离

Hystrix 的核心是提供服务容错保护，并且其设计原则中就有一条：防止任何单一依赖使用掉整个容器（如 Tomcat）的全部用户线程。那么 Hystrix 是如何实现的呢？答案是舱壁隔离模式（Bulkhead Isolation Pattern）。该模式来源于货船为了进行防止漏水和火灾的扩散，会将货仓分隔为多个，如果一个货舱进水了或发生火灾，只会损失一个船舱，可以保护其他货舱不受影响。Hystrix 使用该模式，可以对资源或失败单元进行隔离，避免一个服务的失效导致整个系统垮掉（雪崩效应）。

Hystrix 实现服务隔离的思路如下：

- 使用命令模式（HystrixCommand / HystrixObservableCommand）对服务调用进行封装，使每个命令在单独线程中/信号授权下执行。
- 为每一个命令的执行提供一个小的线程池/信号量，当线程池/信号已满时，立即拒绝执行该命令，直接转入服务降级处理。
- 为每一个命令的执行提供超时处理，当调用超时时，直接转入服务降级处理。
- 提供断路器组件，通过设置相关配置及实时的命令执行数据统计，完成服务健康数据分析，使得在命令执行过程中可以快速判断是否可以执行，还是执行服务降级处理。

5.4.1　线程池隔离与信号量隔离

Hystrix 提供了线程池隔离（Thread Pools）和信号量隔离（Semaphores）两种服务隔离策略。

- 线程池隔离：不同服务的执行使用不同的线程池，同时将用户请求的线程（如 Tomcat）与具体业务执行的线程分开，业务执行的线程池可以控制在指定的大小范围内，从而使业务之间不受影响，达到隔离的效果。
- 信号量隔离：用户请求线程和业务执行线程是同一线程，通过设置信号量的大小限制用户请求对业务的并发访问量，从而达到限流的保护效果。

使用线程池隔离具有以下优点：

- 应用系统会被完全保护起来，即使其中的一个服务线程池满了，也不会影响到应用的其他部分。
- 当引入一个新的客户端 Lib 的时候，如果发生问题，只会影响到新的服务，并不会影响其他服务。
- 当一个失败的服务恢复正常时，系统会立即恢复正常的性能；
- 如果我们的应用系统一些参数配置错误，那么线程池的运行状况将会很快被检测出来，比如延迟、超时、拒绝等。同时可以通过动态属性实时执行来处理纠正错误的参数配置。
- 如果服务的性能有变化需要调整，比如增加或者减少超时时间，更改重试次数，就可以通过线程池指标动态属性修改，而且不会影响其他服务请求。
- 除了隔离优势外，Hystrix 拥有专门的线程池可提供内置的并发功能，可以在同步调用之上构建异步外观模式，这样能很方便地做异步编程（Hystrix 引入了 Rxjava 异步框架）。

但使用线程池隔离也有缺陷，主要缺陷就是它增加了计算的开销，每个业务请求（被包装成命令）在执行的时候，会涉及请求排队、线程调度、上下文切换等处理。不过 Netflix

公司内部认为线程隔离的开销已经很小了，不会产生重大的成本或性能影响。

5.4.2 服务隔离的颗粒度

服务隔离在默认情况下会根据 Command、Group 和 Thread-Pool 的命名来控制。Group 从业务逻辑上划分某些 Command 为一组，每个独立的外部依赖放置于一个独立的 Command 中，拥有唯一的 Command 名称，每个独立的 Command 和 Thread Pool 是一对一的关系，从而达到资源隔离的目的。我们也可以在创建一个 Command 时通过构造 Setter 来控制这些命名，代码如下：

```
public CommandHelloWord(String name) {
    // 自定义设置 Command 的 Group、Command 和 Thread-Pool
    super(Setter.withGroupKey(HystrixCommandGroupKey
                                   .Factory.asKey("HelloWorldGroup"))
        .andCommandKey(HystrixCommandKey
                                   .Factory.asKey("HelloWorld Command"))
        .andThreadPoolKey(HystrixThreadPoolKey
                                   .Factory.asKey("HelloWorldPool")));
    this.name = name;
}
```

服务隔离颗粒度控制策略：

- 服务分组+线程池：实现服务隔离的粗粒度控制，一个服务分组/系统配置一个隔离线程池即可。也可以不配置线程池名称或者配置为相同的线程池名称。
- 服务分组+服务+线程池：实现服务隔离的细粒度控制，一个服务分组中的每一个服务配置一个隔离线程池，为不同的命令实现配置不同的线程池名称即可。
- 混合实现：一个服务分组配置一个隔离线程池，然后对重要服务单独设置隔离线程池。

5.4.3 服务隔离配置

- execution.isolation.strategy：设定服务隔离策略。THREAD 为线程池隔离，SEMAPHORE 为信号量隔离。默认值为 THREAD。
- execution.isolation.thread.timeoutInMilliseconds：用来设置线程池隔离和信号量隔离两种隔离策略的超时时间，单位为毫秒，默认值是 1000ms。该值根据相应的业务和服务器所能承受的负载来设置，一般设置为比业务平均响应时间大 20%~100%即可。如果这个值设置太大，则会导致线程不够用从而使太多请求被服务降级处理。如果值设置得太小，一些特殊的慢业务失败率会提升，甚至会造成业务一直无法成功执行，在重试机制存在的情况下，反而会加重后端服务压力。
- execution.isolation.semaphore.maxConcurrentRequests：该值设置使用信号量隔离时最大的信号量大小。当请求达到或超过该设置值后，其余就会被降级处理，默认值是 10。

- execution.timeout.enabled：是否开启业务服务超时处理，默认值是 true。
- execution.isolation.thread.interruptOnTimeout：当业务服务超时时是否中断线程，默认值是 true。
- execution.isolation.thread.interruptOnCancel：取消时是否中断业务服务的执行，默认值是 false。

对于配置值的设置，也可以在创建一个 Command 时通过构造 Setter 进行控制，代码如下：

```
public CommandHelloWord(String name) {
    // 通过 Setter 进行自定义设置
    super(Setter.withGroupKey(HystrixCommandGroupKey
                                  .Factory.asKey("HelloWorldGroup"))
        .andCommandPropertiesDefaults(HystrixCommandProperties.Setter()
            .withExecutionIsolationStrategy(HystrixCommandProperties.
            ExecutionIsolationStrategy.SEMAPHORE)));
    this.name = name;
}
```

也可以通过注解方式来进行配置，代码如下：

```
@HystrixProperty(name="execution.isolation.semaphore.maxConcurrent
Requests",value="3")
public String getName() {
    // 具体业务代码...
}
```

5.4.4　小结

线程池隔离把执行业务服务线程与用户请求线程分离，请求线程可以自由控制离开的时间（异步过程）。通过线程池大小可以控制并发量，当线程池饱和时可以提前拒绝服务，防止依赖问题扩散。建议线程池不要设置过大，否则大量堵塞线程有可能会拖慢服务器。因此，当请求的服务网络开销比较大的时候，或者请求比较耗时的时候，最好使用线程隔离策略。这样，可以保证用户请求（如 Tomcat）线程可用，不会由于业务服务原因，使用户请求一直处于阻塞或等待状态，而是快速失败返回。

信号量隔离方式是限制总的用户请求并发数，每次请求过来时，请求线程和调用业务服务的线程是同一个线程，更为轻量，开销更小。当我们请求缓存服务或者不涉及远程 RPC 调用（没有网络开销）服务的时候，应优先使用信号量隔离策略，因为这类服务通常会快速返回，不会占用容器线程太长时间，同时也减少了线程切换的一些开销，提高了服务效率。

另外，尽管线程池提供了线程隔离，我们的客户端底层代码也必须要有超时设置，不能无限制地阻塞，否则会造成线程池一直处于饱和状态。

5.5 服务降级模式

设计模式是众多软件开发人员在开发实践过程中，经过相当长的一段时间试验而总结出来的。设计模式可以让开发者重用代码，也可以让代码更容易被他人理解，从而提升所编写代码的可靠性。同样，对于服务降级的处理，也有一些模式可供开发者参考。

5.5.1 快速失败

快速失败模式是指在服务降级处理逻辑中不提供任何处理，直接抛出一个异常。

```
public class CommandThatFailsFast extends HystrixCommand<String>{
    private final boolean throwException;
    // 通过构造函数设置是否需要抛出异常
    public CommandThatFailsFast(boolean throwException) {
        super(HystrixCommandGroupKey.Factory.asKey("ExampleGroup"));
        this.throwException = throwException;
    }
    @Override
    protected String run() {
        // 这里不做任何处理，直接抛出一个异常
        if (throwException) {
            throw new RuntimeException("failure from CommandThatFails
            Fast");
        } else {
            return "success";
        }
    }
}
```

5.5.2 静默失败

静默失败即当进行服务降级处理时返回空的结果，针对返回值类型，返回的可能是 null、空 List 或者空 Map 等。

```
// 返回 null
@Override
protected String getFallback() {
    return null;
}
// 针对列表，我们返回一个空的列表
@Override
protected List<String> getFallback() {
    return Collections.emptyList();
}
// 针对 HystrixObservableCommand，返回一个空 Observable 对象
```

```
@Override
protected Observable<String> resumeWithFallback() {
    return Observable.empty();
}
```

5.5.3 返回默认值

服务降级时返回静态的在代码中固定的值，这样就不会像静默失败处理方式一样导致功能或服务被删除，用户不会像静默失败那样看不到任何功能，而是显示一个默认的值或功能。例如：

```
@Override
protected Boolean getFallback() {
    return true;
}
```

5.5.4 返回组装的值

当我们的执行结果返回的是一个包含多个字段的复杂对象时，就可以通过服务请求中的值及一些默认值来组装这个返回结果。我们可以从以下几个地方获取返回结果需要的值：

- cookies；
- 服务请求的参数及 Header；
- 之前成功返回的结果中。

示例代码如下：

```
@Override
protected UserAccount getFallback() {
    /* 该返回值就是通过服务请求参数及一些默认值进行构建 */
    return new UserAccount(customerId, "Unknown Name",
                           countryCodeFromGeoLookup,
                           true, true, false);
}
public static class UserAccount {
    UserAccount(int customerId, String name, String countryCode,
            boolean isFeatureXPermitted,
            boolean isFeatureYPermitted,
            boolean isFeatureZPermitted) {
        // 这里省略具体的实现
    }
    // 这里省略了属性字段定义
……
}
```

如果是继承 HystrixObservableCommand 且返回多个值，当服务降级的时候仅希望返回未出错之前的结果，那么可以参考下面的示例代码：

```
@Override
protected Observable<Integer> construct() {
    // 进行远程功能调用
return Observable.just(1, 2, 3)
          .concatWith(Observable.<Integer> error(
             new RuntimeException("forced error")))
          .doOnNext(new Action1<Integer>() {
             @Override
             public void call(Integer t1) {
                 lastSeen = t1;
             }
          })
          .subscribeOn(Schedulers.computation());
}
// 根据所处理的情况返回降级数据
@Override
protected Observable<Integer> resumeWithFallback() {
    if (lastSeen < 4) {
        return Observable.range(lastSeen + 1, 4 - lastSeen);
    } else {
        return Observable.empty();
    }
}
```

5.5.5 返回远程缓存

返回远程缓存是指在服务处理失败的情况下再发起一次远程请求，不过这次请求的是一个缓存，比如读取 Redis 中的缓存结果。逻辑处理如图 5-8 所示。

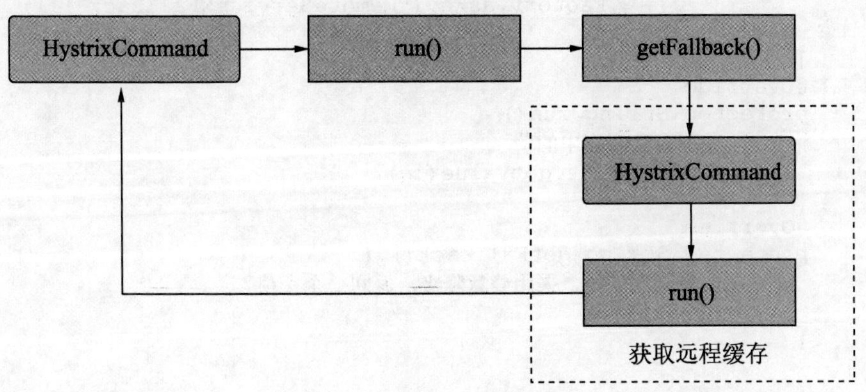

图 5-8　返回远程缓存降级模式

当使用远程缓存时，需要注意的是获取远程缓存又是一个远程调用，所以需要重新封装为 Command 进行调用。这时候要注意，执行 fallback 的线程一定要与主线程区分开，否则可能会造成主线程休眠，线程池被耗光，也就是说在执行 fallback 的命令时需要重新命名 ThreadPoolKey。

```
public class CommandWithFallbackViaNetwork extends HystrixCommand<String> {
    private final int id;
    // 通过 Setter 自定义 Command 的设置
    protected CommandWithFallbackViaNetwork(int id) {
        super(Setter.withGroupKey(HystrixCommandGroupKey
                                .Factory.asKey("RemoteServiceX"))
                .andCommandKey(HystrixCommandKey
                                .Factory.asKey("GetValueCommand")));
        this.id = id;
    }
    @Override
    protected String run() {
    // 通过抛出异常模拟降级处理
        throw new RuntimeException("force failure for example");
    }
    @Override
    protected String getFallback() {
        // 这里获取远程缓存的值
        return new FallbackViaNetwork(id).execute();
    }
    // FallbackViaNetwork 模拟获取远程缓存的值
    private static class FallbackViaNetwork extends HystrixCommand<String> {
        private final int id;
        public FallbackViaNetwork(int id) {
            super(Setter.withGroupKey(HystrixCommandGroupKey
                                .Factory.asKey("RemoteServiceX"))
                    .andCommandKey(HystrixCommandKey
                        .Factory.asKey("GetValueFallbackCommand"))
                    // 使用不同的 threadpool 来执行 fallback command
                    .andThreadPoolKey(HystrixThreadPoolKey
                        .Factory.asKey("RemoteServiceXFallback")));
            this.id = id;
        }
        @Override
        protected String run() {
            // 获取内存缓存中的值
            MemCacheClient.getValue(id);
        }
        @Override
        protected String getFallback() {
            // 如果再次失败，采用静默降级，返回一个空值
            return null;
        }
    }
}
```

5.5.6　主/从降级模式

开发者当开发一个系统时可能会为系统设置双通道架构——主 / 从模式或者主模式和故障转移。有时候从模式或故障转移只是用来做失败处理，和前面的“返回远程缓存”模式一致。有时候开发者在部署新功能时，为了防止发生错误，可以将原来的旧代码作为

从模式，当新功能出现错误时就降级使用原功能。

如果从模式仅仅是用来作为主服务失败时的辅助处理，那么最好的方式是将主模式和从模式使用门面模式（façade）重新构建一个新的命令，而不是使用主/从模式。否则当每次服务被降级到从模式进行处理的时候，都会让系统进入失败状态、打开断路器、产生告警，这会让开发者疲于应付这种“狼来了”的告警，从而忽略了系统中真正需要处理的告警。

如图 5-9 所示，其采用门面模式重新构建了一个命令来包含主模式和从模式的处理。

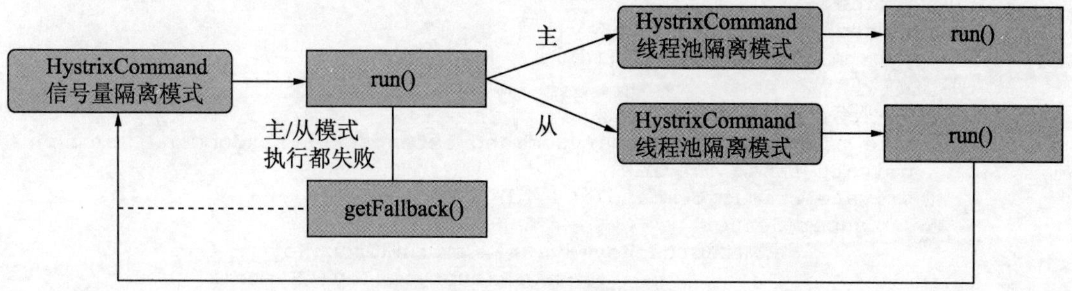

图 5-9　主/从降级模式

示例代码如下：

```
@Override
public class CommandFacadeWithPrimarySecondary extends
        HystrixCommand<String> {
    private final static DynamicBooleanProperty usePrimary =
        DynamicPropertyFactory.getInstance()
            .getBooleanProperty("primarySecondary.usePrimary", true);
    private final int id;
    // 通过 Setter 自定义 Command 的设置
    public CommandFacadeWithPrimarySecondary(int id) {
        super(Setter
            .withGroupKey(HystrixCommandGroupKey
                    .Factory.asKey("SystemX"))
            .andCommandKey(HystrixCommandKey
                    .Factory.asKey("PrimarySecondaryCommand"))
            .andCommandPropertiesDefaults(
                    // 这里命令的执行使用信号量隔离
                    // 因为具体命令执行已经使用了线程池隔离方式
                    HystrixCommandProperties.Setter()
                        .withExecutionIsolationStrategy(ExecutionIso
lationStrategy.SEMAPHORE)));
            this.id = id;
    }
    @Override
    protected String run() {
    // 首先执行主服务处理
        if (usePrimary.get()) {
            return new PrimaryCommand(id).execute();
```

```
            } else {
                // 主服务处理失败后执行从服务处理
                return new SecondaryCommand(id).execute();
            }
        }
    // 当主/从服务处理都不成功时则返回一个静态数据
        @Override
        protected String getFallback() {
            return "static-fallback-" + id;
        }

        @Override
        protected String getCacheKey() {
            return String.valueOf(id);
        }
    // 这里是主服务处理，也是一个 Command
        private static class PrimaryCommand extends HystrixCommand<String> {
            private final int id;
            private PrimaryCommand(int id) {
                super(Setter
                        .withGroupKey(HystrixCommandGroupKey
                                    .Factory.asKey("SystemX"))
                        .andCommandKey(HystrixCommandKey
                                    .Factory.asKey("PrimaryCommand"))
                        .andThreadPoolKey(HystrixThreadPoolKey
                                    .Factory.asKey("PrimaryCommand"))
                        .andCommandPropertiesDefaults(
                                // 主服务执行时间设置为 600ms
                                HystrixCommandProperties.Setter()
                                    .withExecutionTimeoutInMilliseconds(600)));
                this.id = id;
            }
            @Override
            protected String run() {
                //执行主服务具体的处理
                return "responseFromPrimary-" + id;
            }
        }
      // 这里是从服务处理，同样也是一个 Command
        private static class SecondaryCommand extends HystrixCommand<String> {
            private final int id;
            private SecondaryCommand(int id) {
                super(Setter
                        .withGroupKey(HystrixCommandGroupKey
                                    .Factory.asKey("SystemX"))
                        .andCommandKey(HystrixCommandKey
                                    .Factory.asKey("SecondaryCommand"))
                        .andThreadPoolKey(HystrixThreadPoolKey
                                    .Factory.asKey("SecondaryCommand"))
                        .andCommandPropertiesDefaults(
                                // 从服务执行时间设置为 100ms
                                HystrixCommandProperties.Setter()
                                    .withExecutionTimeoutInMilliseconds(100)));
                this.id = id;
```

```
        }
        @Override
        protected String run() {
            // 从服务默认返回静态数据
            return "responseFromSecondary-" + id;
        }
    }
}
```

注意：由于主/从命令都是采用线程池隔离方式执行的，那么所构建的门面命令则可以使用信号量隔离方式，避免了系统多余的开销。

5.6　请求缓存

对于缓存的重要性不言自明，Hystrix 所提供的请求缓存可以在 CommandKey / CommandGroup 相同的情况下，直接共享命令执行的结果，降低依赖调用次数，在高并发和 CacheKey 命中率高场景下可以提升服务性能。

从 Hystrix 执行流程图中（图 5-7）可以看到，Hystrix 的请求缓存处理是在 construct()或 run()方法调用之前，这样可以有效地减少业务服务请求数，降低了服务的并发。这也是 Hystrix 提供请求缓存的一个原因，如果 Hystrix 没有提供请求缓存，那么需要业务自己实现。同时，因为每次执行 Hystrix 命令时必须放入线程池中进行执行，这样一方面增大了请求处理的开销，一方面也降低了服务的并发。

由于请求缓存，对于相同的 Hystrix 命令，在执行时不可能返回不同的值（或服务降级），因为第一个响应的结果被缓存，也就是说此时会真实地调用一次 run()方法，并且仅执行一次。同一请求中后续所有相同的 Hystrix 调用都将直接返回该缓存中的值，从而保证了数据的一致性。

开启 Hystrix 请求缓存功能非常简单，只需要在实现 HystrixCommand 或 HystrixObservableCommand 时，实现 getCacheKey()方法即可，代码如下：

```
public class CommandUsingRequestCache extends HystrixCommand<String> {
    // 这里省略了其他代码
    ......
    @Override
    protected String getCacheKey() {
        return this.name;
    }
}
```

我们看一下 AbstractCommand.getCacheKey()源码:

```
protected String getCacheKey() {
    return null;
}
```

可以看到，该方法默认返回值是 null，也就是说在默认情况下请求缓存是没有开启的，只有当我们实现 getCacheKey()方法后 Hystrix 才会执行缓存处理逻辑。

另外，还有一个配置属性 requestCache.enabled，其用来配置是否启用请求缓存，默认值为 true。

1．清除缓存

可以通过 Hystrix 的 HystrixRequestCache.clear()方法清除缓存，代码如下：

```
public void evictCache(String name) {
    HystrixRequestCache.getInstance(HystrixCommandKey
                                        .Factory.asKey("HelloWorld"),
        HystrixConcurrencyStrategyDefault.getInstance()).clear(name);
}
```

2．判断是否是从缓存中返回

HystrixCommand 中提供了 isResponseFromCache()方法，可以用来判断是否从请求缓存中返回。

此外，Hystrix 还提供了下面 3 个缓存注解来简化开发。

- @CacheResult：标记返回结果需要进行缓存，该注解要与@HystrixCommand 注解一起使用。
- @CacheKey：用来标记如果构建缓存的值，其功能类似于 getCacheKey()方法。
- @CacheRemove：用来标记在方法执行完毕后清除指定的缓存。

5.7　请求合并

Hystrix 支持将多个请求自动合并为一个请求，通过合并可以减少 HystrixCommand 并发执行所需的线程和网络连接数量，极大地节省了开销，提高了系统效率。请求合并是由 Hystrix 自动合并进行的，并不需要在开发时进行代码介入（注意，这里只是说合并请求不需要代码介入，但对于批量请求的处理，还是需要写一些代码的）。需要注意的是，多个请求能自动合并的前提是请求之间要足够“近”，即执行的间隔时长要足够小（默认为 10ms，可通过 hystrix.collapser.default.timerDelayInMilliseconds 进行设置），即执行间隔超过 10ms 的请求不会合并执行。

如果没有启用请求合并，那么在 HystrixCommand 执行的线程池和后端业务执行中都会存在大量的并发，很可能会造成性能瓶颈。另外，如果要让 Hystrix 能够使用到请求合并，那么业务代码必须提供能够批量处理的接口。比如下面的用户服务：

```
public class UserService {
    public User load(Long userId) {
        // 具体实现代码
```

```
    }
    public List<User> findAll(List<Long> userIds) {
        // 这里需要实现批量处理的代码
    }
}
```

其中

- load()：该方法仅加载一个用户的信息。
- findAll()：该方法为批量加载用户信息。

下面我们就可以实现请求合并的相关处理了，示例代码如下：

```
public class UserCommandCollapser extends
        HystrixCollapser<List<User>, User, Long> {
    private UserService userService;
    private Long userId;
    // 注入用户服务和本次所要加载的用户 ID
    public UserCommandCollapser(UserService userService, Long userId) {
        this.userService = userService;
        this.userId = userId;
    }
    // 获取所要加载的用户 ID
    @Override
    public Long getRequestArgument() {
        return this.userId;
    }
    // 实现用户的批量加载处理
    @Override
    protected HystrixCommand<List<User>> createCommand(
        final Collection<CollapsedRequest<User, Long>> requests) {
        List<Long> userIds = new ArrayList<>(requests.size());
        userIds.addAll(requests.stream()
                                   .map(CollapsedRequest::getArgument)
                                   .collection(Collections.toList()));
        return new BatchCommand(this.userService, userIds);
    }
    // 将批量加载的用户映射到想要的请求中
    @Override
    protected void mapResponseToRequests(List<User> batchResponse,
        Collection<CollapsedRequest<User, Long>> requests) {
        int count = 0;
        for (CollapsedRequest<User, Long> request : requests) {
            request.setResponse(batchResponse.get(count++));
        }
    }
    // 这里实现具体的批量处理
    private static final class BatchCommand extends
        HystrixCommand<List<User>> {
        private UserService userService;
        private List<Long> userIds;
        private BatchCommand(UserService userService,List<Long> userIds) {
            super(Setter.withGroupKey(HystrixCommandGroupKey
                                          .Factory.asKey("UserCommand"))
                    .andCommandKey(HystrixCommandKey
```

```
                                        .Factory.asKey("GetUserForId")));
            this.userService = userService;
            this.userIds = userIds;
        }
        @Override
        protected List<User> run() {
            return this.userService.finaAll(userIds);
        }
    }
}
```

上面的代码以下几点需要说明。

- 对于请求合并的处理，需要实现上继承 HystrixCollapser 基类；
- 还需要实现一个批量请求的 BatchCommand，该 Command 负责调用用户服务的批量查询方法；
- 然后再实现 mapResponseToRequests()方法，将批量返回的结果映射到每个请求中。

如果我们使用的是注解，那么配置方法如下：

```
public class UserService {
    @HystrixCollapser(batchMethod = "findAll")
    public User load(Long userId) {
        // 具体实现代码省略
        ……
    }
```

5.8　Hystrix 监控

Hystrix 除了实现服务容错之外，还提供了对服务请求的监控：每秒执行的请求数、成功数等。开启 Hystrix 监控非常简单，一个是添加 spring-cloud-starter-hystrix 依赖，这个在之前的示例中已经添加；另一个是添加 spring-boot-starter-actuator 依赖，能够让 hystrix-stream 端点获取到 Hystrix 的监控数据。

启动服务后，在浏览器中输入 http://locaohost:8080/hystrix.stream，就会看到类似下面的输出：

```
ping:
data:
{"type":"HystrixCommand","name":"load","group":"UserServiceImpl",
"currentTime":1510574279709,"isCircuitBreakerOpen":false,"errorPercenta
ge":0,"errorCount":0,"requestCount":0,"rollingCountBadRequests":0,"roll
ingCountCollapsedRequests":0,"rollingCountEmit":0,"rollingCountExceptio
nsThrown":0,"rollingCountFailure":0,"rollingCountFallbackEmit":0,"rolli
ngCountFallbackFailure":0,"rollingCountFallbackMissing":0,"rollingCount
FallbackRejection":0,"rollingCountFallbackSuccess":0,"rollingCountRespo
nsesFromCache":0,"rollingCountSemaphoreRejected":0,"rollingCountShortCi
rcuited":0,"rollingCountSuccess":0,"rollingCountThreadPoolRejected":0,"
rollingCountTimeout":0,"currentConcurrentExecutionCount":0,"rollingMaxC
oncurrentExecutionCount":0,"latencyExecute_mean":101,"latencyExecute":{
```

```
"0":6,"25":6,"50":7,"75":8,"90":12,"95":855,"99":855,"99.5":855,"100":8
55},"latencyTotal_mean":102,"latencyTotal":{"0":6,"25":6,"50":7,"75":8,
"90":12,"95":860,"99":860,"99.5":860,"100":860},"propertyValue_circuitB
reakerRequestVolumeThreshold":20,"propertyValue_circuitBreakerSleepWind
owInMilliseconds":5000,"propertyValue_circuitBreakerErrorThresholdPerce
ntage":50,"propertyValue_circuitBreakerForceOpen":false,"propertyValue_
circuitBreakerForceClosed":false,"propertyValue_circuitBreakerEnabled":
true,"propertyValue_executionIsolationStrategy":"THREAD","propertyValue
_executionIsolationThreadTimeoutInMilliseconds":1000,"propertyValue_exe
cutionTimeoutInMilliseconds":1000,"propertyValue_executionIsolationThre
adInterruptOnTimeout":true,"propertyValue_executionIsolationThreadPoolK
eyOverride":null,"propertyValue_executionIsolationSemaphoreMaxConcurren
tRequests":10,"propertyValue_fallbackIsolationSemaphoreMaxConcurrentReq
uests":10,"propertyValue_metricsRollingStatisticalWindowInMilliseconds"
:10000,"propertyValue_requestCacheEnabled":true,"propertyValue_requestL
ogEnabled":true,"reportingHosts":1,"threadPool":"UserServiceImpl"}
data:
{"type":"HystrixThreadPool","name":"UserServiceImpl","currentTime":15105
74279709,"currentActiveCount":0,"currentCompletedTaskCount":9,"currentC
orePoolSize":10,"currentLargestPoolSize":9,"currentMaximumPoolSize":10,
"currentPoolSize":9,"currentQueueSize":0,"currentTaskCount":9,"rollingC
ountThreadsExecuted":0,"rollingMaxActiveThreads":0,"rollingCountCommand
Rejections":0,"propertyValue_queueSizeRejectionThreshold":5,"propertyVa
lue_metricsRollingStatisticalWindowInMilliseconds":10000,"reportingHost
s":1}
```


可以看到页面会重复输出一些统计数据（注：需要先尝试访问所提供的服务才会有这些数据输出）。至于这些数据到底是什么，这里就不一一解析了，因为 Hystrix 还为我们提供了一个可视化界面来查看这些数据。

5.8.1　Hystrix 仪表盘

当然，可以为 Hystrix 仪表盘新建一个工程（最好也是），这里为了简化，直接将 Dashboard 集成到商品微服务工程中。

首先，在 pom.xml 中增加下面的依赖，代码如下：

```
<dependency>
    <groupId>org.springframework.cloud</groupId>
    <artifactId>spring-cloud-starter-hystrix-dashboard</artifactId>
</dependency>
```

其次，在主启动类中增加@EnableHystrixDashboard 注解，开启 Hystrix 仪表盘服务，代码如下：

```
// 增加 EnableHystrixDashboard 注解依赖，就可以开启 Dashboard
@EnableHystrixDashboard
@EnableCircuitBreaker
@EnableDiscoveryClient
@SpringBootApplication
public class Application {
```

```
    public static void main(String[] args) {
        SpringApplication.run(Application.class, args);
    }
}
```

最后，重启商品微服务即可。

在浏览器中输入 http://localhost:2200/hystrix，可以看到如图 5-10 所示的界面。然后在界面中输入之前的地址 http://localhost:2200/hystrix.stream，单击 Monitor Stream 按钮，就可以看到如图 5-11 所示的统计报表页面。

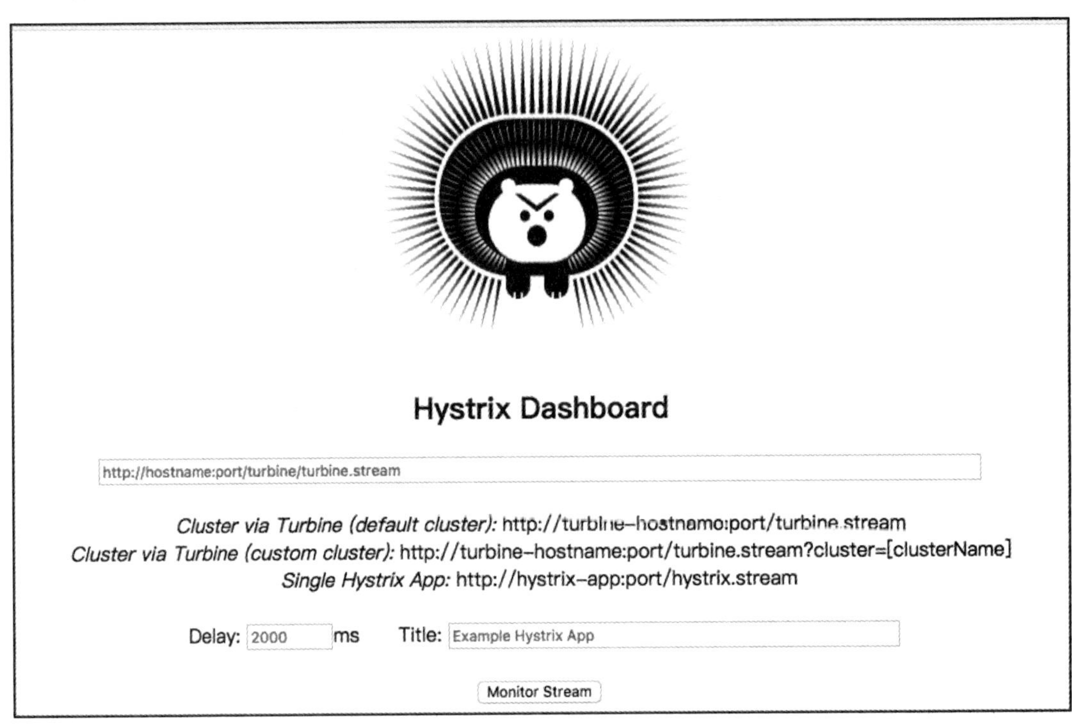

图 5-10　Hystrix 仪表盘

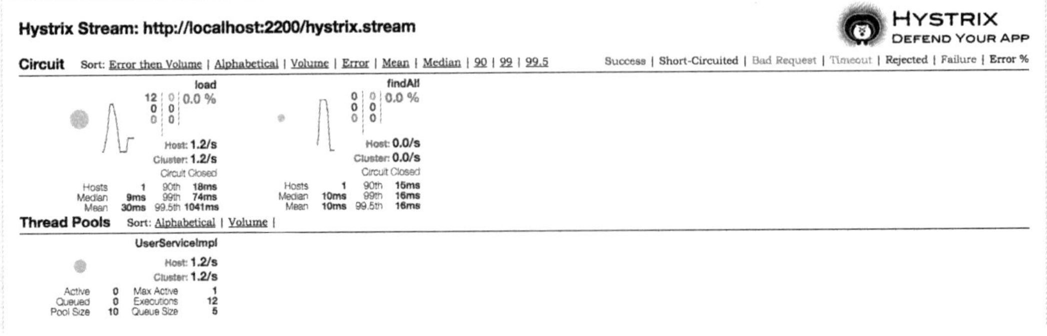

图 5-11　Hystrix 仪表盘统计界面

从截图中可以看到有两个服务接口的统计数据：Load 和 FindAll。每个方法的统计信息中包含两个重要的图形信息：实心圆和曲线。

- 实心圆：包含两个含义，颜色表示实例的健康程度，健康程度从绿色、黄色、橙色、红色递减；大小则根据请求流量的大小发生变化，流量越大则实心圆越大，反之则越小。
- 曲线：统计了 2 分钟内的请求流量的变化，通过该曲线可以对流量进行上升和下降的趋势分析。

对于界面中的数字，其表示的意义如图 5-12 所示。

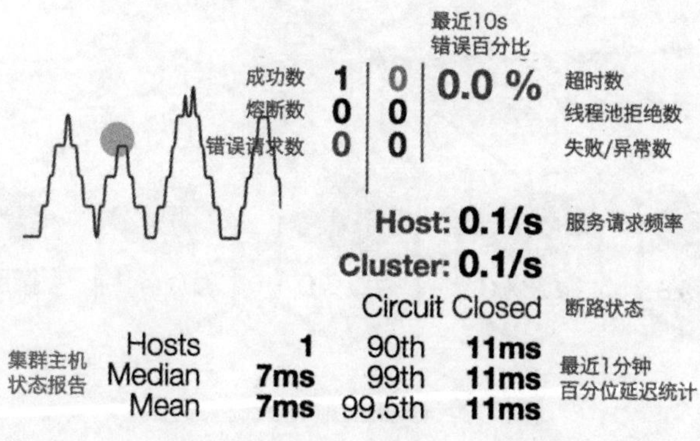

图 5-12　Hystrix 仪表盘统计含义图

在 Dashboard 首页时，我们知道 Hystrix Dashboard 支持 3 种监控方式。

- 默认集群监控：地址是 http://[turbine-hostname:port] /turbine.stream，可以开启实现对默认集群的监控；
- 指定集群监控：地址是 http://[turbine-hostname:port]/turbine.stream? cluster=[cluster Name]，可以开启对指定 clusterName 集群的监控；
- 单机应用监控：地址是 http://[hystrix-app:port]/hystrix.stream，可以开启对某个服务实例的监控。

注意：以上地址中中括号部分的内容，需要替换为具体部署后的地址才可以访问。

5.8.2　Turbine 仪表盘集群监控

前面我们演示了单机的监控，通过 Hystrix 仪表盘我们知道可以集成 Turbine 服务器对集群进行监控。Turbine 是一个应用程序，该应用程序可以汇集相应服务器的/hystrix.stream 端点到/turbine.stream，然后用于 Hystrix 仪表盘分析展现。

集成 Turbine 后，Hytrix 监控的系统架构如图 5-13 所示。

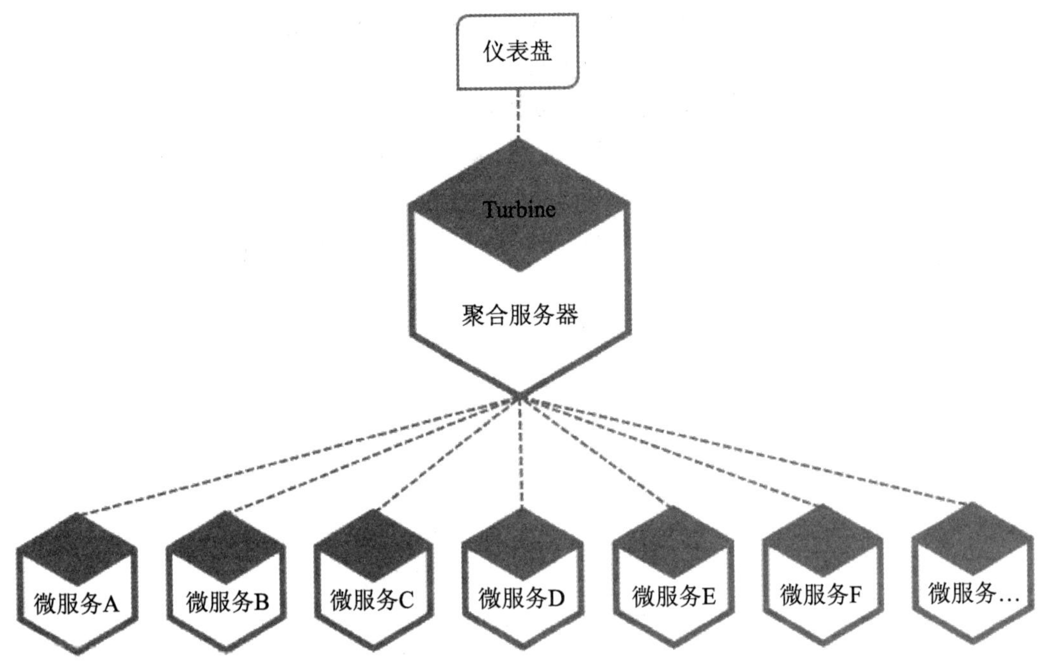

图 5-13　Hystrix 监控系统架构图

1．搭建Turbine服务器

Turbine 是一个标准的 Spring Boot 工程。pom.xml 文件如下：

```
<!-- 核心依赖如下 -->
<dependencies>
    <dependency>
        <groupId>org.springframework.cloud</groupId>
        <artifactId>spring-cloud-starter-turbine</artifactId>
    </dependency>
    <dependency>
        <groupId>org.springframework.boot</groupId>
        <artifactId>spring-boot-starter-actuator</artifactId>
    </dependency>
</dependencies>
```

同样，该 pom.xml 文件继承自前面的 parent，并增加了 spring-cloud-starter-turbine 的依赖。

2．编写Application

在 Application 类的注解中增加@EnableTurbine 注解，用以启动 Turbine 服务。而@EnableDiscoveryClient 主要是集成 Eureka，结合后面的配置获取各个服务中的测量数据。

```
@EnableDiscoveryClient
@EnableTurbine
```

```
@SpringBootApplication
public class Application {
    public static void main(String[] args) {
        new SpringApplicationBuilder(Application.class).web(true).run
        (args);
    }
}
```

3. 编写配置文件

Turbine 服务器配置内容如下：

```
server.port=8280
management.port=8281
spring.application.name=TURBINE
eureka.client.service-url.defaultZone=http://localhost:8260/eureka
turbine.app-config=PRODUCTSERVICE
turbine.cluster-name-expression="default"
turbine.combine-host-port=true
logging.level.org.springframework=INFO
```

其中，

- turbine.app-config：配置需要监控的微服务的服务名称。
- turbine.combine-host-port：配置为 True，表示对于同一个服务器中的服务可以通过端口区分为不同的服务示例。
- turbine.cluster-name-expression：该参数可以在 Hystrix 的 Dashboard 中定位不同的服务集群，这里设置为 default。

4. 启动并通过Turbine进行监控

接下来，依次启动 EurekaServer、UserService、ProductService 和 Turbine-Server，并访问 Hystrix 仪表盘，开启对 http://localhost:8280/turbine.stream 的监控，如图 5-14 所示。

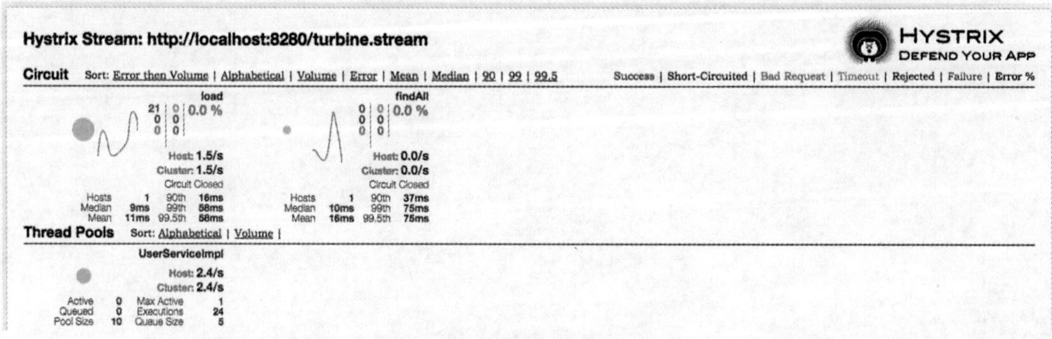

图 5-14　使用 Turbine 进行监控

然后再多增一个商品微服务实例，Hystrix 仪表盘界面如图 5-15 所示。

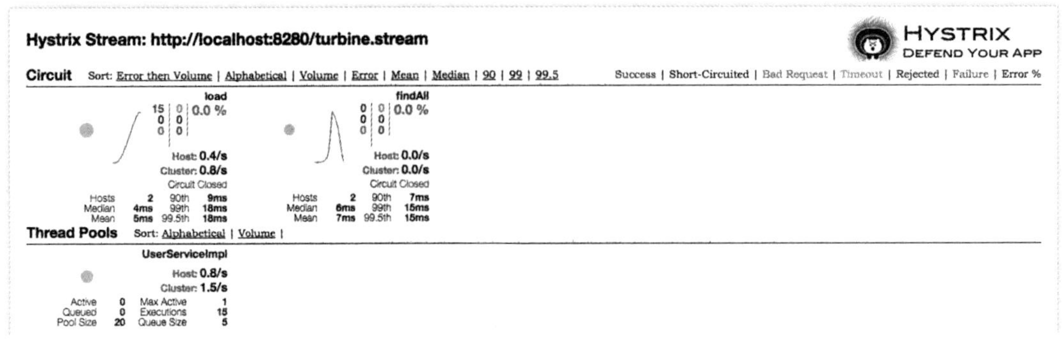

图 5-15 使用 Turbine 对服务集群监控

可以发现 Hosts 的统计数据由原来的 1 个变成了 2 个，也就是说 Turbine 把相同的服务、不同的实例作为一个统一整体来看待，这也符合开发者对监控的需求，因为对于集群服务，开发者关心的是每个服务的可用性而不是每个服务实例。

5.8.3 Turbine 与消息服务器集成

或许在某些环境中（如在 PaaS），使用 Turbine 拉取所有分布的 Hystrix 服务器中的统计数据变得不可行。在这种情况下，可以借用 Spring Cloud 的消息服务将 Hystrix 服务器的统计数据主动推送给 Turbine。对于需要采集监控数据的项目，只需要增加对 spring-cloud-netflix-hystrix-stream 和 spring-cloud-starter-stream-*的依赖就可以了；对于 Turbine 服务器则需要增加 spring-cloud-starter-turbine-stream 的依赖。Spring Cloud 的消息服务提供了对 RabbitMQ 和 Kafka 的支持，具体使用哪一个可以由开发者的项目来决定。

第 6 章　API 服务网关——Zuul

在微服务场景下，随着业务的发展，原来简单的系统会变得越来越复杂，系统会由原来几个独立的微服务逐渐变成几十个、上百个甚至更多。每个微服务都会对外暴露一组粒度不同的服务，客户端想完成一个功能时需要和众多的微服务打交道，甚至加载一个页面也需要调用一系列的服务接口才能完成，这样不但加重了客户端的负担，而且对基于互联网的访问也会造成性能低下，更别说用户体验了。同时，由于需要同时访问多个微服务，增加客户端的复杂度，而且客户端还需要知道各个微服务之间的关系，一旦某个微服务更改就会造成前端的噩梦。

因此，对于基于微服务的应用，客户端和微服务之间的交互面临如下几个挑战：

- 需要解决微服务提供的 API 粒度与客户端需求的匹配问题。通常微服务提供的 API 是细粒度的，而客户端往往需要众多这样的 API 才可以完成一个功能的处理，从而迫使客户端要与多个微服务进行频繁的交互。
- 客户端的多样性造成了在处理时需要提供不同的数据，加上客户端网络差异的影响，即使一个简单的功能，如果放在互联网应用中需要考虑的就不仅仅是功能的实现了。
- 随着业务的演进，微服务的划分随时都可能会发生变化，如果不能对客户端隐藏这些细节，就会面临牵一发而动全身的困境。

如图 6-1 所示为直接将微服务 API 接口暴露给客户端使用时的系统架构图。

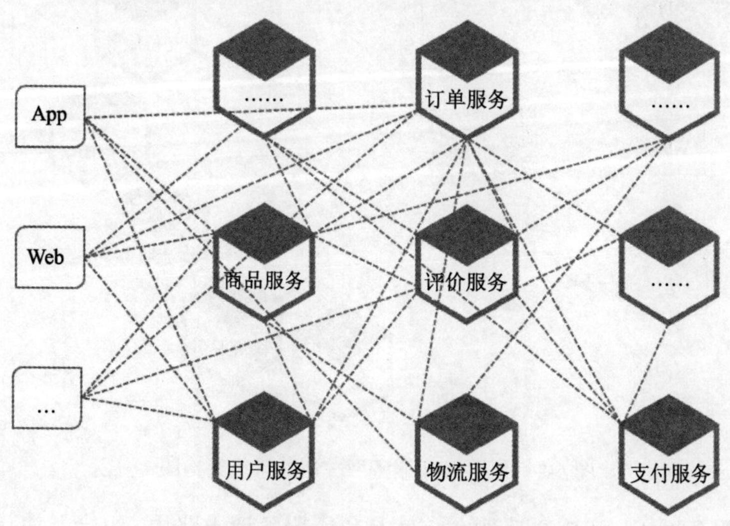

图 6-1　未使用 API 服务网关的系统架构图

另外，对于微服务的调用，还需要对客户端增加身份验证、业务鉴权、流量与并发控制及响应数据脱敏等控制。从图 6-1 中可以看到，每个微服务都是独立的，如果需要实现这些控制，不得不在每个微服务中重复实现。微服务架构虽然可以让开发者将开发单元拆分得更细，降低了开发难度，但如果不能有效解决上面提到的问题，则可能会造成微服务架构实施的失败。要知道，当需要重复实现某一个功能时，就是好好思考架构设计的最佳时机。

6.1　API 服务网关

为了解决前面所述问题，API 服务网关（API Gateway）应运而生。API 服务网关顾名思义就是出现在微服务边界上的一个面向 API 的、串行集中式的、对访问请求强管控的服务，采用的是一个外观模式。API 服务网关是微服务访问的统一入口，负责服务请求路由、组合及协议转换等处理。

API 服务网关的核心是：为所有客户端请求或其他消费者提供统一的网关，通过该网关接入不同的微服务，并隐藏架构实现的细节。当 API 服务网关成为微服务访问的唯一入口后，就可以实现对系统内部架构的封装，将一些与业务无关的公共逻辑抽象到 API 服务网关中实现，比如之前提到的客户端身份验证、业务鉴权、流量与并发控制及响应数据脱敏等功能。这样，系统架构就演变成了如图 6-2 所示的结构。

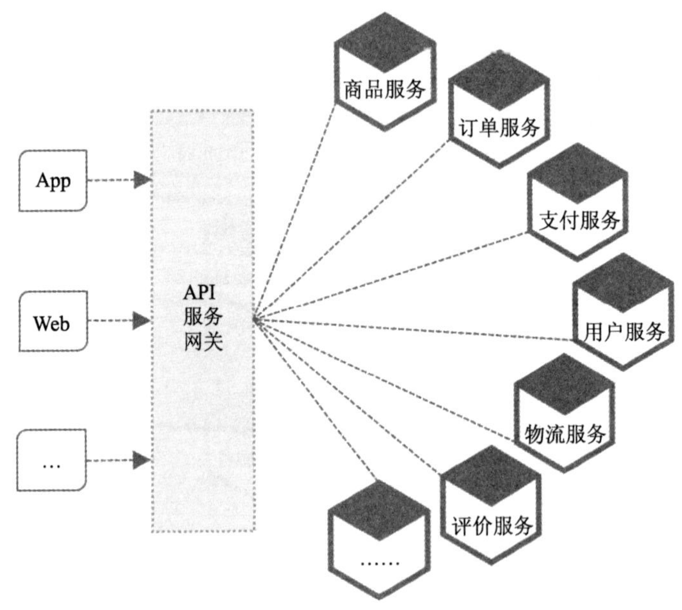

图 6-2　使用 API 服务网关后的系统架构图

对于 API 服务网关，其核心功能之一就是负责服务请求路由、组合及协议转换。首先，所有客户端请求都会经过 API 服务网关；然后，API 服务网关再将服务请求路由到合适的微服务，以提供具体的服务处理。所以，API 服务网关经常会通过编排多个微服务来处理一个服务请求。

另外，还可以利用 API 服务网关为不同类型的客户端提供定制的 API。这样通过整合为客户端暴露一个粗粒度的 API，从而隐藏了系统架构的实现细节，客户端只需要同服务网关交互，而不必了解特定的微服务相关细节信息，减少了客户端与服务器之间的交互次数，同时也大大降低了客户端的开发难度和后期维护成本。

虽然 API 服务网关有上述优点，但在实施时开发者不得不面对 API 服务网关的不足。首先，需要为 API 服务网关开发一个具有高可用的组件，细心的读者可能已经发现，当使用 API 服务网关后，API 服务网关极有可能会成为系统的一个瓶颈，所以高可用是构建 API 服务网关首要考虑的。

此外，为了能够将微服务的端点接入 API 服务网关，开发人员需要及时地将微服务相关端点更新/注册到 API 服务网关中。因此，API 服务网关的更新/注册过程要尽可能地简单。否则，开发人员将耗费大量的精力，更新/注册服务网关的配置信息，这显然违背了微服务架构开发的初衷。

还有，API 服务网关需要知道与之通信的每个微服务服务器地址和端口信息，特别是在 API 服务网关中启用了负载均衡时。在传统的开发中，可以通过硬编码的方式（包含通过配置文件的方式）实现服务网关与各微服务地址的绑定，但在微服务架构下的开发，可以通过整合服务治理来实现。这样一个微服务的上线、下线等都可以进行自动处理，不需要手工去管理。

对 API 服务网关总结如下：

- API 服务网关帮助开发者隐藏系统架构实现的细节，提供统一的入口供客户端访问，让微服务使用更为友好。
- 通过微服务的统一访问控制，简化了客户端开发的复杂度，降低了客户端与微服务之间的通信次数，客户端不需要与多个微服务之间进行通信，也不需要了解各个微服务的详细信息。
- 借助 API 服务网关可统一做切面任务，避免每个微服务自己开发，提升效率，使系统更加标准化。
- 通过 API 服务网关，可以将异构系统进行统一整合。
- API 服务网关需要实现一个高可用伸缩性强的服务，避免单点失效。
- API 服务网关需要对所有微服务实例所暴露的端点进行统一的管理，这为开发和运维增加了一定的难度。

6.2　Spring Cloud 与 Netflix Zuul

幸好 Netflix 已经为开发者提供了一个高可用伸缩性强的服务组件：Zuul。Netflix 所提供的 Zuul 是一个基于 JVM 路由和服务端的负载均衡器，其参考 GOF 设计模式中的外观（Facade）模式，将细粒度的服务组合起来提供了一个粗粒度的服务，以便所有请求都导入一个统一的入口，整个服务只需要暴露一个 API，对外屏蔽了服务端的实现细节。这就是之前提到的 API 服务网关功能。

Netflix Zuul 组件可以用于反向代理功能，通过路由寻址将请求转发到后端的服务上，并增加一些通用逻辑处理。Zuul 对请求提供了路由和过滤器两个功能，其中，路由功能负责将外部请求转发到具体的微服务实例上，是实现外部访问统一入口的基础。过滤器功能则负责对请求的处理过程进行干预，是实现请求校验、服务聚合等功能的基础。

通过 Zuul 组件，可以完成以下功能。

- 动态路由：Zuul 路由服务器支持与 Eureka 服务器的整合，可以动态对注册到 Eureka 服务器中的微服务进行路由映射。另外，Zuul 提供一系列的路由规则配置，可以针对生产中的实际情况进行配置，实现微服务路由的灵活控制。
- 监控与审查：通过对一些特定的接口设置访问白名单、访问次数、访问频率等各类设置，可以在不影响微服务实现的情况下，对访问实施监控和审查处理。
- 身份认证与安全：用户身份认证几乎是每一个应用的基础，如果由每个微服务系统单独实现该功能，显然比较浪费资源，而且使开发效率变低。通过 Zuul 可以将认证的部分单独抽取出来，让微服务系统无须关注认证的逻辑，只需要关注业务本身即可。另外，可以统一在服务网关层增加一个额外的保护层来防止恶意攻击，如果客户端直连微服务的话，则每个暴露的微服务都需要面临这个安全问题。
- 压力测试：通过 Zuul 所提供的过滤器功能可以逐渐增加对某一服务集群的流量，以了解服务性能，从而及早对服务运维架构做出调优。
- 金丝雀、A/B 测试：新版本、新功能可能都需要测试用户对其的反应，通过 API 服务网关，可以轻松控制部分用户访问服务实例，并且可以对用户行为进行记录和分析，以便对新版本及新功能进行评价，获取应用的最优方案。
- 服务迁移：通过 Zuul 代理可以处理来自旧端点的客户端上的所有流量，将一些请求重定向到新的端点，从而慢慢地用不同的实现来替换旧端点。
- 负载剪裁/限流：为每一个负载类型分配对应的容量，对超过限定值的请求弃用，这样可以防止站点不被未知的大流量冲跨。通常，可以利用 API 服务网关配置一个阀值，当请求数超过该阀值时会直接返回错误，而不会运行剩下的逻辑。

6.3　启用 Zuul 路由服务

接下来让我们对电子商城示例项目进行改造。在改造过程中，首先创建一个独立的

Zuul 路由服务器，可以通过该服务器访问之前所构建的用户微服务和商品微服务。然后将商品微服务中访问用户微服务的部分更改为通过网关来访问。最后对改造后的商品微服务进行负载、容错等测试。

6.3.1　构建 Zuul 路由服务器

Spring Cloud 提供的@EnableZuulProxy 注解可以用来创建 Zuul 路由服务器，所创建的路由服务可以是嵌入式服务，也可以进行独立部署。

1. 编写pom.xml文件

Zuul 路由服务器是一个标准的 Spring Boot 应用。到这里，如果读者一直跟随着书中示例来做的话，应该知道该如何构建一个标准的 Spring Boot 应用。首先，还是让 Zuul 路由服务器的 pom 文件继承之前的 parent 项目，然后再增加 spring-cloud-starter-zuul 依赖。完成后的 pom.xml 文件内容如下（为了简化，这里只列出核心的内容）：

```
<artifactId>zuul-server</artifactId>
<name>SpringCloud Demo Projects(Zuul) -- Zuul Server</name>
<dependencies>
    <!-- 声明对 spring-cloud-starter-zuul 的依赖 -->
    <dependency>
        <groupId>org.springframework.cloud</groupId>
        <artifactId>spring-cloud-starter-zuul</artifactId>
    </dependency>
</dependencies>
```

2. 编写启动类

接下来是创建 Spring Boot 的应用引导类，同时需要为该启动类增加 Spring Cloud 所提供的@EnableZuulProxy 注解。该注解用来告诉 Spring Boot 应用框架，启动运行 Zuul 服务，并根据配置进行相应的初始化处理。

```
// 重点是增加该注解
@EnableZuulProxy
@SpringBootApplication
public class Application {
    public static void main(String[] args) {
        SpringApplication.run(Application.class, args);
    }
}
```

如果我们稍微看一下@EnableZuulProxy 注解的源码就会发现，该注解其实是一个复合注解，其包含@EnableCircuitBreaker 和@EnableDiscoveryClient 注解。这两个注解的作用前面已经讲过，也就是说当为启动类增加了@EnableZuulProxy 注解时，就自动为该应用增加了服务的容错保护功能，同时也将@EnableZuulProxy 注解作为一个服务注册到服务治理服务器中，因此，不需要在启动类中再单独增加这两个注解。

可能开发者在编写上面的代码时会发现还有另外一个注解@EnableZuulServer，该注解和上面所使用的@EnableZuulProxy 注解有什么区别？为什么在这里我们不使用@Enable ZuulServer 呢？不要着急，后面会对这两个注解之间的区别及使用场景进行详细的解释和功能对比。

3. 编写配置文件

Zuul 服务器的配置文件非常简单，只需要定义服务器使用的端口、服务名称及 Eureka 服务器的地址就可以了，具体配置如下：

```
# 服务器端口，要记住这个端口，后面的访问都是通过这个端口进行访问的
# 而不是之前各服务所定义的端口
server.port=8280

spring.application.name=ZUUL-PROXY

# 对于微服务，基本上都少不了这个配置
eureka.client.service-url.defaultZone=http://localhost:8260/eureka
```

6.3.2 路由测试

需要说明的是当路由测试时需要服务治理服务器和各业务微服务进行配合，这里为了简化只列出了构建路由服务器的代码。请确保你已经按照前面章节中的示例搭建了这些项目，如果还没有完成前面章节示例的搭建，需要完成前面示例的搭建，再完成路由服务器的搭建。接下来将按照下面的顺序启动各服务器。

（1）service-discovery：服务治理服务器，端口为 8260；

（2）user-service：用户微服务，端口为 2100；

（3）user-service（2110）：另一用户微服务实例，端口为 2110；

（4）product-service：商品微服务，端口为 2200；

（5）zuul-server：Zuul 路由服务器，端口为 8280。

这里我们启动两个用户微服务的原因是为了后面进行负载均衡测试时使用。当所有服务器都启动完毕后，可以在服务治理服务器（Eureka）控制台中看到如图 6-3 所示的界面。

下面就可以开始进行相关功能的验证了。首先通过 Postman 是否可以获取商品微服务中所提供的商品评论服务，访问地址变更为 http://localhost:8280/productservice/products/3/comments。注意，所需要访问的不是商品微服务端口 2200，而是 Zuul 服务器的端口 8280，可以看到如图 6-4 所示的界面。

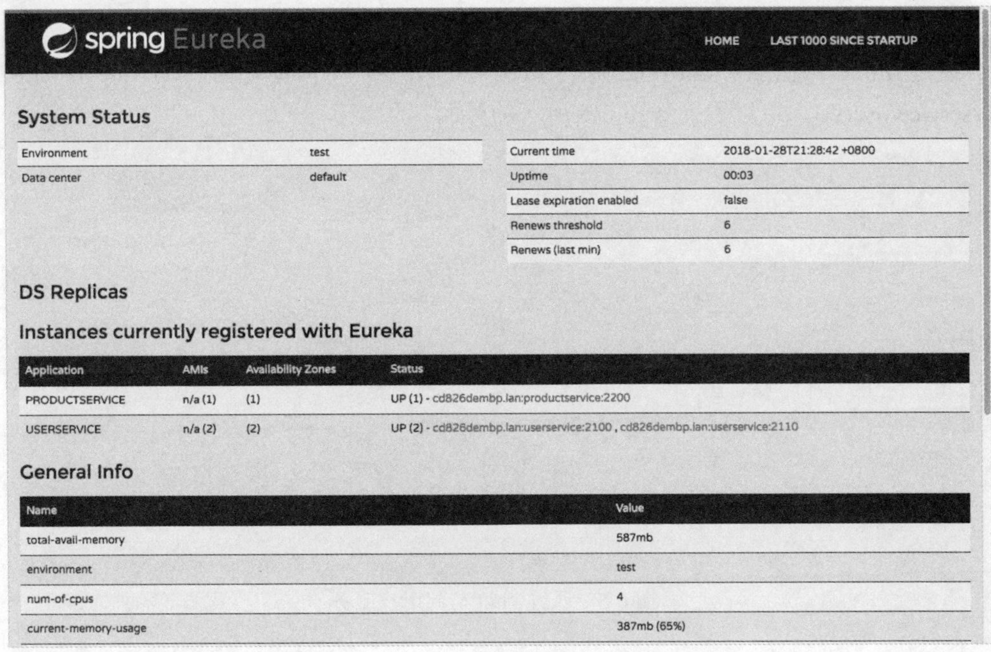

图 6-3　Eureka 服务器所注册微服务列表

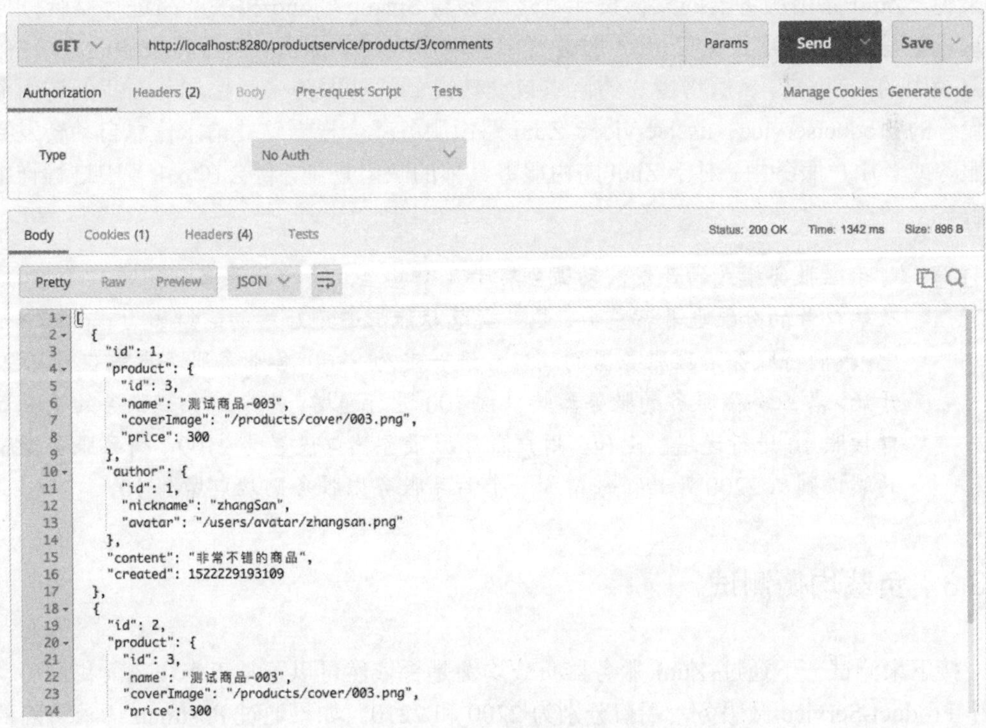

图 6-4　通过 Zuul 访问商品评论服务

这说明 Zuul 路由服务器已经将请求自动转发到商品服务微服务中。接下来看看是否可以通过 Zuul 路由服务器访问到用户微服务的功能，访问地址为 http://localhost:8280/userservice/users/3，可以看到如图 6-5 所示的界面。

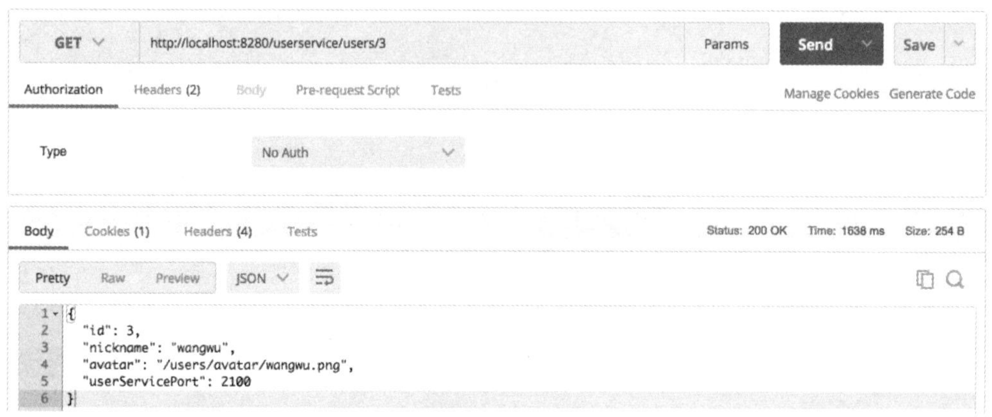

图 6-5　通过 Zuul 访问用户服务

由上面两个访问可以看到，Zuul 路由服务器已经正确地将请求路由到相应的微服务中。这里或许读者会奇怪为何 Zuul 路由服务能够将请求自动转发到相应的微服务中？简单来说，Zuul 路由服务器的默认设计就是能够与 Spring Cloud 相关产品进行整合，应用到这里就是 Zuul 将默认从 Eureka 服务器中获取所注册的服务，然后将服务的 ID 作为请求路径中的一部分，然后将用户的请求自动转发到这些服务中。比如前面我们访问路径中包含的 productservice、userservice，Zuul 路由服务就会根据这些请求信息自动转发到商品服务或者用户服务中。对于 Zuul 路由服务具体的映射规则，将会在 6.4 节中进行详细的讲解。

注意： 对于微服务模式的开发，动辄会有十几个甚至几十个微服务，因此对于 IP 地址及端口号的分配也非常重要，越早规范越能够避免后续的运维压力。在本书示例中，我们将服务治理服务器的端口号统一定为 8260，各业务服务器端口号从 2100 开始，各业务微服务的服务器端口按 100 进行递增，一个业务微服务的服务器端口按照 10 进行递增。比如：用户服务微服务端口设置为 2100，商品服务微服务的端口则从 2200 开始，每增加一个商品服务微服务则端口增加 10。

6.3.3　负载均衡测试

接下来测试一下通过 Zuul 服务器负载均衡是否依然可以正常工作。之前我们启动了两个 Product-Service 微服务，端口分别为 2200 和 2210。如果通过 Postman 请求访问商品评论服务地址 http://localhost:8280/productservice/products/3，在图 6-6 所示的返回结果界面中可以看到，用户信息中 userServerPort 的值在 2100 和 2110 之间交替出现。

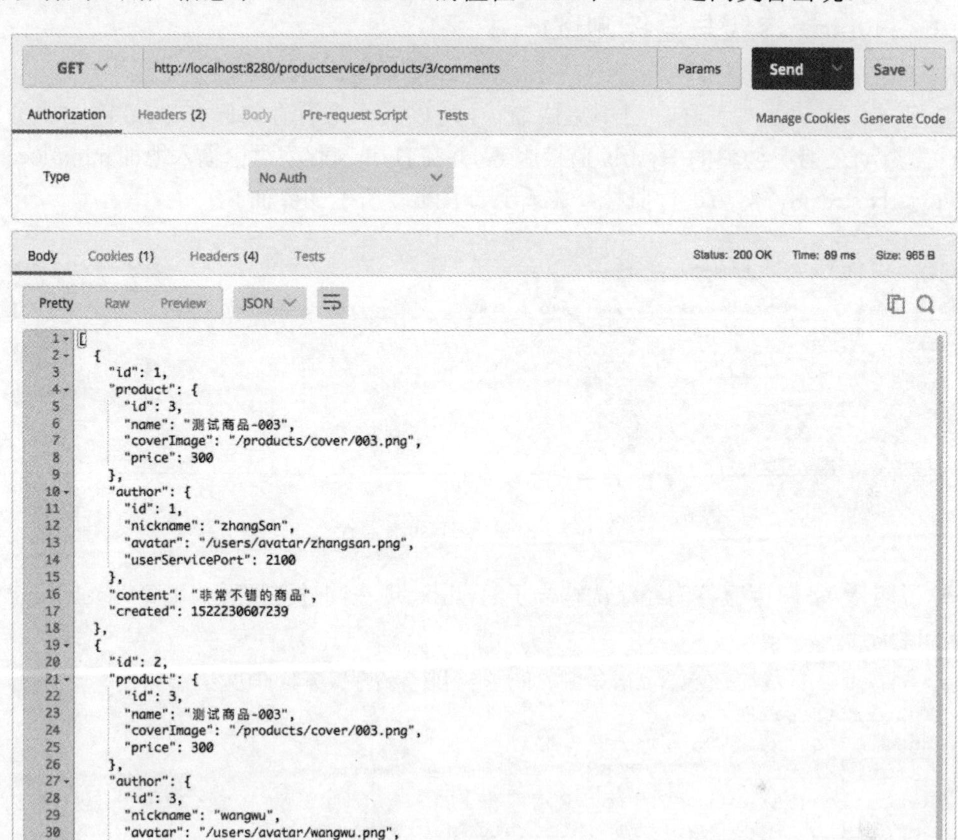

图 6-6　Zuul 负载均衡测试

可见，Zuul 路由服务已经默认集成了负载均衡功能。读者是否还记得前面在介绍负载均衡时说过担心 Zuul 路由服务可能会成为另一个访问瓶颈。是的，如果不能够很好地处理 Zuul 路由服务，那么就会有这种风险。所以开发者在构建 API 访问网关的时候需要把握以下两个原则：KISS 原则和 stateless 原则。

KISS 原则是指 Keep it Simple and Stupid，也就是说要保持 API 服务网关的简单和轻量。服务网关只不过是服务调用过程中的一个检查点，不应该用来处理业务的复杂性，也不应将其用于解决架构的难点上，这些应该是微服务需要处理的事情。

stateless 原则是指在 Zuul 服务网关中不应该、也不可以保存有关服务调用过程中的状态数据。对于无状态，相信大家都深有体会，如果你的代码是状态相关的，那么在进行水平扩展的时候势必难以进行，所以需要在各服务器上直接进行状态的复制、同步等处理后才能进行扩展。而对于 Zuul 路由服务也是一样的，要始终保持无状态。

6.3.4　Hystrix 容错与监控测试

在第 5 章中讲过如何在项目中集成监控，所以接下来看看如何在 Zuul 路由服务中使用。首先启动之前所创建的 Hystrix 监控服务，并在 Hystrix 仪表盘中输入地址 http://localhost:8280/hystrix.stream，然后进行监控，将看到如图 6-7 所示的界面。

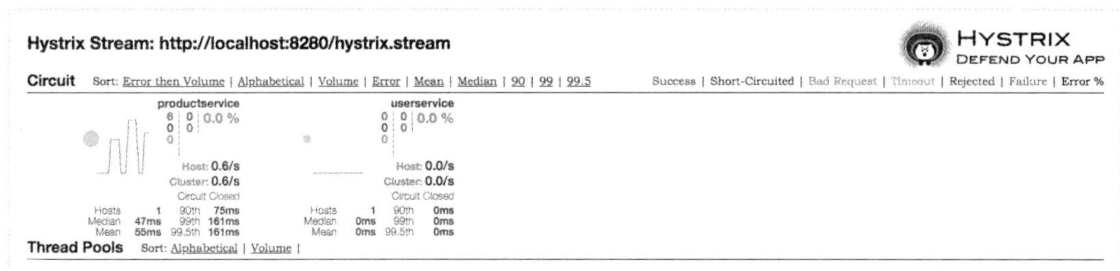

图 6-7　Zuul 与 Hystrix 监控

这说明，Zuul 路由服务已经默认整合了 Hystrix。现在回过头再看一下@EnableZuulProxy 注解的源码：

```
// 可以看到该注解已经包含了容错保护和注册到服务治理服务器的功能
@EnableCircuitBreaker
@EnableDiscoveryClient
@Target(ElementType.TYPE)
@Retention(RetentionPolicy.RUNTIME)
@Import(ZuulProxyMarkerConfiguration.class)
public @interface EnableZuulProxy {
}
```

可以看到 Zuul 本身已经默认集成了 Hystrix 和 Ribbon，所以 Zuul 天生就拥有线程隔离和服务容错的自我保护能力，以及对服务调用的客户端负载均衡功能。但是需要注意，当使用 path 与 url 的映射关系来配置路由规则时，对于路由转发的请求则不会采用 Hystrix Command 来包装，所以这类路由请求就没有线程隔离和服务容错保护功能，并且也不会有负载均衡的能力。因此在使用 Zuul 的时候尽量使用 path 和 serviceId 的组合进行配置，这样不仅可以保证 API 网关的健壮和稳定，也能用到 Ribbon 的客户端负载均衡功能。

6.4　路由配置规则

Zuul 路由服务器默认与 Eureka 服务器进行整合。在上面的示例或许读者会觉得很神奇，在 Zuul 路由服务器中我们什么也没有配置，当通过 http://localhost:8280/productservice/products/3/comments、http://localhost:8280/userservice/users /3 进行访问时，却可以正确地

访问到商品和用户的微服务，那么这个机制到底是什么？我们又该如何进行配置呢？

总的来说，Zuul 提供了多种机制对请求路由进行映射，如下：

- 与 Eureka 服务器整合自动根据微服务的 ID 进行映射，这个是默认机制，也是之前示例中所使用的机制。
- 结合微服务 ID 通过自定义方式进行路由映射。
- 直接使用静态 URL 路径的方式对微服务进行路由映射。
- 添加全局路由映射。
- 通过自定义路由转换器，实现更灵活的路由映射。

接下来具体看看 Zuul 路由配置的具体规则。

6.4.1　服务路由默认规则

前面我们说过 Zuul 设计之初就是默认与 Spring Cloud 相关产品进行集成的，也就是说当构建 API 服务网关时，如果有 Eureka 服务器时，那么 Zuul 会自动为注册到 Eureka 服务器上的每个服务都创建一个默认路由规则：访问路径的前缀为 serviceId 配置的服务名称。就会形成如下格式的访问路径：

```
http://[zuul 路由服务器地址]/[serviceId]/[具体服务的端点]
```

这也是之前为什么我们能够通过 http://localhost:8280/productservice/products/3/ comments、http://localhost:8280/userservice/users /3 访问到相应微服务的原因了。如果我们通过 Postman 访问 http://localhost:8280/routes，则可以得到如图 6-8 所示的返回结果。

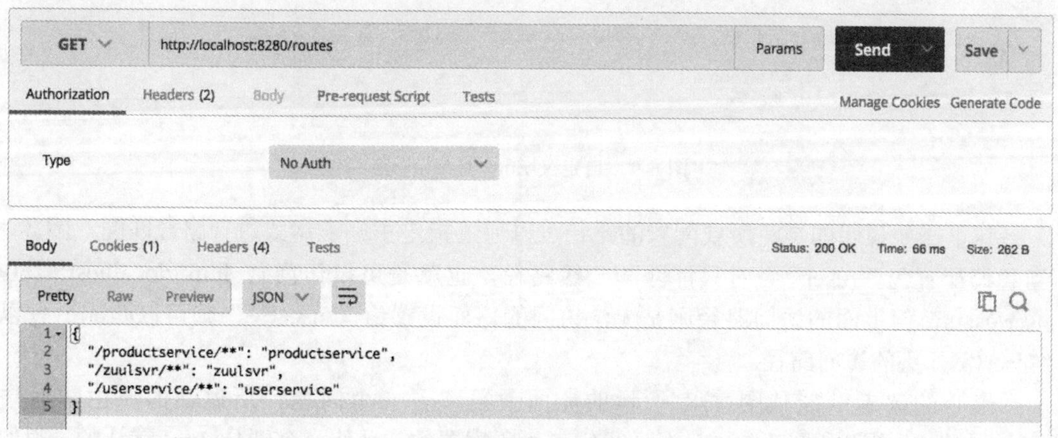

图 6-8　Zuul 的路由端点

因此，当微服务部署架构中包含了 Eureka 服务时，在增加或移除一个服务时无须对 Zuul 进行任何修改，Zuul 可以自动根据 Eureka 服务器中所注册的服务自动完成路由映射、负载均衡等处理。

6.4.2 自定义微服务访问路径

由前面内容可知，Zuul 在进行路由映射时默认使用的是在 Eureka 中注册的微服务的 ID，或许有时候这种映射机制并不能满足需求，比如对于用户服务，我们不想使用 userservice 这个路径，而是想更简单一点直接使用 user。此时，可以在 Zuul 路由服务器配置文件中通过增加格式为“zuul.routes.微服务 Id=指定路径”的属性配置方式进行配置，对访问路径进行控制，例如：

```
zuul.routes.userservice = /user/**
```

这样，后面就可以通过/user/来访问 userservice 所提供的服务了。比如之前的访问路径可以更改为 http://localhost:8280/user/users/3，这时通过 Postman 访问 routes 端点，可以得到如图 6-9 所示的返回结果。

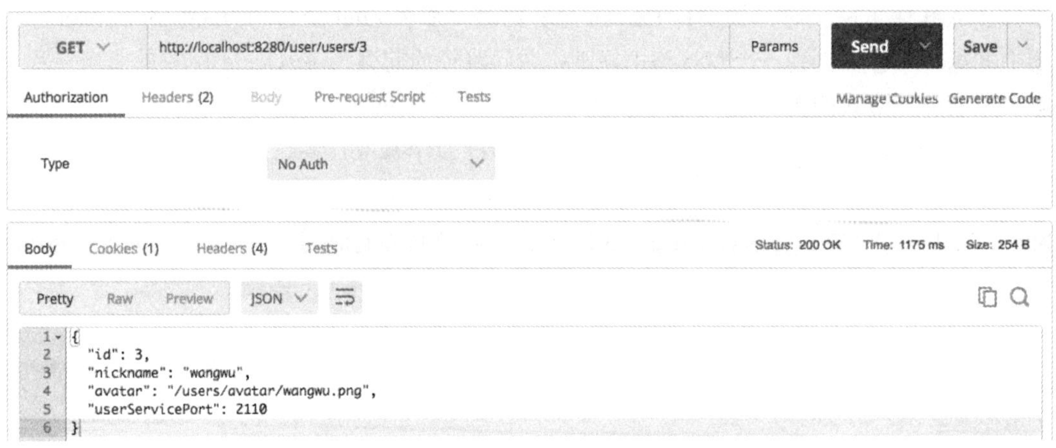

图 6-9 自定义 Zuul 的路由规则

这里需要说明的是，所要配置的路径可以通过指定正则表达式进行路径匹配，因此，当我们配置为“/user/*”时只能匹配一级路径，也就是可以访问到 http://localhost:8280/user/users，但上面的访问路径则是无法访问的。而设置为“/user/**”则可以匹配所有以“/user/”开头的访问路径。

细心的读者可能从图 6-8 所示的界面中发现了一个问题，所返回的路由映射中 userservice 这个服务有两个，一个是我们上面所配置的，另外一个则是 Zuul 默认的。假如此时再通过之前的路径访问，发现依然是可以访问成功的。Zuul 默认会将所有注册到 Eureka 服务器中的服务进行映射，假如你的微服务实例尚未注册到 Eureka 服务器中，如果通过 routes 端点来查看，是看不到相应路由映射的；但如果是通过自定义的方式进行路由映射配置，那么不论你的微服务是否已经注册到 Eureka 服务器中，routes 端点都会返回该路由映射。如果在相应微服务没有启动的情况下去访问，很不幸，Zuul 会返回一个 500 的错误。

6.4.3　忽略指定微服务

前面说过，默认情况下 Zuul 服务器会从 Eureka 服务中获取到所有注册的服务并进行映射，当开发者自定义了某个微服务时，Zuul 也会对该服务进行默认路由映射，那么是否可以不用进行默认路由映射处理了呢？Zuul 路由服务器配置中提供了一个属性 zuul.ignored-services，通过设置该属性可以指定在默认映射中所要忽略的微服务，指定后 Zuul 的路由服务将不再代理该路径下的访问。参数的值可以设置多个服务的 ID，如果需要忽略多个服务，那么服务 ID 之间需使用逗号隔开即可。例如：

```
zuul.ignored-services=userservice
```

此时通过 Postman 访问 routes 端点可以得到如图 6-10 所示的返回结果。

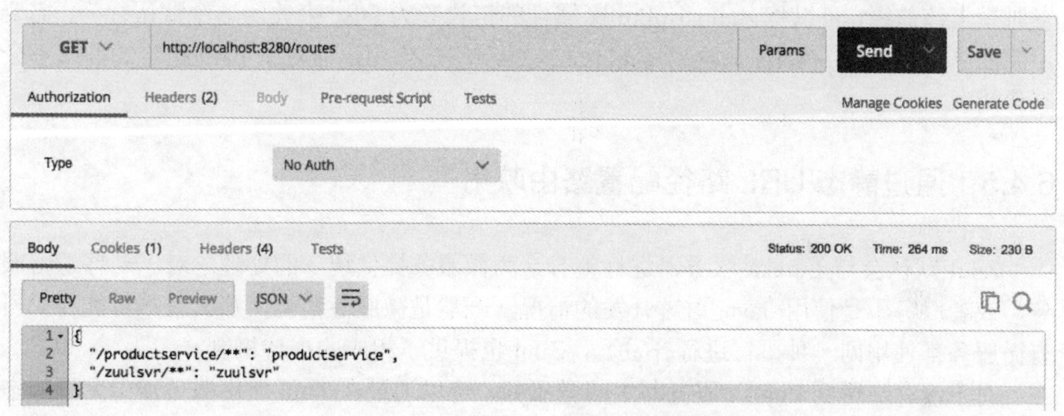

图 6-10　让 Zuul 忽略指定微服务

从界面中可见，userservice 的默认路由映射已经不存在，后续只能通过 user 进行访问。如果想让 Zuul 忽略所有服务的路由映射，并全部采用自定义方式，那么只需要将 zuul.ignored-services 的值设置为“*”即可。

6.4.4　设置路由前缀

我们在访问第三方服务时经常会发现在访问路径中有一个统一的前缀，如 api，那么是否需要对每一个微服务自定义增加这个路径呢？当然不是，Zuul 提供了 zuul.prefix 属性可为所有的路由映射增加统一前缀。比如，我们设置如下：

```
zuul.prefix=/api
```

这时再通过 Postman 访问 routes 端点，可以得到如图 6-11 所示的返回结果。

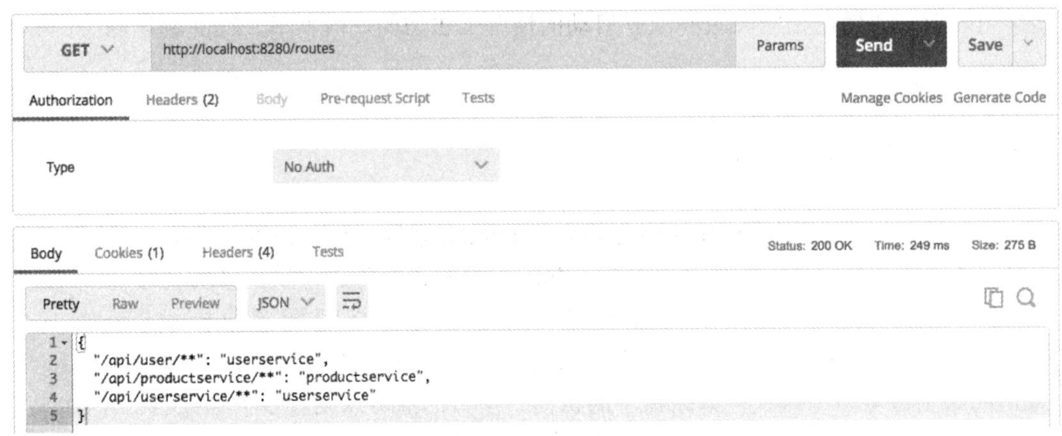

图 6-11　为 Zuul 统一增加前缀

默认情况下，Zuul 代理会在转发到具体服务实例时自动剥离这个前缀。如果需要在转发时带上该前缀，可以将 zuul.stripPrefix 属性的值设置为 false 来关闭这个默认行为。需要说明的是，zuul.stripPrefix 只会对 zuul.prefix 的前缀起作用，而对于 path 指定的前缀不会起作用。

6.4.5　通过静态 URL 路径配置路由映射

Zuul 默认会与 Eureka 服务器进行整合，为微服务提供统一的处理。对于一些遗留服务，或者服务不是使用 Java 语言开发的情况（既然是微服务架构，那么就不可能要求所有微服务都使用同一种语言进行开发），Zuul 也提供了相应的支持机制。

对于没有注册到 Eureka 服务器中的微服务，可以通过在 Zuul 路由服务器中配置静态的 URL，来进行服务的路由映射，最简单的配置如下：

```
zuul.routes.python-service.path=/pythonservice/**
zuul.routes.python-service.url=http://pythonserver:8686
```

通过这种配置，Zuul 路由服务器就可以将对 pythonservice 路径下的所有访问转发到 http://pythonserver:8686，而不需要访问 Eureka 服务器。但这样就会有一个问题，如果没有经过 Eureka 服务器，那自然就得不到 Ribbon 的负载均衡功能了。针对这个问题，Zuul 已经帮开发者想到了解决方案，在这种情况下开发者只需要禁用 Ribbon 与 Eureka 的自动集成设置，采用手工设置方式开启即可，配置如下：

```
zuul.routes.python-service.path=/pythonservice/**
zuul.routes.python-service.serviceId=pythonservice
# 禁用 Ribbon 与 Eureka 自动集成功能
ribbon.eureka.enabled=false
# 通过手工方式配置服务地址列表
python-service.ribbon.listOfServices=http://pythonserver:8686,
    http://pythonserver:8687, http://pythonserver:8688
```

这样就可以通过 serviceId 进行访问了，而且这时的访问不但支持 Ribbon 的负载均衡，同时所有转发到该服务的请求将会使用 HystrixCommand 来执行，服务降级、容错保护等功能也会起效，所以在配置时尽量使用 serviceId 进行配置，避免直接设置静态 URL 的方式。

6.4.6　路由配置顺序

如果在配置时需要按照配置的顺序进行路由规则控制，则需要使用 yaml 格式的配置文件，如果是使用 properties 文件格式，则会丢失配置顺序。例如：

```
zuul:
  routes:
    users:
      path: /myusers/**
    legacy:
      path: /**
```

上例如果使用 properties 文件进行配置，则 legacy 可能会先生效，这样所配置的 users 映射就没有效果了。

6.4.7　自定义路由规则

如果路由规则比较复杂，那么我们也可以定义一个转换器，让 serviceId 和路由之间使用自定义的规则进行转换。比如，在下面的代码中通过一个正则表达式来自动匹配，将形如 servicename-vx 的服务名称映射为/vx/servicename 的访问路径。代码如下：

```
@Bean
public PatternServiceRouteMapper serviceRouteMapper() {
    return new PatternServiceRouteMapper(
        "(?<name>^.+)-(?<version>v.+$)",
        "${version}/${name}");
}
```

这样，服务 ID 为 users-v1 的服务，就会被映射到路由为/v1/users/的路径上。但是对于所定义的命名组必须包括 servicePattern 和 routePattern 两部分。如果 servicePattern 没有匹配一个 serviceId，那就会使用默认的。在上例中，一个服务实例的 ID 为 users 的服务，将会被映射到路由/users/中（不带版本信息）。这个特性默认是关闭的，而且只适用于已经发现的服务。

6.5　Zuul 路由其他设置

如果读者了解反向代理（Reverse Proxy），那么就会知道反向代理是通过代理服务器来接受客户端的连接请求，然后将这些请求转发给内部的服务，并将从内部服务上得到的结果返回给请求客户端。在我们微服务架构的应用上，可以看到 Zuul 服务器就是扮演了代理服务器的角色，作为请求客户端和微服务之间的连接者。Zuul 将客户端的请求转发到下游的各个微服务上，这样客户端只需要和 Zuul 通信即可，不需要知道提供具体服务的是哪一个微服务区，也不用处理与多个服务之间通信，减少了开发使用的复杂性。对 Zuul 服务器来说，其核心就是如何处理与下游各个微服务之间的关系。

6.5.1 Header 设置

当 Zuul 服务器将请求转发到下游服务时，同时会将请求中的头部信息数据转发给下游服务，但有时我们需要对 Header 中的信息做一些处理，这时就可以借助 Zuul 提供的 Header 设置功能来进行相关处理。

1．敏感Header设置

同一个系统中各个服务之间通过 Headers 共享信息是没有问题的，而且在同一个系统中安全性考虑也不是首要问题。但如果你的微服务依赖其他第三方的服务，这时候或者不想 Headers 中的一些敏感信息随着 HTTP 请求转发而泄露出去，那么就需要在路由配置中设置一个忽略 Header 的清单。

默认情况下，Zuul 在请求路由时，会过滤 HTTP 请求头信息中的一些敏感信息。默认这些敏感头信息通过 zuul.sensitiveHeaders 定义，包括 Cookie、Set-Cookie 和 Authorization 等，若配置多个 sensitiveHeaders 时可以用逗号分隔。对某一特定路由可以进行以下配置：

```
# 对指定路由开启自定义敏感头
zuul.routes.[route].customSensitiveHeaders=true
zuul.routes.[route].sensitiveHeaders=[这里设置要过滤的敏感头]
```

全局设置可以使用：

```
zuul.sensitiveHeaders=[这里设置要过滤的敏感头]
```

2．忽略Header设置

如果每一个路由都需要配置一些额外的敏感 Header 时，那么可以通过 zuul.ignored Headers 来统一设置需要忽略的 Header。例如：

```
zuul.ignoredHeaders=[这里设置要忽略的 Header]
```

在默认情况下是没有这个配置的，如果项目中引入了 Spring Security，那么 Spring Security 会自动加上这个配置，默认值为 Pragma、Cache-Control、X-Frame-Options、X-Content-Type-Options、X-XSS-Protection 和 Expries。

此时，如果还需要使用下游微服务的 Spring Security 的 Header 时，可以增加下面的设置：

```
zuul.ignoreSecurityHeaders=false
```

6.5.2　HttpClient 配置

Zuul 的 HTTP 客户端支持 Apache Http、Ribbon 的 RestClient 和 OkHttpClient，默认使用 Apache HTTP 客户端。可以通过下面的方式启用相应的客户端：

```
# 启用 Ribbon 的 RestClient
ribbon.restclient.enabled=true

# 启用 OkHttpClient
ribbon.okhttp.enabled=true
```

如果使用 OkHttpClient，需要确保项目中已经包含 com.squareup.okhttp3 相关包的引用。

6.5.3　路由配置的动态加载

随着服务的迭代升级，Zuul 路由配置也是一项挑战，并且一旦应用上线，为了修改配置我们也不可能停机去修改，如果这样，那么用户体验可以说糟糕至极。那如何能够在 Zuul 路由服务器不停机的情况下可以随时修改路由映射呢？

如果想让 Zuul 路由服务器达到动态加载配置的功能，则会涉及 Spring Cloud 的另外一个子项目 Config，该项目将在第 7 章进行详细说明，这里只简明地给出实现配置的动态加载思路。

Spring Cloud Config 子项目提供了配置文件的统一管理，我们需要将原来存放在 src/main/resources 目录下的配置文件 application.properties 或 yml 文件抽出来统一存放在版本管理服务器上，比如 Git 中，然后将 Zuul 路由服务器的配置从统一配置服务器中进行加载。当需要修改路由映射规则时，就需要将修改后的配置文件提交到 Git 仓库中，然后在 Zuul 路由服务器中使用/refresh 端点重新加载配置。

6.6　Zuul 容错与回退

我们再来仔细看一下之前 Hystrix 的监控界面，如图 6-12 所示。

从图 6-12 中可以看到所列出的监控数据不是之前的 findAll、load 等方法，而是微服务 ID，这说明 Zuul 路由服务在与 Hystrix 整合的时候其监控的颗粒度是微服务，而不是微服务中具体的某个方法。假如现在把用户微服务关闭，当商品微服务再次进行访问会出现什么结果呢？如图 6-13 所示。

这个结果不是我们想要的。不过细想一下，出现这个结果也是正常的。还记得我们为商品微服务中实现 UserService 的降级处理是如何实现的吗？这些代码都是在商品微服务服务器中，并不是在 Zuul 路由服务器中，所以不可能会有服务降级处理的功能。那么，我们如何为 Zuul 实现容错与回退呢？

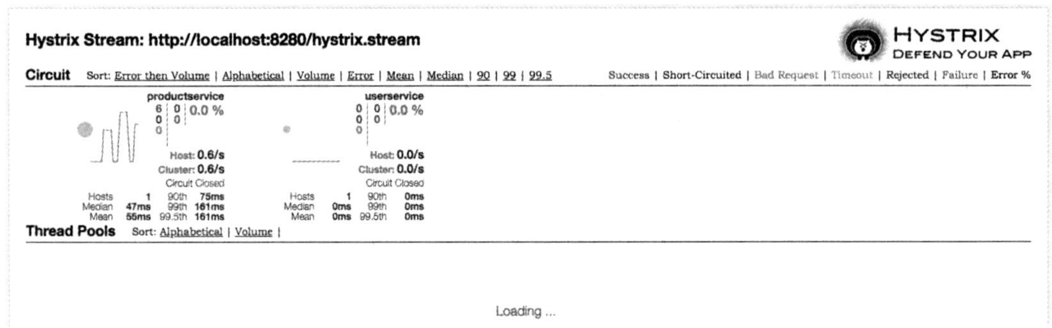

图 6-12　Zuul 与 Hystrix 监控的集成

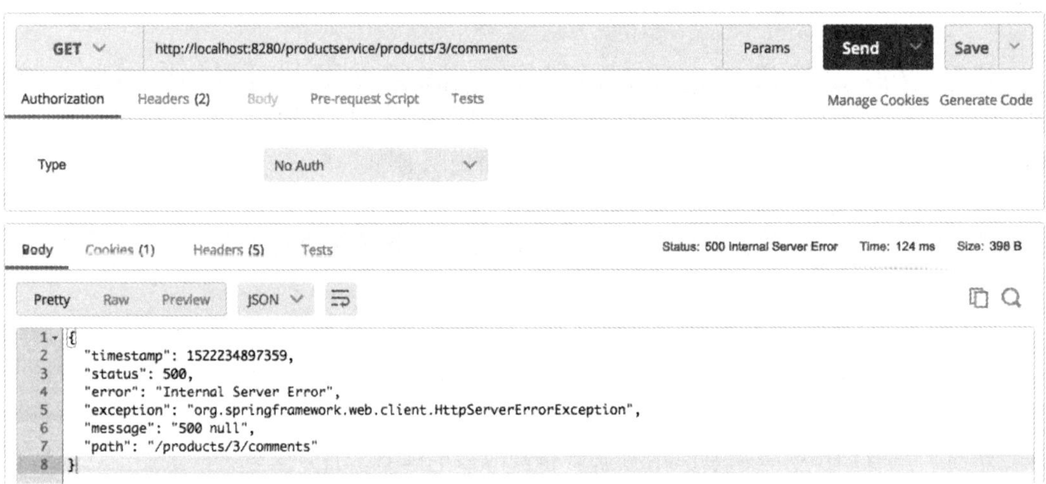

图 6-13　用户微服务降级失败

6.6.1　实现 Zuul 的回退

Zuul 提供了一个 ZuulFallbackProvider 接口，通过实现该接口就可以为 Zuul 实现回退功能。接下来让我们改造之前的 Zuul 路由服务器，实现相应的服务降级处理功能。代码如下：

```
package com.cd826dong.clouddemo.zuul.fallback;
import …
@Component
public class UserServiceFallbackProvider implements ZuulFallbackProvider {
    @Override
```

```
    public String getRoute() {
        // 注意：这里是 route 的名称，而不是服务的名称
        // 如果这里写成大写 USERSERVICE，则将无法起到回退作用
        return "userservice";
    }
    @Override
    public ClientHttpResponse fallbackResponse() {
        // 创建一个 Fallback 响应
        return new ClientHttpResponse() {
            // 实现响应的状态、状态码的定义
            @Override
            public HttpStatus getStatusCode() throws IOException {
                return HttpStatus.OK;
            }
            @Override
            public int getRawStatusCode() throws IOException {
                return 200;
            }
            @Override
            public String getStatusText() throws IOException {
                return "OK";
            }
            @Override
            public void close() {
            }
            // 针对回退，构建了一个 Fake 用户信息
            @Override
            public InputStream getBody() throws IOException {
                String mockUserJson = "{\n" +
                    "  \"id\": -3,\n" +
                    "  \"nickname\": \"fakeUser\",\n" +
                    "  \"avatar\": \"/users/avatar/user.png\"\n" +
                    "}";
                return new ByteArrayInputStream(mockUserJson.getBytes());
            }
            @Override
            public HttpHeaders getHeaders() {
                // 需要将返回的格式设置为 JSON
                HttpHeaders headers = new HttpHeaders();
                headers.setContentType(MediaType.APPLICATION_JSON_UTF8);
                return headers;
            }
        };
    }
}
```

针对上面的代码需要说明的是：

- getRoute()方法返回的是要为哪个微服务提供回退功能。这里需要注意其返回的值是 route 的名称，而不是微服务的名称，所以不能写为 USERSERVICE，否则该回退将不起作用。
- fallbackResponse()方法返回 ClientHttpResponse 对象，作为我们的回退响应。这里实现非常简单，仅仅是返回一个假的用户对象。

接下来我们重启 Zuul-Server，再重复上面的实验，在 Postman 访问界面中将看到如图 6-14 所示的界面。

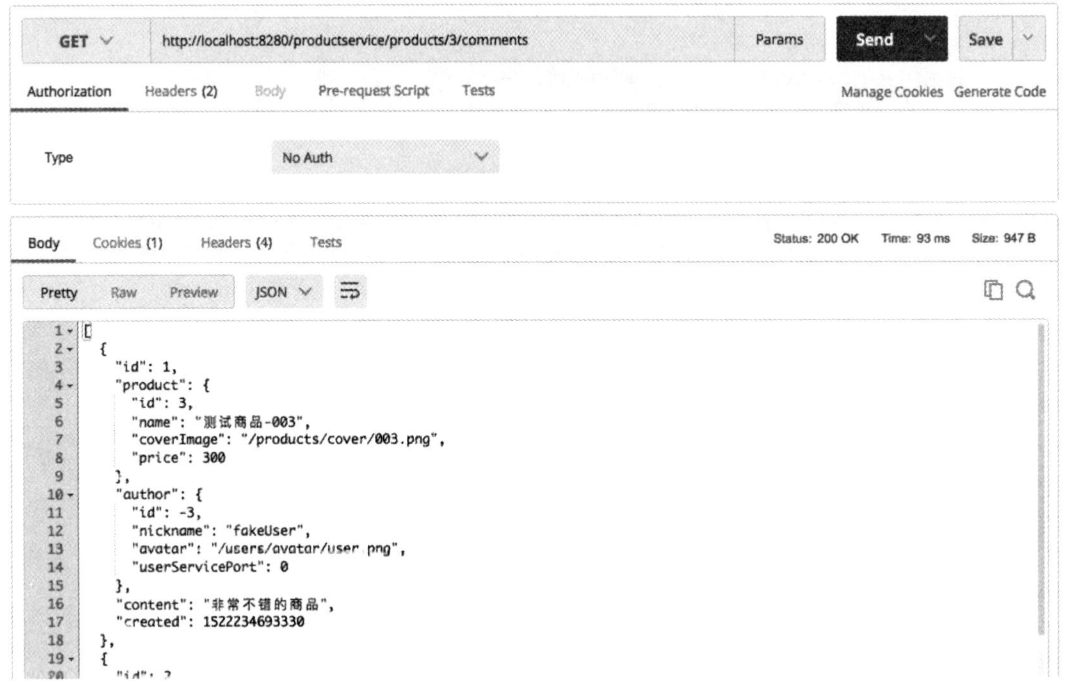

图 6-14 在 Zuul 中实现用户微服务降级

说明回退方法已经起作用了。如果没有起作用，可以仔细检查一下 getRoute()方法的返回是否正确。

6.6.2 服务超时

当 Zuul 路由服务将客户端请求转发到具体服务时，Zuul 会使用 HystrixCommand 来包装这些执行过程，所以之前我们在 Hystrix 章节中所讲到的配置及服务容错机制，对于 Zuul 的请求执行都是适用的，也会影响到 API 服务网关的行为。也就是说，在默认情况下，当 Zuul 请求执行一个服务时间超过 1 秒时，则会中断执行并返回一个 500 的错误，也就是之前测试的结果。通过 Hystrix 章节可知，我们可以通过 hystrix.command.default.execution.isolation.thread.timeoutInMilliseconds 属性重新设置这个值。比如，在 Zuul 路由服务器的配置中将这个值设置为 3 秒：

```
// 这里省略了其他配置
……
hystrix.command.default.execution.isolation.thread.timeoutIn
Milliseconds=3000
```

也可以针对某一个服务独立设置，比如将用户服务设置为 5 秒，而其他服务执行超时时间不变，那么配置文件如下：

```
// 这里省略了其他配置
……
// 将 default 替换为特定的服务：userservice
hystrix.command.userservice.execution.isolation.thread.timeoutIn
Milliseconds=5000
```

另外，Ribbon 在服务执行时也有一个超时时间配置，默认为 5 秒钟，也就是说当一个服务执行时间超过了 5 秒，那么也会被中断并返回 500 的错误。同样我们可以通过 servicename.ribbon.ReadTimeout 属性设置最大超时时间。比如，将用户服务的最大执行时间设置为 8 秒钟：

```
// 这里省略了其他配置
……
//需要同时设置 Hystrix 和 Ribbon
hystrix.command.userservice.execution.isolation.thread.timeoutIn
Milliseconds=8000
userservice.ribbon.ReadTimeout=8000
```

需要强调的一点是这里需要同时设置 Hytrix 和 Ribbon 的值，只设置其中一个是不行的。此外，如果某项服务需要 8 秒时间来执行，那么应该重新审视一下该业务的设计。

6.7　Zuul 过滤器

Zuul 其实包含了两个功能：路由和过滤器。路由的功能是负责将外部请求转发到具体的微服务实例上，过滤器的功能则是负责对请求的处理过程进行干预，是实现请求校验。实际上，Zuul 路由映射和请求转发这些功能都是由几个不同的过滤器组合完成的，所以说 Zuul 的过滤器才是核心所在。在详细解释 Zuul 过滤器功能之前，先来看看大家都熟悉的面向切面编程。

面向切面编程（Aspect Oriented Program，AOP），有别于面向对象编程，面向对象编程是通过继承、多态和封装，将功能封装成不同的类，让不同的类承担不同的职责，使代码的复杂度降低，代码也更易于重用，但随着面向对象编程的使用，代码的重复也很难避免。比如，开发者在功能开发中经常需要进行处理的就是日志，如果按照面向对象的方式，在不同的类中都需要这些日志代码，这些代码基本上完全相同，但无法进行统一存放。

针对这种开发上的需求，出现了面向切面编程的概念，将这些共同的代码独立提取出来（比如日志代码），就称之为切面。然后在运行时，动态地将切面代码切入到类的指定位置，这些位置则称为切入点。这样在不改变原来代码的基础上完成代码行为的改造，避免了这些共同功能对业务代码功能的侵入。如果说面向对象是从横向上进行区分形成一个个类，那么面向切面编程则是从纵向上进行区分形成一个个通用功能（切面），最后通过运行时的动态机制完成功能整合。

同样对于 API 网关，开发者希望可以为服务请求的执行统一提供安全管控、日志、监控等处理，所以从概念上类似于面向切面编程。Spring 等所提供的面向切面编程是对某项具体服务的处理，而 Zuul 的过滤器则是在微服务之间实现切面的处理。Zuul 允许开发者实现自定义功能的过滤器，然后将过滤器注册到 Zuul 的服务网关来实现相应的功能或控制。在自定义实现的过滤器中，可以针对客户端的服务请求实现一系列的业务逻辑处理。

下面让我们来具体了解一下 Zuul 过滤器。

6.7.1　过滤器特性

当我们要实现一个 Zuul 过滤器时需要继承 ZuulFilter，来看一下 ZuulFilter 的源码：

```
public abstract class ZuulFilter implements IZuulFilter,
    Comparable<ZuulFilter> {
    //返回过滤器类型：pre|route|post 等
    abstract public String filterType();
    //返回过滤器执行顺序号，不需要是连续的
    abstract public int filterOrder();
}
// zuul 过滤器接口定义
public interface IZuulFilter {
    /**
     * 如果返回 true，那么 run()将被执行。如果返回 false 则不执行 run()方法
     * @return true/false
     */
    boolean shouldFilter();
    /**
     * 假如 shouldFilter()返回 true，那么该方法将被执行
     * @return 可返回任意对象，当前实现中忽略该返回值
     */
    Object run();
}
```

上面的代码只列出了核心部分，从源码中可以看到 Zuul 过滤器的关键特性有以下几点。

- Type：定义在请求执行过程中何时被执行；
- Execution Order：当存在多个过滤器时，用来指示执行的顺序，值越小就越早执行；
- Criteria：执行的条件，即该过滤器何时被触发；
- Action：该过滤器具体要执行的动作。

对应上面的 Zuul 过滤器特性和源码，在实现一个自定义过滤器时需要实现的方法有以下几点：

- filterType()方法返回过滤器的类型；
- filterOrder()方法返回过滤器的执行顺序；
- shouldFilter()方法判断是否需要执行该过滤器；
- run()方法是该过滤器所要执行的具体过滤动作。

6.7.2　过滤器类型及生命周期

在 Zuul 中定义了 4 种标准的过滤器类型，这些过滤器类型对应于一个服务请求的典型生命周期。

- PRE 过滤器：在请求被路由之前调用，可用来实现身份验证、在集群中选择请求的微服务、记录调试信息等。
- ROUTING 过滤器：在调用目标服务之前被调用，通常可以用来处理一些动态路由。比如，A/B 测试，在这里可以随机让部分用户访问指定版本的服务，然后通过用户体验数据的采集和分析来决定哪个版本更好。另外，还可以结合 PRE 过滤器实现不同版本服务之间的处理。
- POST 过滤器：在目标微服务执行以后，所返回的结果在送回给客户端时被调用，我们可以利用该过滤器实现为响应添加标准的 HTTP Header、数据采集、统计信息和指标、审计日志处理等。
- ERROR 过滤器：该过滤器在处理请求过程中发生错误时被调用，可以使用该过滤器实现对异常、错误的统一处理，从而为客户端调用显示更加友好的界面。

除了上面给出的 4 种默认的过滤器类型之外，Zuul 还允许我们创建自定义的过滤器类型。例如，可以定制一种 STATIC 类型的过滤器，直接在 Zuul 中生成响应，而不将请求转发到后端的微服务上。

下面通过图 6-15 来了解过滤器的整个执行过程。

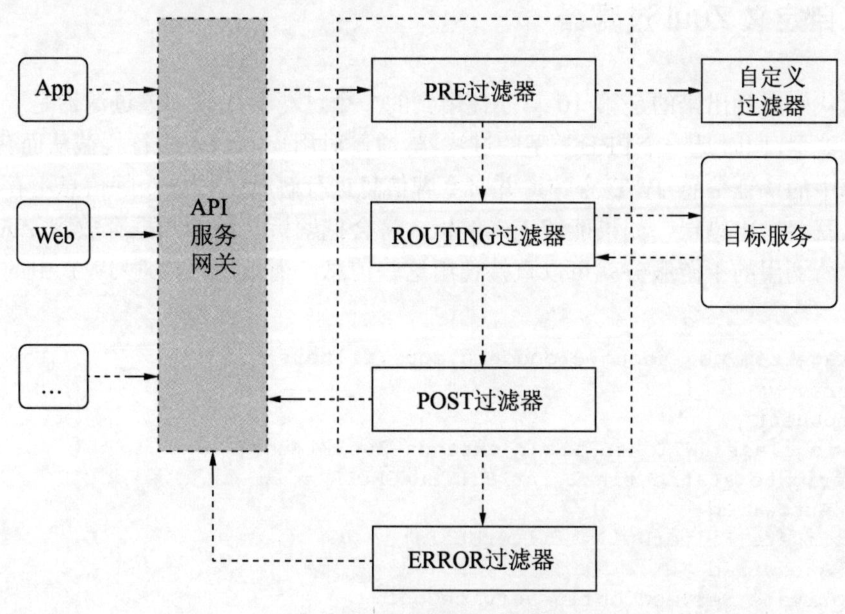

图 6-15　Zuul 过滤器的声明周期

沿着图 6-5 中的执行顺序，来讲解一下 Zuul 服务网关在一个客户端服务请求整个生命周期中每一个步骤所起到的作用。

（1）对于任何注册到 Zuul 服务网关中的 PRE 过滤器，在请求被路由之前，该类型的过滤器可以对请求进行监控或修改，但是不可以将服务请求重新定位到不同的服务中。

（2）当 Zuul 执行了 PRE 类型的过滤器之后，服务请求就会被转发到 ROUTING 过滤器中执行，而 ROUTING 类型的过滤器执行时可以将服务请求根据需要分发到不同的服务实例中执行。这个也是之前所讲到的，可以利用 ROUTING 过滤器实现 A/B 测试等功能。但需要注意的是，虽然 ROUTING 类型的过滤器可以改变 Zuul 配置中所要分发到的服务实例，但是不能执行 HTTP 的重定位。

（3）根据 ROUTING 过滤器处理的结果执行具体的服务处理，如果 ROUTING 过滤器改写了所要执行的服务，那么将会按照 ROUTING 过滤器的结果调用相应的服务进行处理，否则 Zuul 服务网关将调起默认的服务实例。

（4）当目标服务执行后，Zuul 服务网关将转回执行所注册的 POST 过滤器，在该过滤器中，我们对返回给客户端的结果进行最后的处理，也可以增加通用的一些用户行为采集、审计日志等功能。

（5）一旦在整个处理过程中出现了错误，那么就会转入 ERROR 过滤器中执行，在这里可以对异常、错误进行统一处理，并返回更加友好的信息给客户端调用者。

接下来将会构建一个完整的过滤器应用示例，对以上几种过滤器类型及所能实现的功能进行更加深入的了解。

6.7.3　自定义 Zuul 过滤器

下面代码所列出来的是第 10 章才使用到的一个过滤器代码，该过滤器是一个用户认证校验过滤器，同时是一个 PRE 类型的过滤器，通过对用户的请求进行拦截从而获取 HTTP 请求头部中的认证信息 JWT 令牌，并对令牌信息进行解析。如果令牌信息不存在或不正确，那么就会抛出错误，如果能够正确解析，将会把解析之后的数据存放到 Zuul 请求的头部中，所调用的下游服务就可以直接使用这些信息，而不用再次对 JWT 中的信息进行解析。

```
package com.cd826dong.clouddemo.zuul.filters;
import ……
@Component
public class JWTTokenFilter extends ZuulFilter{
    private static final int FILTER_ORDER = 1;
    @Autowired
    private FilterUtils filterUtils;
    @Autowired
    private ServiceConfig serviceConfig;
    // 过滤器类型：pre
```

```
    @Override
    public String filterType() {
        return FilterUtils.PRE_FILTER_TYPE;
    }
    // 过滤器顺序：1
    @Override
    public int filterOrder() {
    return FILTER_ORDER;
    }
    // 始终对请求进行过滤
    @Override
    public boolean shouldFilter() {
        return true;
    }
    public Object run() {
        // 在这里实现对 JWT 令牌的校验处理
        this.parseJWTToken();
        return null;
    }
    // 具体的 JWT Token 解析及校验处理
    private void parseJWTToken(){
        if (null == filterUtils.getAuthToken())
            return;
        String authToken = filterUtils.getAuthToken().replace("bearer ","");
        try {
            Claims claims = Jwts.parser()
                .setSigningKey(serviceConfig.getJwtSigningKey()
                .getBytes("UTF-8"))
                .parseClaimsJws(authToken).getBody();
            // 对 JWT 中包含的信息进行解析，并存放到 Zuul 过滤器头部中，供后续服务使用
            filterUtils.setShopId((String) claims.get("shopId"));
            filterUtils.setUserId((String) claims.get("user_name"));
        } catch (Exception e) {
            e.printStackTrace();
        }
    }
}
```

如果上面的代码读者看不懂也没有关系，在后续的章节中还会进行详细讲解，这里只是让读者体验一下如何实现 Zuul 过滤器。

6.7.4 禁用 Zuul 过滤器

在配置文件中只需要按照如下格式就可以配置所需要禁用的过滤器：

```
zuul.[filter-name].[filter-type].disable=true
```

比如，下面配置将禁用 FormBodyWrapperFilter 中的 PRE 过滤器：

```
zuul.FormBodyWrapperFilter.pre.disable=true
```

6.7.5　关于 Error 过滤器的一点补充

如果在 Zuul 执行过程中抛出异常的话，那么 Error 过滤器就会被执行。而 Zuul 内部所定义的 SendErrorFilter 只有在 RequestContext.getThrowable()不为空的时候才会执行，它将错误信息设置到请求的 javax.servlet.error.*属性中，并转发 Spring Boot 的错误页面进行处理。

为了能够更好地对异常进行处理，来看一下 Zuul 过滤器功能实现的具体类 ZuulServlet Filter，其核心代码如下：

```
@Override
public void doFilter(ServletRequest servletRequest,
    ServletResponse servletResponse, FilterChain filterChain)
    throws IOException, ServletException {
    try {
        init((HttpServletRequest) servletRequest,
            (HttpServletResponse) servletResponse);
        try {
            preRouting();
        } catch (ZuulException e) {
            // 对于 PRE 类型的路由出错后会被 error 捕捉，并执行 POST 路由处理
            error(e);
            postRouting();
            return;
        }
        // 只有当前响应还没有返回时才可以继续执行
        if (!RequestContext.getCurrentContext().sendZuulResponse()) {
            filterChain.doFilter(servletRequest, servletResponse);
            return;
        }
        try {
            routing();
        } catch (ZuulException e) {
            // 对于 ROUTING 类型的路由出错后会被 Error 捕捉，并执行 POST 路由处理
            error(e);
            postRouting();
            return;
        }
        try {
            postRouting();
        } catch (ZuulException e) {
            // POST 类型的路由出错后只会被 error 捕捉
            error(e);
            return;
        }
    } catch (Throwable e) {
```

```
        error(new ZuulException(e,500,"UNCAUGHT_EXCEPTION_FROM_FILTER_" +
            e.getClass().getName()));
    } finally {
        RequestContext.getCurrentContext().unset();
    }
}
```

从以上代码中可以看出，error()方法可以在所有阶段捕获异常后执行，但如果是在 post 阶段中出现的异常被 error()方法处理后，则不再继续回到 post 阶段执行了，而其他阶段则是在 error()方法处理后转入到 post 阶段继续进行处理。也就是说我们的代码需要保证在 post 阶段不再有异常抛出，因为一旦有异常后就会造成该过滤器后面其他的 post 过滤器将不再被执行。

基于 Zuul 过滤器执行的逻辑，可以很方便地添加一个全局异常处理。添加的方法是：新增一个类型为 Error 的过滤器，在该过滤器中将错误信息写入 RequestContext 中，这样 SendErrorFilter 就可以获取该错误信息，并转发到 Spring Boot 中进行通用的错误处理。新建的 Error 类型的过滤器代码如下：

```
public class GlobalErrorFilter extends ZuulFilter {
    @Override
    public String filterType() {
        // 类型为：Error
        return ERROR_TYPE;
    }
    @Override
    public int filterOrder() {
        // 执行的顺序设置为 10
        return 10;
    }
    @Override
    public boolean shouldFilter() {
        // 默认对所有的请求都执行该过滤器
        return true;
    }
    @Override
    public Object run() {
        // 这里处理的核心就是将错误信息设置到 RequestContext 中
        RequestContext context = RequestContext.getCurrentContext();
        Throwable throwable = context.getThrowable();
        this.logger.error("[ErrorFilter] error message: {}",
            throwable.getCause().getMessage());
        // 将捕捉的错误设置到 context 中
        context.set("error.status_code",
            HttpServletResponse.SC_INTERNAL_SERVER_ERROR);
        context.set("error.exception", throwable.getCause());
        return null;
    }
}
```

6.8　@EnableZuulServer 与@EnableZuulProxy 比较

前面在构建 Zuul 路由服务器时提到，Zuul 为开发者提供了两个注解：@EnableZuulServer 和@EnableZuulProxy，那么这两个注解有何区别呢？简单来说@EnableZuulProxy 注解包含@EnableZuulServer 的所有功能，并且还加入了@EnableCircuitBreaker 和@EnableDiscoveryClient。当我们需要运行一个没有代理功能的 Zuul 服务，或者需要有选择地开/关部分代理功能时，需要使用 @EnableZuulServer 替代 @EnableZuulProxy。这时开发者添加的任何 ZuulFilter 类型实体类都会被自动加载，这和使用@EnableZuulProxy 是一样的，但@EnableZuulProxy 不会自动加载任何代理过滤器。

下面分别来看看@EnableZuulServer 注解和@EnableZuulProxy 注解在启动时加载了哪些过滤器。

6.8.1　EnableZuulServer 注解的过滤器

当我们使用@EnableZuulServer 注解时，默认所加载的过滤器有以下几个。

1．PRE类型过滤器

- ServletDetectionFilter：该过滤器是最先被执行的。其主要用来检查当前请求是通过 Spring 的 DispatcherServlet 处理运行的，还是通过 ZuulServlet 来处理运行的？判断结果会保存在 isDispatcherServletRequest 中，值类型为布尔型。
- FormBodyWrapperFilter：该过滤器的目的是将符合要求的请求体包装成 FormBodyRequestWrapper 对象，以供后续处理使用。
- DebugFilter：当请求参数中设置了 debug 参数时，该过滤器将当前请求上下文中的 debugRouting 和 debugRequest 设置为 true，这样后续的过滤器可以根据这两个参数信息定义一些 debug 信息，当生产环境出现问题时，可以通过增加该参数让后台打印出 debug 信息，以帮助开发者进行问题分析。对于请求中的 debug 参数的名称，可以通过 zuul.debug.parameter 属性进行自定义。

2．ROUTE类型过滤器

- SendForwardFilter：该过滤器只对请求上下文中存在 forward.to (FilterConstants.FORWARD_TO_KEY)参数的请求进行处理，即处理之前我们路由规则中 forward 的本地跳转。

3. POST类型过滤器

- SendResponseFilter：该过滤器是对代理请求所返回的响应进行封装，然后作为本次请求的响应发送给请求者。

4. Error类型过滤器

- SendErrorFilter：该过滤器判断当前请求上下文中是否有异常信息，判断的标准是 RequestContext.getThrowable()是否不为空，如果有，则转发到 Spring Boot 默认的错误页面：/error，也可以通过设置 error.path 来自定义错误页面。

6.8.2 EnableZuulProxy 注解的过滤器

@EnableZuulProxy 则在@EnableZuulServer 的基础上增加了以下过滤器。

1. PRE类型过滤器

- PreDecorationFilter：该过滤器根据提供的 RouteLocator 确定路由到的地址，以及怎样去路由。该路由器也可为后端请求设置各种代理相关的 header。

2. ROUTE类型过滤器

- RibbonRoutingFilter：该过滤器会针对上下文中存在 serviceId（可通过 RequestContext.getCurrentContext().get("serviceId")获取）的请求进行处理，使用 Ribbon、Hystrix 和可插拔的 HTTP 客户端发送请求，并将服务实例的请求结果返回。也就是之前所说的只有当我们使用 serviceId 配置路由规则时 Ribbon 和 Hystrix 方才生效。
- SimpleHostRoutingFilter：该过滤器检测到 routeHost 参数（可通过 RequestContext.getRouteHost()获取）设置时，则会通过 Apache HttpClient 向指定的 URL 发送请求。此时，该请求不会使用 HystrixCommand 进行包装，所以这类请求也就没有线程隔离和服务容错保护功能。

第7章　统一配置中心——Config

对于配置的重要性大家应该都明白。在普通的单体应用中，我们常使用配置文件（application(*).properties 或 yml）管理应用的所有配置。这些配置文件在单体应用中完全可以胜任其角色，并没有让我们感觉到有不适合的地方。但随着微服务框架的引入，微服务数量会在产品中不断增加，以前我们重点考虑的是系统的可伸缩性和可扩展性，但相应的配置管理问题就会一一暴露出来。起初微服务器各自管各自的配置，在开发阶段，这样做并没有什么问题，但到了生产阶段管理起来就会很困难，尤其要大规模更新某项配置，难度可想而知。因此，要做好微服务的配置管理，则需要处理好以下几个问题：

- 在微服务架构中配置数据与服务实例不要在同一个地方，最好各自独立分开。当微服务部署时也不应该包含这些配置数据，而是当微服务启动时从一个集中的配置源中进行读取。
- 解决非侵入式配置数据的织入。在每个微服务中不希望通过硬编码的方式从某个配置文件、原程仓库或者数据中读取配置数据，而是最好通过一种更通用的方式让微服务可以快速加载这些配置资源。
- 在实施微服务的时候，微服务少则十几个，多则成百上千个，如果还是通过手工的方式对这些配置文件进行管理，我想你会有一种掉入配置“地狱”中的感觉。此时，虽然我们依然希望微服务是分布式的，但其对于配置文件的管理最好是集中式的。通过对配置文件的集中式管理，可以非常方便地对微服务的配置进行统一修改和发布，并能够建立版本机制，以便后续进行配置数据的回溯。
- 当采用集中式的配置后，如何能够保障配置服务的高可用性也是一个非常重要的考量因素，否则一旦配置服务不可用，就会造成整个服务的“雪崩”效应。

7.1　Spring Cloud Config 简介

基于前面所讲述的原因，在分布式系统中，Spring Cloud 提供了一个 Config 子项目。该项目的核心就是配置中心，通过一个服务端和多个客户端实现配置服务。开发者可使用配置服务器集中地管理所有服务的各种环境配置文件。配置服务中心默认采用 Git 的方式进行存储，因此较容易部署和修改，并可以对环境配置进行版本管理。

Spring Cloud Config 具有中心化、版本控制、支持动态更新和语言独立等特性。对比其他配置框架，其具有以下优势：

- 提供配置服务器（Config Server）和配置客户端（Config Client）两种角色，便于部署和使用，使开发者可以集中式管理分布式环境下的应用配置。
- 配置服务器集中对配置资源进行管理，并支持多种配置资源存储方式，如 Git、SVN 及文件系统。
- 通过对 Git、SVN 库的支持，便于对配置文件进行版本管理，后续可以对配置文件的变更做审查。
- 基于 Spring 环境，与 Spring Boot 深度整合，在应用中通过几个简单的注解就可以实现配置的统一管理，而不需要过多的投入。
- Spring Cloud Config 提供与 Spring Boot 配置类似的机制，可以非常容易地实现对应用开发环境、测试环境、仿真环境和生产环境的配置、切换和迁移等处理。
- 配置服务器可以方便地与 Eureka 和 Consul 等进行整合，快速构建一个高可用的配置服务。
- 配置服务器也可用于其他语言开发的服务中。

当在应用中引入了 Spring Cloud Config 之后，系统结构图如图 7-1 所示。

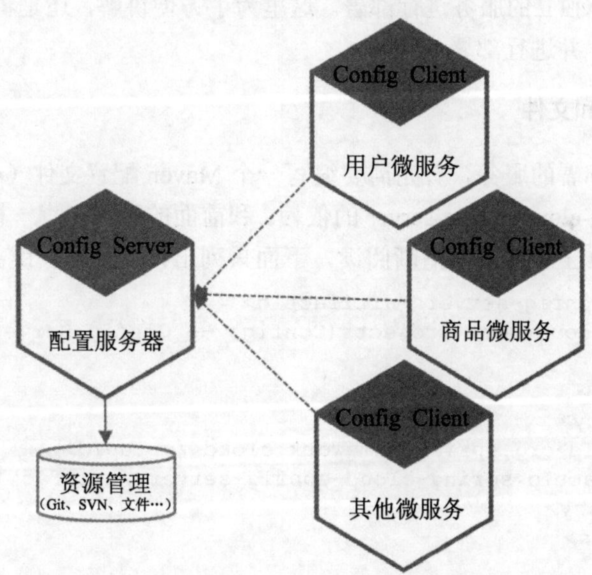

图 7-1　引入 Spring Cloud Config 后的系统结构图

从图 7-1 中可以看出，Spring Cloud Config 有两个角色（类似 Eureka）: Server 和 Client。Server 作为配置中心的服务端承担如下作用：

- 当配置客户端获取配置时，服务端及时从 Git 仓库中获取配置副本，从而保证配置数据为最新。
- 支持从 yml、json、properties 等文件加载配置；
- 配合 Eureke 可实现服务发现，配合 Cloud Bus（后面会详细介绍）可实现配置推送更新。

- 默认配置存储基于 Git 仓库（可以切换为 SVN），从而支持配置的版本管理。

对于 Client，即各个微服务，使用则非常方便，只需要在引导配置文件（bootstrap.properties 或 bootstrap.yml）中声明所使用的配置服务器地址即可。

7.2　快速启动

本节将在前几章的工程基础上进行快速改造，将引入一个新的配置服务器，并将 ProductService 和 UserService 微服务中的配置统一存放到 Git 仓库中，最后对这两个微服务进行改造，升级为配置客户端，从而实现配置的统一管理。

7.2.1　构建配置服务器

配置服务器是一个标准的 Spring Boot 应用，其可以嵌入在其他服务中以提供配置服务，可以不作为一个独立的服务进行部署。这里为了方便讲解，还是将配置服务器独立成一个单独的服务器，并进行部署。

1．编写pom.xml文件

对于一个单独部署的服务，首先需要编写一个 Maven 配置文件（pom.xml），在配置文件中加入对 spring-cloud-config-server 的依赖。和前面的示例工程一样，pom.xml 文件也将继承之前的 Parent 工程，为了清晰阅读，下面只列出该文件的关键部分代码：

```
<artifactId>config-server</artifactId>
<name>SpringCloud Demo Projects(Config) -- Config Server</name>

<dependencies>
    <dependency>
        <groupId>org.springframework.cloud</groupId>
        <artifactId>spring-cloud-config-server</artifactId>
    </dependency>
</dependencies>
```

2．编写启动类（Application）

在 Application 类的注解中增加@EnableConfigServer 注解，用以启动配置服务。

```
// 最重要的就是增加该注解，启动配置服务
@EnableConfigServer
@SpringBootApplication
public class Application {
    public static void main(String[] args) {
        SpringApplication.run(Application.class, args);
    }
}
```

3. 编写配置文件（application.properties）

```
server.port=8888

spring.application.name=config-server

spring.cloud.config.server.git.uri=https://github.com/cd826/Springcloud
SamplesConfig
spring.cloud.config.server.git.username=your git username
spring.cloud.config.server.git.password=your git password
```

这里将配置服务器端口定为 8888，服务器名称设置为 config-server。然后是配置仓库地址 https://github.com/cd826/SpringcloudSamplesConfig，及访问该仓库的用户名和密码。这个配置仓库是在 GitHub 上创建的一个 Git 仓库，是真实可用的。

7.2.2 创建应用配置文件

在 Git 仓库中按照如图 7-2 所示的文件结构来构建配置文件，这些配置文件分别对应 ProductService 和 UserService 微服务所需要的配置。各配置文件的配置内容分别如下：

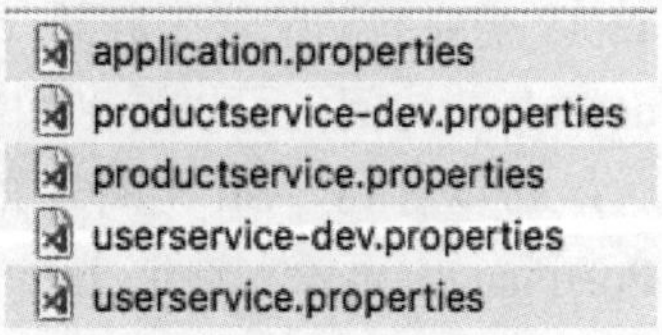

application.properties
productservice-dev.properties
productservice.properties
userservice-dev.properties
userservice.properties

图 7-2　配置文件目录结构

application.properties 文件如下：

```
# 默认日志级别
logging.level.org.springframework=INFO

# JPA 相关配置
spring.jpa.open-in-view=true
spring.jpa.hibernate.ddl-auto=none
spring.jpa.show-sql=false
spring.jpa.properties.hibernate.physical_naming_strategy=com.cd826dong.
springcloud.util.HibernatePhysicalNamingNamingStrategy
```

productservice.properties 文件如下：

```
eureka.client.service-url.defaultZone=http://localhost:8260/eureka

# ProductService 的日志级别配置
logging.level.org.springframework=INFO
logging.level.com.cd826dong=INFO

# 正式环境所使用 MySQL 数据库配置
spring.jpa.properties.hibernate.connection.charSet=UTF-8
spring.jpa.hibernate.dialect=org.hibernate.dialect.MySQL5InnoDBDialect
spring.datasource.driverClassName=com.mysql.cj.jdbc.Driver
spring.datasource.url=jdbc:mysql://localhost:3306/spring-product?useUni
code=true&autoReconnect=true&rewriteBatchedStatements=TRUE&zeroDateTime
Behavior=convertToNull
spring.datasource.username=springdb
spring.datasource.password=2qH68gs!296m
```

```
# 其他属性值配置
foo=I'm default value
```

productservice-dev.properties 文件如下：

```
# dev 环境下日志级别
logging.level.com.cd826dong=DEBUG

# dev 环境下将使用 H2 数据库
spring.jpa.database=H2
spring.datasource.driverClassName=org.h2.Driver
spring.datasource.url=jdbc\:h2\:mem\:testdb;DB_CLOSE_DELAY=-1;
spring.datasource.username=sa
spring.datasource.password=

# 覆盖默认的属性值配置
foo=I'm development value
```

对于 userservice.properties 和 userservice-dev.properties 配置文件的内容，这里就不单独列出来了。下面使用 Postman 测试一下配置服务器是否可以正确读取到所配置的数据。首先，需要启动配置服务器；然后，在 Postman 中输入地址 http://localhost:8888/productservice/default 并访问，可以看到如图 7-3 所示的界面。

可以看到，Git 仓库中的配置文件已经能够被配置服务器正确读取到了。接下来，在 Postman 中再输入地址 http://localhost:8888/productservice/dev 并访问，可以看到如图 7-4 所示的界面。

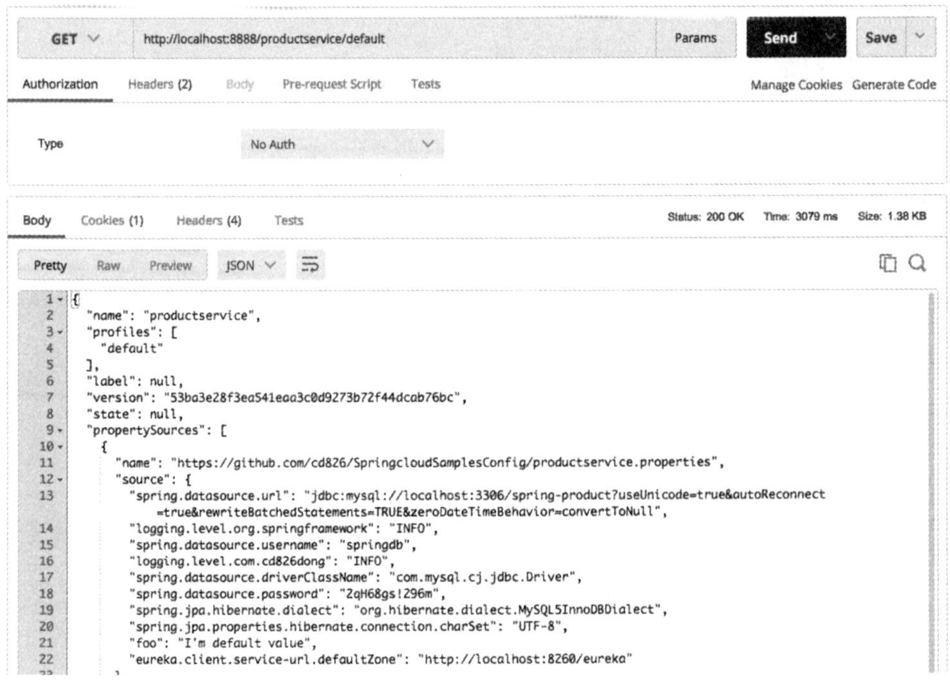

图 7-3 访问 ProductService 的默认配置文件

这说明我们所配置的 productservice-dev 配置文件也可以被访问到。细心的读者可能已经注意到，在图 7-4 所示的截图中返回的配置数据其实包含了 3 个部分：application.properties、productservice.properties 和 productservice-dev.properties 配置文件中的配置数据，这个和我们在开发 Spring 项目时配置文件的使用逻辑是一致的。

注意： 如果读者使用的是自己的 Git 仓库，那么修改完配置文件后记得要提交，否则配置服务器将无法获取到这些配置数据。

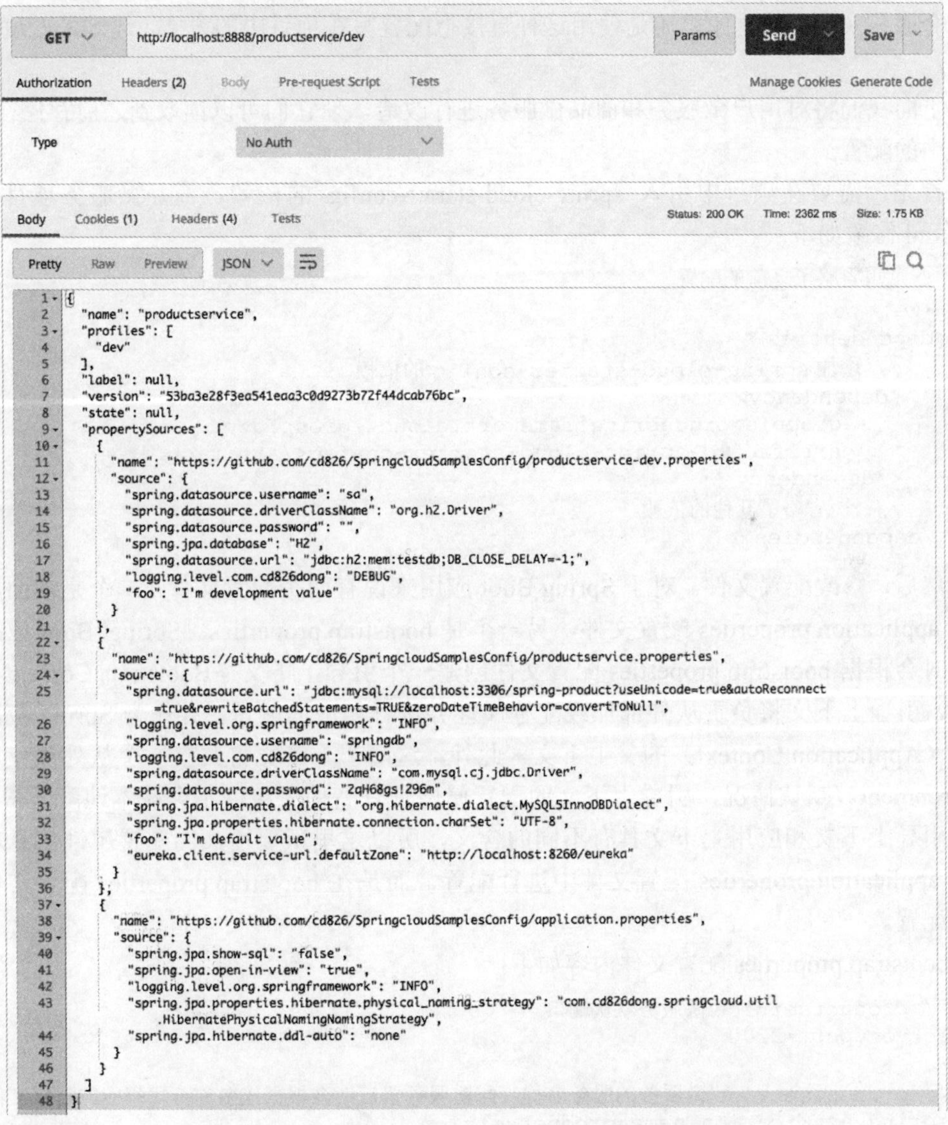

图 7-4　访问 ProductService 的 dev 配置文件

7.2.3　升级微服务配置

对于前面我们所构建的用户微服务和商品微服务，配置文件都是写在项目的 application.properties 中，如之前所说，对于少量的微服务这样做是没有问题的，想象一下，假如把整个电子商城系统搭建起来之后，可能会有订单服务、促销服务、秒杀服务、图片服务、支付服务、注册服务、信息服务等几十个甚至上百个微服务，每个微服务可能会有数十个服务实例，此时如果还是使用这种直接把配置写在项目中的方式，运维的难度可想而知。

下面我们将对用户微服务和商品微服务进行改造，使它们可以读取到之前存储在 Git 仓库中的配置。

首先，需要在项目中引入 spring-cloud-starter-config 的依赖，商品微服务项目中的 pom.xml 修改如下：

```
// 这里省略了之前的配置
……
<dependencies>
    // 增加 spring-cloud-starter-config 的依赖
    <dependency>
        <groupId>org.springframework.cloud</groupId>
        <artifactId>spring-cloud-starter-config</artifactId>
    </dependency>
    //……省略了其他的依赖
</dependencies>
```

然后，修改配置文件。对于 Spring Boot 应用来说有两个配置文件，一个是前面所使用的 application.properties 配置文件，另一个是 bootstrap.properties。Spring Boot 应用在启动时会根据 bootstrap.properties 配置文件创建一个引导上下文（Bootstrap Context）的文件，引导上下文将负责从外部加载配置属性并进行相应的解析，并作为 Spring 应用上下文（Application Context）的父上下文。此外，这两个上下文将共享一个从外部获取的 Environment。默认情况，引导上下文的配置属性具有高优先级，不会被本地配置覆盖。由于引导上下文和应用上下文具有不同的含义，所以这里所要增加的配置属性信息就不是在 application.properties 配置文件中进行配置，而是在 bootstrap.properties 配置文件中进行配置。

bootstrap.properties 配置文件内容如下：

```
// productservice 微服务默认端口
server.port=2200

// productservice 微服务的服务名称，配置服务器后续会根据该名称查找相应的配置文件
spring.application.name=productservice

// 配置服务器地址及所启用的 profile
```

```
spring.cloud.config.profile=dev
spring.cloud.config.uri=http://localhost:8888/
```

application.properties 配置文件的精简部分如下:

```
// 仅保留一个日志默认级别，其实也可以不配置该文件
logging.level.org.springframework=INFO
```

7.2.4　启动测试

打包编译后，我们按照顺序启动 EurekaServer、ConfigServer、UserService 和 ProductService（还需要重复说明的一点是确认你已经将配置文件提交到所配置的 Git 仓库中），并使用 Postman 访问 http://localhost:2200/products/3/comments，可以看到如图 7-5 所示的界面。

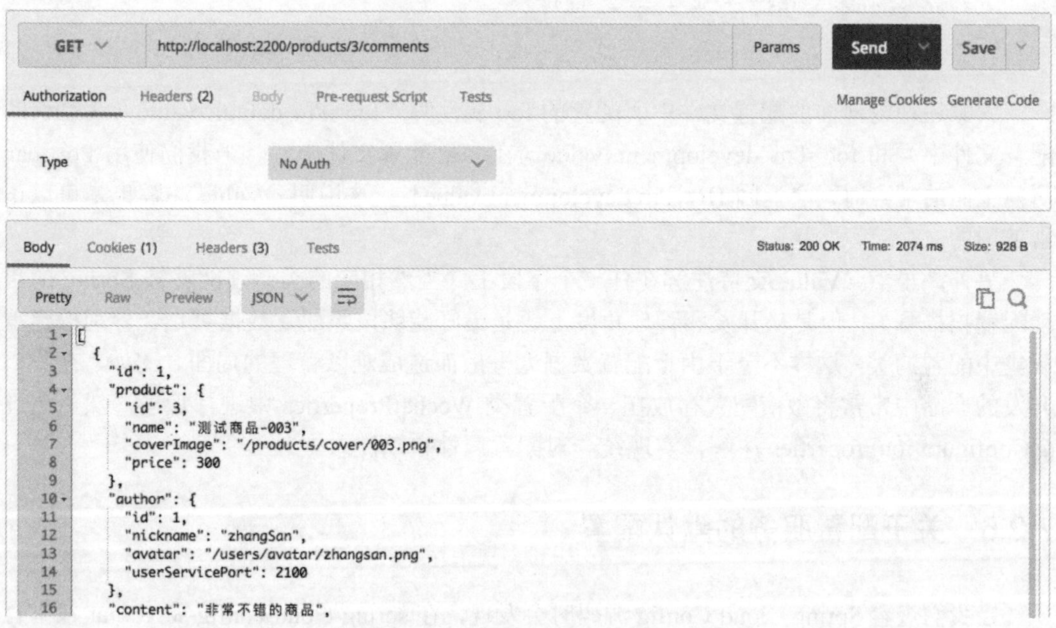

图 7-5　访问商品评论服务

这说明 ProductService 微服务已经从配置服务器中获取到相应的配置数据，并根据该配置数据建立了与 H2 数据的连接，并从数据库中加载到了商品信息及评论信息。

当我们启动 ProductService 微服务时，Spring Cloud Config 相关代码将根据 bootstrap.properties 所配置的服务名称和所要启动的 profile 向配置服务器的端点请求配置数据。配置服务器在收到配置数据请求后，根据相应的参数，从配置资源库（文件系统、Git 或者 SVN 仓库，示例中是 Git 仓库）加载相应的配置文件，然后根据这些配置文件来构建数据，并将这些数据回传给配置客户端，最后 Spring Boot 应用框架将根据所获得的配置数据来构建应用上下文，并启动相应的应用。

7.2.5 @Value 注解

我们知道使用 Spring 框架的应用是支持使用@value 注解的方式以获取 properties 文件中的配置值，这样可以大大简化读取配置文件的代码。那么在 Spring Cloud 配置中还可以使用么？下面来构建一个测试，代码如下：

```
@RestController
@RequestMapping("/config")
public class ConfigTestEndpoint {
    // 通过@Value 注解将属性配置文件中所配置 foo 的值自动注入当前变量中
    @Value("${foo}")
    private String foo;
    @RequestMapping(value = "/foo")
    public String foo(){
        return  "Hi, " + foo + "!";
    }
}
```

大家还记得前面的配置文件中所配置的 foo 属性吗？foo=I'm default value（在默认的配置文件中）和 foo=I'm development value（在 dev 配置文件中）。当我们使用 Postman 访问上面的端点时，会返回 Hi，I'm development value！，这说明@Value 注解也是可以正常使用的。

另外，虽然@Value 支持注解在任一个字段上（当然相应的类必须能够被 Spring 的自动配置扫描到），但是从开发和管理角度上还是最好能够按照配置数据类别，分别构建承载集中配置的类，这样不至于由于配置数据太分散而造成难以管理的局面。比如，在我们开发的产品中常常将微信配置存放在一个配置类 WechatProperties 中进行管理，然后通过@ConfigurationProperties 注解，实现统一对配置属性自动注入。

7.2.6 关于配置服务的默认配置

当我们查看 Spring Cloud Config 源码时会发现，在 spring-cloud-config-server.jar 包中有一个默认配置文件 configserver.yml，也就是说当设置 spring.application.name=configserver 时，则会默认加载该配置文件，该配置文件内容如下：

```
info:
  component: Config Server

# 配置服务器默认服务名：configserver
spring:
  application:
    name: configserver
  jmx:
    default_domain: cloud.config.server
  cloud:
```

```
    config:
      server:
        # 这里默认开启了对 Git 仓库的支持
        git:
          uri: https://github.com/spring-cloud-samples/config-repo
          repos:
            - patterns: multi-repo-demo-*
              uri: https://github.com/spring-cloud-samples/config-repo

# 这里定义了配置服务的默认端口
server:
  port: 8888
management:
  context_path: /admin
```

从配置中可以看到，配置服务器默认使用 8888 端口，默认使用 Git 作为配置文件存储仓库，并从 https://github.com/spring-cloud-samples/config-repo 这个 Git 仓库中查找配置文件。

7.2.7 Spring 配置加载顺序

对于一个标准的 Spring Boot 应用，可以通过多种方式进行配置。比如前面一直使用的配置文件（properties 或 yml）、命令行参数，此外还有系统环境变量、JVM 的参数等。下面我们来了解一下这些配置方式。

- 命令行参数：命令行参数使用--xxx=xxx 格式在启动时传递，比如：--server.port=2300，就是将服务的端口设置为 2300。这里的参考可以是 Spring Boot 框架的参数，也可以是我们自定义的参数或属性配置。
- 从 java:comp/env 加载的 JNDI 属性。
- Java 系统属性：通过-Dxxx=xxx 格式设置，只是优先级比上面的配置低。
- 操作系统环境变量：这里需要注意的一点是，有些操作系统配置时不支持使用点“.”进行分割，则需要将点替换成下画线。例如，server.port 需要替换成 server_port。
- RandomValuePropertySource：使用 random.*属性进行配置，主要是在系统配置中需要使用随机数的地方使用，如 foo.securityid=${random.value}。
- 特定应用的 properties 或 yml 配置文件：这些文件名称的命名格式为 application-{profile}.properties 或者 yml，通过指定所要使用的 profile 来加载，例如前面使用的 application-dev.properties 配置文件。
- 应用配置文件 application.properties 或 yml 文件：为 Spring Boot 应用所默认加载的配置文件，可以通过上面的配置进行全部或部分配置属性的覆写。
- @Configuration、@PropertySource 或@ConfigurationProperties 所指向的配置文件，其中@ConfigurationProperties 可以批量按照一定规范将配置注入到一个 Bean 中，但这些配置的优先级较低。

7.3　配置资源库

Spring Cloud Config 可以使用 Git 库、SVN 库及文件系统作为存放配置文件的配置资源库，而 Git 和 SVN 库可以很好地支持版本管理，后续可以对配置文件的变更做审查。Spring Cloud Config 默认是使用 Git 库作为配置资源库。

7.3.1　配置资源规则详解

我们知道了配置文件可以存放在 Git 库或者文件系统中，但是应该如何放置这些配置文件？配置客户端又是如何读取这些文件？配置服务器又是如何知道该返回哪个配置文件的数据给客户端呢？其实 Spring Cloud Config 是通过 EnvironmentRepository 来获得 Environment 对象解决这些问题的，该对象是对 Spring 的 Environment（包括做为主要配置属性的 propertySources）对象的浅拷贝。在加载 Environment 相应资源时参数化成了下面 3 个变量。

- {application}：对应客户端配置中的 spring.application.name。
- {profile}：对应客户端配置中的 spring.profiles.active（多个 profile 使用逗号分开）。
- {label}：对应配置服务器端所配置的 spring.cloud.config.label，如 Git 中的 master。

例如，客户端配置如下（请注意这些配置一定是在 bootstrap.properties 文件或 bootstrap.yml 中进行配置的）：

```
spring.application.name=foo
spring.profiles.active=dev,mysql
```

如果说配置资源库是基于文件系统的，那么配置服务器首先会通过 application.properties（所有的客户端默认都会使用该配置）和 foo.properties（foo.properties 配置文件的优先级会更高一些）创建一个 Environment 对象。如果配置资源库中含有指定的 Spring profiles（如存在 foo-dev.properties 或 foo-mysql.properties）文件，那么这些 profiles 也将被加载到 Environment 中，并拥有更高的优先级（profiles 之间则按照所配置的顺序）。可以看到这种构建方式和单独使用 Spring Boot 构建系统时配置文件加载规则时是一致的。与 Spring Boot 应用程序一样，这些参数也可以通过环境变量或命令行参数进行设置。

了解了配置资源库中配置文件的存放及加载规则后，接下来看一看配置客户端从配置服务器获取配置数据的整个流程，如图 7-6 所示。

（1）当配置客户端启动时，根据 bootstrap.properties 中配置的应用名称（spring.application.name）、环境名（spring.profiles.active），向配置服务器请求获取配置数据。

（2）配置服务器根据客户端的请求参数，以及配置文件中所配置的标签（spring.cloud.config.label，如果没有配置，对于 Git 来说默认为 master 分支），从 Git 仓库中按照上述规则去查找符合的配置文件。

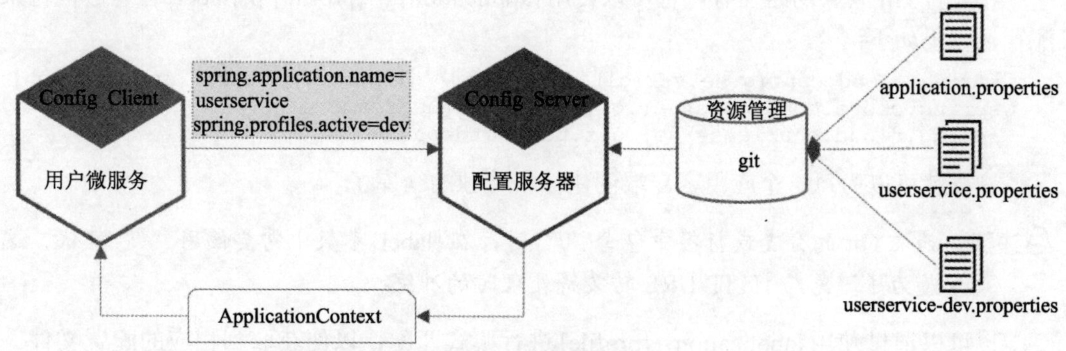

图 7-6　配置文件加载流程图

（3）配置服务器将匹配到的 Git 仓库拉取到本地，并建立本地缓存。

（4）配置服务器根据所拉取到的配置文件创建 Spring 的 ApplicationContext 实例，然后将该配置信息返回给客户端。

（5）客户端获取到配置服务器返回的数据后，将这些配置数据加载到自己的上下文中。同时，因为这些配置数据的优先级高于本地 JAR 包中的配置，因此将不再加载本地的配置。

另外，当直接访问配置服务器的端点时，可以按照如下映射关系来匹配相应的配置文件：

- /{application}/{profile}[/{label}]
- /{application}-{profile}.yml
- /{label}/{application}-{profile}.yml
- /{application}-{profile}.properties
- /{label}/{application}-{profile}.properties

上面这些 URL 将会按照“{application}-{profile}.properties(yml)”格式匹配配置文件。label 则是对应的 Git 上分支名称，是一个可选参数，如果没有，则默认从 master 分支进行查找。

7.3.2　集成 Git 仓库

集成 Git 仓库时非常简单，只需要通过 spring.cloud.config.server.git.uri 属性设置好 Git 仓库的位置，并设置好访问该仓库需要的用户名和密码就可以了，配置如下：

```
spring.cloud.config.server.git.uri=
   https://github.com/spring-cloud-samples/config-repo
spring.cloud.config.server.git.username=username
spring.cloud.config.server.git.password=password
```

此时，当客户端发出请求时，配置服务器就会到 https://github.com/spring-cloud-samples

/config-repo 仓库中查找符合条件的配置文件。

在配置 Git 仓库的路径时，也可以使用{application}、{profile}和{label}这些占位符来配置，代码如下：

```
spring.cloud.config.server.git.uri=http://github.com/cd826/{application}
spring.cloud.config.server.git.username=username
spring.cloud.config.server.git.password=password
```

这样就可以为每一个应用客户端创建一个单独的仓库了。

注意：如果 Git 的分支或标签中包含“/”时，在{label}参数中需要使用“_”替代，这是为了避免与 HTTP URL 转义符处理时的冲突。

也可以通过使用{application}/{profile}进行模式匹配，以便获取到相应的配置文件。配置示例如下:

```
# 默认的配置仓库
spring.cloud.config.server.git.uri=
    https://github.com/spring-cloud-samples/config-repo

# 匹配所有应用名称为 simple
spring.cloud.config.server.git.repos.simple=
    https://github.com/simple/config-repo

# 匹配所有应用名称以 special 开头，并且环境名称以 dev 开头
# 或所有应用名称中含有 special，并且环境名称以 dev 开头
spring.cloud.config.server.git.repos.special.pattern=
    special*/dev*,*special*/dev*
spring.cloud.config.server.git.repos.special.uri=
    https://github.com/special/config-repo

# 匹配所有应用名称以 local 开头
spring.cloud.config.server.git.repos.local.pattern=local*
spring.cloud.config.server.git.repos.local.uri=
    file:/home/configsvc/config-repo
```

如果模式中需要配置多个值，那么可以使用逗号分隔。如果{application}/{profile}没有匹配到任何资源，则使用 spring.cloud.config.server.git.uri 配置的默认 URI。

当我们使用 yml 类型的文件进行配置时，如果模式属性是一个 YAML 数组，也可以使用 YAML 数组格式来定义。这样可以设置成多个配置文件，例如：

```
spring:
  cloud:
    config:
      server:
        git:
          uri: https://github.com/spring-cloud-samples/config-repo
          repos:
            development:
              # 配置 devlopment 环境下能够使用的资源模式
              pattern:
                - */development
```

```
        - */staging
      uri: https://github.com/development/config-repo
    staging:
      # 配置 staging 环境下能够使用的资源模式
      pattern:
        - */qa
        - */production
      uri: https://github.com/staging/config-repo
```

7.3.3 搜索目录

如果配置文件直接放置在 Git 存储库的根目录下，则不需要进行配置。如果把配置文件存放在特定的子目录中时，那么可以通过设置 searchPaths 属性配置指定该目录。配置示例如下：

```
spring.cloud.config.server.git.uri=
    https://github.com/spring-cloud-samples/config-repo
spring.cloud.config.server.git.searchPaths=foo
```

这样配置服务器就会搜索 foo 子目录下的文件。另外，searchPaths 也支持通配符方式。例如，我们将搜索目录配置为 searchPaths=foo,bar*，那么配置服务器除了会搜索 foo 子目录外，还会对所有以 bar 开头的子目录进行搜索。

7.3.4 本地缓存

配置服务器从 Git 仓库中获取配置信息后，将会在本地的文件系统中存储一份。默认将存储在系统临时目录下，并且以 config-repo-作为开头。在 Linux 系统下的默认存储目录为/tmp/config-repo-<randomid>。配置服务器将配置信息存储在本地，可以有效地防止 Git 仓库暂时出现故障无法访问而引发的问题。

当配置服务器检查到无法访问 Git 仓库时，则会读取之前存储在本地文件系统中的配置，然后将这些配置信息返回给配置客户端。当我们断开配置服务器的网络后再次启动时，在控制台中会看到以下输出：

```
17:18:01 285 [http-nio-8280-exec-1] WARN  o.s.c.c.s.e.MultipleJGit
EnvironmentRepository - Could not fetch remote for master remote:
https://github.com/cd826/SpringcloudSamplesConfig
17:18:01 660 [http-nio-8280-exec-1] INFO  o.s.c.a.AnnotationConfig
ApplicationContext - Refreshing
17:18:01 710 [http-nio-8280-exec-1] INFO  o.s.b.f.a.AutowiredAnnotation
BeanPostProcessor - JSR-330 'javax.inject.Inject' annotation found and
supported for autowiring
17:18:01 782 [http-nio-8280-exec-1] INFO  o.s.c.c.s.e.NativeEnvironment
Repository - Adding property source: file:/Users/cd826/MyWork/springcloud-
sample-projects/config/config-server/tmp/productservice-dev.properties
17:18:01 782 [http-nio-8280-exec-1] INFO  o.s.c.c.s.e.NativeEnvironment
Repository - Adding property source: file:/Users/cd826/MyWork/springcloud-
sample-projects/config/config-server/tmp/productservice.properties
```

在第一行日志中可以看到：Could not fetch remote for master remote: https://github.com/cd826/SpringcloudSamplesConfig，表示现在无法连接到 Git 服务器。然后在接下来的日志输出中可以看到：Adding property source: file:/Users/cd826/MyWork/ springcloud-sample-projects/config/confi g-server/tmp/productservice-dev.properties，则表示从本地临时路径中加载了以前缓存的配置数据。

Spring Cloud 官方文档建议我们在配置服务器中为本地缓存指定文件路径，而不是使用默认路径。Linux 系统默认会定时清理 tmp 目录下一段时间内没有更新的文件，这样对于测试环境比较有利，如果是生产环境，则可能会上演一出悲剧。所以为了避免出现这种不可预知的错误，最好还是为配置服务器指定明确的本地缓存路径。具体配置方式如下：

```
# Git 仓库本地临时目录
spring.cloud.config.server.git.basedir=tmp/

# SVN 仓库本地临时目录
spring.cloud.config.server.svn.basedir=tmp/
```

7.3.5　Git 访问配置

在访问 Git 仓库时，如果不想使用 HTTPS 和用户认证，那么可以直接使用 SSH 进行访问。这时只需要将 SSH 需要的 keys 存储在～/.ssh 目录下即可，并将所配置的 URI 指向 SSH 地址即可，如 git@github.com:cd826/SpringcloudSamplesConfig。

如果读者不清楚自己的~/.git 目录是在哪里，那么可以使用 git config –global 进行全局配置，比如：

```
git config --global http.sslVerify false
```

另外，Spring Cloud Config 默认使用 JGit 访问 Git 仓库，如果你的 HTTPS 访问需要设置代理服务器，那么可以在~/.git/config 下进行配置，但也可以通过 JVM 系统属性-Dhttps.proxyHost 和-Dhttps.proxyPort 来设置。

7.3.6　集成 SVN

如果读者的项目中使用的是 SVN 而不是 Git，那么只需要对配置服务器完成下面的两个修改步骤即可。

（1）修改配置服务器的依赖，删除原来对 Git 的依赖，修改为对 SVN 的依赖。pom.xml 文件的修改如下：

```
<!-- 修改为对 SVN 库支持的依赖 -->
<dependency>
    <groupId>org.tmatesoft.svnkit</groupId>
    <artifactId>svnkit</artifactId>
</dependency>
```

（2）修改配置服务器配置，将原来的 Git 仓库的地址修改为 SVN 仓库的地址。application.properties 文件修改如下：

```
# 这里是配置文件所在的 SVN 仓库地址及访问用户的登录名、登录口令
spring.cloud.config.server.svn.uri={your svn server}
spring.cloud.config.server.svn.username=username
spring.cloud.config.server.svn.password=password
```

7.3.7 使用文件系统

如果你的配置服务器即不想使用 Git，也不想使用 SVN 仓库作为配置资源库，那么可直接从当前的 classpath 或文件系统中加载配置文件，只需在配置服务器的配置文件中添加 spring.profiles.active=native 配置属性，就可以开启对文件系统的支持。

默认配置服务器是从 classpath 目录下加载配置文件，我们可以通过 spring.cloud.config.server.native.searchLocations 属性来设置配置文件所在的目录。对于所配置的文件路径，配置必须以“file:”开头。如果配置服务器的操作系统是 Windows 系统，那么对于绝对路径，还需要对其中的“/”进行转义。例如，file:///${user.home}/config-repo。

此外，spring.cloud.config.server.native.searchLocations 属性的配置也支持使用{application}、{profile}和{label} 占位符进行配置。

注意：Spring Cloud 官方推荐在测试和开发的时候可以使用文件系统，但是在正式环境中还是尽量使用 Git 或者 SVN。

7.4 配置的加密与解密

Spring Cloud Config 服务器在默认情况下所有配置文件中的内容都是以明文方式进行存储的，但是在多数情况下需要对一些敏感内容进行保护，如之前提到的数据库访问的用户名称和登录口令。很幸运，Spring Cloud Config 已经为开发者提供了相应的支持，在应用中也可以很方便地实现对配置文件中所存储的内容进行加密和解密。

Spring Cloud Config 提供了两种加解密方式：对称加密和非对称加密。在描述如何使用之前，先来看看使用的前提条件。

7.4.1 安装 JCE（Java Cryptography Extension）

Spring Cloud Config 所提供的加解密依赖 JCE（Java Cryptography Extension，即 Java 加密扩展）是一组包，提供用于加密、密钥生成算法和协议，以及消息认证码的算法及实现，这些包实现对称、非对称、块和流密码的加密支持。不过这些包在默认 JDK 中是不

存在的，需要额外进行安装。安装方式也比较简单，步骤如下：

（1）从 Oracle 官方地址（http://www.oracle.com/technetwork/java/javase/downloads/jce8-download-2133166.html，针对于 JDK8，该地址有可能改变）下载 JCE 扩展包 jce_ policy-8.zip。

（2）解压该压缩包，获取到两个 jar 包：local_policy.jar 和 US_export_policy.jar。

（3）打开$JAVA_HOME/jre/lib/security 目录，并将该目录下的 local_policy.jar 和 US_export_policy.jar 文件备份到其他目录。

（4）将第（2）步解压的 JAR 文件复制到$JAVA_HOME/jre/lib/security 目录下。

这样，Spring Cloud Config 服务器就可以使用加/解密功能了。

7.4.2　使用对称加密

Spring Cloud Config 对对称加/解密的配置非常简单，只需要设置配置文件加/解密所使用的密钥 encrypt.key 即可。最简单的方式就是在配置文件（bootstrap.properties）中进行配置，如下面的配置代码：

```
encrypt.key=cd826dong_ekey
```

对于配置文件中的内容一般不会把所有配置项都进行加密，那么配置服务器又是如何识别哪些是需要进行解密的呢？

如果我们使用的是 properties 格式的配置文件，那么在配置文件中只需要为所加密配置项的值之前增加一个{cipher}前导符即可。比如我们需要将数据库连接密码 dbpwd 进行加密存放，那么配置文件的配置如下：

```
spring.datasource.username=dbuser
# 这里把数据库的连接密码进行加密
spring.datasource.password={cipher}d3d78da6450b6f0ea39deb9b6f2c9199ebda
42ad
dc1c2d56068c3c5eb1ab9546
```

如果读者使用的是 yml 格式的配置文件，则需要使用单引号把加密内容引起来，否则配置服务器将无法识别这是一个加密内容，而只是把它当作一个普通的值进行处理，配置如下：

```
spring:
    datasource:
        username:dbuser
        # 这里是将数据库连接密码进行加密，注意加密后的值必须使用单引号引起来
        password:'{cipher}d3d78da6450b6f0ea39deb9b6f2c9199ebda42
        addc1c2d5606
8c3c5eb1ab9546'
```

有时还需要对不同的敏感信息使用不同的加密 key，这时的配置文件只需要按如下格式进行编写即可：

```
foo.bar={cipher}{key:testkey}...
```

配置服务器在解密的时候会尝试从配置中获取 testkey 作为密钥进行解密。

到这里也许有读者会问：那么怎样才能知道数据库连接密码 dbpwd 加密的值就是

d3d78da6450b6f0ea39deb9b6f2c9199ebda42addc1c2d56068c3c5eb1ab9546 呢？

7.4.3　加密/解密端点

Spring Cloud Config 服务器提供了以下两个端点进行对配置项的加密和解密。

- /encrypt：加密端点。使用该端点可以对所提供的字符串进行加密，这样就可以通过该端点来获取配置项加密后的字符串了。
- /decrypt：解密端点。使用该端点可以对所要解密的字符串进行解密。

我们可以使用 Postman 来进行测试，比如需要将之前的数据库访问密码进行加密，如图 7-7 所示。

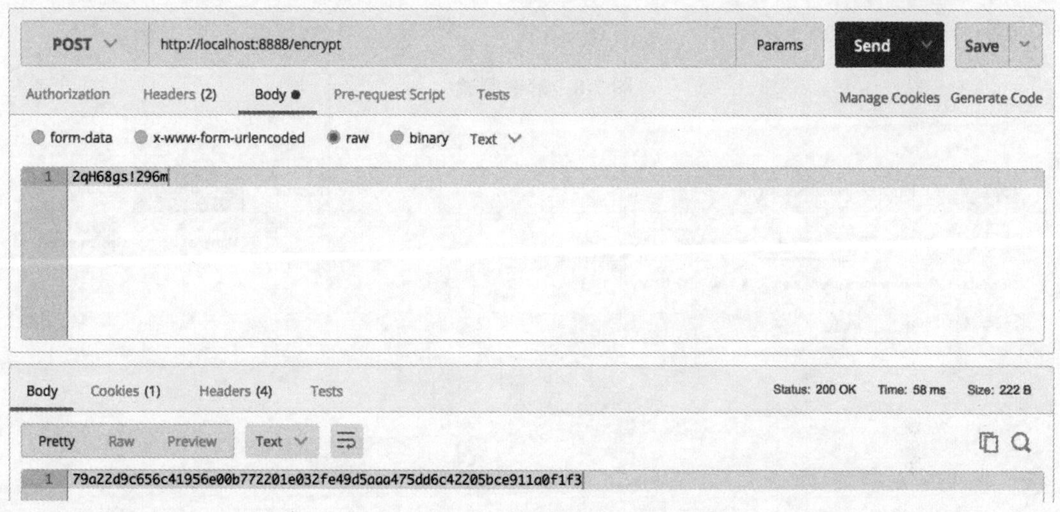

图 7-7　加密测试

注意：当使用 Postman 调用加密端点时需要将 HTTP 请求的方式设置为 POST，否则将会得到一个没有任何响应的错误。

解密调用界面如图 7-8 所示。

这里需要说明的一点是当我们配置 encrypt.key 时需要在 bootstrap.properties（yml）中进行配置，如果是在 application.properties（或 yml）中进行配置，那么在调用加/解密端点时会得到如图 7-9 所示的错误。

配置服务器的加/解密部分已经完成了，那么配置客户端是否能够正确地获取到解密后的配置内容呢？下面我们先将更改后的配置文件提交到 Git 仓库中，并启动配置服务器，然后通过 Postman 访问 http://localhost:8888/productservice/dev，可以看到返回的配置数据如图 7-10 所示。

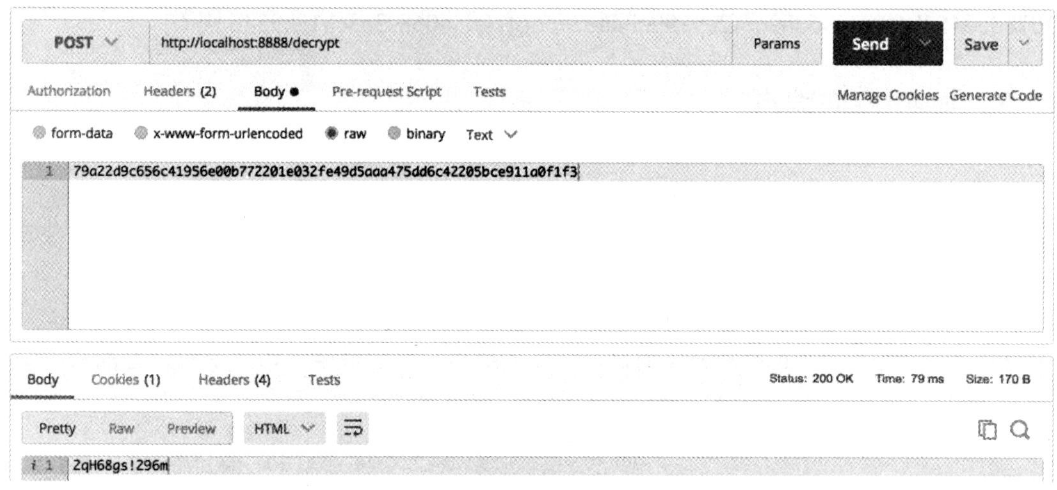

图 7-8　解密测试

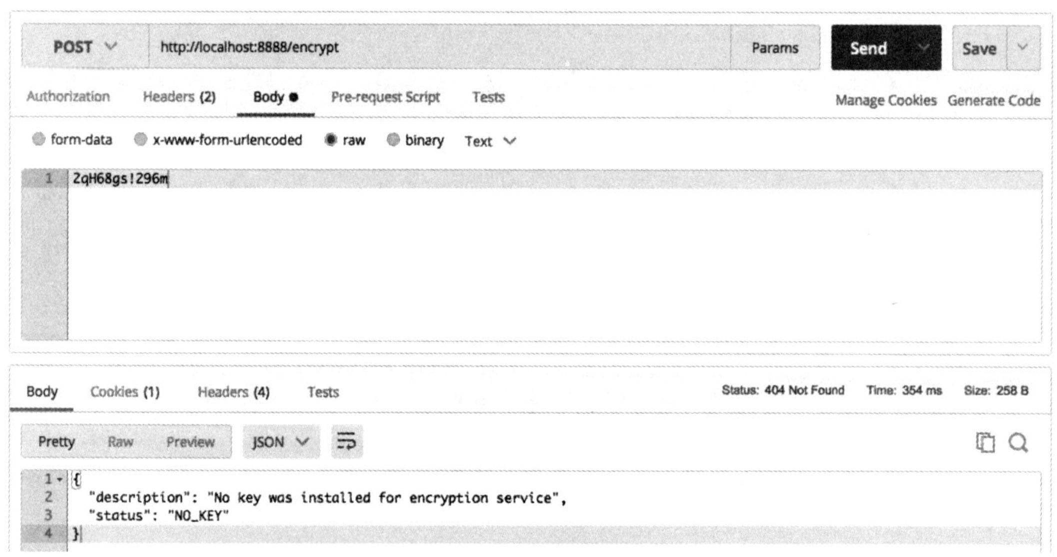

图 7-9　错误配置密钥

说明配置服务器已经对所加密的配置项进行了正确的解密。

注意：这里为了讲解方便，直接将配置加/解密所需要的密码存放在了配置文件中，但在实际生产环境中不建议这么做。一个比较好的建议就是将密码存放在配置服务器的系统环境变量中。另外，千万不要忘记所设置的密码，一旦忘记该密码，将无法对已加密的内容进行解密与恢复，还有一点就是不要把数据库密码设置得太简单了。

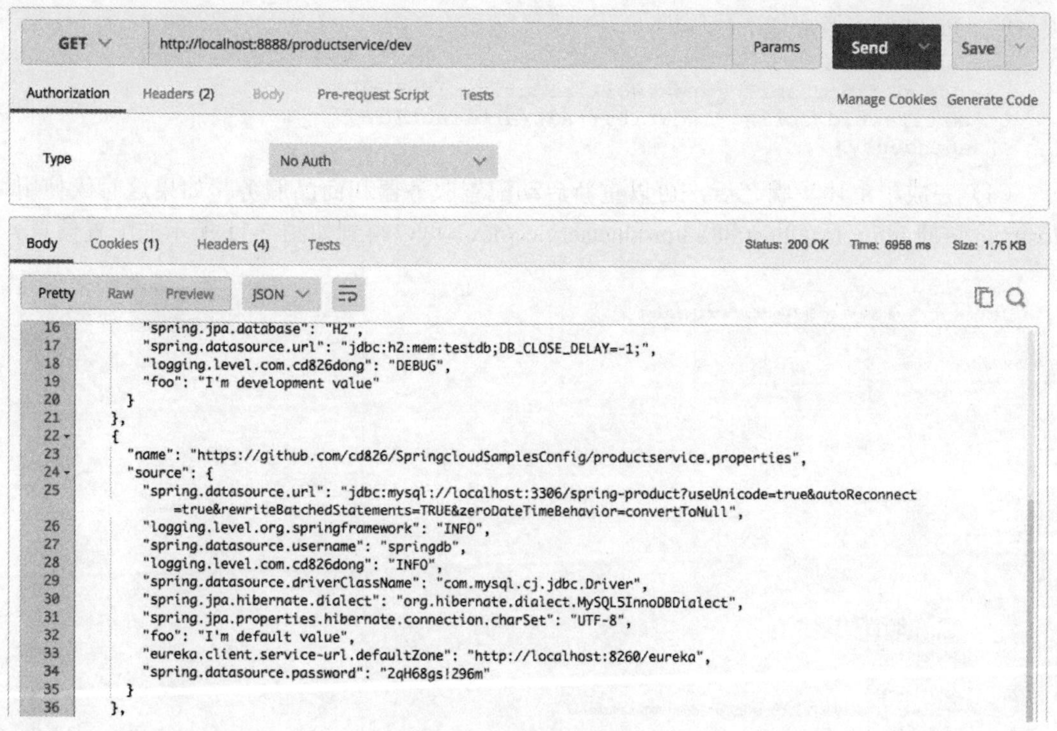

图 7-10　测试服务器解密

7.4.4　客户端解密

从图 7-10 中可以看到，当使用了配置服务的加/解密时，配置客户端所获取到的配置内容已经是经过服务器解密的内容，可能有读者认为这还不够安全，能不能让客户端自己对加密的配置项来解密呢？答案是肯定的。Spring Cloud 已经为我们提供了支持，只需要下面几个步骤就可以开启客户端解密。

（1）需要禁用掉配置服务端的解密处理。是否启用配置服务器的解密处理是通过 spring.cloud.config.server.encrypt.enabled 属性进行控制的，只需要在配置文件（bootstrap.properties/yml）中增加下面的配置即可：

```
spring.cloud.config.server.encrypt.enabled=false
```

（2）在客户端工程，也就是在前面构建的商品服务中增加和服务器同样的密钥。配置的方法和在配置服务器中的配置一样，可以通过配置文件存放密钥，也可以通过系统环境变量存放密钥。这里我们直接把密钥放在配置文件中：

```
encrypt.key=cd826dong_ekey
```

（3）为客户端工程增加对 spring-security-rsa 的依赖，和前面配置方式一样，只需要在项目的 pom 文件中增加如下代码即可：

```
<dependency>
  <groupId>org.springframework.security</groupId>
  <artifactId>spring-security-rsa</artifactId>
</dependency>
```

（4）完成了上述步骤之后，可以重新启动配置服务器和商品服务。如果这时候使用 Postman 访问 http://localhost:8888/productservice/dev，可以得到如图 7-11 所示的配置信息。

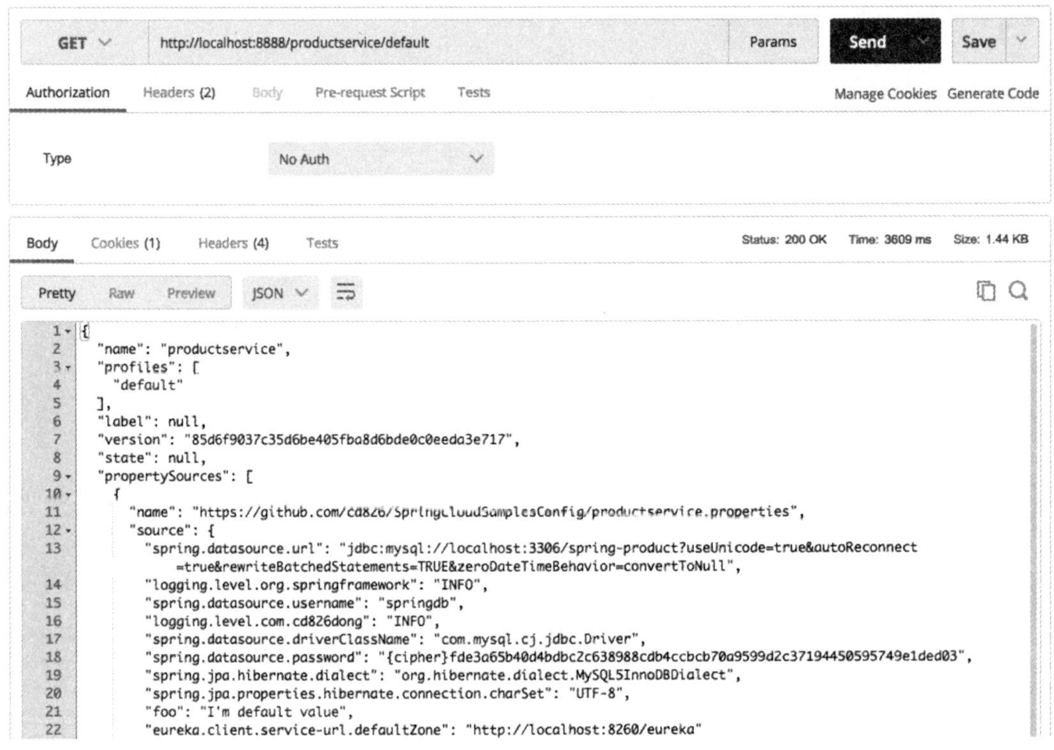

图 7-11　客户端解密测试

（5）最后再来看一下商品服务中的日志输出，如图 7-12 所示。

```
2018-04-11 19:54:36.663  INFO 71288 --- [           main] com.cd826dong.clouddemo.Application      : Started Application in 24.39 seconds (JVM running for 25.484)
2018-04-11 19:54:40.616  INFO 71288 --- [nio-2200-exec-2] o.a.c.c.C.[Tomcat].[localhost].[/]       : Initializing Spring FrameworkServlet 'dispatcherServlet'
2018-04-11 19:54:40.616  INFO 71288 --- [nio-2200-exec-2] o.s.web.servlet.DispatcherServlet        : FrameworkServlet 'dispatcherServlet': initialization started
2018-04-11 19:54:40.640  INFO 71288 --- [nio-2200-exec-2] o.s.web.servlet.DispatcherServlet        : FrameworkServlet 'dispatcherServlet': initialization completed in 23 ms
2018-04-11 19:54:40.685 DEBUG 71288 --- [nio-2200-exec-2] c.c.c.product.api.ProductEndpoint        : database password = 2qH68gs!296m
2018-04-11 19:54:40.719  INFO 71288 --- [nio-2200-exec-2] o.h.h.i.QueryTranslatorFactoryInitiator  : HHH000397: Using ASTQueryTranslatorFactory
```

图 7-12　商品服务客户端解密

可以看到在客户端加密的配置项中已经能够正确地解密了。

7.4.5 非对称加密

前面说过 Spring Cloud Config 支持对称加密和非对称加密两种方式。非对称加密相对于对称加密来说配置过程复杂了一些，但安全性也会高很多。

要实现非对称加密，需要借助一个 Java 工具——Keytool。Keytool 是一个 Java 数据证书的管理工具，Keytool 使用 keystore 文件存储密钥和证书。keystore 文件里包含两种数据：一种是密钥实体-密钥或者是私钥和配对公钥（采用非对称加密）；另一种是可信任的证书实体，仅包含公钥。一个 keystore 文件中可存储多个条目，访问 keystore 文件和 keystore 文件中的条目时均需要密码。

要完成非对称加密的配置，首先需要借助 Keytool 生成一个密钥对，然后创建 keystore 文件。命令如下:

```
$ keytool -genkeypair -alias tsfjckey -keyalg RSA \
  -dname "CN=SpringCloud Demo,OU=cd826dong,O=xohaa,L=gz,S=gd,C=china" \
  -keypass javatwostepsfrom -keystore server.jks -storepass twostepsfromjava
```

然后将所生成的 server.jks 文件复制到配置服务器的 resources 目录下。

最后修改配置文件（bootstrap.properties/yml）：

```
encrypt.key-store.location=server.jks
encrypt.key-store.alias=tsfjckey
encrypt.key-store.password=twostepsfromjava
encrypt.key-store.secret=javatwostepsfrom
```

这样就完成了非对称加密的配置。

7.5 配置服务器访问安全

对于存储在配置中心的一些配置内容，总会有一些敏感信息，比如之前所说的数据库连接的用户名和密码，即使进行加密，但只要知道配置服务器的地址，就可以获取到所有的配置信息，因此还需要对配置服务器做一些访问安全控制。当然，对于配置服务器的访问安全控制有很多种，如物理网络限制、OAuth2 授权等。但是因为这里我们使用的是 Spring Boot 框架，所以使用 Spring Security 来做访问安全控制，更容易也更简单一些。

首先需要在配置服务器中增加如下依赖:

```
<dependency>
    <groupId>org.springframework.boot</groupId>
    <artifactId>spring-boot-starter-security</artifactId>
</dependency>
```

然后在配置文件（bootstrap.properties）中配置访问用户的用户名和登录密码:

```
security.user.name=cd826dong
security.user.password=configPwd
```

注意：如果不配置用户名和密码的话，在配置服务器启动时，Spring Security 会默认生成一个访问密码。

重新启动配置服务器，然后通过浏览器访问 http://localhost:8888/productservice/dev，此时，浏览器会弹出用户认证对话框，输入上面所配置的用户名和密码后就可以继续访问了。

那么对于客户端的配置该怎么做呢？很简单，只需要在相应工程的配置文件中增加如下配置，客户端就可以正常去配置服务器上获取的配置数据了：

```
spring.cloud.config.username=cd826dong
spring.cloud.config.password=configPwd
```

7.6 配置服务器的高可用

当配置服务器承担了整个微服务架构中的配置重担以后，对其可用性也是必须要考虑的，毕竟一旦配置服务不可用，就可能影响到整个应用的可用性。下面将从两个方面进行介绍。

7.6.1 整合 Eureka

读到这里，可能有读者已经发现：我们在商品服务中配置 config.uri 时使用的是具体地址，而不是配置服务器的服务名称，那么配置服务是否可以像其他微服务一样和 Eureka 集成呢？答案是肯定的。我们可以把配置服务像其他微服务一样作为一个基本服务单元，这样在配置客户端时就可以使用服务名称进行配置了。为了达到这个目的，只需要进行如下修改即可。

1. 改造配置服务

（1）在 pom.xml 文件中增加对 Eureka 的依赖，代码如下:

```
<dependency>
    <groupId>org.springframework.cloud</groupId>
    <artifactId>spring-cloud-starter-eureka</artifactId>
</dependency>
```

（2）在配置文件（bootstrap.properties/yml）中配置服务名称，以及 Eureka 服务器的地址：

```
spring.application.name=configserver
eureka.client.service-url.defaultZone=http://localhost:8260/eureka
```

（3）再对启动类进行修改，增加@EnableDiscoveryClient 注解，该注解是用来启动对 Eureka 服务的支持，修改后的代码如下：

```
@SpringBootApplication
@EnableConfigServer
```

```
@EnableDiscoveryClient      // 这个是新增的注解，用来启动对 Eureka 服务的支持
public class Application {
    public static void main(String[] args) {
        SpringApplication.run(Application.class, args);
    }
}
```

对配置服务器的改造到这里就已经全部完成了。如果此时启动配置服务器则会在 Eureka 服务器上看到相应的服务已经注册成功。

2. 改造配置客户端——商品服务

对配置客户端的改造也比较简单，只需要修改配置文件即可，修改后的配置属性如下：

```
# 这里为了精简，省略了其他的配置
……
# 这个是之前的配置，需要删除
# spring.cloud.config.uri= http://localhost:8888
# 将配置 uri 更改如下
spring.cloud.config.uri= http://configserver
```

这样就完成了配置服务与 Eureka 的集成，依次启动 Eureka 服务器、配置服务器和商品服务，从商品服务中的日志输出中可以看到如图 7-13 所示的输出，说明已经可以正确地访问配置服务器并获取配置数据了。

```
================================================================================
:: Product Service(v0.0.1 BUILD-SNAPSHOT)                          BUILD-BY: CD826(CD826Dong@gamil.com)
2018-04-11 19:18:16.386  INFO 62545 --- [           main] c.c.c.ConfigServicePropertySourceLocator : Fetching config from server at: http://cd8
26dembp:8888/
2018-04-11 19:18:19.465  INFO 62545 --- [           main] c.c.c.ConfigServicePropertySourceLocator : Located environment: name=productservice,
profiles=[dev], label=null, version=0cd31ab444a3092ef8237467641ab6f17bebfdfa, state=null
2018-04-11 19:18:19.466  INFO 62545 --- [           main] b.c.PropertySourceBootstrapConfiguration : Located property source: CompositeProperty
Source [name='configService', propertySources=[MapPropertySource [name='configClient'], MapPropertySource [name='https://github.com/cd826/Sprin
gcloudSamplesConfig/productservice-dev.properties'], MapPropertySource [name='https://github.com/cd826/SpringcloudSamplesConfig/productservice.
properties'], MapPropertySource [name='https://github.com/cd826/SpringcloudSamplesConfig/application.properties']]]
2018-04-11 19:18:19.802  INFO 62545 --- [           main] com.cd826dong.clouddemo.Application      : No active profile set, falling back to def
ault profiles: default
2018-04-11 19:18:19.849  INFO 62545 --- [           main] ationConfigEmbeddedWebApplicationContext : Refreshing org.springframework.boot.contex
t.embedded.AnnotationConfigEmbeddedWebApplicationContext@5456afaa: startup date [Wed Apr 11 19:18:19 CST 2018]; parent: org.springframework.con
text.annotation.AnnotationConfigApplicationContext@45fe3ee3
```

图 7-13　通过 Eureka 访问配置服务器

7.6.2　快速失败与响应

在默认情况下，只有当客户端向配置服务发起请求时，配置服务器才会从配置仓库（如 Git 仓库）中加载配置文件。可以通过设置 clone-on-start，让配置服务器在启动时就加载配置文件。一方面在启动时就执行加载可以及时告知运维人员配置仓库是否可用；另一方面当客户端第一次发起请求时可以立即返回配置数据。

例如，我们配置服务器中的配置文件如下：

```
# 配置服务器默认所使用的 Git 仓库地址
spring.cloud.config.server.git.uri=https://git/common/config-repo.git
```

```
# team-a 所使用的配置 Git 仓库
spring.cloud.config.server.git.repos.team-a.pattern=team-a-*
spring.cloud.config.server.git.repos.team-a.clone-on-start=true
spring.cloud.config.server.git.repos.team-a.uri=
    http://git/team-a/config-repo.git

# team-b 所使用的配置 Git 仓库
spring.cloud.config.server.git.repos.team-b.pattern=team-b-*
spring.cloud.config.server.git.repos.team-b.clone-on-start=false
spring.cloud.config.server.git.repos.team-b.uri=
    http://git/team-b/config-repo.git

# team-c 所使用的配置 Git 仓库
spring.cloud.config.server.git.repos.team-c.pattern=team-c-*
spring.cloud.config.server.git.repos.team-c.uri=
    http://git/team-a/config-repo.git
```

在上面的配置中，对于 team-a 小组所使用的配置文件，在配置服务器启动时就会加载，而其他小组及默认的配置文件则不会加载。这是因为在 team-a 小组所使用的配置仓库属性中将 spring.cloud.config.server.git.repos.team-a.clone-on-start 设置为 true，即开启了启动时加载配置。而 team-b 小组则显式地声明不需要启动时加载。其他则使用默认值，对于本配置文件默认值是启动时不加载。另外，可以通过设置 spring.cloud.config.server.git.clone-on-start 属性的值进行全局配置。

有时启动一个服务后，当无法连接到配置服务器时希望其能够快速返回失败，那么可以设置 fail-fast 属性：

```
spring.cloud.config.fail-fast=true
```

或许有的读者认为服务启动时无法连接到配置服务器，是因为刚好配置服务器此时不可用而已，后面还可以再重试一下，看看配置服务器是否已恢复正常了。此时可以通过为配置客户端开启重试机制来实现。首先，需要先开启上面的快速失败配置，然后还需要在配置客户端的依赖中增加 spring-retry 和 spring-boot-starter-aop 这两个依赖：

```
<dependency>
    <groupId>org.springframework.retry</groupId>
    <artifactId>spring-retry</artifactId>
</dependency>
<dependency>
    <groupId>org.springframework.boot</groupId>
    <artifactId>spring-boot-starter-aop</artifactId>
</dependency>
```

当配置客户端启动连接配置服务器失败时，配置客户端会继续尝试连接配置服务器。客户端默认会尝试连接 6 次，时间间隔初始值为 1000 毫秒，后面每次尝试连接则会按照 1.1 倍数增加尝试连接时间的间隔，如果最后还不能连接到配置服务器才会返回错误。可以通过在配置文件中复写“spring.cloud.config.retry.*”开头的相关属性，来精确控制客户端重试的次数和时间间隔。

如果读者想实现自己的客户端重试机制，可通过继承 RetryOperationsInterceptor 的类，并实现客户端重试逻辑，然后将该实现注册为一个 Bean，把 ID 设置为 configServerRetryInterceptor 即可。需要说明的是，在设计重试机制时要十分小心，因为大量的重试操作可能会让事情变得更加糟糕，甚至可能会背离我们所期望的快速失败原则。

7.6.3　动态刷新配置

在配置客户端中提供了一个 refresh 端点来实现配置文件的刷新。要想使用该功能，需要先在配置客户端中增加对 spring-boot-starter-actuator 的依赖，在项目的 pom.xml 文件中增加以下代码：

```
<dependency>
    <groupId>org.springframework.boot</groupId>
    <artifactId>spring-boot-starter-actuator</artifactId>
</dependency>
```

当配置文件修改并提交到 Git 仓库后，就可以访问配置客户端的 refresh 端点（如 http://localhost:8080/refresh）来更新本地的配置数据。但最好的方式还是和 Spring Cloud Bus 进行整合，这样才能实现配置的自动分发，而不需要手工一个个去刷新配置。至于如何通过 Spring Cloud Bus 自动刷新配置 ，我们将会在后续的章节中来完成。

第 8 章　分布式服务跟踪——Sleuth

当开发者进行微服务架构开发时，通常会根据业务来划分微服务，各业务之间通过 REST 进行调用。对于一个用户的请求，往往需要多个微服务协同才能完成处理并形成最后结果返回给用户。在这个过程中，用户请求所经过的每一个微服务都会形成一条复杂的、分布式的服务调用链路，链路中的任何一环出现问题或者网络超时，都会导致用户请求的失败。虽然可以使用 Hystrix 对用户请求进行保护，但是当出现这种情况时如何对整个请求处理链进行分析，在运维过程中是非常重要的一环。

8.1　Spring Cloud Sleuth 简介

Spring Cloud Sleuth 为微服务之间调用提供了一套完整的服务链路跟踪解决方案。通过 Sleuth 可以很清楚地了解到一个用户请求经过了哪些微服务，每个微服务处理花费了多长时间，从而让开发者可以方便地理清各微服务间的调用关系。此外，通过 Spring Cloud Sleuth 可以帮助开发者做以下几件事。

- 耗时分析：通过 Sleuth 可以很方便地了解到每个采样请求的耗时，从而分析出哪些微服务调用比较耗时。
- 可视化错误：对于程序未捕捉的异常，可以在集成 Zipkin 服务界面上看到。
- 链路优化：通过 Sleuth 可以轻松识别出调用比较频繁的微服务，开发者可以针对这些微服务实施相应的优化措施。

在基于微服务的架构中，微服务之间是通过 HTTP 协议（REST）方式进行通信的，所以 Spring Cloud Sleuth 在实现时也是基于 HTTP 的，通过在 HTTP 中的 header（头部）添加跟踪所需要的信息，使得在不影响现有业务的基础上完成对服务请求的追踪。总的来说，Sleuth 的实现原理可以总结如下。

- 服务追踪：对于同一个用户请求，认为是同一条链路，并赋值一个相同的 TraceID，在后续中通过该标识就可以在多个微服务之间找到完整的处理链路。
- 服务监控：对于链路上的每一个微服务处理，Sleuth 会再生成一个独立的 SpanID，同时记录请求到达时间和离开时间等信息，以作为用户请求追踪的依据，从而判断每一个微服务的处理效率。

下面来了解一下 Sleuth 所涉及的一些主要术语。Spring Cloud Sleuth 在设计的时候参考了 Google 的 Dapper's 论文，所以在术语上也对该论文进行了借鉴。

- Span：是 Sleuth 中最基本的工作单元。微服务发起一次请求就是一个新 Span。Span 使用唯一的、长度为 64 位的 ID 作为标识。在 Span 中可以带有其他数据，如描述、时间戳、键值对、起始 Span 的 ID 等数据。Span 有起始和结束，可以用于跟踪服务处理时间信息。Span 一般都是成对出现，因为有始必有终，所以一旦创建了一个 Span，就必须在未来某个时间点结束它。
- Trace：一次用户请求所涉及的所有 Span 的集合，采用树形结构进行管理。
- Annotation：用于记录时间信息，包含了以下几项。
  - ✧ cs：客户端发送（Client Sent），表示一个 Span 的起始点。
  - ✧ sr：服务端接收（Server Received），表示服务端接收到请求并开始处理。如果减去 cs 的时间戳，则可以计算出网络传输耗时。
  - ✧ ss：服务端完成请求处理，应答信息被发回客户端（Server Sent）。通过减去 sr 的时间戳，可以计算出服务端处理请求的耗时。
  - ✧ cr：客户端接收（Client Received），标志着一个 Span 生命周期的结束，客户端成功地接收到服务端的应答信息。如果减去 cs 的时间戳，则可以计算出整个请求的响应耗时。

如图 8-1 通过可视化的方式描述了 Span 和 Trace 的概念。

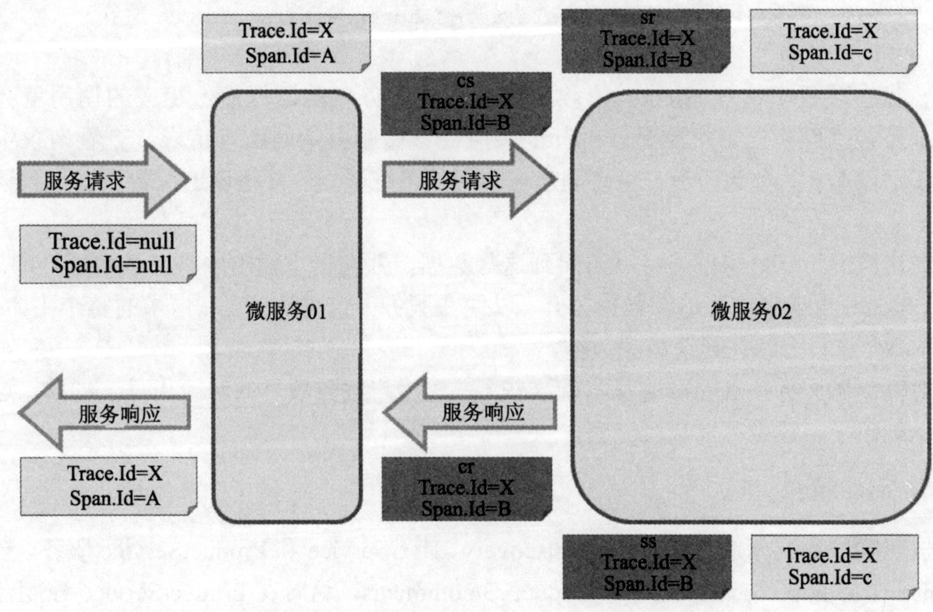

图 8-1　Sleuth 中 Trace 与 Span 的关系

8.1.1　快速启用 Sleuth

接下来，先用最简单的方式在前面的商品微服务和用户微服务项目中集成 Spring

Cloud Sleuth，集成后 Sleuth 会将跟踪到的信息在日志中输出，我们可以在日志或控制台中观察到这些数据信息。

1. 修改配置文件

首先需确认一下在商品微服务工程中已经包含了 bootstrap.properties 文件（如果读者不明白为什么需要该配置文件，而且在项目工程中只有 application.properties 配置文件，那么需要先看一下第 7 章）中的内容。然后确认该配置文件中至少包含下述配置：

```
server.port=2200

# 服务名称，请记住该名称，后面要用到
spring.application.name=productservice
```

2. 修改POM文件

然后需要在 pom.xml 文件中增加对 spring-cloud-starter-sleuth 的依赖，增加的脚本代码如下：

```
<dependency>
   <groupId>org.springframework.cloud</groupId>
   <artifactId>spring-cloud-starter-sleuth</artifactId>
</dependency>
```

一旦在项目中增加 Sleuth 依赖，那么在微服务启动运行后，相应的调用就会启用 Sleuth 监控追踪机制。机制是：Sleuth 会监视该微服务中的所有请求，查看请求中是否包含了追踪数据，如果没有，将会创建一个新的追踪数据，并将该追踪数据添加到请求的 header 中。

默认情况下，日志框架可以访问到这些数据，并在日志输出中将这些数据打印出来。另外，Sleuth 也会将这些追踪数据公开，以便在服务中也可访问。在请求的整个生命周期，Sleuth 都会进行追踪并记录相关数据。

对商品微服务项目的修改基本就这些了，对用户服务项目的修改也是一样的，这里就不一一列出了，读者可以自行完善。

3. 启动测试

按照顺序依次分别启动 Service-discovery、UserService 和 ProductService 服务，然后在 Postman 访问 http://localhost:2200/products/3/comments，这时在 ProductService 控制台中可以看到类似下面的日志输出：

```
2017-11-28 19:01:43.589 DEBUG [productservice,826bfe5c0116e8f3, 826bfe5c011
6e8f3,false] 20287 --- [nio-2200-exec-5] o.s.web.servlet.Dispatcher
Servlet:
DispatcherServlet with name 'dispatcherServlet' processing GET request for
[/products/3/comments]
2017-11-28 19:01:43.591 DEBUG [productservice,826bfe5c0116e8f3, 826bfe5c011
```

```
6e8f3,false] 20287 --- [nio-2200-exec-5] o.s.web.servlet.DispatcherServlet:
Last-Modified value for [/products/3/comments] is: -1
2017-11-28 19:01:43.669 DEBUG [productservice,826bfe5c0116e8f3, 826bfe5c011
6e8f3,false] 20287 --- [nio-2200-exec-5] o.s.web.servlet.Dispatcher
Servlet:
Null ModelAndView returned to DispatcherServlet with name 'dispatcher
Servlet':
assuming HandlerAdapter completed request handling
2017-11-28 19:01:43.670 DEBUG [productservice,826bfe5c0116e8f3, 826bfe5c011
e8f3,false] 20287 --- [nio-2200-exec-5] o.s.web.servlet.DispatcherServlet:
Successfully completed request
```

我们可以看到该日志的每一条信息中都包含这样一条数据：[productservice,826bfe5c0116e8f3,826bfe5c0116e8f3,false]，这就是 Sleuth 所生成的追踪数据，它们的格式为[ApplicationName,TraceId,SpanId,Exportable]，该数据包含了下面 4 种信息。

- ApplicationName：这里的值为 productservice，是 Sleuth 当前所追踪服务的服务名称，也就是前面在 bootstrap.properties 文件的配置。需要注意，该值必须在 bootstrap.properties 文件中进行配置，这是由于日志框架启动时间较早造成的。如果是在 application.properties 文件中进行配置，则会因为该配置数据尚未加载而导致日志框架无法获取到该值。
- TraceId：这里的值为 826bfe5c0116e8f3，对应于客户端的每次请求，也就是一次请求处理的链路。通过该标识符就可以找到一次客户端请求完整的处理链路。
- SpanId：这里的值为 826bfe5c0116e8f3，对应于每次请求中每一个处理部分，也就是该请求链路中的每一环，是 Sleuth 追踪的最基础工作单元。一次链路请求最起始的 Span 通常被称为根 Span（Root Span），它的 ID 通常也被作为 Trace 的 ID，因此在这里 TraceId 和 SpanId 的值是一样的。
- Exportable：是否将追踪到的信息输出到 Zipkin 服务器等日志采集服务器上。关于 Zipkin 服务器，将在后面章节中进行介绍。

如果此时查看用户微服务的控制台输出，也可以看到类似下面的日志输出：

```
2017-11-28 19:01:43.623 DEBUG [userservice,826bfe5c0116e8f3,c37894384363e21d,
false] 20222 --- [nio-2100-exec-5] o.s.web.servlet.DispatcherServlet:
DispatcherServlet with name 'dispatcherServlet' processing GET request for
[/users/1]
```

这是因为当访问商品评论服务时，商品微服务就会调用用户微服务加载评价者的用户信息。从中可以看到追踪数据变为了 userservice,826bfe5c0116e8f3,c37894384363e21d,false。可以看到用户服务和商品服务日志输出中 TraceId(826bfe5c0116e8f3)是相同的，而 SpanId 则是不同的。如果在用户服务控制台输出中继续往下看，可以找到下面的输出：

```
2017-11-28 19:01:43.636 DEBUG [userservice,826bfe5c0116e8f3,5169b500f07
b3267,
```

```
false] 20222 --- [nio-2100-exec-6] o.s.web.servlet.DispatcherServlet:
DispatcherServlet with name 'dispatcherServlet' processing GET request for
[/users/3]
```

这个日志中 TraceId 也是 826bfe5c0116e8f3，但 SpanId 为 5169b500f07b3267，而不是之前的 c37894384363e21d，这说明该处理和之前的访问是同一个服务请求，但处理的环节不同。在 Sleuth 中，每一次远程调用都认为是一个不同的工作单元，因为之前的商品服务中会多次请求加载用户信息，所以在用户微服务中会有不同的 SpanId 输出。

8.1.2 Sleuth 与日志框架

或许读者按照示例中对工程进行了修改，当启动测试时在控制台中却没有发现有前面所讲的追踪数据输出。这是什么原因？默认情况，Sleuth 会默认与 Slf4j MDC（Mapped Diagnostic Context，映射调试上下文）进行整合，当在项目中没有对日志配置进行覆写的话，启动 Sleuth 后上述追踪数据时就会立即在日志中显示，如果在项目中更改了日志配置的话，则需要在日志配置文件中手工配置日志输入格式。例如，项目中日志配置文件为 logback-spring.xml：

```
<?xml version="1.0" encoding="UTF-8" ?>
<configuration>
    <include
        resource="org/springframework/boot/logging/logback/defaults.xml"/>
    <springProperty scope="context" name="springAppName"
                    source="spring.application.name"/>
    <property name="LOG_FILE" value="${BUILD_FOLDER:-build}/${spring
    AppName}
"/>
    <!-- 这里重新定义日志的输出格式，并包含 Sleuth 中的追踪数据 -->
    <property name="CONSOLE_LOG_PATTERN"
              value="%clr(%d{yyyy-MM-dd HH:mm:ss.SSS}){faint}
                     %clr(${LOG_LEVEL_PATTERN:-%5p}) %clr(${PID:-}){magenta}
                     %clr(---){faint} %clr([%15.15t]){faint}
                     %clr(%-40.40logger{39}){cyan} %clr(:){faint}
                     %m%n${LOG_EXCEPTION_CONVERSION_WORD:-%wEx}"/>
    <appender name="STDOUT" class="ch.qos.logback.core.ConsoleAppender">
        <layout class="ch.qos.logback.classic.PatternLayout">
            <!-- 这里将日志的输出格式定义为上面的配置-->
           <pattern>${CONSOLE_LOG_PATTERN}</pattern>
        </layout>
    </appender>
    <!-- 日志其他的 appender -->
    <root level="DEBUG">
        <appender-ref ref="console"/>
    </root>
</configuration>
```

默认情况下，Sleuth 会与 Slf4j MDC 进行整合。下面具体来看一下 Sleuth 是如何与 Slf4j

进行整合的。负责具体实现的是 Slf4jSpanLogger，其源码如下（这里对源码做了精简）：

```
public class Slf4jSpanLogger implements SpanLogger {
    private final Logger log;
    private final Pattern nameSkipPattern;
    // 这里省略了其他的源代码
    ……
    @Override
    public void logStartedSpan(Span parent, Span span) {
      // 将追踪数据存放到 MDC 中
        MDC.put(Span.SPAN_ID_NAME, Span.idToHex(span.getSpanId()));
        MDC.put(Span.SPAN_EXPORT_NAME, String.valueOf(span.isExportable()));
        MDC.put(Span.TRACE_ID_NAME, span.traceIdString());
        log("Starting span: {}", span);
        if (parent != null) {
            log("With parent: {}", parent);
            MDC.put(Span.PARENT_ID_NAME, Span.idToHex(parent.getSpanId()));
        }
    }
}
```

可以看到，在 logStartedSpan() 方法中，Sleuth 会将追踪数据存放到 Slf4j 的 MDC 中，名称分别是 Span.SPAN_ID_NAME、Span.SPAN_EXPORT_NAME、Span.TRACE_ID_NAME 和 Span.PARENT_ID_NAME（如果 Span 有父 Span 的情况下）。而这些变量的名称可以在 Span 类的源码中看到，例如：

```
public class Span implements SpanContext {
    public static final String PARENT_ID_NAME = "X-B3-ParentSpanId";
    public static final String TRACE_ID_NAME = "X-B3-TraceId";
    public static final String SPAN_ID_NAME = "X-B3-SpanId";
    public static final String SPAN_EXPORT_NAME = "X-Span-Export";
}
```

到这里读者就明白了为何我们能够在日志配置文件中使用 X-B3-TraceId 这些变量进行配置了吧。也许读者还会好奇：这些信息是什么时候设置进去的呢？让我们再“扒一扒”Sleuth 的源码，可以找到这么一个类 TraceFilter：

```
@Order(TraceFilter.ORDER)
public class TraceFilter extends GenericFilterBean {
    @Override
    public void doFilter(ServletRequest servletRequest,
        ServletResponse servletResponse, FilterChain filterChain)
        throws IOException, ServletException {
        // 省略了其他代码
        ……
        try {
            spanFromRequest = createSpan(request, skip, spanFromRequest,
            name);
            filterChain.doFilter(request,
            new TraceHttpServletResponse(response, spanFromRequest));
```

```
            } catch (Throwable e) {
               ……
            } finally {
               ……
            }
        }
        // 创建 Span
        private Span createSpan(HttpServletRequest request,
            boolean skip, Span spanFromRequest, String name) {
            // 首先判断 Span 是否存在
            if (spanFromRequest != null) {
               if (log.isDebugEnabled()) {
                  log.debug("Span has already been created - " +
                     "continuing with the previous one");
               }
               return spanFromRequest;
            }
            // 尝试调用 tracer.createSpan 创建
            spanFromRequest = tracer().createSpan(name, NeverSampler.
            INSTANCE);
            return spanFromRequest;
        }
    }
```

熟悉 Filter 的读者看到这段代码应该会觉得非常熟悉了，这就是在开发 Web 应用时常用的 Filter。该 Filter 在拦截的时候尝试调用 createSpan()方法创建一个 Span，而 createSpan()方法首先会判断在请求中是否已经存在，如果不存在，则调用 tracer 类创建一个 Span，而 tracer 才是真正创建这些数据的类，其实现源码如下：

```
@Override
public Span createSpan(String name, Sampler sampler) {
    // 对 Span 的名称进行处理
    String shortenedName = SpanNameUtil.shorten(name);
    Span span;
    // 判断是否在跟踪过程中，如果是，则获取当前 Span 并在当前 Span 下创建一个子 Span
    if (isTracing()) {
        span = createChild(getCurrentSpan(), shortenedName);
    } else {
        // 通过 Span 中的 Builder 来创建一个新的 Span
        long id = createId();
        span = Span.builder().name(shortenedName)
            .traceIdHigh(this.traceId128 ? createId() : 0L)
            .traceId(id)
            .spanId(id).build();
        if (sampler == null) {
            sampler = this.defaultSampler;
        }
        span = sampledSpan(span, sampler);
        this.spanLogger.logStartedSpan(null, span);
    }
    return continueSpan(span);
}
```

这段代码在 DefaultTracer 中，也是 Sleuth 的默认实现。从创建的代码中可以看出，当追踪数据创建成功后，就会调用 SpanLogger 中的 logStartedSpan()方法将所创建的追踪数据存入到 Slf4j 的 MDC 中，从而就可以在日志中使用了。

另外，SpanLogger 中还有 logContinuedSpan()和 logStoppedSpan()方法，分别用于当有父 Span，以及一个 Span 执行完需要将 MDC 中的数据清空的情况。

8.1.3　有关 Span

从上面的分析中我们知道，Span 是由 Tracer 创建的，下面再仔细看一下 Tracer 的源码：

```
public interface Tracer extends SpanAccessor {
    // 创建一个新的 Span
    Span createSpan(String name);

   // 在指定的父 Span 下创建一个 Span
    Span createSpan(String name, Span parent);

   // 将 Span 传递给其他的线程继续使用
    Span continueSpan(Span span);

   // 将 Span 从当前线程中移除，但不终结追踪，也不向采集器发送数据
    Span detach(Span span);

   // 终结 Span 的追踪，并将所追踪到的数据发送给采集器
    Span close(Span span);
}
```

1. 创建一个Span

当启动一个 Span 时，Tracer 就会根据给定的名称（name）创建一个新的 Span，并记录该 Span 的创建时间和开始时间。

Sleuth 允许使用 Tracer 接口实现对 Span 的一些自定义处理。使用也非常简单，因为 Spring 已经创建了 Tracer 的实例，开发者只需在需要的代码中通过@Autowired 植入即可，比如如下的代码：

```
@Autowired
private Tracer tracer;
protected void createMySpan() {
    // 创建一个新的 Span，如果当前线程中已存在 Span，那么将作为 mySpan 的父 Span
    Span mySpan = this.tracer.createSpan("mySpanName");
    String myTag = "CD826";
    try {
        // 省略的代码
        ……
        // 我们也可以在追踪数据中添加一些自定义数据
        this.tracer.addTag("myTag", myTag);
        // 省略的代码
        ……
```

```
        // 也可以创建日志事件
        mySpan.logEvent("MyTask completed!");
    } finally {
        // 一定要记得关闭，否则所采集的数据不会发送给采集器
        this.tracer.close(mySpan);
    }
}
```

除了使用代码创建 Span 之外，Sleuth 还提供了@NewSpan 注解，通过该注解也可以达到上面示例中同样的效果。@NewSpan 可以注解到类和方法上，例如：

```
@NewSpan
void createMySpan();
```

@NewSpan 默认使用所注解的方法名作为所创建 Span 的名称，但是也可以在注解中指定，例如：

```
@NewSpan("cd826TestSpan")
void createMySpan();
```

这样在创建 Span 时就会使用 cd826TestSpan 作为名称，而不是方法名称 createMySpan。此外，Sleuth 还有一个注解@SpanTag，通过该注解可以为 Span 添加自定义数据，例如：

```
@NewSpan
void createMySpan(@SpanTag("myTag") String myTagParam);
```

2. 关闭一个Span

关闭 Span 时 Sleuth 才会根据配置将采集到的数据通过 spanReporter 发送采集器，关闭 Span 的核心代码如下：

```
public Span close(Span span) {
  // 停止，记录停止时间并计算耗时
  span.stop();
  final Span savedSpan = span.getSavedSpan();
  // 通过 spanReporter 将数据发送给 Zipkin
  this.spanReporter.report(span);
  // 向日志中输出
  this.spanLogger.logStoppedSpan(savedSpan, span);
  // 从当前线程中移除
  SpanContextHolder.close(new SpanContextHolder.SpanFunction() {
      @Override public void apply(Span span) {
         DefaultTracer.this.spanLogger.logStoppedSpan(savedSpan, span);
      }
  });
  return savedSpan;
}
```

在 Span 关闭的最后，会通过 SpanContextHolder.close()方法从当前线程中移除。所以，当使用 Tracer 创建自己的 Span 时，一定要记住最后使用 close()方法将其关闭，否则 Sleuth 是不会将采集到的数据发送给采集服务器的（如 Zipkin）。

注意： 正确关闭 Span 是非常重要的，否则在系统日志中会出现很多警告，并且更糟糕的是，Zipkin 服务器可能因此将无法获取到所采集的数据。

3．继续使用一个Span

Span 是 Sleuth 所追踪的最小工作单元，但有时候在下面的场景中，可能想把一系列的处理作为一个工作单元，而不是割裂的小单元。

- 当使用 Hystrix 时：HystrixCommand 执行只是当前处理过程中的一部分，是技术层面的实现细节，与业务逻辑处理单元是没有关系的，因此进行分析时也不想将其分开。
- 当使用 AOP 时：与 Hystrix 情形类似，只是通过技术层面将一个业务分开处理而已。

在这些情形下，可以通过继续使用同一个 Span 来达到目的。当调用 Tracer 的 continueSpan()方法创建 Span 时，其实只是原 Span 的一个备份。此时当对新 Span 有所修改时，也会影响到原 Span。

相对于 createSpan()所创建的 Span，需要在使用完毕之后使用 close()方法将 Span 关闭，continueSpan()所生成的 Span，需要在使用完毕之后使用 detach()方法将 Span 从当前线程中移除。从 Tracer 的源码中可以看到 detach()方法只是调用 SpanContextHolder.removeCurrentSpan()方法从上下文中移除，并没有将 Span 所采集到的数据发送给采集器。

同样针对该功能，Sleuth 也提供了相应的注解`@ContinueSpan`，示例如下：

```
@ContinueSpan
void myContinueSpan(@SpanTag("myContinueTag") String tagParam);
```

4．Span命名

默认情况下 Sleuth 将使用方法的名称或者类的名称简称作为 Span 的名称。同时，Sleuth 也为我们提供了自定义 Span 名称的入口。在上面示例中通过代码创建 Span 时就可以指定 Span 的名称。如果不想通过代码的方式，Sleuth 也提供了注解的方式设定 Span 的名称。例如：

```
@SpanName("cd826RunnableSpan")
class ProductRatingRunnable implements Runnable {
    @Override public void run() {
        // 下面是具体的业务逻辑，省略
        ……
    }
}
```

当这段代码被调用执行时，所创建的 Span 的名称就是 cd826RunnableSpan。通过@SpanName 就可以显式地设置所创建的 Span 名称。很多时候开发者可能不会单独创建一个类，而是采用创建一个匿名实例的方式，那么此时将无法使用@SpanName 注解。不过 Sleuth 已经考虑到了这一点，对于这种情形，Sleuth 会尝试判断该匿名实例中的 toString()方法是否存在，如果存在那么将获取该方法的返回值作为 Span 的名称。

对于 Span 的命名，这里需要说明的是，如果开发者指定的 Span 名称超过了 50 个字符，Sleuth 会调用 SpanNameUtil.shorten()方法对名称进行裁剪，保留最前面的 50 个字符。

所以，不要给 Span 起过长的名称，否则一方面过多字符在日志传输过程中会占用更多的带宽造成拥堵，另一方面经过裁剪过的名称可能不是开发者想要的名称，有可能会造成一些不可预知的错误。

8.2　Sleuth 与 ELK 整合

在微服务架构中，每一个微服务实例所产生的日志被分散地储存不同的设备上，这时如果还是使用传统的方式登录每台微服务器容器中查阅日志，那么要看一个服务请求所产生的日志可能需要登录多台服务器，这么做对运维和开发来说不仅非常烦琐，而且效率非常低下。此时，最好的方式就是在基于微服务架构的应用中引入集中化日志管理，如 ELK、Graylog、Syslog 和 Splunk 等，这些解决方案均可将采集多台服务器上的日志进行汇总，这样开发者就可以集中对所有微服务所产生的日志进行查询分析等处理。

ELK 是使用非常广泛的开源实时日志分析平台。ELK 解决方案其实由 3 个开源工具组成，分别是 Elasticsearch、Logstash 和 Kiabana。

- Elasticsearch：承担存储和分析功能，其具有分布式、零配置、自动发现、索引自动分片、副本机制及自动搜索负载等特点，同时提供 Restful 风格接口供开发者使用。
- Logstash：负责收集数据和进行简单数据处理，并将采集的数据输出给 ElasticSearch。通过 Logstash 我们可以采集各微服务实例所生成的日志。
- Kibana：负责将 Logstash 所采集的日志，利用 Elasticsearch 进行搜索分析，通过友好的可视化界面，提供日志的可视化分析、搜索和报表统计等功能。

可以看出，Elasticsearch、Logstash 和 Kiabana 这 3 个开源工具本质上是完全独立的 3 个工具，都可以单独使用，但是通过这种组合可以给微服务架构提供一个日志管理利器。此外，当微服务所产生的日志非常庞大时，往往 Logstash 还会与消息中间件（如 Kafka）一起搭配使用，这样可以避免在日志采集时影响到原业务。

实际上当需要和 ELK 对接时，其实只是将微服务日志部分与 Logstash 对接，并不需要对微服务开发做太多改动。下面以商品微服务为例，来看看如何将所产生的日志对接到 Logstash 中。

8.2.1　将日志输出到 Logstash

在前面的示例中我们的日志都采用了默认的日志 Logback。Logstash 本身对 Logback 日志有相应的支持工具，可以直接在 Logback 配置中增加 Logstash 的 Appender，就可以将日志转化成 JSON 格式的字符串并输出到 Logstash 上，因此需要在项目中引入下面的依赖：

```
<dependency>
   <groupId>net.logstash.logback</groupId>
```

```
    <artifactId>logstash-logback-encoder</artifactId>
    <version>4.11</version>
</dependency>
```

然后需要对日志配置文件进行修改，修改后的配置内容如下：

```
<?xml version="1.0" encoding="UTF-8"?>
<configuration>
    <include
resource="org/springframework/boot/logging/logback/defaults.xml"/>
    <springProperty scope="context" name="springAppName"
        source="spring.application.name" />
    <!-- 控制台中日志输出样式 -->
    <property name="CONSOLE_LOG_PATTERN"
        value="%clr(%d{yyyy-MM-dd HH:mm:ss.SSS}){faint}
                %clr(${LOG_LEVEL_PATTERN:-%5p}) %clr(${PID:- }){magenta}
                %clr(---){faint} %clr([%15.15t]){faint}
                %m%n${LOG_EXCEPTION_CONVERSION_WORD:-%wEx}}" />
    <!-- 控制台输出 -->
    <appender name="console" class="ch.qos.logback.core.ConsoleAppender">
        <filter class="ch.qos.logback.classic.filter.ThresholdFilter">
            <level>INFO</level>
        </filter>
        <encoder>
            <pattern>${CONSOLE_LOG_PATTERN}</pattern>
            <charset>utf8</charset>
        </encoder>
    </appender>
    <!-- Logstash 日志 Appender -->
    <appender name="logstash"
        class="net.logstash.logback.appender.LogstashTcpSocketAppender">
        <param name="Encoding" value="UTF-8"/>
        <!-- 配置 Logstash 服务器的地址 -->
        <remoteHost>192.168.199.212</remoteHost>
        <port>9260</port>
        <!-- 通过日志编码器，将日志转换成 JSON 字符串 -->
        <encoder class="net.logstash.logback.encoder.LogstashEncoder"/>
    </appender>
    <!-- 日志输出级别 -->
    <root level="INFO">
        <appender-ref ref="console" />
        <appender-ref ref="logstash" />
    </root>
</configuration>
```

在上面的配置中，最重要的部分就是增加一个名称为 logstash 的 Appender。在配置中指定了 Logstash 服务器地址 192.168.199.212:9260 及日志输出的编码器。这样对商品微服务的日志改造就全部完成了。对于用户微服务的改造与其类似，这里就不再赘述了。

下面来测试一下日志采集是否成功。编译打包后依次启动各微服务，然后通过 Postman 访问商品评论服务 http://localhost:2200/products/3/comments，当获取结果后，可以在商品微服务的控制台中看到如图 8-2 所示的日志输出。

```
ted a LoadBalancer: DynamicServerListLoadBalancer:{NFLoadBalancer:name=USERSERVICE,current list of Servers=[],Load balancer stats=Zone stats: {
},Server stats: []}ServerList:null
2018-04-12 18:50:40.623  INFO [productservice,28fcd31c330ea7f5,28fcd31c330ea7f5,true] 83869 --- [nio-2200-exec-2] Using serverListUpdater Polli
ngServerListUpdater
2018-04-12 18:50:40.758  INFO [productservice,28fcd31c330ea7f5,28fcd31c330ea7f5,true] 83869 --- [nio-2200-exec-2] Flipping property: USERSERVIC
E.ribbon.ActiveConnectionsLimit to use NEXT property: niws.loadbalancer.availabilityFilteringRule.activeConnectionsLimit = 2147483647
2018-04-12 18:50:40.762  INFO [productservice,28fcd31c330ea7f5,28fcd31c330ea7f5,true] 83869 --- [nio-2200-exec-2] DynamicServerListLoadBalancer
 for client USERSERVICE initialized: DynamicServerListLoadBalancer:{NFLoadBalancer:name=USERSERVICE,current list of Servers=[cd826dembp:2100],L
oad balancer stats=Zone stats: {defaultzone=[Zone:defaultzone;  Instance count:1;      Active connections count: 0;    Circuit breaker tripped
 count: 0;      Active connections per server: 0.0;]
},Server stats: [[Server:cd826dembp:2100;       Zone:defaultZone;       Total Requests:0;       Successive connection failure:0;       Total b
lackout seconds:0;      Last connection made:Thu Jan 01 08:00:00 CST 1970;      First connection made: Thu Jan 01 08:00:00 CST 1970;    Active
Connections:0;  total failure count in last (1000) msecs:0;     average resp time:0.0;  90 percentile resp time:0.0;    95 percentile resp time
:0.0;   min resp time:0.0;      max resp time:0.0;      stddev resp time:0.0]
]}ServerList:org.springframework.cloud.netflix.ribbon.eureka.DomainExtractingServerList@328d5e64
2018-04-12 18:50:41.632  INFO [productservice,,,] 83869 --- [erListUpdater-0] Flipping property: USERSERVICE.ribbon.ActiveConnectionsLimit to u
se NEXT property: niws.loadbalancer.availabilityFilteringRule.activeConnectionsLimit = 2147483647
```

图 8-2 商品微服务与 Logstash 集成日志输出

同时，在 Logstash 控制台中也可以看到如图 8-3 所示的日志输出。

```
        "X-Span-Export" => "true",
                "level" => "DEBUG",
    "X-B3-ParentSpanId" => "28fcd31c330ea7f5",
              "message" => "Successfully completed request",
                 "tags" => [
        "tags"
    ],
        "springAppName" => "userservice",
           "@timestamp" => 2018-04-12T10:50:42.649Z,
          "X-B3-SpanId" => "eace118392918ff5",
                 "port" => 59771,
          "thread_name" => "http-nio-2100-exec-3",
          "level_value" => 10000,
             "@version" => 1,
                 "host" => "192.168.50.50",
         "X-B3-TraceId" => "28fcd31c330ea7f5",
          "logger_name" => "org.springframework.web.servlet.DispatcherServlet"
}
[2018-04-12T18:50:42,803][DEBUG][logstash.util.decorators ] inputs/LogStash::Inputs::Tcp: adding tag {"tag"=>"tags"}
[2018-04-12T18:50:42,809][DEBUG][logstash.pipeline        ] filter received {"event"=>{"X-Span-Export"=>"true", "level"=>"DEBUG", "X-B3-ParentS
panId"=>"28fcd31c330ea7f5", "message"=>"Null ModelAndView returned to DispatcherServlet with name 'dispatcherServlet': assuming HandlerAdapter
completed request handling", "tags"=>["tags"], "springAppName"=>"productservice", "@timestamp"=>2018-04-12T10:50:42.788Z, "X-B3-SpanId"=>"28fcd
31c330ea7f5", "port"=>59867, "thread_name"=>"http-nio-2200-exec-2", "level_value"=>10000, "@version"=>1, "host"=>"192.168.50.50", "X-B3-TraceId
"=>"28fcd31c330ea7f5", "logger_name"=>"org.springframework.web.servlet.DispatcherServlet"}}
[2018-04-12T18:50:42,810][DEBUG][logstash.pipeline        ] output received {"event"=>{"X-Span-Export"=>"true", "level"=>"DEBUG", "X-B3-ParentS
panId"=>"28fcd31c330ea7f5", "message"=>"Null ModelAndView returned to DispatcherServlet with name 'dispatcherServlet': assuming HandlerAdapter
completed request handling", "tags"=>["tags"], "springAppName"=>"productservice", "@timestamp"=>2018-04-12T10:50:42.788Z, "X-B3-SpanId"=>"28fcd
31c330ea7f5", "port"=>59867, "thread_name"=>"http-nio-2200-exec-2", "level_value"=>10000, "@version"=>1, "host"=>"192.168.50.50", "X-B3-TraceId
"=>"28fcd31c330ea7f5", "logger_name"=>"org.springframework.web.servlet.DispatcherServlet"}}
{
        "X-Span-Export" => "true",
                "level" => "DEBUG",
    "X-B3-ParentSpanId" => "28fcd31c330ea7f5",
              "message" => "Null ModelAndView returned to DispatcherServlet with name 'dispatcherServlet': assuming HandlerAdapter completed re
quest handling",
                 "tags" => [
        "tags"
    ],
        "springAppName" => "productservice",
           "@timestamp" => 2018-04-12T10:50:42.788Z,
          "X-B3-SpanId" => "28fcd31c330ea7f5",
                 "port" => 59867,
          "thread_name" => "http-nio-2200-exec-2",
          "level_value" => 10000,
             "@version" => 1,
                 "host" => "192.168.50.50",
         "X-B3-TraceId" => "28fcd31c330ea7f5",
          "logger_name" => "org.springframework.web.servlet.DispatcherServlet"
```

图 8-3 Logstash 中商品微服务调用日志采集

这说明本次服务请求所产生的日志已经输出到 Elasticsearch 中了。此时就可以尝试在 Kibana 中进行搜索。在 Kibana 界面，通过本次请求的 TraceID，也就是进行搜索，可以看到如图 8-4 所示的界面。

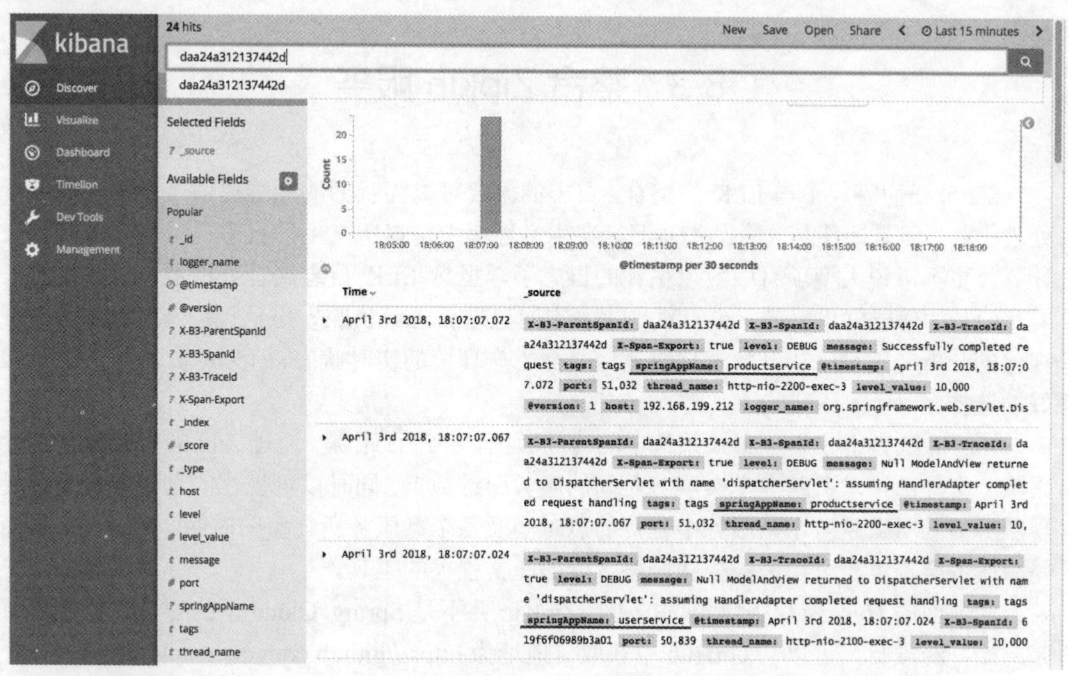

图 8-4　通过 Kibana 查询日志

从界面截图中可以看到，在搜索结果中，有些日志来源于商品微服务，日志内容中包含了 springAppName:productservice ，而有些日志来源于用户微服务，日志内容中包含了 springAppName:userservice，这说明日志已经成功聚合。另外，如果仔细观察这些日志，就会发现它们的 spanId 的值是不一样的，这说明了前面配置的 Sleuth 功能也正常运行了。

说明：对于 ELK 的安装已经超过了本书的范围，读者可以到 ELK 官网（https://www.elastic.co/guide/index.html）了解如何安装和使用。

8.2.2　Logstash 与 Log4j 的集成

如果在项目中所使用的日志不是 Logback 而是 Log4j，此时就可以直接借助 Log4j 所提供的 SocketAppender 或 SocketHubAppender 将日志输出到 Logstash 上，而不需要再引入其他的依赖。在日志配置文件中配置如下：

```
<appender name="socketAppender" class="org.apache.log4j.net.SocketAppender">
    <param name="remoteHost" value="192.168.199.212" />
    <param name="port" value="9260" />
    <param name="Threshold" value="INFO" />
    <param name="ReconnectionDelay" value="1000" />
    <param name="LocationInfo" value="true" />
</appender>
```

8.3　整合 Zipkin 服务

8.2 节我们完成了与 ELK 的整合，日志的聚合可以为我们的运维提供一个强大的分析处理工具。但是即使是一个小型项目，在生产环境中每日所产生的日志记录也会以百万来计算，更不用说大型项目中数以亿计的日志了。虽然 ELK 日志聚合分析是一个强大的工具，但是如何能够更有效、更直观地来表现对这些日志分析呢？俗话说：一图胜千言，可视化的分析展现可以让开发者更快速地掌握生产环境的实时状态，而 Zipkin 就是一个非常好的选择。

Zipkin 致力于收集分布式系统中的时间数据，并进行跟踪。通过 Zipkin 可以为开发者采集一个外部请求所跨多个微服务之间的服务跟踪数据，同时以可视化的方式为开发者展现服务请求所跨越多个微服务中耗费的总时间及各个微服务所耗费的时间。可以说 Zipkin 是微服务架构下一个用来监控微服务效能的非常强大的工具。

和前面的 Hystrix 仪表盘不同的是，ZipKin 并不是 Spring Cloud 下的一个子项目，而是一个开源项目，可以从 GitHub 中获取，地址为 https://github.com/openzipkin/zipkin。

Zipkin 主要涉及以下 4 个组件。

- collector：数据采集组件，用来收集 Sleuth 所生成的跟踪数据。
- storage：数据存储组件，将采集的数据进行存储以便后续进行分析。
- search：数据查询组件，对采集到的数据处理后，就可以通过查询组件进行过滤、分析等处理。
- UI：数据展示组件。

Zipkin 在数据存储上提供了可插拔式数据存储方案，支持以下 4 种方式。

- In-Memory：将采集到的数据保存在内存中。如果是测试环境中推荐这种方式，使用和配置都比较简单，但是在生产环境中最好还是不要使用该方式，因为一旦服务关闭，所有数据都会丢失。
- MySQL：将采集到数据保存到 MySQL 数据库中。
- Cassandra：是一个使用非常广泛的关系型开源数据库。
- Elasticsearch：前面在做 ELK 整合时已经介绍过，在生产环境中个人推荐使用该存储，这样就能和之前的日志聚合进行统一。

8.3.1 构建 Zipkin 服务器

在接下来的示例中将构建一个单独的 Zipkin 服务器。该服务器也是一个标准的 Spring Boot 应用，构建步骤如下。

首先需要编写 Zipkin 项目的 Maven 脚本文件，同样也是继承自 Parent 项目，文件的核心内容如下：

```
<artifactId>zipkin-server</artifactId>
<name>SpringCloud Demo Projects(Sleuth) -- Zipkin Server</name>
<dependencies>
    <dependency>
        <groupId>org.springframework.boot</groupId>
        <artifactId>spring-boot-starter-web</artifactId>
    </dependency>
    <!-- 依赖 Zipkin 服务器所需要核心 JAR 包 -->
    <dependency>
        <groupId>io.zipkin.java</groupId>
        <artifactId>zipkin-server</artifactId>
    </dependency>
    <dependency>
        <groupId>io.zipkin.java</groupId>
        <artifactId>zipkin-autoconfigure-ui</artifactId>
        <scope>runtime</scope>
    </dependency>
</dependencies>
```

然后编写应用引导类，内容如下：

```
package com.cd826dong.clouddemo;
import …
// 通过@EnableZipkinServer 就可以开启一个 Zipkin 服务器
@EnableZipkinServer
@SpringBootApplication
public class Application {
    public static void main(String[] args) {
        SpringApplication.run(Application.class, args);
    }
}
```

最后编写应用配置文件，内容如下：

```
// 将服务端口设置为 8240
server.port=8240
spring.application.name=ZIPKIN-SERVER
```

编译打包，并通过 java -jar 命令启动服务器，然后在浏览器中通过 http://localhost:8240 访问，可以看到如图 8-5 所示的界面，说明 Zipkin 服务器已经创建成功。

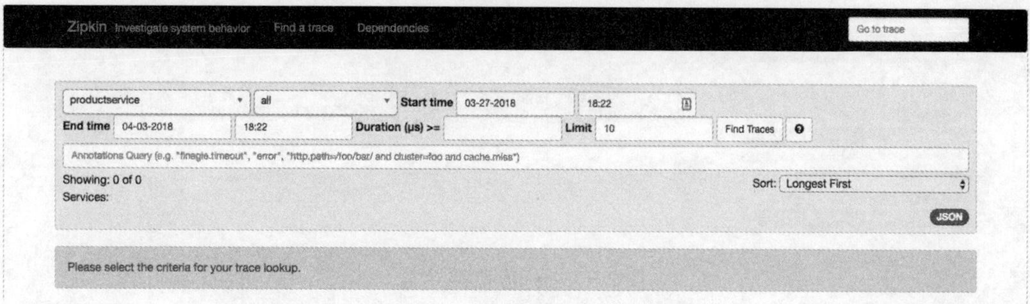

图 8-5　Zipkin 服务器界面

8.3.2　整合微服务

下面让我们在各微服务中进行整合。首先需要在项目依赖中增加如下依赖：

```
<dependency>
    <groupId>org.springframework.cloud</groupId>
    <artifactId>spring-cloud-starter-zipkin</artifactId>
</dependency>
```

然后修改项目配置文件，将 Zipkin 服务器地址指向前面所创建的服务器，配置如下：

```
# zipkin 配置
spring.zipkin.base-url=http://localhost:8240
spring.sleuth.sampler.percentage=1.0
```

在上面所修改的配置中，spring.sleuth.sampler.percentage 必须将值配置为 1.0，具体原因在后面会详细说明，这里先不解释。

以上就是微服务中整合 Zipkin 所需要的全部修改内容，为了保障后续 Zipkin 分析的正确性，用户微服务和商品微服务都需要完成该步骤的修改。

8.3.3　Zipkin 分析

将修改后的全部代码编译打包后，依次启动 Service-discovery、Zipkin-Server、UserService 和 ProductService 服务。全部启动完成后，使用 Postman 多次访问商品评论服务，然后可以看到如图 8-6 所示的 Zipkin 界面。

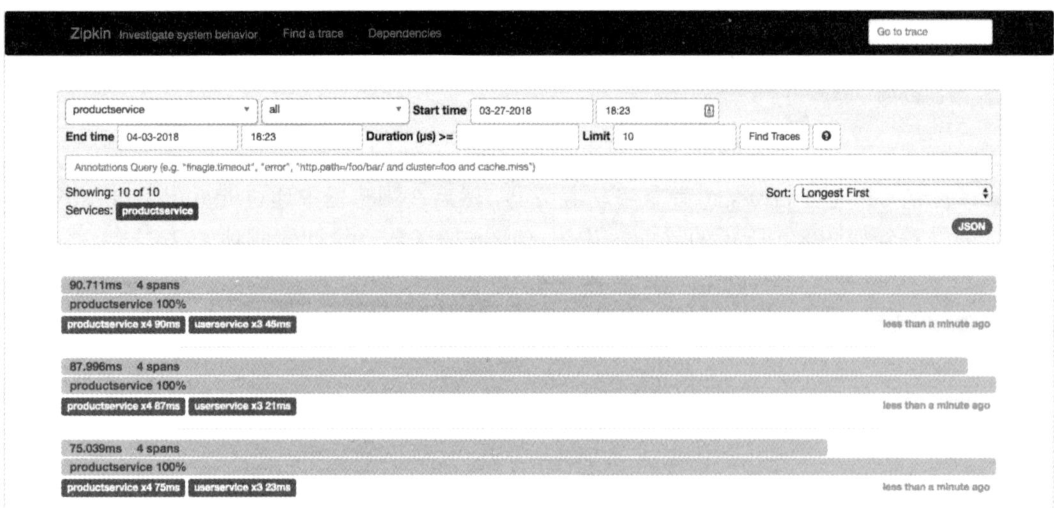

图 8-6　Zipkin 监控界面

在上面的界面截图中可以看到，Zipkin 已经获取到服务的调用跟踪信息。每次服务调用都包含了下面几种数据：

- 调用总耗时；
- 本次调用所产生的 Span 个数；
- 本次调用中占用耗时最多的服务及所占百分比；
- 本次调用中所调用的微服务列表及被调用次数。

接着可以单击其中的一个请求，查看该请求的详细数据，如图 8-7 所示。

图 8-7　Zipkin 监控界面——请求详情界面

在该界面中列出了本次调用拆分的 Span 列表，以及每一个 Span 相应的耗时和相应请求的服务地址。还可以继续单击每一个 Span，查看更为详细的数据，如图 8-8 所示。

userservice.http:/users/1: 21.000ms

AKA: productservice,userservice

Date Time	Relative Time	Annotation	Address
2018/4/3 下午6:23:36	7.000ms	Client Send	192.168.199.212:2200 (productservice)
2018/4/3 下午6:23:36	11.000ms	Server Receive	192.168.199.212:2100 (userservice)
2018/4/3 下午6:23:36	16.000ms	Server Send	192.168.199.212:2100 (userservice)
2018/4/3 下午6:23:36	28.000ms	Client Receive	192.168.199.212:2200 (productservice)

Key	Value
http.host	cd826dembp.lan
http.method	GET
http.path	/users/1
http.url	http://cd826dembp.lan:2100/users/1
mvc.controller.class	UserEndpoint
mvc.controller.method	detail
spring.instance_id	cd826dembp.lan:productservice:2200
spring.instance_id	cd826dembp.lan:userservice:2100

More info

图 8-8　Zipkin 监控界面——Span 详情界面

在该界面中可以看到该 Span 的每一个详细时间跟踪数据：cs、sr、ss 和 cr。同时还会列出本次 HTTP 请求中的一些参数信息。如果单击界面中所示的 More Info 按钮，则会显示出该 Span 相应的 TraceId、SpanId 及 ParentId 等信息。

此外，在 Zipkin 界面中还可以通过 Dependencies 标签查看服务请求中各微服务之间的依赖关系，如图 8-9 所示。

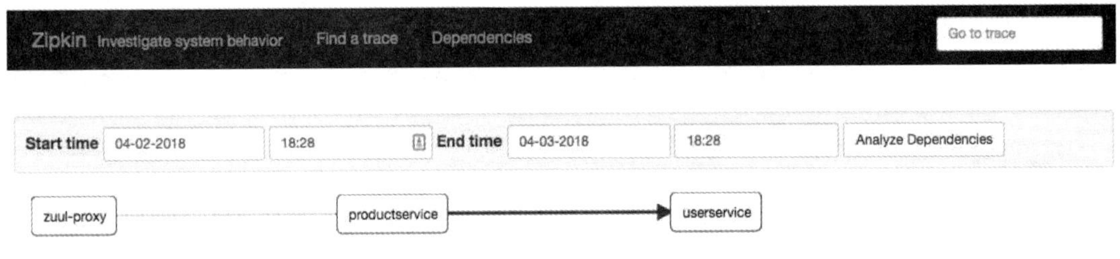

图 8-9　Zipkin 监控界面——微服务依赖关系图

在 Zipkin 中可以跟踪调用过程中的错误信息。当调用异常并且没有捕获时，Zipkin 就会自动将本次调用标记为红色。因此在跟踪记录的清单中，当看到红色的记录时，就表示该次调用有异常。假如我们将用户微服务停掉，再次访问商品评论服务时将会看到如图 8-10 所示的界面。

Zipkin Investigate system behavior Find a trace Dependencies Go to trace

productservice all Start time 03-27-2018 18:30

End time 04-03-2018 18:30 Duration (μs) >= Limit 10 Find Traces

Annotations Query (e.g. "finagle.timeout", "error", "http.path=/foo/bar/ and cluster=foo and cache.miss")

Showing: 10 of 10　Sort: Longest First

Services: productservice　JSON

119.040ms 3 spans
productservice 100%
productservice x3 119ms　less than a minute ago

87.996ms 4 spans
productservice 100%
productservice x4 87ms　userservice x3 21ms　7 minutes ago

图 8-10　Zipkin 监控界面——异常信息

对于错误调用记录，还可以单击进去查看具体错误原因，如图 8-11 所示。

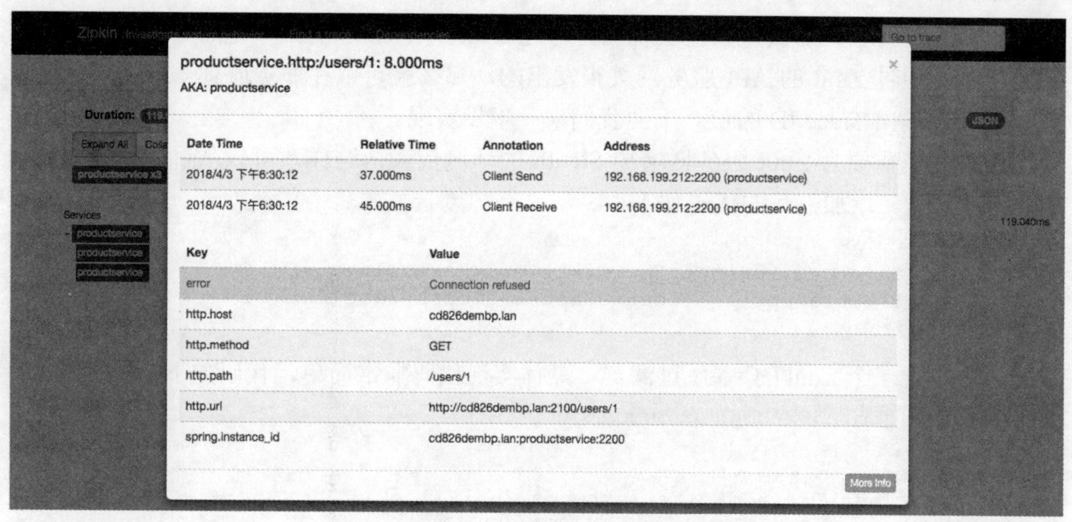

图 8-11　Zipkin 监控界面——异常详情

8.3.4　输出 TraceId

在开发调试时开发者有时希望能够及地在 Zipkin 上查看某次请求相应的监控数据，此时在如图 8-12 所示的 Zipkin 监控界面中，在右上角的 Go to trace 中输入请求的 TraceId，就可以直接进入本次调用的跟踪信息的详情页面。

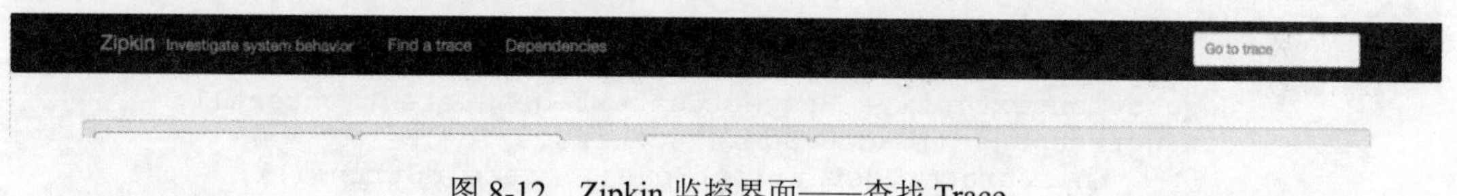

图 8-12　Zipkin 监控界面——查找 Trace

但问题是，如果开发者能够知道本次请求的 TraceId，那么上面的操作就会很容易。但如何才能够取到本次请求的 TraceId 呢？

首先我们能想到的是通过日志获取，像前面的示例步骤一样，但是在生产环境中微服务通常不是部署在本地的，而且同一个微服务会有多个实例，日志数量有时会很庞大，可能瞬时就会有成千上万条记录，此时要想通过日志获取 TraceId 则比较困难。

既然 Sleuth 将追踪的信息会保存在请求信息的头部，那么是否可以通过请求信息的头部信息中获取呢？不过很可惜，查询请求信息返回的头部信息时没有发现追踪的信息，官方文档中的说明也印证了这一点，Sleuth 开发团队认为在响应中输出该信息会有安全隐患。

那么是否我们只能通过日志来获取呢？再仔细思考一下，前面讲过，Sleuth 在和 Spring 整合过程中，会通过 Spring 公开一个 Tracer 的 Bean，其可以在程序直接使用，也就是说我们可以自己在头部信息中输出本次请求的 Tracer。Sleuth 团队认为输出该 ID 不安全，因此我们只要不在生成环境中输出就可以了。

既然思路有了，那么该如何实现呢？通过 Zuul 的 Post 过滤器？是的，既然我们所有的请求都是通过 Zuul 的 API 服务网关来发出的，那么就可以在服务整体处理完毕之后通过过滤器来输出 Trace ID 的值。下面我们来一步步实现。

（1）我们需要为 Zuul 服务器增加 Sleuth 的环境依赖，这样才可以从过滤器中获取到 Tracer 的实例。增加依赖的代码如下：

```
<dependency>
    <groupId>org.springframework.cloud</groupId>
    <artifactId>spring-cloud-starter-sleuth</artifactId>
</dependency>
```

（2）实现一个 Zuul 的 POST 过滤器，具体实现代码非常简单，代码如下：

```
package com.cd826dong.clouddemo.filters;
import …
@Component
public class TraceIdFilter extends ZuulFilter {
    private static final int FILTER_ORDER = 1;
    private static final boolean SHOULD_FILTER=true;
    // 自动注入 Sleuth 的 Tracer 对象
    @Autowired
    private Tracer tracer;
    @Override
    public String filterType() { return "post"; }
    @Override
    public int filterOrder() { return FILTER_ORDER; }
    @Override
    public boolean shouldFilter() { return SHOULD_FILTER; }
    @Override
    public Object run() {
        //可以通过下面的代码获取 TracerId，并将其设置到返回信息中
        RequestContext ctx = RequestContext.getCurrentContext();
        ctx.getResponse().addHeader("scd-trace-id",
              this.tracer.getCurrentSpan().traceIdString());
        return null;
    }
}
```

其中，需要说明的有以下几处。

- 通过@Autowired 注解自动织入 Tracer，通过该对象可以获取到当前的 Span。
- TraceId 可以通过 tracer.getCurrentSpan().traceIdString()获取。
- 在过滤器的 run()方法中，将所获取到的 TraceId 存放到请求信息头部的 scd-trace-id 属性中，后续使用 Postman 可以通过查询该属性的值，得到本次请求的 TraceId。

（3）在 Zuul 服务器中完成与 Zipkin 的整合，具体修改步骤可以参考 8.3.3 节中的描述。然后启动 Zuul 服务器，通过 Postman 访问商品评价服务。需要注意的是，这里的访问地址是 http://localhost:8280/productservice/products/3/comments，需要通过 API 网关服务器来访问，而不是直接访问商品微服务。请求成功后 Postman 返回界面中获取到本次请求的 TraceId，如图 8-13 所示。

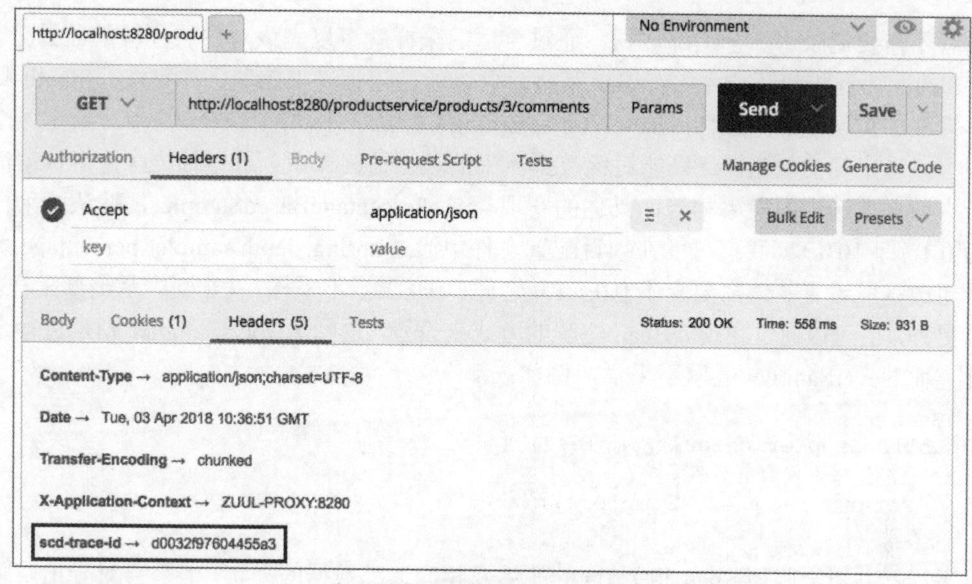

图 8-13　在调试中获取 TraceId

然后，我们就可以根据所获取的 TraceId 在 Zipkin 服务器中进行查询，查询结果如图 8-14 所示。

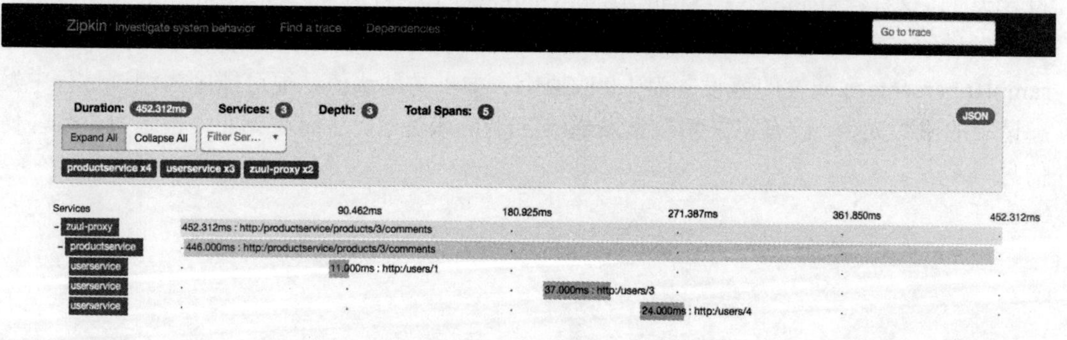

图 8-14　在 Zipkin 中通过 TraceId 查询

注意：本例中的 POST 过滤器中并没有判断当前服务器是否是生产环境。如果读者想在自己的项目中使用，可以自行将是否是生产环境的判断加上。只有在非生产环境下才将 TraceId 设置到 scd-trace-id 中。

8.4　Sleuth 抽样采集与采样率

在生成环境中，由于业务量比较大，所产生的追踪数据可能会非常大，如果全部采集，一是对业务有一定影响，二是存储压力也会比较大，所以采样就变得很重要了。一般来说，开发者不需要记录每一个追踪数据，通过合适的采样就可以完成对生成环境的监控分析。

Sleuth 为此提供了一个 Sampler 策略，可以通过该策略来控制采样算法。Sleuth 默认采样算法的实现是水塘抽样（Reservoir sampling）算法。水塘抽样算法是指对给定一个长度很大或者未知的数据流（只能对该数据流中的数据访问一次）进行抽样，使得数据流中的所有数据被选中的概率相等，具体的实现类是 PercentageBasedSampler，默认的采样比例为 0.1（即 10%）。我们可以在项目配置文件中通过 spring.sleuth.sampler.percentage 属性进行更改，所设置的值需要介于 0.0～1.0 之间。0.0 表示不采样，1.0 则表示全部采样。

另外，也可以通过实现@Bean 注解的方式来设置。返回 AlwaysSampler 则是进行全部采样，而 NeverSampler 表示不采样，例如：

```
@Bean
public Sampler defaultSampler() {
    // 这里设置为全部都采样
    return new AlwaysSampler();
}
```

采样器并不会阻碍 Span 相关 ID 的产生及相应追踪数据的采集，但是会对导出及附加事件标签的相关操作造成影响。一旦采样器将 Span 中的 exportable 值设置为 false 时，Sleuth 将不会把这个追踪数据推送给 Zipkin 服务器，但还是能够在日志中看到这些数据。

此外，还可以将 HTTP 请求头中的 X-B3-Flags 设置为 1，或在服务请求中把 spanFlags 设置为 1，这样，Sleuth 不管 Span 中的 exportable 值是否为真，都会将该 Span 所采集的数据发送给 Zipkin 服务器。这也是为何在前面的例子中需要将微服务中 spring.sleuth.sampler.percentage 属性的值设置为 1.0 的原因。如果是默认值，很可能因为测试过程中发起请求的次数太少，没有将采集数据发送给 Zipkin 服务器，从而在界面中根本看不到任何信息。

第 9 章 消息驱动——Stream

在微服务架构体系下，原来单一的应用通常被拆分成多个细粒度的微服务。这些微服务因为运维开发要求它们之间降低耦合，使得这些微服务分离。但另一方面，因为业务原因使得这些微服务之间的互相连接越来越紧密，因此微服务之间的消息传递也就越来越频繁。而解决这种分布式系统中消息传递方案最好的选择就是消息中间件。

通过消息中间件所提供的松散耦合的方式——存储和转发微服务之间的异步数据，使得微服务之间彼此不需要直接通信，而是与作为中介的消息中间件进行通信，从而将微服务应用集成在一起。微服务开发人员可以在无须过多了解底层调用和网络与通信协议细节的情况下，通过发送和接收消息，可以方便、可靠地实现微服务之间的消息传递。因此，消息中间件几乎成了微服务架构体系下的标配中间件。

9.1 什么是消息驱动开发

基于消息驱动的开发典型应用如图 9-1 所示，微服务 A 与微服务 B 通过消息中间件进行消息的传递。当微服务 A 发送消息给微服务 B 时，将由消息中间件负责处理网络通信。如果网络连接不可用或者微服务 B 不在线，则消息中间件会存储消息，直到连接变得可用或微服务 B 恢复时，再将消息转发给微服务 B。这样保障了消息传递的可靠性。通过消息中间件的异步处理，还避免了因微服务 A 等待微服务 B 处理消息而造成的阻塞，从而提升了系统的灵活性。

图 9-1 面向消息驱动开发

在分布式环境下，消息中间件支持同步方式和异步方式的消息传递。异步方式的消息传递比同步方式具有更强的容错性，能够保障在系统故障时消息正常可靠地传输。异步消息中间件的消息传递模式又可以分为两种：点对点模式和“发布-订阅”模式。

- 点对点模式：该模式常用于消息生产者和消息消费者之间点到点的通信；
- “发布-订阅”模式：该模式使用主题（Topic）代替点对点中的目的消费者。此时消息生产者只需要将消息发布到主题中即可，而不需要关心是谁消费该消息；而消费者如果需要消费消息，只需要订阅相应的主题，当有消息时消息中间件就会推送该消息。

9.1.1 基于消息中间件开发的优点

通过消息中间件，可以在多个微服务之间进行可靠的异步通信，从而降低微服务之间的耦合度，改善应用性能，提升应用的可扩展性，提高系统的可用性和更灵活的系统集成。

1. 降低应用耦合

对于一个基于微服务的应用系统来讲，可能存在数十个甚至更多微服务，这些微服务之间需要进行数据交互或者流程处理。如果没有使用消息中间件，那么这些微服务之间需要通过硬编码的方式实现业务需要。但是如果采用了消息中间件，虽然不能够完全消除点对点的调用，但可以大大减少微服务之间的依赖和调用，从而降低应用间的耦合度。

如果微服务之间的直接调用减少，就可以减少（甚至消除）对其他微服务的影响。每个微服务仅需关注自己的业务逻辑、数据处理以及如何将消息发送给消息服务器或者监听消息服务器中所关心的消息即可，而不用关心其他微服务如何处理消息，也无须知道一条消息来自哪个微服务。

2. 改善应用性能

通过使用消息服务器，消息发送者将消息发送到消息队列后就可以立即返回，而无须等待消息消费方完成处理。微服务之间的处理变成了异步处理模式，提升了性能，使系统具有了更好的响应延迟。在应用访问的高峰时段，通过消息中间件可以起到一定的缓冲作用，从而减轻对数据库存储的负载压力。

另外，如果某个消息消费方无法快速处理消息队列中的消息，那么在传统单体架构中开发者需要尝试创建更多的线程来处理。这对代码编写和硬件设备都是一个不小的挑战。但在微服务架构下，开发者可以通过对该微服务实施水平扩展，创建更多的微服务实例来消费即可。这样，消费方的系统瓶颈就不会成为上游发送方的瓶颈了。

3. 提升应用的可扩展性

在消息中间件的通信架构中，一个微服务不需要知道所发送的消息由谁消费，也就是说可以在无须修改消息发送方情况下很容易地添加一个新的消费者，或者为消费者添加新的功能。这种应用架构非常符合面向对象的开闭原则（Open Closed Principle）：一个软件实体，如类、模块和函数，应该对扩展开放，而对修改关闭。就是说，对于应用，应该通过扩展来实现相应的功能变化，而不是通过修改现有代码来实现。

4. 提高系统的可用性

我们知道，基于消息服务器进行通信是可靠的，所发送的消息不会丢失，并且大部分消息中间件都提供将消息持久化到磁盘的功能。因此，当消息发送方将消息发送到消息服务器时，消息就由消息中间件进行存储和分发，即使消费方宕机也不会影响到消息发送方的处理。在消费方宕机的时间内消息发送方还可以发送消息，并不会丢失，当消费方上线时就可以及时对消息进行处理。

反之，如果消息发送方宕机也不会影响消费方的正常运转。开发者还可以配合一些其他技术，如使用 Redis 作为分布式缓存，当所依赖的某微服务不可用时，就可以优雅地进行服务降级，进一步降低微服务之间的相互影响，从而提升系统的可用性。

另外，在分布式事务中，通过本地事务和消息服务器的配合，可以保证数据最终的一致性。

5. 更灵活的系统集成

应用系统之间的集成，除了可以通过接口集成外，还可以通过消息中间件进行集成。通过消息中间件进行集成，使系统的集成可以跨平台，同时降低了对网络协议复杂性的处理。

9.1.2　基于消息中间件开发的缺点

虽然通过引入消息中间件可以提升微服务架构的应用，但还是有一些地方需要开发者注意。

1. 更复杂的应用架构

基于消息的应用在架构上会更加复杂，并且也加大了运维团队的工作。首先，所引入的消息中间件都是分布式的（因为微服务架构本来就是分布式的）。但是由于业务处理之间使用了消息，因此开发者所提供的服务将混合同步和异步服务的处理，而消息的异步处理也就意味着不同的微服务可能不会在消息发送时就立刻消费和处理，而且这些处理分布在不同主机、不同进程之间，从而带来更多的不稳定性。

2. 更具挑战的开发模式

基于消息的开发使得业务处理的代码不会运行在同一个服务器和线程上，如果还想像开发单体应用一样进行调试，几乎是不可能完成的任务。而且代码的调试会涉及多个微服务日志，这些日志的输出甚至是无序的，执行时间也不同。因此，如何跟踪一个用户请求所涉及的所有处理是非常大的一个挑战。虽然微服务有 Sleuth 支持，但由于业务是通过消息中间件来完成，所以基于消息的开发模式对开发、调试、运维来说都是一个非常大的挑战。

3. 更陡峭的学习曲线

在单体架构开发环境下一般只要熟悉业务功能和性能要求就可以了，但微服务架构需要开发者耗费更多的精力来应对非功能性的处理问题。

基于消息中间件的开发，除了要学习如何使用 Spring Cloud Stream 发送和监听消息（这个也是最简单的部分）之外，还要学习如何对消息进行建模，也就是如何设计应用的消息体系，哪些业务需要使用消息来完成，消息中应该包含什么样的数据，当消息处理出现错误时该如何处理等，这些问题对学习 Spring Cloud Stream 来说都是一个不小的挑战。

9.2　Spring Cloud Stream 简介

可以使用消息中间件提升系统架构，但是市面上各种消息中间件，开发者的学习成本变得越来越高。Spring Cloud 为开发者提供了 Spring Cloud Stream 组件，可以非常容易地将消息机制引入到微服务中。

Spring Cloud Stream 是创建消息驱动微服务应用的框架，其基于 Spring Boot，可以用来构建单独的或者工业级 Spring 应用。Spring Cloud Stream 继承了 Spring 应用框架的理念，实现了一个基于注解驱动的框架，可以让开发者通过注解的方式，很容易地在应用中实现消息的发布和订阅处理。

Spring Cloud Stream 支持与多种消息中间件整合，如 Kafka、RabbitMQ 等，使用 Spring Integration 提供与消息代理之间的连接，为应用程序的消息发布和消费提供了一个平台中立的接口，将实现的细节独立于应用代码之外，从而有效简化了上层研发人员对各消息中间件使用上的复杂度，让开发者更加专注于核心业务的处理。

9.2.1　应用模型

下面让我们通 Spring Cloud Stream 的应用模型框架图来了解一下涉及的几个概念。模型框架图如图 9-2 所示。在该图中有两个微服务 A 和 B，微服务 A 会通过 Spring Cloud Stream 发布消息，而微服务 B 则是微服务 A 消息的消费者。

在模型框架图中可以看到，使用 Spring Cloud Stream 进行消息的发送和消费时涉及下面 4 个概念。

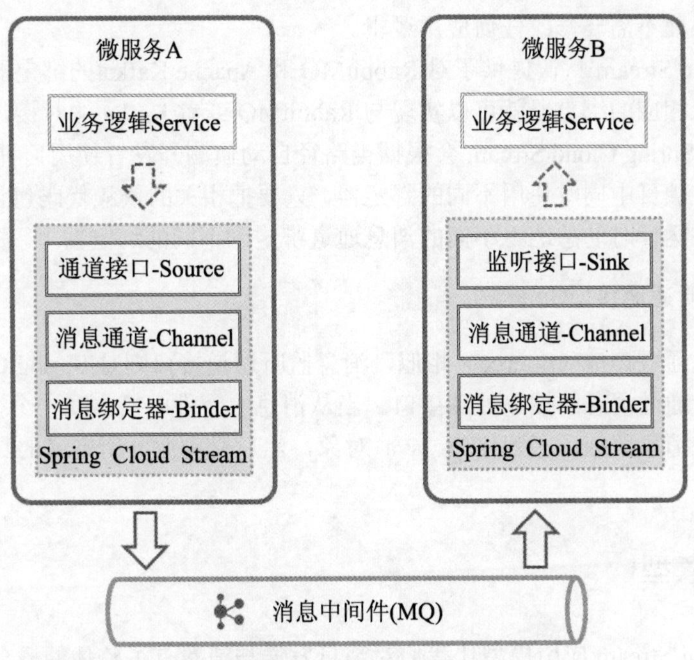

图 9-2 Spring Cloud Stream 消息模型框架图

1．消息发送通道接口Source

消息发送通道接口用于 Spring Cloud Stream 与外界通道的绑定，我们可以在该接口中通过注解的方式定义消息通道的名称。当使用该通道接口发送一个消息时，Spring Cloud Stream 会将所要发送的消息进行序列化，然后通过该接口所提供的 MessageChannel 将所要发送的消息发送到相应的消息中间件中。

2．消息通道Channel

消息通道是对消息队列的一种抽象，用来存放消息发布者发布的消息或者消费者所要消费的消息。在向消息中间件发送消息时，需要指定所要发送的消息队列或主题的名称，而在这里 Spring Cloud Stream 进行了抽象，开发者只需要定义好消息通道，消息通道具体发送到哪个消息队列则在项目配置文件中进行配置，这样一方面可以将具体的消息队列名称与业务代码进行解耦，另外一方面也可以让开发者方便地根据项目环境切换不同的消息队列。

3．消息绑定器Binder

Spring Cloud Stream 通过定义绑定器作为中间层，实现了应用程序与具体消息中间件细节之间的隔离，向应用程序暴露统一的消息通道，使应用程序不需要考虑与各种不同的消息中间件的对接。当需要升级或者更改不同的消息中间件时，应用程序只需要更换对应的绑定器即可，而不需要修改任何应用逻辑。

Spring Cloud Stream 默认提供了对 RabbitMQ 和 Apache Kafka 的绑定器，在应用中开发者只需要引入相应的绑定器就可以实现与 RabbitMQ 或者 Kafka 的对接，从而进行消息的发送与监听。Spring Cloud Stream 会根据类路径自动侦测开发者使用何种绑定器，当然，开发者也可以在项目中同时使用不同的绑定器，只要把相关的依赖代码包含进来即可，甚至可以让项目在运行时动态地将不同的消息通道绑定到不同的绑定器上。

4．消息监听通道接口Sink

与消息发送通道接口（Source）相似，消息监听通道接口则是 Spring Cloud Stream 提供应用程序监听通道消息的抽象处理接口。当从消息中间件中接收到一个待处理消息时，该接口将负责把消息数据反序列化为 Java 对象，然后交由业务所定义的具体业务处理方法进行处理。

9.2.2　编程模型

Spring Cloud Stream 应用模型让我们对消息发送与消费有了整体的概念，此外 Spring Cloud Stream 还提供很多开箱即用的接口声明及注解，来声明约束消息发送和监听通道。在使用 Spring Cloud Stream 所提供的这些接口、注解进行具体消息发送和监听时，需要执行下面几个步骤。

1．声明和绑定消息通道

该步骤告诉 Spring Cloud Stream 框架，要连接到消息中间件的哪个通道上，这里涉及下面几个注解：

- @EnableBinding
- @Input
- @Output

@EnableBinding 注解是告诉应用需要触发消息通道的绑定，将我们的应用变成一个 Spring Cloud Stream 应用。@EnableBinding 可以应用到 Spring 的任意一个配置类中，因为注解本身就包含@Configuration 注解，所以一旦增加该注解，就会触发 Spring Cloud Stream 进行基本配置，将应用升级为一个 Spring Cloud Stream 应用。此外，@EnableBinding 注解中可以声明一个或多个消息发送通道接口或消息监听通道接口参数。

@Input 注解是用在消息监听通道接口的方法定义上，用来绑定一个具体的消息通道。例如前面所说的消息监听通道接口 Sink，该接口就是 Spring Cloud Stream 提供的一个开箱即用的消息监听通道接口定义，其源码如下：

```
// Spring Cloud Stream Sink 接口源码
public interface Sink {
```

```
    String INPUT = "input";
    //Sink 接口最重要的就是提供一个消息订阅通道，通过该通道进行消息订阅
    @Input(Sink.INPUT)
    SubscribableChannel input();
}
```

可以看到，Sink 接口处定义了一个名称为 input 的消息监听通道。因此只需在应用配置中设置该消息通道所绑定的 Kafka 或 RabbitMQ 的消息队列（主题），就可以进行消息监控了。

@Output 注解是用在消息发送通道接口的方法定义上，用来绑定消息发送的通道。而 Source 接口就是 Spring Cloud Stream 提供的开箱即用的消息发送通道接口定义，其源码如下：

```
// Spring Cloud Stream Source 接口源码
public interface Source {
   String OUTPUT = "output";
   //Source 接口最重要的就是提供一个消息通道，可以进行消息发送
   @Output(Source.OUTPUT)
   MessageChannel output();
}
```

和 Sink 接口一样，Source 接口里定义了一个名称为 output 的消息发送通道。此外，Spring Cloud Stream 还提供了一个开箱即用的消息通道接口定义 Processor，其源码如下：

```
// Process 接口是同时继承 Source 和 Sink
public interface Processor extends Source, Sink {
}
```

Processor 接口同时继承了 Source 和 Sink 这两个接口，该接口所定义的通道是一个消息发送通道同时也是一个消息监听通道。

2. 访问消息通道

首先是声明和绑定消息通道，然后就可以访问 Spring Cloud Stream 所绑定的消息通道了。

对于使用@EnableBinding 绑定的每一个接口，Spring Cloud Stream 都会自动构建一个 Bean，并实现该接口。当我们通过该 Bean 调用哪些注解了@Input 或@Output 的方法时，就会返回相应的消息发送或订阅通道。

比如，我们可以通过下面的示例代码，将 Source Bean 注入到 HelloWorldSender 中，然后通过 source.output()方法获取消息发送通道（MessageChannel），就可以发送消息了。

```
// 通过 Source 接口发送消息
@Component
public class HelloWorldSender {
    private Source source;
    @Autowired
    public HelloWorldSender(Source source) {
        this.source = source;
    }
```

```
    //调用 Source 中所提供的 MessageChannel 发送消息
    public void sayHello(String name) {
        source.output().send(MessageBuilder.withPayload(name).build());
    }
}
```

如果开发者不想每次发送的时候都使用 source.output()，可以直接在业务类中直接织入 MessageChannel，例如：

```
@Component
public class HelloWorldSender {
    private MessageChannel output;
    @Autowired
    public HelloWorldSender(MessageChannel output) {
        this.output = output;
    }
    public void sayHello(String name) {
        // 这里可以直接使用 output 来发送消息了
        output.send(MessageBuilder.withPayload(name).build());
    }
}
```

如果在项目中定义了多个消息通道，在注入的时候还可以增加限定，例如：

```
// 可以通过@Qualifier 限定所要使用的消息通道
@Autowired
public HelloWorldSender(@Qualifier("myOutput") MessageChannel output) {
    this.output = output;
}
```

3. 发布或监听消息

完成上面两个步骤之后就可以进行消息的发送或者监听了。消息的发送比较简单，在前面的示例中已经给出了，下面就不再赘述了，接下来的重点放在如何进行消息监听上。

在消息监听处理时可以使用 Spring Integration 的注解或者 Spring Cloud Stream 的@StreamListener 注解来实现。Spring Cloud Stream 所提供的@StreamListener 注解模仿 Spring 的其他消息注解（如@MessageMapping、@JmsListener 和@RabbitListener 等）。同时@StreamListener 注解还提供了一种更简单的模型来处理输入消息，尤其当所要处理的消息包含了强类型信息时。一个简单的消息监听处理代码示例如下：

```
@EnableBinding(Sink.class)
public class UserMsgHandler {
    @Autowired
    UserService userService;
    // 使用 StreamListener 注册一个消息监听处理
    @StreamListener(Sink.INPUT)
    public void onUserMsg(UserMsg usermsg) {
        userService.log(usermsg);
    }
}
```

Spring Cloud Stream 提供了一个扩展的 MessageConverter 机制。该机制对所绑定的通

道进行消息数据的处理，也就是说 MessageConverter 机制会使用 contentType 头所指定的消息内容格式（默认为 application/json），将所接收的消息负载进行反序列化，解析为 Java 对象。比如，前面的示例中 Spring Cloud Stream 会自动将消息通道中的消息负载反序列化为 UserMsg 对象，所以当所要发送的消息是一个 Java 对象时会非常方便。

消息监听返回数据到其他消息通道时，可以使用@SendTo 注解指定返回数据的输出通道。示例如下：

```
// 绑定接口需要替换成 Processor
@EnableBinding(Processor.class)
public class TransformProcessor {
    @Autowired
    UserService userService;

    // @StreamListener 指定监听的通道，@SendTo 指定消息发送的通道
    @StreamListener(Processor.INPUT)
    @SendTo(Processor.OUTPUT)
    public UserResult handle(UserMsg usermsg) {
        return userService.log(usermsg);
    }
}
```

需要注意的是，因为需要发送消息，因此@EnableBinding 中的参数也需要更改为 Processor，否则 Spring Cloud Stream 不会为我们创建 MessageChannel，也就无法进行后续的消息发送。

9.2.3　使用“发布-订阅”模式

发布-订阅模式可以将两个或多个互相依赖的应用进行解耦，使它们可以各自独立地改变和复用，这样就会给系统维护、扩展和重用带来便利。Spring Cloud Stream 进行了一些扩展将发布-订阅模式作为应用的一种可选，并且通过原生中间件的支持，简化了在不同平台使用发布-订阅模式的复杂性。

如图 9-3 中给出了 Spring Cloud Stream 应用之间使用发布-订阅模式典型的部署模式结构图，在该图中应用之间的通信遵守发布-订阅模式，所要交互的数据在共享的主题上进行广播。

图 9-3 中传感器所采集的数据通过一个 HTTP 端点发布到 raw-sensor-data 主题上。另外有两个独立的微服务，一个用来计算传感数据的平均值，另一个是将这些原始数据存放到 HDFS 中，这两个微服务都分别订阅了 raw-sensor-data 主题上的消息。可见，通过使用发布-订阅模式消息的生产者和消费者都大大减少了复杂性，而且当添加一个新的应用时，也不需要对现有的业务流程做修改。例如，对于传感数据需要计算一个最大值，用来进行显示和监控，还需要对计算的平均数据进行故障和异常数据检测，这些新的应用都可以很轻松地进行扩展，而不需要破坏现有的应用。

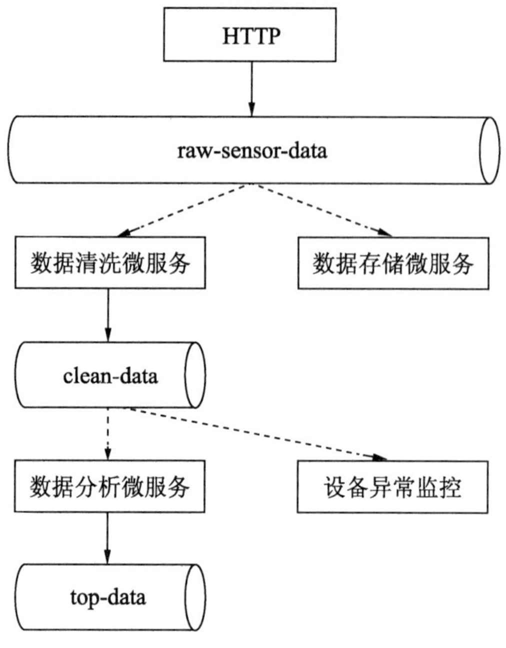

图 9-3　发布-订阅模式示例图

因此，Spring Cloud 推荐在搭建微服务时，如果微服务之间需要进行通信，应尽量采取发布-订阅模式，避免点对点的调用。这样一方面可以大大减少微服务之间的耦合，另一方面可以保持它们之间的独立性和自治能力。

9.3 Kafka 使用指南

Apache Kafka 源于 LinkedIn，是一个分布式的发布-订阅消息系统。最初 LinkedIn 开发 Kafka 的目的，是将 Kafka 作为内部的活动流和运营数据处理管道处理的基础，因此，所开发的 Kafka 特点是基于 Pull 模式来处理消息，追求高吞吐量。2010 年，LinkedIn 将 Kafka 贡献给 Apache，现在 Kafka 已经成为应用非常广泛的一个消息中间件。

Kafka 使用 Scala 和 Java 进行编写，具有快速、可扩展、高吞吐量、内置分区、支持数据副本和可容错等特性，能够支撑海量数据的高效传递。同时 Kafka 支持消息持久化，从而能够保障对数据高效处理的同时，防止消息数据的丢失。因此，Kafka 非常适合在大规模消息处理场景中使用。

9.3.1 Kafka 基础知识

开始使用 Kafka 之前，让我们先来了解一下 Kakfa 的基础术语。

1．主题：Topic

在 Kafka 中将每一个不同类别的消息称为一个主题 Topic。在物理上，不同主题（Topic）的消息是分开存储的。在逻辑上，同一个主题（Topic）的消息可能保存在一个或多个代理（Broker）中，但对于生产者或消费者来说，只需指定消息的主题（Topic）就可生产或消费数据，而不用关心消息数据到底存于何处。

2．生产者：Producer

生产者也就是消息的发布者。负责将消息发布到 Kafka 中的某个主题（Topic）中，消息代理（Broker）在接收到生产者所发送的消息后，将该消息追加到当前分区中。生产者在发布消息的时候也可以选择将消息发布到主题上的哪一个分区上。

3．消费者：Consumer

消费者从消息代理（Broker）中读取消息数据并进行处理。一个消费者可以同时消费多个主题（Topic）中的消息。

此外，Kafka 还提供了消费者组（Consumer Group）的概念，发布在主题上消息的可以分发给此消费者组中的任何一个消费者进行消费。

4．消息代理：Broker

生产者所发布的消息将保存在一组 Kafka 服务器中，称之为 Kafka 集群。而集群中的每一个 Kafka 服务器节点就是一个消息代理 Broker。消费者通过消息代理从中获取所订阅的消息并进行消费。

5．消息分区：Partition

主题所发布的消息数据将会被分割为一个或多个分区（Partition），每一个分区的数据又可以使用多个 Segment 文件进行存储。在一个分区中的消息数据是有序的，而多个分区之间则没有消息数据顺序。如果一个主题的数据需要严格保证消息的消费顺序，那么需要将分区数目设为 1。

当生产者将消息存储到一个分区中时，Kafka 会为每条消息数据建立一个唯一索引号（index），这个索引号称为偏移量（offset）。对于消费者来说都会在本地保存该 offset，这样当消费者正常消费时，相应本地的偏移量也会增加。同时消费者可以自己控制该偏移量，以便进行消息的重新消费等处理。Kafka 的这种设计对消费者来说非常实用。

当新的消息数据追加到分区中时，Kafka 集群就会在不同的消息代理（Broker）之间做个备份，从而保证了消息数据的可靠性。

此外，Kafka 还支持实时的流处理。通过流处理可以持续从某个主题中获取输入数据，并进行处理加工，然后将其写入输出主题中。对于复杂的转换，Kafka 提供了 Streams API

来辅助流处理。通过这种实时的流处理，可以构建聚合计算或者将流连接到一起，形成复杂的应用。

9.3.2　搭建 Kafka 环境

在了解了 Kafka 基础知识之后，下面着手搭建一个 Kafka 环境。首先需要到官网（https://kafka.apache.org/）上下载 Kafka 的最新版本，然后在控制台中执行下面的命令解压。

```
> tar -xzf kafka_2.11-1.1.0.tgz
> cd kafka_2.11-1.1.0
```

因为 Kafka 是一个分布式的消息系统，消息代理（Broker）、消费者（Consumer）等都需要 ZooKeeper 来提供分布式支持，因此在启动 Kafka 服务器之前需要先启动一个 ZooKeeper 服务。如果读者的测试环境中还没有搭建过 ZooKeeper 服务器，那么在上面所解压的目录中有一个内嵌的 ZooKeeper，可以通过下面的命令来启动。

```
> bin/zookeeper-server-start.sh config/zookeeper.properties
```

成功启动后，可以在控制台中看到如图 9-4 所示的日志输出。

```
[2018-04-12 19:04:32,726] INFO Server environment:java.library.path=/Users/cd826/Library/Java/Extensions:/Library/Java/Extensions:/Network/Libr
ary/Java/Extensions:/System/Library/Java/Extensions:/usr/lib/java:. (org.apache.zookeeper.server.ZooKeeperServer)
[2018-04-12 19:04:32,726] INFO Server environment:java.io.tmpdir=/var/folders/hf/764p452569dg2lvh72p8g4840000gn/T/ (org.apache.zookeeper.server
.ZooKeeperServer)
[2018-04-12 19:04:32,726] INFO Server environment:java.compiler=<NA> (org.apache.zookeeper.server.ZooKeeperServer)
[2018-04-12 19:04:32,726] INFO Server environment:os.name=Mac OS X (org.apache.zookeeper.server.ZooKeeperServer)
[2018-04-12 19:04:32,726] INFO Server environment:os.arch=x86_64 (org.apache.zookeeper.server.ZooKeeperServer)
[2018-04-12 19:04:32,726] INFO Server environment:os.version=10.12.6 (org.apache.zookeeper.server.ZooKeeperServer)
[2018-04-12 19:04:32,726] INFO Server environment:user.name=cd826 (org.apache.zookeeper.server.ZooKeeperServer)
[2018-04-12 19:04:32,727] INFO Server environment:user.home=/Users/cd826 (org.apache.zookeeper.server.ZooKeeperServer)
[2018-04-12 19:04:32,727] INFO Server environment:user.dir=/Users/cd826/mq/kafka_2.11-1.0.0 (org.apache.zookeeper.server.ZooKeeperServer)
[2018-04-12 19:04:32,738] INFO tickTime set to 3000 (org.apache.zookeeper.server.ZooKeeperServer)
[2018-04-12 19:04:32,738] INFO minSessionTimeout set to -1 (org.apache.zookeeper.server.ZooKeeperServer)
[2018-04-12 19:04:32,738] INFO maxSessionTimeout set to -1 (org.apache.zookeeper.server.ZooKeeperServer)
[2018-04-12 19:04:32,776] INFO binding to port 0.0.0.0/0.0.0.0:2181 (org.apache.zookeeper.server.NIOServerCnxnFactory)
```

图 9-4　启动 Zookeeper

Zookeeper 启动完成之后，就可以启动 Kafka 服务器了，命令如下：

```
> bin/kafka-server-start.sh config/server.properties
```

同样，成功启动后，可以在控制台中看到如图 9-5 所示的输出。

```
[2018-04-12 19:06:18,685] INFO [GroupCoordinator 0]: Starting up. (kafka.coordinator.group.GroupCoordinator)
[2018-04-12 19:06:18,693] INFO [GroupMetadataManager brokerId=0] Removed 0 expired offsets in 4 milliseconds. (kafka.coordinator.group.GroupMe
tadataManager)
[2018-04-12 19:06:18,693] INFO [GroupCoordinator 0]: Startup complete. (kafka.coordinator.group.GroupCoordinator)
[2018-04-12 19:06:18,728] INFO [ProducerId Manager 0]: Acquired new producerId block (brokerId:0,blockStartProducerId:0,blockEndProducerId:999
) by writing to Zk with path version 1 (kafka.coordinator.transaction.ProducerIdManager)
[2018-04-12 19:06:18,777] INFO [TransactionCoordinator id=0] Starting up. (kafka.coordinator.transaction.TransactionCoordinator)
[2018-04-12 19:06:18,778] INFO [Transaction Marker Channel Manager 0]: Starting (kafka.coordinator.transaction.TransactionMarkerChannelManager
)
[2018-04-12 19:06:18,779] INFO [TransactionCoordinator id=0] Startup complete. (kafka.coordinator.transaction.TransactionCoordinator)
[2018-04-12 19:06:18,842] INFO Creating /brokers/ids/0 (is it secure? false) (kafka.utils.ZKCheckedEphemeral)
[2018-04-12 19:06:18,845] INFO Result of znode creation is: OK (kafka.utils.ZKCheckedEphemeral)
[2018-04-12 19:06:18,848] INFO Registered broker 0 at path /brokers/ids/0 with addresses: EndPoint(cd826dembp,9092,ListenerName(PLAINTEXT),PLA
INTEXT) (kafka.utils.ZkUtils)
[2018-04-12 19:06:18,851] WARN No meta.properties file under dir /tmp/kafka-logs/meta.properties (kafka.server.BrokerMetadataCheckpoint)
[2018-04-12 19:06:18,883] INFO Kafka version : 1.0.0 (org.apache.kafka.common.utils.AppInfoParser)
[2018-04-12 19:06:18,883] INFO Kafka commitId : aaa7af6d4a11b29d (org.apache.kafka.common.utils.AppInfoParser)
[2018-04-12 19:06:18,888] INFO [KafkaServer id=0] started (kafka.server.KafkaServer)
```

图 9-5　启动 Kafka

同时，在 Kafka 启动之初可以看到如图 9-6 所示的输出，说明 Kafka 已经连接到 ZooKeeper 并进行注册了。

```
[2018-04-12 19:06:17,158] INFO Client environment:user.name=cd826 (org.apache.zookeeper.ZooKeeper)
[2018-04-12 19:06:17,158] INFO Client environment:user.home=/Users/cd826 (org.apache.zookeeper.ZooKeeper)
[2018-04-12 19:06:17,158] INFO Client environment:user.dir=/Users/cd826/mq/kafka_2.11-1.0.0 (org.apache.zookeeper.ZooKeeper)
[2018-04-12 19:06:17,159] INFO Initiating client connection, connectString=localhost:2181 sessionTimeout=6000 watcher=org.I0Itec.zkclient.ZkCl
ient@130161f7 (org.apache.zookeeper.ZooKeeper)
[2018-04-12 19:06:17,178] INFO Waiting for keeper state SyncConnected (org.I0Itec.zkclient.ZkClient)
[2018-04-12 19:06:17,181] INFO Opening socket connection to server localhost/0:0:0:0:0:0:0:1:2181. Will not attempt to authenticate using SASL
 (unknown error) (org.apache.zookeeper.ClientCnxn)
[2018-04-12 19:06:17,288] INFO Socket connection established to localhost/0:0:0:0:0:0:0:1:2181, initiating session (org.apache.zookeeper.Clien
tCnxn)
[2018-04-12 19:06:17,482] INFO Session establishment complete on server localhost/0:0:0:0:0:0:0:1:2181, sessionid = 0x162b98745200000, negotia
ted timeout = 6000 (org.apache.zookeeper.ClientCnxn)
[2018-04-12 19:06:17,485] INFO zookeeper state changed (SyncConnected) (org.I0Itec.zkclient.ZkClient)
[2018-04-12 19:06:17,851] INFO Cluster ID = x_XuPEqGQzafAXAAPS6iaQ (kafka.server.KafkaServer)
[2018-04-12 19:06:17,878] WARN No meta.properties file under dir /tmp/kafka-logs/meta.properties (kafka.server.BrokerMetadataCheckpoint)
[2018-04-12 19:06:17,934] INFO [ThrottledRequestReaper-Fetch]: Starting (kafka.server.ClientQuotaManager$ThrottledRequestReaper)
[2018-04-12 19:06:17,934] INFO [ThrottledRequestReaper-Produce]: Starting (kafka.server.ClientQuotaManager$ThrottledRequestReaper)
[2018-04-12 19:06:17,936] INFO [ThrottledRequestReaper-Request]: Starting (kafka.server.ClientQuotaManager$ThrottledRequestReaper)
```

图 9-6　Kafka 连接到 Zookeeper

下面通过上面启动的 Kafka 服务器来测试一个简单的消息收发。我们可以通过下面的命令创建一个名称为 springcloud-msg 的主题。

```
bin/kafka-topics.sh --create --zookeeper localhost:2181 --replication-
factor 1 --partitions 1 --topic springcloud-msg
```

然后在控制台中可以看到如图 9-7 所示的输出。

```
CD826deMBP:~ cd826$ cd mq/kafka_2.11-1.0.0
CD826deMBP:kafka_2.11-1.0.0 cd826$ bin/kafka-topics.sh --create --zookeeper localhost:2181 --replication-factor 1 --partitions 1 --topic sprin
gcloud-msg
Created topic "springcloud-msg".
CD826deMBP:kafka_2.11-1.0.0 cd826$ █
```

图 9-7　通过命令行工具创建主题

接下来就可以通过 Kafka 所提供的命令行工具向该主题发送消息了，如图 9-8 所示。

```
CD826deMBP:kafka_2.11-1.0.0 cd826$ bin/kafka-console-producer.sh --broker-list localhost:9092 --topic springcloud-msg
>Hello, Kafka!
>Hello, Kafka again!
>█
```

图 9-8　通过 Kafka 发送消息

最后就可以消费之前所发送的消息了，同样可以通过 Kafka 所提供的命令行工具进行消费，如图 9-9 所示。

```
CD826deMBP:kafka_2.11-1.0.0 cd826$ bin/kafka-console-consumer.sh --bootstrap-server localhost:9092 --topic springcloud-msg --from-beginning
Hello, Kafka!
Hello, Kafka again!
█
```

图 9-9　Kafka 消息消费

9.4 使用消息对应用重构

前面我们了解了 Spring Cloud Stream 的基本概念及使用方式，下面来看看如何使用消息架构对我们的商城示例项目进行重构。对于微服务架构来说，一个比较重要的思想就是自我管理，当然这个自我管理也包括对该服务涉及数据的自我管理。而在前面所构建的应用（商品微服务）中，可以发现该微服务提供的功能严重依赖于用户微服务（如商品评价管理功能）。一旦用户微服务不可用，商品评价服务也会明显地受到影响，从微服务实施的理念来说，这是非常不合理的，那么如何进行改进呢？

首先，我们看到商品微服务中的评价管理，在每次加载数据时都需要通过用户微服务获取评论者的用户信息。这种做法有两个缺陷：一是每次都进行请求会造成服务效率低下；二是一旦用户微服务不可用，势必对评价功能造成影响（不论是否使用降级处理）。可能有的读者会问：能不能在商品微服务中把用户数据缓存起来，这样就不用每次进行请求了？没错，就是让商品微服务对所需要使用的用户数据进行管理，一方面可以提升服务效率，另一方面即使用户微服务不可用，这时候因为商品微服务中缓存了部分数据，因而不至于造成整个服务不可用，从而提升了服务的弹性。

其次，既然可以用缓存来解决这个问题，那么可能会有很多可用的缓存框架，如 Ehcache、Memcached、Guava Cache、Redis 等。在这里笔者想说明的一点就是：选择使用的缓存框架一定要能够支持分布式缓存，因为我们的商品微服务可能不止一个服务实例。在本书示例中将使用 Redis。

最后，当用户数据一旦缓存之后，当在用户微服务中对用户信息执行更新、删除等操作时，就可以使用 Spring Cloud Stream 通知商品微服务进行缓存更新。

接下来对原来的示例项目进行如下几点改进：

- 改造商品微服务增加缓存处理功能，能够将远程请求所得到的用户数据缓存到 Redis 数据库中，下次当其他服务调用这些数据时可以直接从 Redis 数据中获取，而不是进行远程请求。
- 改造用户微服务，当一个用户信息被更新、删除时，可以通过 Kafka 发送一条消息给商品微服务。
- 改造商品微服务，增加用户信息变更消息监听功能，当接收到 Kafka 发送来的用户更新、删除等消息时，可以对缓存数据进行相应的更新处理。

改造后，项目架构如图 9-10 所示。

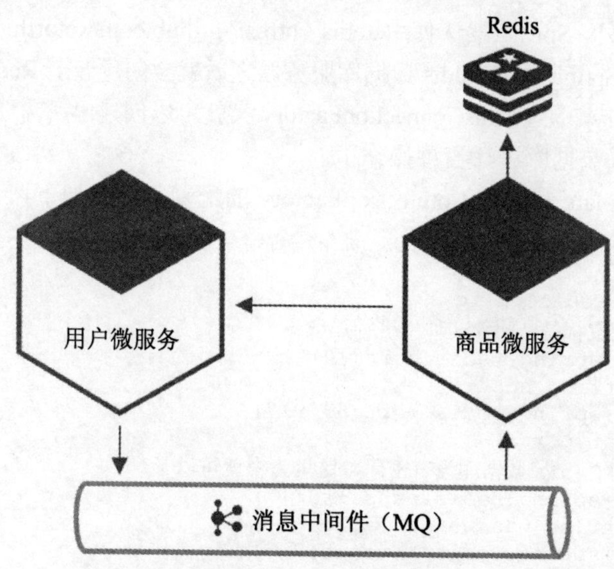

图 9-10　电子商城架构——使用 Stream 和 Redis

9.4.1　为商品服务增加缓存功能

Redis（https://redis.io/）是一个 key-value 存储系统，支持存储包含 string、list、set、zset（有序集合）及 Hash 等多种类型的值。同时，Redis 对这些数据类型都支持 push、pop、add、remove、取交集、并集和差集等操作。Redis 为了保证效率，数据都是缓存在内存中，同时会周期性地把更新的数据写入磁盘或者把修改操作写入追加的记录文件中，并且在此基础上实现了 master-slave（主-从）同步。对 Redis 的操作及配置超出了本书的范围，所以在这里不做太多深入讲解。

为了能够在商品服务中使用 Redis 数据库，需要在项目的依赖配置文件中（pom.xml）增加如下配置：

```
<!-- Spring Data Redis 依赖包 -->
<dependency>
    <groupId>org.springframework.data</groupId>
    <artifactId>spring-data-redis</artifactId>
    <version>1.8.3.RELEASE</version>
</dependency>
<dependency>
    <groupId>redis.clients</groupId>
    <artifactId>jedis</artifactId>
    <version>2.9.0</version>
</dependency>
```

要在一个项目中使用 Redis 数据库有很多种方式，但对于基于 Spring 的项目来说最方便的还是使用 RedisTemplate 对 Redis 进行操作，所以在商品微服务中需要增加 spring-data-redis 依赖。此外，Spring 默认使用 Jedis（https://github.com/xetorthio/jedis）连接 Redis 数据库服务器。当 Spring 连接 Redis 数据库服务器之后就会创建一个 Redis 数据库连接工厂 JedisConnectionFactory，通过 JedisConnectionFactory 类就可以创建出所需要的 RedisTemplate，然后就可以对 Redis 数据库进行各种操作了。

构建 RedisTemplate 和 JedisConnectionFactory 的配置类代码如下：

```
// 注意这里不要忘记@configuration 注解，否则 Spring Boot 应用不会启动该配置
@Configuration
public class RedisConfig {
    // 所有的配置都是从配置文件中进行加载
    @Value("${spring.redis.host:}")
    private String host;
    @Value("${spring.redis.port:6379}")
    private int port;
    // 如果你的 Redis 数据库没有密码，这里为空就可以了
    @Value("${spring.redis.password:}")
    private String password;
    @Value("${spring.redis.timeout:0}")
    private int timeout;
     // 定义一些 Redis 数据库连接的属性
    @Value("${spring.redis.pool.max-active:100}")
    private int maxTotal = 100;
    @Value("${spring.redis.pool.max-idle:20}")
    private int maxIdle = 20;
    @Value("${spring.redis.pool.max-wait-millis:15000}")
    private long maxWaitMillis = 15000;

    @Bean
    public JedisConnectionFactory redisConnectionFactory() {
         // 构建 Redis 连接池属性配置
       JedisPoolConfig poolConfig = new JedisPoolConfig();
       poolConfig.setMaxTotal(this.maxTotal);
       poolConfig.setMaxIdle(this.maxIdle);
       poolConfig.setMaxWaitMillis(this.maxWaitMillis);
       poolConfig.setTestOnBorrow(true);
       poolConfig.setTestOnReturn(true);
       poolConfig.setTestWhileIdle(true);
        // 通过上面的配置属性，使用 Jedis 构建连接工厂
       JedisConnectionFactory factory = new JedisConnectionFactory();
       factory.setHostName(host);
       factory.setPort(port);
       if (null != this.password && this.password.length() > 0)
          factory.setPassword(this.password);
       factory.setTimeout(timeout);
       factory.setUsePool(true);
       factory.setPoolConfig(poolConfig);
       return factory;
    }
    // 提供一个默认的 RedisTemplate 构建方法，key 使用 String，value 则是 JSON 字符串
    protected RedisTemplate buildRedisTemplate(RedisConnectionFactory
    redisConnectionFactory) {
       RedisTemplate redisTemplate = new RedisTemplate();
```

```
        redisTemplate.setConnectionFactory(redisConnectionFactory);
         // key 的序列化处理方式，直接使用字符串
        redisTemplate.setKeySerializer(new StringRedisSerializer());
         // value 的序列化方式：转换成 JSON 字符串
        redisTemplate.setValueSerializer(
           new GenericJackson2JsonRedisSerializer());
        return redisTemplate;
    }
}
```

同时，需要在配置文件中增加 Redis 数据库地址等配置，如下：

```
# Redis 配置，使用默认端口和 IP 地址
spring.redis.host=127.0.0.1
spring.redis.port=6379
spring.redis.password=
spring.redis.database=0
```

对 Redis 来说存储的数据只是一个字节数，虽然 Redis 本身支持各种类型，但所指的是数据存储的方式，而不是数据本身所代表的格式。所以，当把一个 Java 对象存储到 Redis 时，就需要将该对象转换为字符串或比特对象。具体的转换是通过 RedisSerializer 接口来完成，在 Spring Data Redis 默认实现中提供了多种序列化处理工具。

- StringRedisSerializer：将字符串对象序列化为比特数组。
- JdkSerializationRedisSerializer: Java 默认的对象序列化方式，对象需要实现 Serializer 接口。
- GenericToStringSerializer：通用的字符串与比特对象的序列化转换处理，与 String RedisSerializer 的区别是使用 Spring 提供的转换器进行转换，可以支持将更多类型的对象进行转换，而前者只能转换字符串类型的对象。
- Jackson2JsonRedisSerializer：将对象序列化为 JSON 字符串。
- JacksonJsonRedisSerializer：已废弃。
- OxmSerializer：使用 Spring 的 O/X 映射，将对象序列化为 XML 字符串。
- GenericJackson2JsonRedisSerializer：序列化为 JSON 字符串，同时包含了对象类型信息。

在上面的配置中使用了 StringRedisSerializer 作为 key 的序列化处理，而 value 则是使用 GenericJackson2JsonRedisSerializer 进行序列化处理，也就是将一个 Java 对象转换为 JSON 格式的字符串进行存储。比如，一个 UserDto 对象将会被转换为下面的字符串格式：

```
{
   "@class": "com.cd826dong.clouddemo.product.api.UserDto",
   "id": 3,
   "nickname": "wangwu",
   "avatar": "/users/avatar/wangwu.png"
}
```

从上面的 JSON 字符串中可以看到，通过 GenericJackson2JsonRedisSerializer 序列化会在所产生的 JSON 字符串中增加一个@Class 属性，用来记录相应对象的类名，所以当反序列化时不需要再指定对象类型信息了。但是这样就会引发一个问题，当序列化和反序列化

的对象类全名称不一致时，就会造成序列化错误。这种情况多发生在分布式应用中，因此针对这种情况最好的方式就是在项目中实现 RedisSerializer 接口。为了简化示例，这里我们还是采用 GenericJackson2JsonRedisSerializer 作为 value 的列化处理器。

当我们建立了与 Redis 数据库服务器之间的通信后，就可以为所要缓存的对象 UserDto 编写相应的 RedisTemplate 了，具体实现代码如下：

```
// 这里需要增加@Bean 注解，以便后续使用
@Bean(name = "userRedisTemplate")
public RedisTemplate<String, UserDto>
    userRedisTemplate(RedisConnectionFactory redisConnectionFactory) {
    return this.buildRedisTemplate(redisConnectionFactory);
}
```

然后，我们就可以来实现用户信息与 Redis 数据库之间的具体操作。之前说过 Redis 是一个 key-value 存储系统，因此看起来其数据存储就像存储在内存中的一个巨大的、分布式的哈希表。存储、访问每一个值都是通过 key 来实现的，并不像我们使用其他数据库（MySQL、MongoDb）一样，需要通过所提供的查询语言来查询。这里为了和我们处理其他数据访问一样，定义一个数据仓库（Repository）——UserRedisRepository 用来统一处理 UserDto 与 Redis 的操作，代码如下：

```
// 同访问 MySQL、H2 等数据一样，需要标记@Repository 注解
@Repository
public class UserRedisRepository {
    // 定义 User 对象保存 key 的前缀
    public static final String USER_KEY_PRE = "user:";
    // 这里将我们定义的 RedisTemplate 织入进来
    @Autowired
    @Qualifier("userRedisTemplate")
    private RedisTemplate<String, UserDto> userRedisTemplate;
    private ValueOperations<String, UserDto> operations;

    // 构造完毕后获取 RedisTemplate 中对值处理的对象
    @PostConstruct
    private void init() {
        this.operations = this.userRedisTemplate.opsForValue();
    }
    // 将 UserDto 对象保存到 Redis 中
    public void saveUser(UserDto userDto) {
        this.operations.set(this.buildKey(userDto.getId()), userDto);
    }
    // 根据 UserDto 的 ID 进行查询
    public UserDto findOne(Long userId) {
        String key = this.buildKey(userId);
        if (!this.userRedisTemplate.hasKey(key))
            return null;
        return this.operations.get(key);
    }
    // 从 Redis 删除指定的 UserDto
    public void delete(Long userId) {
        this.userRedisTemplate.delete(this.buildKey(userId));
```

```
    }
    // 我们所有操作都是通过 key 来执行的，所以将构建用户存储的 key 独立为一个方法
    protected String buildKey(Long userId) {
        return USER_KEY_PRE + String.valueOf(userId);
    }
}
```

需要说明的是，对 Redis 数据的访问都是通过 key 来进行的，因此这里单独构建了一个方法生成所要操作记录的 key。该方法生成的 key 格式为 user:[userDto.id]，如 user:3。

下面就可以着手改造商品服务中的 UserService。改造思路非常简单，当加载一个用户信息时，首先尝试从 Redis 缓存中加载，如果加载不到（即不存在），再从远程获取，即通过访问用户微服务来获取，获取后再将用户的信息缓存到 Redis 中。改造后的用户服务代码如下：

```
@Service
public class UserServiceImpl implements UserService {
    protected Logger logger = LoggerFactory.getLogger(this.getClass());
    @Autowired
    protected UserRemoteClient userRemoteClient;
    @Autowired
    protected UserRedisRepository userRedisRepository;
    @Override
    public UserDto load(Long id) {
        // 首先从 Redis 中获取
        UserDto userDto = this.userRedisRepository.findOne(id);
        if (null != userDto) {
            this.logger.debug("已从 Redis 缓存中获取到用户:{} 的信息", id);
            return userDto;
        }
         // 如果 Redis 中不存在，就从远程获取
        this.logger.debug("Redis 缓存中不存在用户:{} 的信息，尝试从远程进行加载",id);
        userDto = this.userRemoteClient.load(id);
        if (null != userDto) {
            // 获取后将用户信息进行缓存
            this.userRedisRepository.saveUser(userDto);
        }
        return userDto;
    }
}
```

代码中的 UserRemoteClient 其实就是一个使用 Feign 封装用户微服务访问的客户端，代码如下：

```
@FeignClient("USERSERVICE")
public interface UserRemoteClient {
    @RequestMapping(value = "/users/{id}", method = RequestMethod.GET)
    UserDto load(@PathVariable("id") Long id);
}
```

如果在此之前有读者跳过了 Feign 章节的学习，在这里想知道该 UserRemoteClient 的运行方式，那么就需要回到第 4 章中了解一下如何使用 Feign 访问远程服务的内容。此外，在这里也可以使用 RestTemplate 直接来获取远程用户信息，实现代码如下：

```
// 注意调用前需要 RestTemplate 对象
ResponseEntity<UserDto> restExchange =
    this.restTemplate.exchange(
        "http://userservice/users/{userId}",
        HttpMethod.GET,
        null,
        UserDto.class,
        userId);
UserDto user = restExchange.getBody();
```

最后，让我们验证一下添加的用户缓存功能是否起效。首先，通过 Postman 访问 http://localhost:2200/products/3/comments 获取该商品的评论列表，在控制台中可以看到如图 9-11 所示的输出。

```
2018-04-12 20:00:44.093  INFO 2077 --- [nio-2200-exec-2] o.h.h.i.QueryTranslatorFactoryInitiator  : HHH000397: Using ASTQueryTranslatorFactory
2018-04-12 20:00:44.551 DEBUG 2077 --- [nio-2200-exec-2] c.c.c.p.service.impl.UserServiceImpl     : Redis缓存中不存在用户:1 的信息，尝试从远程
进行加载
2018-04-12 20:00:44.557  INFO 2077 --- [nio-2200-exec-2] s.c.a.AnnotationConfigApplicationContext : Refreshing org.springframework.context.anno
tation.AnnotationConfigApplicationContext@16d5a0a2: startup date [Thu Apr 12 20:00:44 CST 2018]; parent: org.springframework.boot.context.embed
ded.AnnotationConfigEmbeddedWebApplicationContext@1c3a4799
2018-04-12 20:00:44.635  INFO 2077 --- [nio-2200-exec-2] f.a.AutowiredAnnotationBeanPostProcessor : JSR-330 'javax.inject.Inject' annotation fo
und and supported for autowiring
2018-04-12 20:00:44.952  INFO 2077 --- [nio-2200-exec-2] c.netflix.config.ChainedDynamicProperty  : Flipping property: USERSERVICE.ribbon.Activ
eConnectionsLimit to use NEXT property: niws.loadbalancer.availabilityFilteringRule.activeConnectionsLimit = 2147483647
2018-04-12 20:00:44.986  INFO 2077 --- [nio-2200-exec-2] c.n.u.concurrent.ShutdownEnabledTimer    : Shutdown hook installed for: NFLoadBalancer
-PingTimer-USERSERVICE
2018-04-12 20:00:45.066  INFO 2077 --- [nio-2200-exec-2] c.netflix.loadbalancer.BaseLoadBalancer  : Client: USERSERVICE instantiated a LoadBala
ncer: DynamicServerListLoadBalancer:{NFLoadBalancer:name=USERSERVICE,current list of Servers=[],Load balancer stats=Zone stats: {},Server stats
: []}ServerList:null
2018-04-12 20:00:45.079  INFO 2077 --- [nio-2200-exec-2] c.n.l.DynamicServerListLoadBalancer      : Using serverListUpdater PollingServerListUp
dater
2018-04-12 20:00:45.159  INFO 2077 --- [nio-2200-exec-2] c.netflix.config.ChainedDynamicProperty  : Flipping property: USERSERVICE.ribbon.Activ
eConnectionsLimit to use NEXT property: niws.loadbalancer.availabilityFilteringRule.activeConnectionsLimit = 2147483647
2018-04-12 20:00:45.161  INFO 2077 --- [nio-2200-exec-2] c.n.l.DynamicServerListLoadBalancer      : DynamicServerListLoadBalancer for client US
ERSERVICE initialized: DynamicServerListLoadBalancer:{NFLoadBalancer:name=USERSERVICE,current list of Servers=[cd826dembp:2100],Load balancer s
tats=Zone stats: {defaultzone=[Zone:defaultzone;	Instance count:1;	Active connections count: 0;	Circuit breaker tripped count:
0;	Active connections per server: 0.0;]
},Server stats: [[Server:cd826dembp:2100;	Zone:defaultZone;	Total Requests:0;	Successive connection failure:0;	Total b
lackout seconds:0;	Last connection made:Thu Jan 01 08:00:00 CST 1970;	First connection made: Thu Jan 01 08:00:00 CST 1970;	Active
Connections:0;	total failure count in last (1000) msecs:0;	average resp time:0.0;	90 percentile resp time:0.0;	95 percentile resp time
:0.0;	min resp time:0.0;	max resp time:0.0;	stddev resp time:0.0]
]}ServerList:org.springframework.cloud.netflix.ribbon.eureka.DomainExtractingServerList@202bb083
2018-04-12 20:00:46.087  INFO 2077 --- [erListUpdater-0] c.netflix.config.ChainedDynamicProperty  : Flipping property: USERSERVICE.ribbon.Activ
eConnectionsLimit to use NEXT property: niws.loadbalancer.availabilityFilteringRule.activeConnectionsLimit = 2147483647
2018-04-12 20:00:46.523 DEBUG 2077 --- [nio-2200-exec-2] c.c.c.p.service.impl.UserServiceImpl     : Redis缓存中不存在用户:3 的信息，尝试从远程
进行加载
2018-04-12 20:00:46.541 DEBUG 2077 --- [nio-2200-exec-2] c.c.c.p.service.impl.UserServiceImpl     : Redis缓存中不存在用户:4 的信息，尝试从远程
进行加载
```

图 9-11　商品微服务缓存测试——没有缓存

可以看到，此时在 Redis 中尚未缓存用户信息，所进行的是远程访问。接下来再次访问上面的链接，在控制台中可以看到如图 9-12 所示的输出。

```
2018-04-12 20:00:46.523 DEBUG 2077 --- [nio-2200-exec-2] c.c.c.p.service.impl.UserServiceImpl     : Redis缓存中不存在用户:3 的信息，尝试从远程
进行加载
2018-04-12 20:00:46.541 DEBUG 2077 --- [nio-2200-exec-2] c.c.c.p.service.impl.UserServiceImpl     : Redis缓存中不存在用户:4 的信息，尝试从远程
进行加载
2018-04-12 20:01:10.181 DEBUG 2077 --- [nio-2200-exec-3] c.c.c.p.service.impl.UserServiceImpl     : 已从Redis缓存中获取到用户:1 的信息
2018-04-12 20:01:10.184 DEBUG 2077 --- [nio-2200-exec-3] c.c.c.p.service.impl.UserServiceImpl     : 已从Redis缓存中获取到用户:3 的信息
2018-04-12 20:01:10.186 DEBUG 2077 --- [nio-2200-exec-3] c.c.c.p.service.impl.UserServiceImpl     : 已从Redis缓存中获取到用户:4 的信息
```

图 9-12　商品微服务缓存测试——已有缓存

表明第一次访问后所获取的用户信息已经存入 Redis 中，后续的访问可以直接从 Redis 中获取，而不用再进行远程服务调用。

如果这个时候查看 Redis 中数据，可以看到如图 9-13 所示的数据记录。

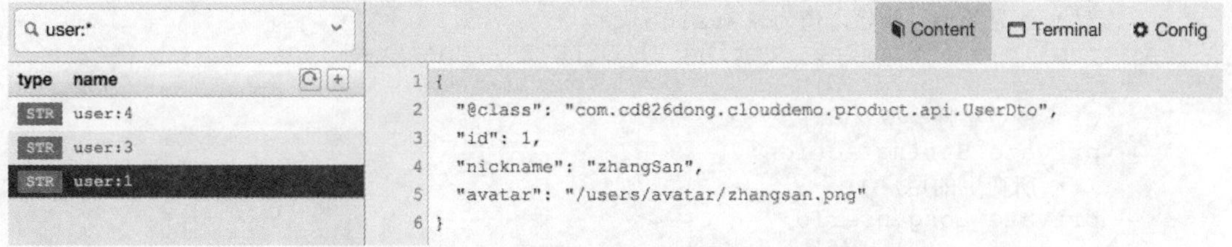

图 9-13　商品微服务缓存测试——Redis 数据

到这里第一步改造已经完成了。下面我们进行后面两步的改进：用户微服务中用户信息变更消息的发送和商品服务中用户消息的监听。

9.4.2　为用户微服务添加消息发送功能

前面已经说过当用户微服务中的用户信息在更新、删除的时候需要通知商品微服务进行缓存数据更新。下面就来实现用户信息变更消息的发送功能。要发送一个用户信息变更消息，需要完成如下几步工作：

（1）首先需要构建一个用户变更消息对象，该对象至少需要包含如下内容：变更用户的 ID、变更事件类型（更新还是删除）等数据。

（2）构建消息发送处理器，能够将上一步所构建的用户变更消息发送给消息中间件 Kafka。

（3）修改用户管理服务中的保存、删除等功能，当用户信息更新或删除时就构建一个用户信息变更消息，并通过上一步所提供的消息发送处理器发送该消息。

第 1 步，我们先来构建用户变更消息对象。该消息对象是一个 POJO 对象，包含的信息如下：

- action，该用户变更消息类型，更新（update）、删除（delete）等。消息接收者（消费者）可以根据该属性对消息进行相应的处理。
- userId，用户 ID。
- traceId，该属性是 Sleuth 为本次用户变更请求所生成的追踪 ID，通过该 ID 可以追踪到本次请求的所有处理过程。前面讲过，如果是微服务之间的直接调用，那么该 ID 就可以通过 Sleuth 机制进行传递，不需要开发者介入。但是，如果开发者是通过消息中间件进行处理，那么该 ID 就不会传递下去。因此为了能够方便后续中可以继续追踪一次本次请求所涉及的所有处理，应在消息中包含 traceId 的值。

最终所定义的用户变更消息代码如下：

```
package com.cd826dong.clouddemo.user.service;
import …
// 用户变更消息
public class UserMsg {
```

```
    /** 消息类型：更新，值为 {@value} */
    public static final String UA_UPDATE = "update";
    /** 消息类型：删除，值为 {@value} */
    public static final String UA_DELETE = "delete";

    /** 变更事件类型 */
    private String action;
    /** 所变更的用户 ID */
    private Long userId;
    /** Sleuth 所生成的统一追踪 ID */
    private String traceId;

    public UserMsg() {  }
    public UserMsg(String action, Long userId, String traceId) {
        this.action = action;
        this.userId = userId;
        this.traceId = traceId;
    }
    @Override
    public String toString() {
        return this.toStringHelper().toString();
    }
    protected MoreObjects.ToStringHelper toStringHelper() {
        return MoreObjects.toStringHelper(this)
            .add("action", this.getAction())
            .add("userId", this.getUserId())
            .add("traceId", this.getTraceId());
    }
    // 省略后续的 getter/setter 方法
    ……
}
```

注意： 用户变更消息在用户微服务和商品微服务中都需要，所以还需要复制一份用户变更消息到商品微服务中。

第 2 步，构建用户变更消息发送器。首先需要在用户微服务中添加对 Spring Cloud Stream 的依赖：

```
<dependency>
    <groupId>org.springframework.cloud</groupId>
    <artifactId>spring-cloud-starter-stream-kafka</artifactId>
</dependency>
```

这里，我们使用 Kafka 作为消息中间件，因此只需要添加对 spring-cloud-starter-stream-kafka 的依赖即可。接下来，就可以让微服务在启动的时候绑定 Spring Cloud Stream 的消息代理：

```
package com.cd826dong.clouddemo.user;
import …
@EnableDiscoveryClient
// 启动绑定
@EnableBinding(Source.class)
@SpringBootApplication
```

```
public class Application {
    public static void main(String[] args) {
        SpringApplication.run(Application.class, args);
    }
}
```

通过在应用引导类中添加@EnableBinding 注解就可以让 Spring Cloud Stream 启用一个消息代理，同时绑定到 Source 接口所定义的消息通道（output）中，通过该通道就可以实现用户变更消息的发送了，具体发送代码如下：

```
package com.cd826dong.clouddemo.user.service;
import …
@Component
public class UserMsgSender {
    protected Logger logger = LoggerFactory.getLogger(this.getClass());
    // 消息的发送就是通过该接口实现的
    private Source source;
    @Autowired
    public UserMsgSender(Source source) {
        this.source = source;
    }
    public void sendMsg(UserMsg userMsg) {
        this.logger.debug("发送用户消息:{} ", userMsg);
        this.source.output().send(
            MessageBuilder.withPayload(userMsg).build());
    }
}
```

前面在讲 Spring Cloud Stream 编程模型的时候讲过，Source 是 Spring Cloud 提供的标准消息发送接口。Source 接口中只定义了一个 output()方法，该方法返回 MessageChannel 对象，也就是消息通道对象，通过该消息通道就可以将消息发送给消息代理，然后消息代理再将消息发送给具体的消息中间件（这里就是 Kafka）。

第 3 步，需要在用户管理服务的代码中增加消息发送代码。完成修改后的代码如下：

```
package com.cd826dong.clouddemo.user.service;
import …
@Service
public class UserService {
    @Autowired
    protected UserRepository userRepository;
    @Autowired
    protected UserMsgSender userMsgSender;
    @Autowired
    protected Tracer tracer;
    // 下面省略了其他不需要修改的方法
    ……
    public UserDto save(UserDto userDto) {
        User user = this.userRepository.findOne(userDto.getId());
        if (null == user) {
            user = new User();
        }
        user.setNickname(userDto.getNickname());
        user.setAvatar(userDto.getAvatar());
```

```
        this.userRepository.save(user);
        // 发送用户更新消息
        this.sendMsg(UserMsg.UA_UPDATE, user.getId());
        return new UserDto(user);
    }
    public void delete(Long id) {
        this.userRepository.delete(id);
        // 发送用户删除消息
        this.sendMsg(UserMsg.UA_DELETE, id);
    }
    // 调用 UserMsgSender 发送用户变更消息
    protected void sendMsg(String action, Long userId) {
        this.userMsgSender.sendMsg(
            new UserMsg(action, userId, this.getTracerId()));
    }
    // 获取 Sleuth 生成的统一追踪 ID
    protected String getTracerId() {
        return this.tracer.getCurrentSpan().traceIdString();
    }
}
```

这里的修改也非常简单，在用户更新和删除方法中调用了统一的消息发送接口，并在参数中指定了用户变更消息的事件类型及相应的用户 ID 即可。同时，在发送消息时通过自动注入的 Tracer 获取 Sleuth 为本次请求所生成的统一追踪 ID，并写入消息中。

以上就是为用户微服务能够发送用户变更消息所进行的全部的代码修改。最核心的是通过@EnableBinding 注解使用户微服务绑定到 Spring Cloud Stream 所提供的 output（Source 接口指定）消息通道（MessageChannel），然后使用 MessageBuilder 对用户变更消息进行封装，最后调用消息通道中的 send()方法将构造好的消息通过 Spring Cloud 所提供的消息代理发送给相应的消息中间件。

那么，Spring Cloud 怎么知道具体发送到哪个消息中间件及哪个主题呢？因此，我们还需要对用户微服务做一些配置，告诉 Spring Cloud 相应的 Kafka 地址等配置信息。所需要配置的内容如下：

```
# Kafka 及 zookeeper 配置信息
spring.cloud.stream.bindings.output.destination=cd826-cloud-usertopic
spring.cloud.stream.bindings.output.content-type=application/json
spring.cloud.stream.kafka.binder.brokers=localhost
spring.cloud.stream.kafka.binder.defaultBrokerPort=9092
spring.cloud.stream.kafka.binder.zkNodes=localhost
```

这里将 output 对应的消息通道设置为 Kafka 中的 cd826-cloud-usertopic 主题（Topic），也就是说用户变更消息都会发布到 Kafka 中的 cd826-cloud-usertopic 这个消息主题中，其他的消息消费者只需要监听该主题就能进行相应的处理了。另外，我们还将 spring.cloud.stream.bindings.output.content-type 的值设置为 application/ json，是告诉 Spring Cloud Stream 在消息发送的时候需要将消息对象转化成 JSON 格式的字符串来发送。当然，也可以将消息转换成 XML 格式或比特流等。

spring.cloud.stream.kafka.*等配置则是告诉 Spring Cloud Stream 启用 Kafka 消息代理，

并连接到本地端口为 9092 的 Kafka 服务器。另外，Kafka 运行需要 Zookeeper 支持，因此这里通过 zkNodes 属性指定了所要连接到的 Zookeeper 的节点。

到这里我们完成了用户微服务的全部修改。通过消息中间件，当用户信息有任何变更时只需要发送一个用户变更消息到相应的主题中即可。对于其他需要根据用户信息变更做处理的应用，都可以通过监听该主题来实现相应的业务处理。可见，通过引入消息架构一方面可以非常方便地扩展新功能，不用对原有业务做任何更改（如需要对用户管理增加一个审计功能），另一方面通过消息架构可以非常容易地将多个业务进行解耦，服务之间都可以实现独立自治，而不是互相依赖。

9.4.3　为商品微服务添加消息监听功能

接下来将完成对商品微服务的消息监听及处理。当监听到用户微服务发送的用户变更消息后，根据消息中的信息对 Redis 中缓存的数据进行更新等处理。

首先在商品微服务项目中添加对 Spring Cloud Stream 的依赖。

```
<dependency>
    <groupId>org.springframework.cloud</groupId>
    <artifactId>spring-cloud-starter-stream-kafka</artifactId>
</dependency>
```

这里和用户微服务一样只需要添加对 spring-cloud-starter-stream-kafka 的依赖即可。接下来，需要告诉商品微服务在启动的时候去绑定 Spring Cloud Stream 的消息代理。

```
package com.cd826dong.clouddemo.product;
import …
@EnableFeignClients
@EnableDiscoveryClient
// 将 Spring Cloud Stream 绑定到 Sink 所定义的 input 通道上
@EnableBinding(Sink.class)
@SpringBootApplication
@EnableJpaRepositories({"com.cd826dong.**.repository"})
@ComponentScan("com.cd826dong.**")
public class Application {
    protected Logger logger = LoggerFactory.getLogger(this.getClass());
    public static void main(String[] args) {
        SpringApplication.run(Application.class, args);
    }
    // 一个简单的监听处理
    @StreamListener(Sink.INPUT)
    public void onUserMsgSink(UserMsg userMsg) {
        this.logger.debug("receive user msg: {}", userMsg);
    }
}
```

和之前一样只需要在应用引导类中添加@EnableBinding 注解就可以让 Spring Cloud Stream 启用一个消息代理，但这里需要绑定到是 Sink 接口所定义的消息通道（input），而不是 Source 接口。Sink 接口是一个消息订阅接口，通过该注解，后续就可以使用该通道接收用户变更消息，然后进行相关的处理。

具体监听的处理则是在 onUserMsgSink()方法中完成的。注意，该方法上要增加@StreamListener 注解，并在注解的参数中指定 Sink.INPUT（也即 input），告诉 Spring Cloud Stream 当监听到 input 消息通道中的消息时就调用该方法进行处理。另外，注意 onUserMsgSink()方法的参数类型是 UserMsg，也就是说 Spring Cloud Stream 会自动将 input 消息通道中的消息反序列化成该类型。

和用户微服务一样，还得告诉 Spring Cloud Stream 消息中间件 Kafka 的相关配置。因此需要在商品微服务的配置文件中增加如下配置：

```
# Kafka 及 Zookeeper 配置信息
spring.cloud.stream.bindings.input.destination=cd826-cloud-usertopic
spring.cloud.stream.bindings.input.content-type=application/json
spring.cloud.stream.bindings.input.group=productGroup
spring.cloud.stream.kafka.binder.brokers=localhost
spring.cloud.stream.kafka.binder.defaultBrokerPort=9092
spring.cloud.stream.kafka.binder.zkNodes=localhost
```

input 对应的消息通道设置为 Kafka 中的 cd826-cloud-usertopic 主题，也就是用户微服务发布消息的消息主题，消息格式和用户微服务中保持一致，设置为 application/json。

spring.cloud.stream.bindings.input.group 是需要设置的分组名称，这里将其设置为 productGroup。为什么需要分组设置呢？还记得我们在搭建 Redis 缓存时的一个考虑么？所建立的缓存是一个分布式缓存，当其中一个微服务实例将用户信息加入到 Redis 数据中后，其他商品微服务实例都能使用到，而不是仅有一个微服务使用。自然的，当有用户变更消息时，也只需要处理其中一个商品微服务实例即可，不需要每个实例都处理一遍。因此，分组设置正是提供了该功能，所以每一个商品微服务的实例都需要将该配置值设置为 productGroup。

这里有的读者已经着急了，前面已经做了那么多工作怎么还不能看到成果呢？下面让我们先感受一下消息中间件的威力。在商品微服务中，消息监听处理方法 onUserMsgSink()非常简单，就是先通过日志输出接收到的消息。下面，让我们依次启动服务治理服务器、用户微服务和商品微服务，然后使用 Postman 对用户信息进行修改，界面如图 9-14 所示。

图 9-14　消息发送测试——用户微服务修改用户

然后在用户微服务控制台上可以看到如图 9-15 所示的输出。

```
2018-04-12 20:00:46.044  INFO [userservice,,,] 93848 --- [nio-2100-exec-1] o.s.web.servlet.DispatcherServlet        : FrameworkServlet 'dispatc
herServlet': initialization completed in 341 ms
2018-04-12 20:03:41.434  INFO [userservice,,,] 93848 --- [trap-executor-0] c.n.d.s.r.aws.ConfigClusterResolver      : Resolving eureka endpoint
s via configuration
2018-04-12 20:05:33.303 DEBUG [userservice,4621d6bf0c91b459,4621d6bf0c91b459,false] 93848 --- [nio-2100-exec-6] c.c.c.user.service.UserMsgSende
r         : 发送用户变更消息:UserMsg{action=update, userId=3, traceId=4621d6bf0c91b459}
```

图 9-15　消息发送测试——用户微服务控制台输出

从日志中可以看到用户变更消息已经发送。然后再看一下商品微服务控制台中的日志，如图 9-16 所示。

```
loud-usertopic-0] for group productGroup
2018-04-12 20:36:09.253  INFO 10674 --- [           main] com.cd826dong.clouddemo.Application      : Started Application in 24.032 seconds (JVM
 running for 25.179)
2018-04-12 20:36:09.264  INFO 10674 --- [afka-consumer-1] o.s.c.s.b.k.KafkaMessageChannelBinder$3   : partitions assigned:[cd826-cloud-usertopic
-0]
2018-04-12 20:36:09.347 DEBUG 10674 --- [afka-listener-1] istener$$EnhancerBySpringCGLIB$$e67f744b : 收到用户更新消息，所要更新用户的ID: 3
```

图 9-16　消息发送测试——商品微服务控制台输出

从输出的日志可以看到，商品微服务已经接收到了该用户的变更消息，并且已经成功反序列化为 UserMsg 对象，我们所设置的统一追踪 ID 也包含在其中。

细心的读者可能会发现，用户微服务控制台中的消息发送时间与商品微服务中的消息接收时间差别比较大。其实，这是因为笔者做了一个实验，先启动用户微服务，并提交了用户修改请求，然后再启动商品微服务。从实验结果可以看到，商品微服务仍然可以接收到用户变更消息而不会丢失，这就是消息中间件为应用所带来的好处之一。

接下来就可以完成商品微服务最后的处理了。这里为了统一，将消息代理的绑定、监听代码及具体业务处理全部统一到一个类 UserMsgListener 中。最终的代码如下：

```java
package com.cd826dong.clouddemo.product.mq;
import …
// 这里要使用@EnableBinding 开启消息监听
@EnableBinding(Sink.class)
public class UserMsgListener {
    protected Logger logger = LoggerFactory.getLogger(this.getClass());
    @Autowired
    protected UserRedisRepository userRedisRepository;
    // 将监听器绑定到 input 消息通道
    @StreamListener(Sink.INPUT)
    public void onUserMsgSink(UserMsg userMsg) {
        if (UserMsg.UA_UPDATE.equalsIgnoreCase(userMsg.getAction())) {
            // 收到用户更新消息
            this.logger.debug("收到用户更新消息，所要更新用户的 ID: {}",
                userMsg.getUserId());
            this.userRedisRepository.delete(userMsg.getUserId());
        } else if (UserMsg.UA_DELETE.equalsIgnoreCase(userMsg.
getAction())) {
            // 收到用户删除消息
            this.logger.debug("收到用户删除消息，所删除用户的 ID: {}",
                userMsg.getUserId());
            this.userRedisRepository.delete(userMsg.getUserId());
        } else {
```

```
                // 收到未知类型的消息
                this.logger.debug("收到未知用户消息，用户的 ID: {}",
                    userMsg.getUserId());
            }
        }
    }
```

具体的业务处理也非常简单，当接收到的是用户更新、删除消息时，调用 Redis 相关处理将缓存的用户信息删除即可，这样当下次加载该用户信息时就会重新从用户服务中发出请求，并缓存到 Redis 中。这种处理方式属于“懒更新”方式，这里也可以立即从用户服务中获取新用户的数据，并更新到 Redis 缓存中。

9.4.4　测试

全部的代码都已经完成后就可以进行测试了，测试的内容包含下面几项：

- 当更新一个用户的信息后，商品微服务是否能够及时更新用户的数据？
- 如果还没有缓存用户数据，当用户服务宕机之后，调用商品服务会发生什么？
- 假如已经缓存了用户数据，这时候用户微服务宕机，那么调用商品服务又会发生什么？

下面先来第一个测试。测试步骤是：先让商品服务缓存用户数据；然后再进行用户信息更新。再次访问商品服务查看所加载的用户数据是否已经更新。先通过 Postman 访问 http://localhost:2200/products/3/comments 获取一个商品评论列表，得到的数据如图 9-17 所示。

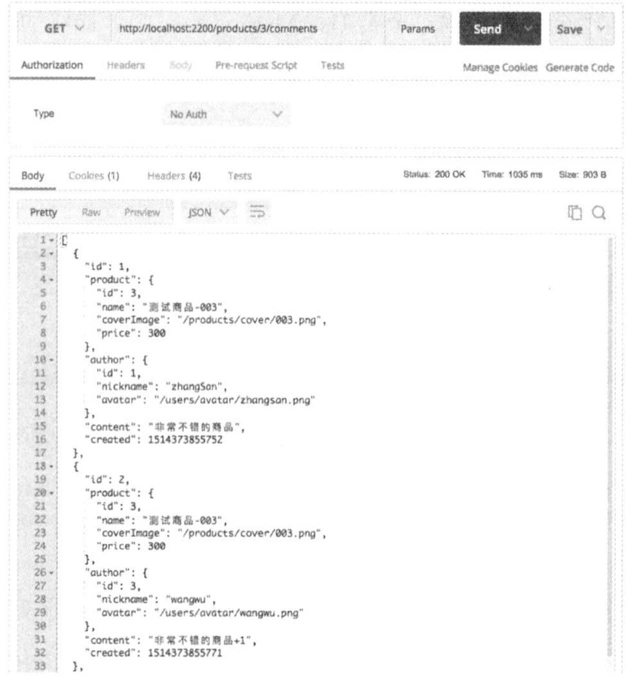

图 9-17　消息发送测试——更新用户信息前访问商品微服务

从图中可以看到商品评价的第二条是 ID 为 3 的用户所评价的，用户昵称是 wangwu，用户的头像是/users/avatar/wangwu.png。然后我们像前面一样通过 Postman 提交一个用户信息修改，将该用户的昵称修改为 zhangdamazi，用户的头像修改为：/users/avatar/zhangdamazi.png，然后再获取商品评论列表，得到的数据如图 9-18 所示。

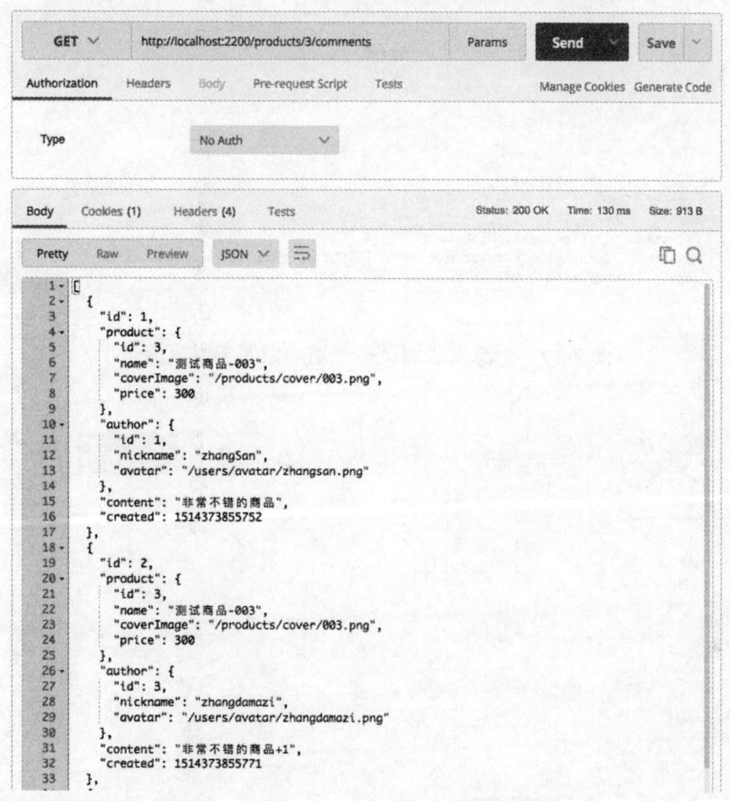

图 9-18　消息发送测试——更新用户信息后访问商品微服务

由图可知，我们已经成功修改了用户数据，并且商品服务也及时更新了本地的用户缓存信息。

下面来做第二个测试。测试步骤如下：

（1）不启动用户服务。

（2）访问商品服务查看数据加载情况。

通过 Postman 访问，得到如图 9-19 所示界面。

很不幸，测试时得到了一个错误信息。需要说明的是，这里示例项目并没有开启服务降级功能，所以直接抛出了一个异常信息，但这也正是我们所预料的结果。

最后我们开始第三个测试。测试步骤是：按照之前的启动方式顺序启动各服务；然后访问商品微服务以便缓存用户信息；接着手工将用户服务宕机；最后再次访问商品服务。通过 Postman 访问，得到如图 9-20 所示界面。

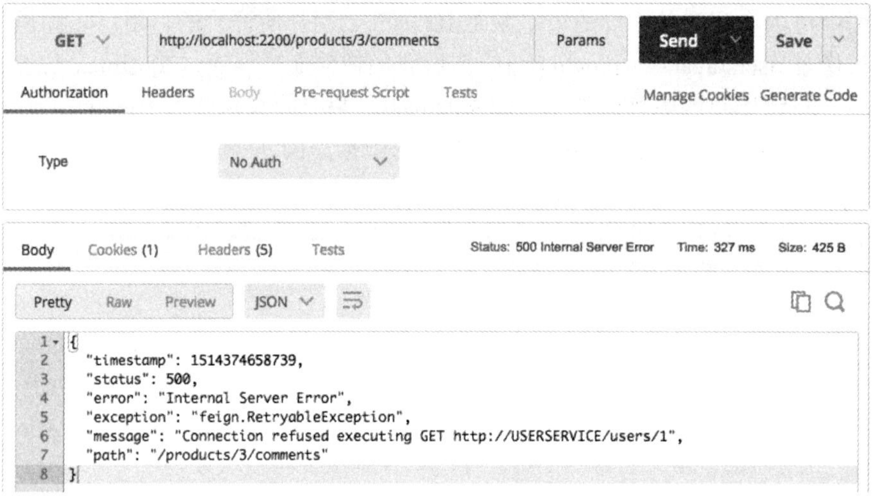

图 9-19　消息发送测试——用户微服务宕机测试 1

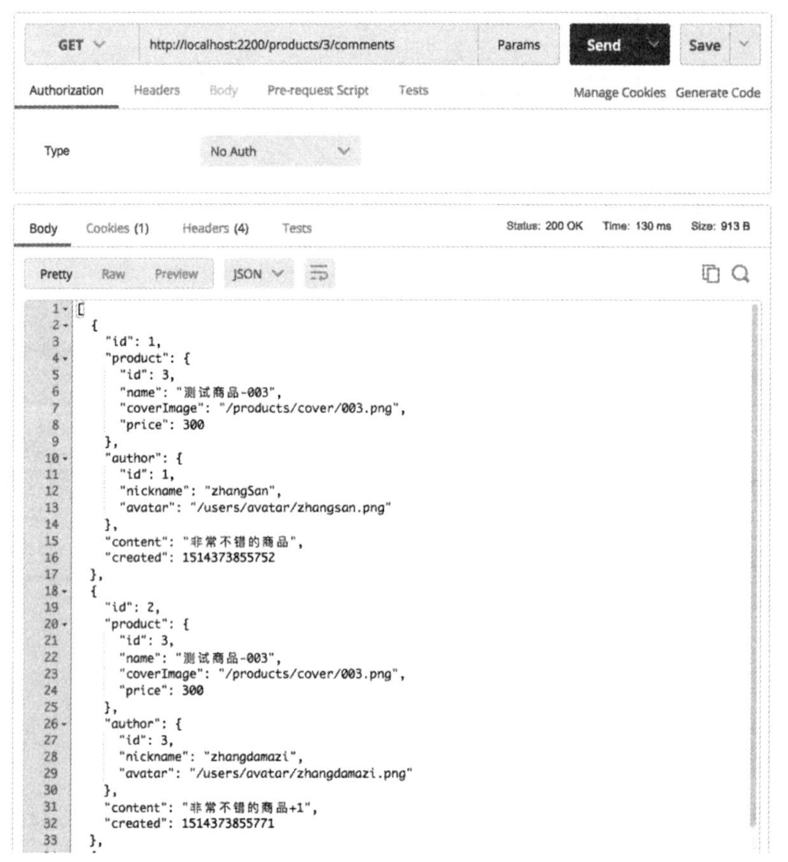

图 9-20　消息发送测试——用户微服务宕机测试 2

从图中看到，返回的数据正如我们所料，用户服务的宕机并没有影响到商品服务，我们又为项目的可用性提升了一个等级。

提示：在前面几个测试中读者可能需要可视化的 Redis 客户端工具，以便可以删除商品服务所缓存的数据，而 RDM 和 Medis 都是不错的选择，当然读者也可以直接使用 Redis 客户端命令行。

9.4.5 自定义消息通道

前面的示例都是使用 Spring Cloud Strem 中 Source 和 Sink 接口所提供的默认消息通道 input、output。而在实际生产项目中需要的可能不止一个消息通道，而且需要给消息通道起一个有意义的名称，这样代码维护起来也清晰。那么如何才能够自定义一个消息通道呢？

自定义一个消息通道需要完成以下工作：首先需要增加一个自定义消息发送或者接收的接口；然后将消息发送或者消息监听者连接到该通道上；最后修改项目配置文件，将该消息通道绑定到消息中间件具体的消息主题上。下面以商品微服务为例，增加一个名称为 inboundUserMsg 的消息通道，然后将用户变更消息的监听移到该通道上。

下面先建立自定义消息通道的接收接口，代码如下：

```
package com.cd826dong.clouddemo.product.mq;
import org.springframework.cloud.stream.annotation.Input;
import org.springframework.messaging.SubscribableChannel;
// 这里自定义一个名称为 inboundUserMsg 的消息通道
public interface SpringCloudBookChannels {
    @Input("inboundUserMsg")
    SubscribableChannel userMsgs();
}
```

自定义消息通道接口的关键是需要定义一个返回值为 SubscribableChannel 的方法。该方法的方法名称可以自定义，但返回值必须是 SubscribableChannel 类型，同时在该方法上增加@Input 注解，注解的参数就是自定义的消息通道名称，这里设置为 inboundUserMsg。

如果想自定义一个消息发送通道，那么所要声明的方法如下：

```
@Output("outboundUserMsg")
MessageChannel userMsgSender();
```

这时候方法返回值类型的 MessageChannel，所要添加的注解为@Output，注解的参数依然是自定义的消息通道名称。

完成自定义消息通道接口之后，就可以修改商品微服务中 UserMsgListener 消息监听的处理代码了，将所监听的消息通道更改为自定义的消息通道 inboundUserMsg。修改后的代码如下：

```
// 这里省略了之前相同的代码
......
```

```
@EnableBinding(SpringCloudBookChannels.class)
public class UserMsgListener {
    // 省略相同的代码
……
    @StreamListener("inboundUserMsg")
    public void onUserMsgSink(UserMsg userMsg) {
        // 省略具体的处理代码
……
    }
}
```

代码需要修改的地方有两处：一处是将@EnableBinding 注解中的参数更改为 SpringCloudBookChannels.class，这样就会告诉 Spring Cloud Stream 的消息代理将消息监听绑定到我们自定义的消息通道；另一处是将@StreamListener 注解的参数修改为 inbound UserMsg，也就是说消息代理将使用 onUserMsgSink 来处理 inboundUserMsg 中的消息。

最后还需要修改商品微服务中 Stream 的绑定配置，将原来的 input 通道配置修改为 inboudUserMsg 配置，修改后的项目配置文件如下（忽略了其他不相干的配置）：

```
# Kafka 及 Zookeeper 配置信息
# spring.cloud.stream.bindings.input.destination=cd826-cloud-usertopic
# spring.cloud.stream.bindings.input.content-type=application/json
# spring.cloud.stream.bindings.input.group=productGroup
spring.cloud.stream.bindings.inboundUserMsg.destination=cd826-cloud-use
rtopic
spring.cloud.stream.bindings.inboundUserMsg.content-type=application/js
on
spring.cloud.stream.bindings.inboundUserMsg.group=productGroup
spring.cloud.stream.kafka.binder.brokers=localhost
spring.cloud.stream.kafka.binder.defaultBrokerPort=9092
spring.cloud.stream.kafka.binder.zkNodes=localhost
```

9.5　Spring Cloud Stream 高级主题

到这里我们已经学习了如何使用 Spring Cloud Stream，但在实际开发和生产中还有一些问题需要解决，比如当使用 Stream 时该如何进行测试，当通过 Stream 发送的消息出现异常时该如何捕捉等。

9.5.1　单元测试

单元测试是开发过程中必不可少的一环。在面向消息驱动的开发中，Spring Cloud Stream 为开发者提供了一个 TestSupportBinder 来支持单元测试，可以让开发者在没有连接到消息中间件的情况下完成测试。通过 TestSupportBinder 可以模拟访问消息通道，并进行消息的发送与监听。

对于消息发送，TestSupportBinder 会注册一个类型为 MessageCollector 的 Bean，通过该 Bean 可以获取到所发送的消息，这样就可以判断消息是否发送成功。对于消息监听测试，则可以通过直接向入站通道发送消息进行模拟。下面来看一个单元测试示例。

```
@RunWith(SpringJUnit4ClassRunner.class)
@SpringApplicationConfiguration(classes = ExampleTest.MyProcessor.class)
@IntegrationTest({"server.port=-1"})
@DirtiesContext
public class ExampleTest {
   @Autowired
   private Processor processor;
   @Autowired
   private BinderFactory<MessageChannel> binderFactory;
   // 通过注入该 Bean，可以判断消息发送是否成功
   @Autowired
   private MessageCollector messageCollector;

   @Test
   @SuppressWarnings("unchecked")
   public void testWiring() {
       // 这里模拟发送一个 hello 的消息
       Message<String> message = new GenericMessage<>("hello");
       processor.input().send(message);
       // 通过 messageCollector 获取上面所发送的消息，并判断是否发送成功
       Message<String> received =
           (Message<String>) messageCollector.forChannel(
               processor.output()).poll();
       assertThat(received.getPayload(), equalTo("hello world"));
   }

   // 这里绑定了 Processor，Spring Cloud Stream 会同时创建消息发送通道和消息监听通道
   // 这样可以同时进行消息发送和监听的测试
   @SpringBootApplication
   @EnableBinding(Processor.class)
   public static class MyProcessor {
       @Autowired
       private Processor channels;
       @Transformer(
           inputChannel = Processor.INPUT,
           outputChannel = Processor.OUTPUT)
       public String transform(String in) {
           return in + " world";
       }
   }
}
```

9.5.2 错误处理

我们知道面向消息的架构最大的优点是可以让业务应用进行解耦，使消息的发送方和消费方在无须知道对方的情况下实现业务流程处理。既然有优点那么自然也会有缺点，正如前面所讲松耦合会使一些处理更加棘手，比如异常处理。当通过消息通道发送消息时，

最终处理该消息的业务应用可能与发送方在同一个线程中，但更多的是不在同一个线程中。

如果是在同一个线程中，当处理时抛出异常，那么此时的异常就可以被消息的发送者捕捉到。如果该异常是 RuntimeException 类型的异常，就会通过异常传播被消息发送者捕捉到。这种情况下异常的处理和我们平常的异常处理没有什么不同。但一般消息的发送者将消息发送到通道之后就去处理其他事情了，这时候根本没有办法将异常信息发送回给消息发送者。因此，针对这种情况的错误的处理，需要一个异步错误处理机制。

Spring Cloud Stream 提供了一个全局错误消息处理通道，当出现异常时，Spring Cloud Stream 就会将该异常包装成 ErrorMessage，然后发送到该消息通道中。默认该消息通道的名称为 errorChannel，可以通过项目配置文件中的 spring.cloud.stream.bindings.error.destination 属性来指定通道的名称，比如下面的配置，会将错误消息通道的名称设置为 myGlobal ErrorChannel。

```
# 全局异常消息通道
spring.cloud.stream.bindings.error.destination=myGlobalErrorChannel
```

9.5.3　消息处理分发

Spring Cloud Stream 从 1.2 版本开始，支持将同一个消息通道中的消息，根据条件分发给不同的方法进行处理。相应的方法除了需要@StreamListener 注解外，还需要满足以下条件：

- 该方法没有返回值。
- 该方法只能处理独立的消息，不能是响应式消息处理器。

消息分发的条件可以通过@StreamListener 注解中的 condition 属性设定，条件可以使用 SpEL 表达式(关于 SpEL 表达式，可以参考：https://docs.spring.io/spring/docs /current/spring-framework-reference/core.html#expressions）。在进行消息分发处理时，Spring Cloud Stream 会对每一个条件进行求值，所有符合条件的方法都会在同一个线程中执行，但并不保证执行的顺序。下面就是一个消息分发的示例。

```
@EnableBinding(Sink.class)
@EnableAutoConfiguration
public static class TestPojoWithAnnotatedArguments {
    // 当消息头中 type 参数的值为 foo 时，使用该方法进行消息处理
    @StreamListener(target = Sink.INPUT, condition = "headers['type']==
    'foo'")
    public void receiveFoo(@Payload FooPojo fooPojo) {
       // 省略具体消息处理
……
    }
    // 当消息头中 type 参数的值为 bar 时，使用该方法进行消息处理
    @StreamListener(target = Sink.INPUT, condition = "headers['type']==
    'bar'")
    public void receiveBar(@Payload BarPojo barPojo) {
```

```
        // 省略具体消息处理
……
        }
}
```

9.5.4　消费者组与消息分区

发布-订阅模式通过共享主题使应用之间的连接更加容易，但是应用的水平扩展也是非常重要的。通常，对于一个消息只需要一个实例进行处理即可，所以当一个应用存在多个实例时，这些实例之间便会成为同一个消息相互竞争的消费者。

Spring Cloud Stream 通过消费者组的概念给这种情况进行建模。既然是一个组，那么组内必然可以有多个消费者或消费者实例（也就是微服务实例），它们之间共享一个相同的 ID，即消费者组 ID。消费者组内的成员统一在一起消费所订阅消息中的所有消息，而消息中的每个分区只能由同一个消费者组内其中的一个消费者（应用）来消费。

默认情况下，如果没有为应用指定消费者组，Spring Cloud Stream 会为该应用创建一个匿名组，并且该组中只有其一个应用。开发者也可以在应用的配置文件中设置 spring.cloud.stream.bindings.input.group 属性来指定所属消费者组的 ID。一般来说，在创建应用时，最好为其指定一个消费者组，这样可以防止当启动多个应用实例时收到重复的消息（除非你的应用需要处理每个应用实例）。

消费者组还有一个概念：再平衡（rebalance），也可以将 rebalance 理解成一种协议，其用来规定一个消费者组下的所有消费者成员（应用）如何分配所订阅的消息通道中的消息分区。如果一个消息有 10 个分区，消费者组中有 5 个消费成员（应用），那么就会为每一个消费成员（应用）分配 2 个分区的消息。当组内成员发生变更（新应用上线，或应用实例下线），或者消息分区改变时都会引起 rebalance。那么 rebalance 又是如何进行相关处理的呢？

以 Kafka 为例，Kafka 0.8 版本以前每一个消费者都会创建一个基于 Zookeeper 的消费者连接器。当有消费者变更时，都会触发基于 Zookeeper 的消费组操作，每个消费者都会在客户端执行分区分配算法，然后再从全局的分配结果中获取属于自己的分区。这样做的缺点就是消费者会和 Zookeeper 产生频繁的交互，给 Zookeeper 集群造成压力，并且非常容易产生羊群效应和脑裂等问题。在 Kafka 0.8 版本以后重新设计了客户端，并且引入了协调者和消费者组管理协议。由协调者负责消费者组的管理，并将分区分配在消费组的一个主消费者中完成。而每个消费者在加入一个消费者组时都需要完成加入组请求和同步组请求两个动作，从而完成 rebalance 处理。

Spring Cloud Stream 除了对消费者提供了消费分组的支持外，还对一个给定应用的多个实例之间的消息消费提供了支持——数据分片。在 Spring Cloud Stream 所提供的数据分片方案中，消息中间件的一个主题可以视为分隔成为多个分片，并确保消息发送者所发送的具有相同特征的消息数据可以被同一消费者实例所处理。此外，Spring Cloud Stream 对分割的进程实例实现进行了抽象，使得不具备分区功能的消息中间件（如 RabbitMQ）也能具有数据分区功能。

9.5.5　消息绑定器

前面说过 Spring Cloud Stream 通过提供了一个抽象的绑定器作为中间层，实现了与具体消息中间件（RabbitMQ、Kakfa 等）连接，应用程序通过 Spring Cloud Stream 所暴露的统一的消息通道进行消息的发送与监听。通过这种方式一方面大大减少了使用消息中间件的难度，另一方面使应用代码与具体的消息中间件可以解耦，在生产中可以根据需要对接不同的消息中间件。下面让我们深入了解一下绑定器的运作原理。

如图 9-21 所示为消息生产者、消息消费者、绑定器和具体的消息代理之间的逻辑关系图。

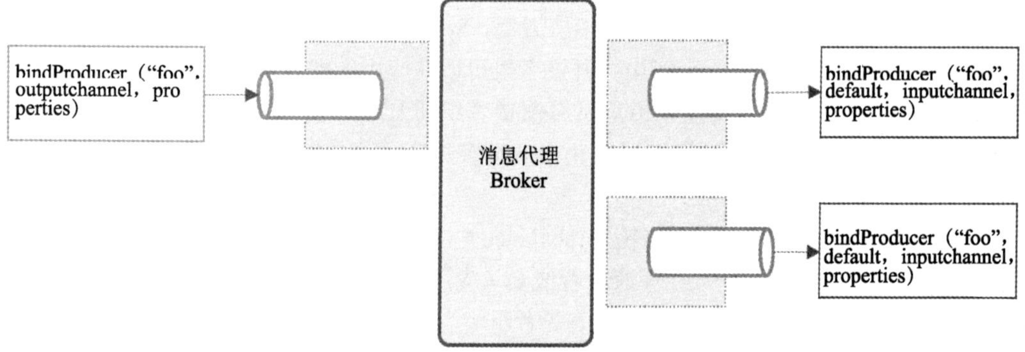

图 9-21　消息绑定器逻辑关系图

在进行消息发送前，需要调用绑定器的 bindProducer()方法，并根据所要绑定的具体消息代理，创建一个消息通道。bindProducer()方法有以下 3 个参数。

- name：要绑定的消息代理的名称。
- outboundBindTarget：本地中用来发送消息的通道。
- producerProperties：创建消息通道时的参数，如分区配置等。

对于消息监听也一样，需要调用 bindConsumer()方法，创建一个消息监听通道。bindConsumer ()方法也有以下 4 个参数。

- name：要绑定的消息代理的名称。
- group：消费者组名。
- inboundBindTarget：本地中用来进行消息监听的通道。
- consumerProperties：创建消息通道时的参数。

Spring Cloud Stream 的绑定器 SPI（Service Provider Interface）由数个接口、一些开箱即用的工具类及服务发现策略组成，并提供了可插入机制实现了与外部多种消息中间件的连接。对于绑定器 SPI 最核心的就是上面所说的绑定接口，该接口代码如下：

```
public interface Binder<T, C extends ConsumerProperties,
    P extends ProducerProperties> {
      Binding<T> bindConsumer(String name, String group,
                              T inboundBindTarget,
                              C consumerProperties);
     Binding<T> bindProducer(String name,
                              T outboundBindTarget,
                              P producerProperties);
}
```

实现一个消息绑定器需要以下 3 步：

（1）实现 Binder 接口。

（2）通过@Configuration 注解对上面的实现类及所要连接的消息中间件进行相关配置的处理，并创建一个 Bean。

（3）在 classpath 下的 META-INF/spring.binders 文件中（如果没有可自行添加该文件）按照下面的格式配置该绑定器。

```
kafka:\
org.springframework.cloud.stream.binder.kafka.config.KafkaBinder
Configuration
```

Spring Cloud Stream 通常使用 Spring Boot 的自动发现机制来判断所要创建的绑定器是哪一种，假如说项目中使用了下面的依赖，就会自动创建与 Kafka 的连接。

```
<dependency>
    <groupId>org.springframework.cloud</groupId>
    <artifactId>spring-cloud-starter-stream-kafka</artifactId>
</dependency>
```

如果项目中包含了多种类型的消息中间件，那么可以通过下面的配置来设置默认绑定器，或者设置某个消息通道所使用的绑定器。

```
// 配置默认的绑定器
spring.cloud.stream.defaultBinder=kafka
// 配置 input 通道所使用的绑定器
spring.cloud.stream.bindings.input.binder=kafka
// 配置 output 通道所使用的绑定器
spring.cloud.stream.bindings.output.binder=rabbit

// 也可以针对不同通道设置所连接到的中间件
// input 通道连接到 192.168.0.1 的 RabbitMQ
spring.cloud.stream.bindings.input.destination=foo
spring.cloud.stream.bindings.input.binder=rabbit1
spring.cloud.stream.binders.rabbit1.type=rabbit
spring.cloud.stream.binders.rabbit1.environment.spring.rabbitmq.host=
192.168.0.1

// output 通道连接到 192.168.0.2 的 RabbitMQ
spring.cloud.stream.bindings.output.destination=bar
spring.cloud.stream.bindings.output.binder=rabbit2
```

```
spring.cloud.stream.binders.rabbit2.type=rabbit
spring.cloud.stream.binders.rabbit2.environment.spring.rabbitmq.host=
192.168.0.2
```

注意：如果读者在项目中手动显式地进行了消息绑定器的配置，Spring Cloud Stream 就会禁用掉默认的消息绑定器配置，因此此时必须保证项目中所用的每一个消息绑定器都有相应的配置。

9.6 消息总线——Spring Cloud Bus

在 Spring Cloud Config 中我们还留了一个“小尾巴”：如何通过 Spring Cloud Bus 自动刷新应用配置。在进入具体实现之前，让我们先来了解一下 Spring Cloud Bus。Spring Cloud Bus 建构在 Spring Cloud Stream 之上，是一个轻量级的通信组件，可以将分布式系统中的节点与轻量级消息代理连接，从而实现状态更改（如上面说的配置信息更改）广播或其他事件的广播。

在实现上 Spring Cloud Bus 基于 Spring 事件驱动模型。Spring 事件驱动模型包含以下 3 个基本概念。

- 事件：ApplicationEvent；
- 事件监听者：ApplicationListener；
- 事件发布者：ApplicationEventPublisher。

Spring 中的事件驱动模型其实是观察者模式的典型应用，通过这种处理方式可以解耦目标对象和它的依赖对象，目标对象（也就是事件发布者）只需要通知它的依赖对象（事件监听者）即可，依赖对象在接收到事件之后怎么处理，以何种方式处理，由其自己决定，而目标对象则不需要关心。

9.6.1 完成配置自动刷新配置

让我们先来看一下 Spring Cloud Bus 之后的应用架构图，如图 9-22 所示。

从图 9-22 中可以看到，当修改配置数据并提交到版本管理之后，开发者只需要在配置服务器中访问/bus/refresh 端点，这样配置服务器就会发布配置刷新事件，商品微服务和用户微服务监听到事件之后就会自动执行配置刷新处理。下面让我们着手修改代码。

（1）修改配置服务，引入 Spring Cloud Bus，只需要在项目依赖中增加如下配置即可。

```
<dependency>
    <groupId>org.springframework.cloud</groupId>
    <artifactId>spring-cloud-starter-bus-kafka</artifactId>
</dependency>
```

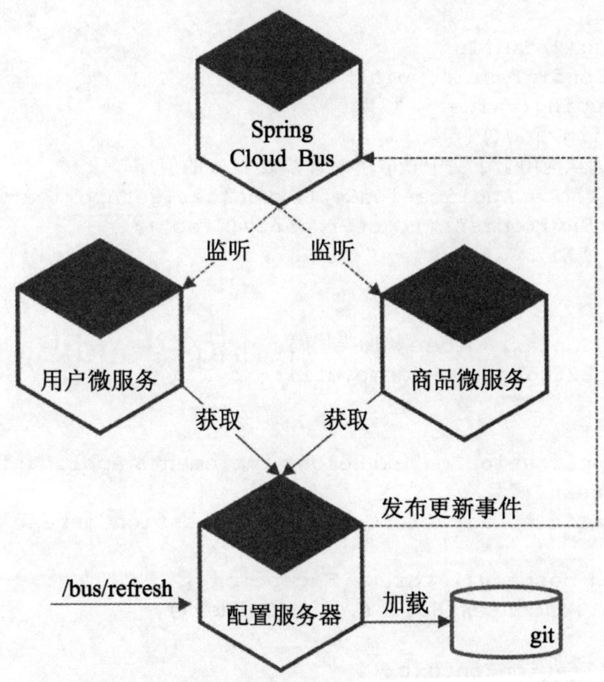

图 9-22 使用 Spring Cloud Bus 后的系统架构图

需要注意的是，前面示例中所使用的消息中间件是 Kafka，所以这里的依赖是 spring-cloud-starter-bus-kafka。但如果开发者使用的是 RabbitMQ，还需要更改为 spring-cloud-starter-bus-amqp。接下来否则更改服务器配置：

```
# 关闭管理端点的安全认证，不然执行时会提示没有权限
management.security.enabled=false

# 针对 Kafka
spring.cloud.stream.kafka.binder.brokers=localhost
spring.cloud.stream.kafka.binder.defaultBrokerPort=9092
spring.cloud.stream.kafka.binder.zkNodes=localhost
# 针对 RabbitMQ
# spring.rabbitmq.host=localhost
# spring.rabbitmq.port=5672
# spring.rabbitmq.username=yourname
# spring.rabbitmq.password=yourpass
```

针对本测试这里也可以不用进行配置。根据 Spring Boot 默认自动配置机制，如果不进行任何配置，就会采用默认值。因为我们在启动 Kafka 时没有更改任何配置，所以可以不用配置。

（2）修改商品微服务，只需要引入 Spring Cloud Bus 依赖。接下来，为了能够让测试更容易观察，需要对原来的配置测试端点进行一些修改。修改后的代码如下：

```
package com.cd826dong.clouddemo.product.api;
import …
```

```
@RestController
@RequestMapping("/config")
public class ConfigTestEndpoint {
    @RequestMapping(value = "/foo")
    public String foo(){
        // 更改为从应用上下文中获取所配置参数 foo 的值
        String foo = ApplicationContextHolder.getApplicationContext()
            .getEnvironment().getProperty("foo");
        return  "Hi, " + foo + "!";
    }
}
// ApplicationContextHolder 辅助类代码
package com.cd826dong.clouddemo.util;
import …
@Component
public class ApplicationContextHolder implements ApplicationContextAware,
    DisposableBean {
    private static ApplicationContext applicationContext = null;
    @Override
    public void destroy() throws Exception {
        ApplicationContextHolder.clearHolder();
    }
    // 注入 ApplicationContext
    @Override
    public void setApplicationContext(ApplicationContext application
    Context) throws BeansException {
        ApplicationContextHolder.applicationContext = applicationContext;
    }
    // 获取 ApplicationContext
    public static ApplicationContext getApplicationContext() {
        return applicationContext;
    }
    public static void clearHolder() {
        applicationContext = null;
    }
}
```

（3）修改用户微服务，只需要引入 Spring Cloud Bus 依赖即可。

全部修改完毕后就可以启动测试了。依次启动服务治理服务、配置服务器、用户微服务和商品微服务，然后通过 Postman 访问 http://localhost:2200/config/foo，可以得到如下输出：

```
Hi, I'm development value !
```

接下来将 productservice-dev.properties 文件中的 foo 参数值修改为：Now, I'm changing...。然后提交到 Git 仓库中。然后通过 Postman 请求 http://localhost:8888 /bus/refresh 刷新配置，如图 9-23 所示。

等请求执行完毕之后，再访问 http://localhost:2200/config/foo，就可以获取如下输出：

```
Hi, Now, I'm changing...
```

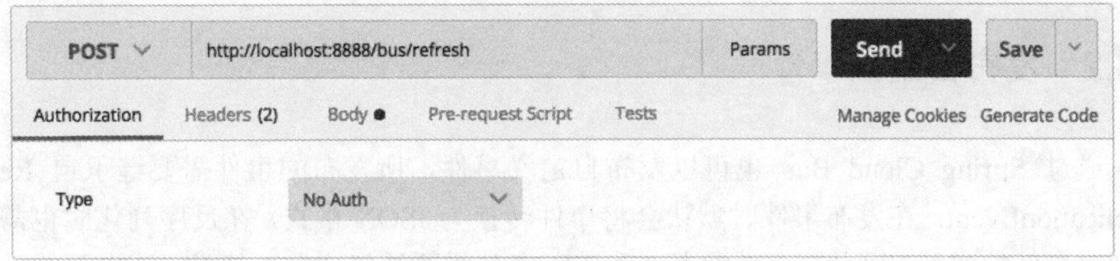

图 9-23　请求刷新配置

说明商品微服务已经更新了配置。那么它们是如何执行的呢？首先，让我们来看一下 Kafka 中的主题列表，可以通过如下命令获取：

```
> bin/kafka-topics.sh --list --zookeeper localhost:2181

# 将会获取到如下列表
__consumer_offsets
cd826-cloud-usertopic
inboundUserMsg
output
springCloudBus
```

注意，在列表最后有一个 springCloudBus 主题，是为配置刷新时所用。仔细观察配置服务和商品微服务的控制台输出，可以看到如图 9-24 和图 9-25 所示的输出，说明配置服务器已经连接到 Kafka 服务器上的 springCloudBus 主题，商品微服务则订阅了 springCloudBus 主题的消息。

```
2018-04-12 20:43:03.807  INFO 12325 --- [           main] o.s.c.s.b.k.c.KafkaBinderConfiguration   : AdminUtils selected: Kafka 0.10 AdminUtils
2018-04-12 20:43:03.897  INFO 12325 --- [           main] com.cd826dong.clouddemo.Application      : Started Application in 0.273 seconds (JVM runn
ing for 19.101)
2018-04-12 20:43:03.944  INFO 12325 --- [           main] o.s.c.s.b.k.p.KafkaTopicProvisioner      : Using kafka topic for outbound: springCloudBus
2018-04-12 20:43:04.059  INFO 12325 --- [           main] org.apache.zookeeper.ZooKeeper           : Client environment:zookeeper.version=3.4.8--1,
 built on 02/06/2016 03:18 GMT
2018-04-12 20:43:04.059  INFO 12325 --- [           main] org.apache.zookeeper.ZooKeeper           : Client environment:host.name=cd826dembp
2018-04-12 20:43:04.059  INFO 12325 --- [           main] org.apache.zookeeper.ZooKeeper           : Client environment:java.version=1.8.0_60
2018-04-12 20:43:04.059  INFO 12325 --- [           main] org.apache.zookeeper.ZooKeeper           : Client environment:java.vendor=Oracle Corporat
```

图 9-24　配置服务器绑定到 Kafka

```
2018-04-12 20:46:12.401  INFO 12889 --- [           main] o.s.integration.channel.DirectChannel    : Channel 'productservice:2200.inboundUserMsg' ha
s 2 subscriber(s).
2018-04-12 20:46:12.407  INFO 12889 --- [           main] o.s.c.s.b.k.p.KafkaTopicProvisioner      : Using kafka topic for outbound: springCloudBus
2018-04-12 20:46:12.407  INFO 12889 --- [           main] org.apache.zookeeper.ZooKeeper           : Initiating client connection, connectString=loc
alhost:2181 sessionTimeout=10000 watcher=org.I0Itec.zkclient.ZkClient@30c19bff
2018-04-12 20:46:12.409  INFO 12889 --- [localhost:2181)] org.apache.zookeeper.ClientCnxn          : Opening socket connection to server localhost/0
:0:0:0:0:0:0:1:2181. Will not attempt to authenticate using SASL (unknown error)
```

图 9-25　商品微服务绑定到 Kafka

假如，在更新配置后只想刷新部分微服务，那么此时可在访问/bus/refresh 端点时通过 destination 参数来指定所要刷新的微服务。例如，/bus/refresh?destination= productservice:2200，这样只会刷新服务名称为 productservice、端口为 2200 的微服务。同时在参数中还可以使用通配符，如 productservice:**，表示要刷新所有 productservice 实例。

9.6.2 发布自定义事件

通过 Spring Cloud Bus 也可以发布自定义事件，所发布的事件需要继承自 RemoteApplicationEvent。在发布事件时默认会将事件转换为 JSON 格式，在反序列化时也需要使用到该事件的类型。因此，事件发布者和监听者都需要访问这个事件类，或者保持这两个类一致。也可以用@JsonTypeName 注解来自定义序列化中的类名，但在接收端也要有同样的定义。

下面来看一个发布自定义事件的例子。首先在用户微服务中定义事件，代码如下：

```
package com.cd826dong.clouddemo.bus;
import…
// 一定要继承 RemoteApplicationEvent
public class MyBusEvent extends RemoteApplicationEvent {
    private static final long serialVersionUID = 1L;
    private String eventType;
    public MyBusEvent() {
        super();
    }
    // 定义自己的构造函数
    public MyBusEvent(Object source, String originService,
                      String destinationService, String eventType) {
        super(source, originService, destinationService);
        this.eventType = eventType;
    }
    // 省略了其他代码
……
}
```

同样，该事件的代码也需要复制到商品微服务中，并在商品微服务中增加一个事件监听类，代码如下：

```
package com.cd826dong.clouddemo.product.service.impl;
import …
@Component
public class MyBusEventListener implements ApplicationListener
<MyBusEvent> {
    protected Logger logger = LoggerFactory.getLogger(this.getClass());
    // 通过 onApplicationEvent 实现对事件的处理
    @Override
    public void onApplicationEvent(MyBusEvent event) {
        this.logger.debug("Recived an remote event... ");
        this.logger.debug("Event type = {}", event.getEventType());
    }
}
```

然后在用户微服务中增加触发事件的测试端点，代码如下：

```
package com.cd826dong.clouddemo.user.api;
import …
@RestController
```

```
@RequestMapping("/bus/events")
public class UserEventEndpoint {
    protected Logger logger = LoggerFactory.getLogger(this.getClass());
    @RequestMapping(value = "/{eventType}", method = RequestMethod.POST)
    public Boolean publishEvent(@PathVariable String eventType){
        // 构建一个自定义的事件，并通过 ApplicationContext 发布
        ApplicationContext applicationContext =
            ApplicationContextHolder.getApplicationContext();
        MyBusEvent myBusEvent = new MyBusEvent(this,
            applicationContext.getId(), "*:**", eventType);
        // 通过 ApplicationContext.publishEvent 方法就可以发布一个事件
        // 不论事件是否是远程事件
        applicationContext.publishEvent(myBusEvent);
        this.logger.debug("publish remote application event = {}",
        myBusEvent);
        return Boolean.TRUE;
    }
}
```

最后在应用引导类中增加@RemoteApplicationEventScan 注解，修改后的代码如下：

```
package com.cd826dong.clouddemo;
import …
@EnableDiscoveryClient
@EnableBinding(Source.class)
@SpringBootApplication
// 增加该注解，如果要发布的事件不在 Java 包下面，需要声明 basePackages 属性
@RemoteApplicationEventScan
public class Application {
    public static void main(String[] args) {
        SpringApplication.run(Application.class, args);
    }
}
```

打包编译运行，在 Postman 中通过 Post 方式访问 http://localhost:2100/bus/events/user-test，然后在商品微服务控制台中就可以看到如图 9-26 所示的日志输出。

```
2018-04-12 20:46:17.338  INFO 12889 --- [           main] s.b.c.e.t.TomcatEmbeddedServletContainer : Tomcat started on port(s): 2200 (http)
2018-04-12 20:46:17.340  INFO 12889 --- [           main] .s.c.n.e.s.EurekaAutoServiceRegistration : Updating port to 2200
2018-04-12 20:46:17.347  INFO 12889 --- [           main] com.cd826dong.clouddemo.Application      : Started Application in 56.275 seconds (JVM
 running for 57.537)
2018-04-12 20:49:51.245 DEBUG 12889 --- [afka-listener-1] c.c.c.p.service.impl.MyBusEventListener  : Recived an remote event...
2018-04-12 20:49:51.261 DEBUG 12889 --- [afka-listener-1] c.c.c.p.service.impl.MyBusEventListener  : Event type = user-test
```

图 9-26　商品微服务自定义事件监听

第 10 章　微服务应用安全——Security

安全，自始至终在软件开发过程中都是一个重要的话题。没有一个应用开发者说自己从不关心安全问题。对于一个应用，安全涉及众多方面，从大的方面来说包含服务器安全、网络安全及业务应用安全等。本章我们仅对业务应用安全进行介绍，对于其他方面的安全问题，有兴趣的读者可以查找相关资料深入了解。对于业务应用安全，主要考虑两方面：一方面是保障只有认证的用户才可以访问应用，也就是用户认证；另一方面就是要保障访问者只有拥有足够的权限才可以访问某个资源，也就是用户鉴权。

本章首先会讲解对于一个单独的应用，如何使用 Spring Boot 所提供的安全方案来保障应用安全；然后再介绍微服务架构下的安全解决方案有哪些，并介绍这些解决方案的基础原理及安全认证处理流程；最后介绍如何通过 Spring Cloud 提供的安全解决方案 Spring Cloud Security 整合 OAuth 2.0 及 JWT（Javascript Web Token）来构建我们的安全体系。

10.1　Spring Boot 的应用安全

对于使用 Spring Boot 所构建的单体式应用或者一个微服务应用，其安全常常选用的就是 Spring Security。在社区中虽然大多数开发者认为该项目使用起来非常复杂，但如果了解了 Spring Security 的相关原理，并与 Spring Boot 框架一起使用时，还是可以简化应用安全编写的复杂度。

Spring Security 是 Spring 为解决应用安全所提供的一个全面的安全性解决方案。其基于 Spring AOP 和 Servlet 过滤器，并充分利用了 Spring 的依赖注入和面向切面技术，启动时在 Spring 上下文中注入了一组安全应用的 Bean，并在应用开发中提供了声明式的安全访问控制功能，使开发者可以在请求级和方法级上处理用户身份认证与鉴权，大大减少了应用开发安全处理时编写代码的工作量。

10.1.1　实现用户认证

下面让我们以一个最简示例来感受一下 Spring Security 所提供的安全处理方案。只需要在项目中添加 spring-boot-starter-security 依赖即可，在 pom.xml 中需要添加的代码如下（以商品微服务为示例）：

```
<dependency>
    <groupId>org.springframework.boot</groupId>
    <artifactId>spring-boot-starter-security</artifactId>
</dependency>
```

然后就可以打包运行该微服务。启动时可以在控制台中看到如图 10-1 所示的日志输出。

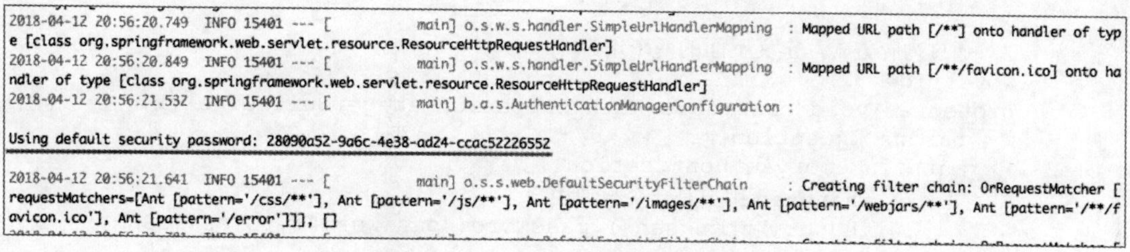

```
2018-04-12 20:56:20.749  INFO 15401 --- [           main] o.s.w.s.handler.SimpleUrlHandlerMapping  : Mapped URL path [/**] onto handler of typ
e [class org.springframework.web.servlet.resource.ResourceHttpRequestHandler]
2018-04-12 20:56:20.849  INFO 15401 --- [           main] o.s.w.s.handler.SimpleUrlHandlerMapping  : Mapped URL path [/**/favicon.ico] onto ha
ndler of type [class org.springframework.web.servlet.resource.ResourceHttpRequestHandler]
2018-04-12 20:56:21.532  INFO 15401 --- [           main] b.a.s.AuthenticationManagerConfiguration :

Using default security password: 28090a52-9a6c-4e38-ad24-ccac52226552

2018-04-12 20:56:21.641  INFO 15401 --- [           main] o.s.s.web.DefaultSecurityFilterChain     : Creating filter chain: OrRequestMatcher [
requestMatchers=[Ant [pattern='/css/**'], Ant [pattern='/js/**'], Ant [pattern='/images/**'], Ant [pattern='/webjars/**'], Ant [pattern='/**/f
avicon.ico'], Ant [pattern='/error']]], []
```

图 10-1　Spring Security 默认登录口令

这里，当 Spring Security 启动时，如果没有指定用户服务则会创建一个默认的用户，登录名称为 user，而登录口令 28090a52-9a6c-4e38-ad24-ccac52226552 则在日志中输出。这个时候如果使用 Postman 访问商品评论信息就会得到如下的错误：

```
{
  "timestamp": 1520737984460,
  "status": 401,
  "error": "Unauthorized",
  "message": "Full authentication is required to access this resource",
  "path": "/products/3/comments"
}
```

在 Postman 中可以采用如图 10-2 所示的方式将用户名和登录口令填写到 Authorization 中进行访问，就可以获取到正确的结果。

如果开发者使用浏览器访问上述链接，则会弹出一个用户认证对话框，需要输入用户名和登录口令。

可能有读者会问，在这里用户名和登录口令都是由 Spring Security 指定的，而且口令是随机的，不可能在登录之前需要用户先查一下控制台日志。很明显这不是我们想要的结果。那么如何让 Spring Security 使用我们所定义的用户名和登录口令呢？最简单的方式就是需要为 Spring Security 提供一个 UserDetailsService 的 Bean 及后续用于用户鉴权的 AuthenticationManager。代码如下：

```
// 注意，这里需要将该类定义在 Application 所在包的子包中，这样才可以被扫描到
package com.cd826dong.clouddemo.product.config;
import …;
@Configuration
public class SecurityConfig extends WebSecurityConfigurerAdapter {
    // 定义用户信息 Bean
    @Bean
    @Override
    public UserDetailsService userDetailsServiceBean() throws Exception {
```

```
        return super.userDetailsServiceBean();
    }
    // 定义用户授权 Bean
    @Bean
    @Override
    public AuthenticationManager authenticationManagerBean() throws
      Exception{
        return super.authenticationManagerBean();
    }
    // 通过内存方式，定义下面的两个用户
    @Override
    protected void configure(AuthenticationManagerBuilder auth)
        throws Exception {
        auth.inMemoryAuthentication()
            // zhangsan 用户是一个普通用户
            .withUser("zhangsan").password("password").roles("USER")
            .and()
            // superAdmin 则是一个超级管理员
            .withUser("superAdmin")
            .password("superPwd")
            .roles("USER", "ADMIN");
    }
}
```

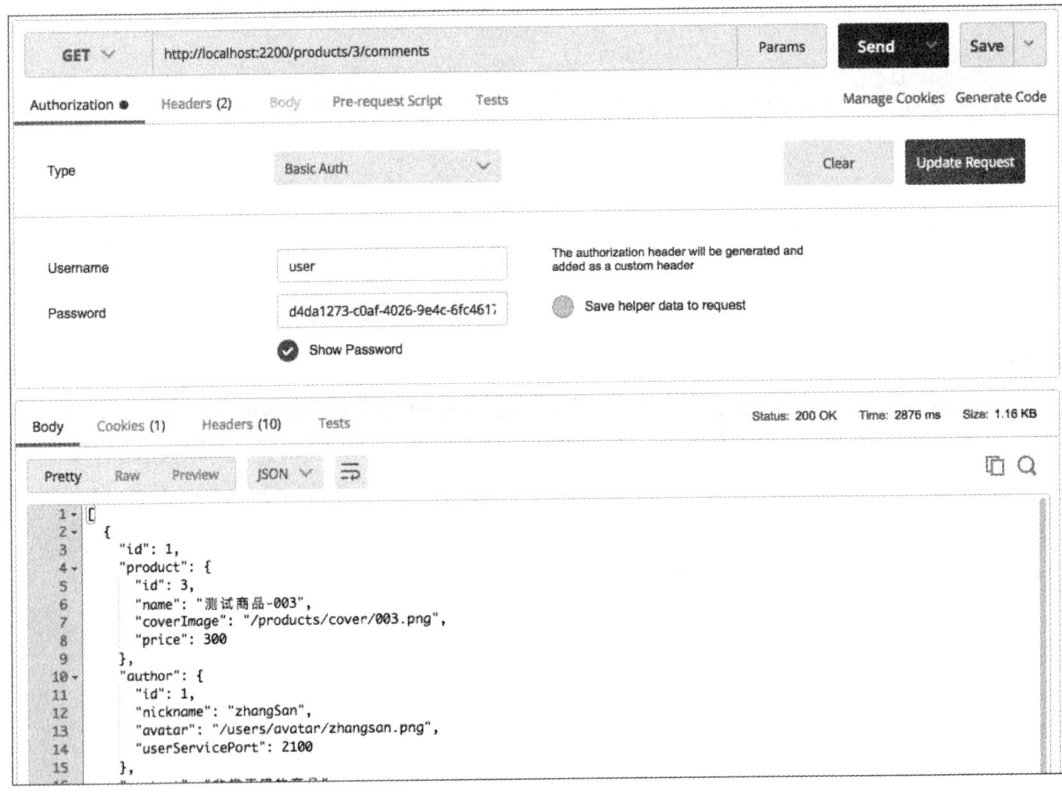

图 10-2　使用 Postman 访问商品评论服务

在上面的代码实现中继承了 WebSecurityConfigurerAdapter 并使用其所提供的默认配置，通过覆写 configure()方法，以内存的方式增加应用用户信息的定义。在增加的用户中我们设置了用户的登录名、登录口令及相应的用户权限（角色）。打包并运行工程，然后就可以使用设置的用户名进行登录了。如图 10-3 所示的界面就是使用 zhangsan 这个用户进行登录并访问商品评论服务的结果。

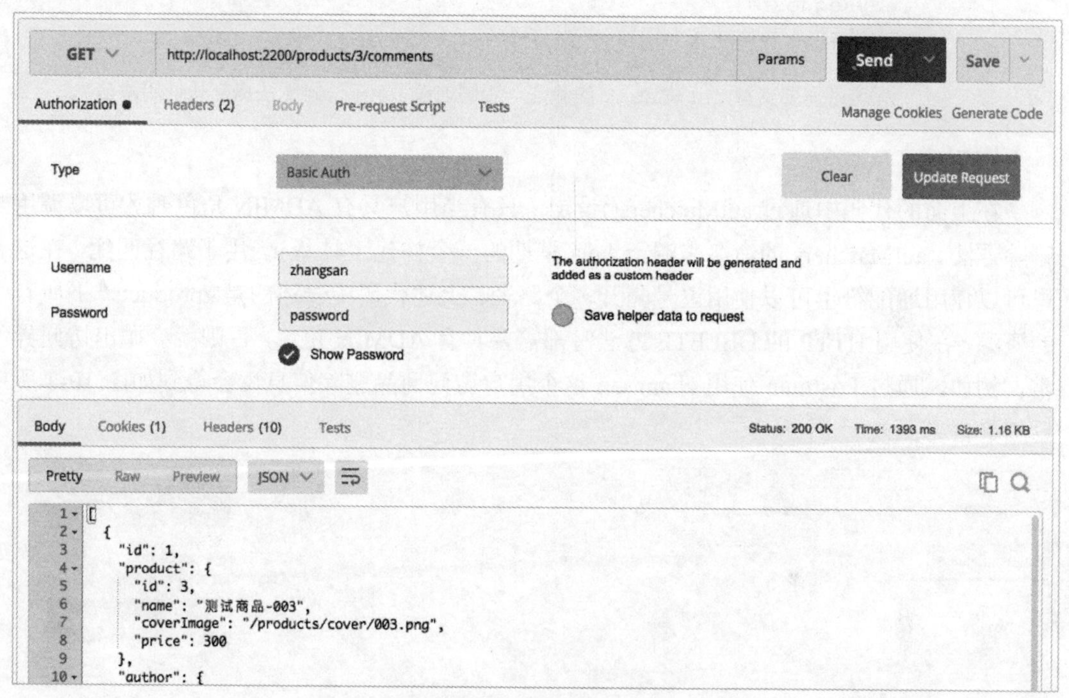

图 10-3　使用自定义用户访问商品评论服务

另外，如果仔细看商品服务启动的日志就会发现，原来输出的用户登录口令那句日志信息已经不存在了。

10.1.2　实现用户鉴权

在上面的代码中除了声明用户信息之外，还给用户赋予了不同的权限。接下来让我们看看如何实现业务应用安全的第二个部分：用户鉴权。在 Spring Security 中允许开发者对资源进行不同粒度的权限控制，可以限定只要是用户就可以访问任何资源，也可以设置只有用户拥有某种角色才可以访问一个资源。例如，对商品服务中的删除功能只有当用户拥有了 ADMIN 角色的情况下才可以被访问到。要实现这种控制，还需要在 SecurityConfig 中覆写另外一个 configure，代码如下：

```
@Override
protected void configure(HttpSecurity http) throws Exception {
    // 这里需要将 csrf 禁用，否则会报不能跨域访问的错误
    http.csrf().disable();
    http.authorizeRequests()
        .antMatchers(HttpMethod.DELETE, "/products/**")
        .hasRole("ADMIN")
        .anyRequest()
        .authenticated()
        .and()
        // 这里需要支持 httpBasic 的验证，否则通过 Postman 无法提交认证用户信息
        .httpBasic();
}
```

在上面的代码中通过 antMatchers()设定，只有当用户具有 ADMIN 角色时才可以调用删除方法。antMatchers 的命名来源于 Java 早期的一个构建工具 Ant，用于路径匹配，在这里可以使用通配符也可以使用逗号隔开多个路径。上述代码中表述的是"/products/"下所有的资源，在使用 HTTP 的 DELETE 方法时都需要具有 ADMIN 角色，否则就会抛出访问异常。例如，通过 Postman 使用 zhangsan 这个用户访问商品删除信息，会得到如图 10-4 所示的异常界面。

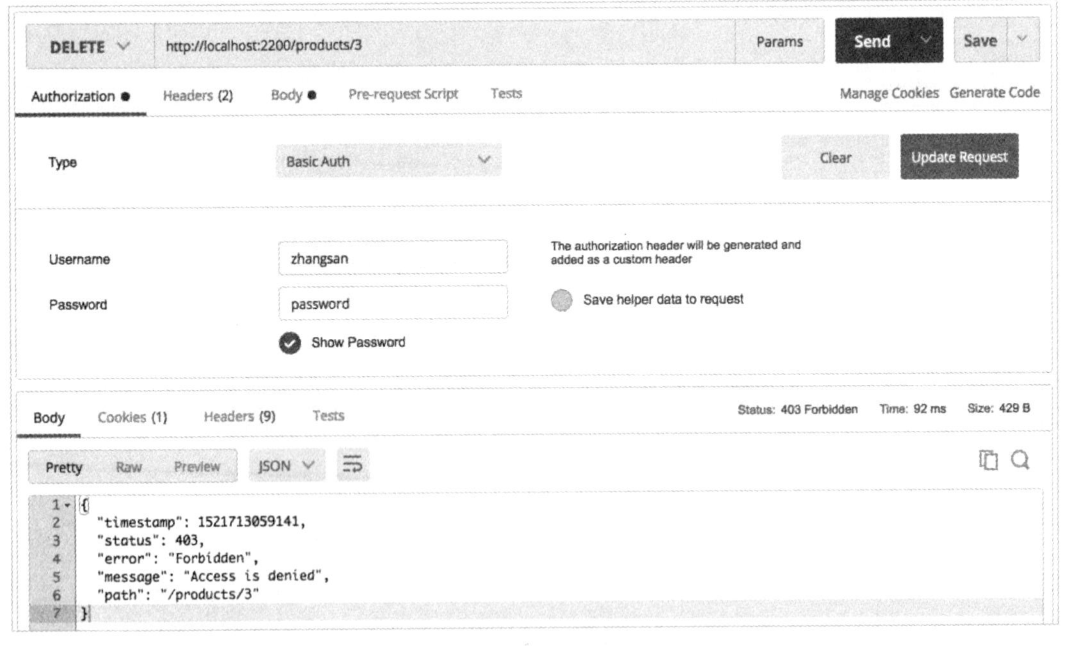

图 10-4　用户鉴权测试 1

当使用具有 ADMIN 角色的 superAdmin 用户访问时就会得到正常结果，如图 10-5 所示。

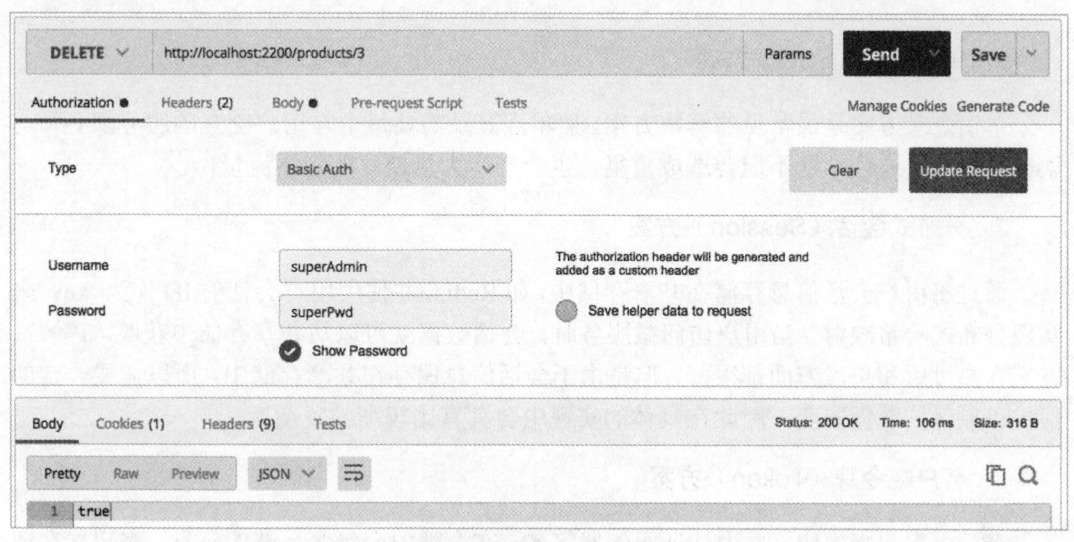

图 10-5　用户鉴权测试 2

10.2　微服务安全

在微服务架构中一个应用通常会被拆分成一系列的微服务，这些微服务需要对访问者进行身份认证及鉴权，而此时进行应用安全管理，针对的不仅仅是用户请求，还包含其他微服务的调用。这时候安全管理由原来单一的“用户-服务”场景，变成了“用户-服务”“服务-服务”的多种场景。而且对于微服务架构而言，动辄就要面对数十个乃至上百个微服务之间的调用，那么该如何为这些调用提供高效安全的身份认证及鉴权呢？而且，当这些微服务面对外部用户请求时，如何提供细粒度的安全管控方案也是一个极为重要的问题。

在进行单体架构应用开发时最常使用的安全管理机制就是基于用户会话（Session）的认证，用户登录成功后，服务器就会将用户相关数据及权限信息存储到 Session 中。通常 Session 会直接保存在应用服务器中，仅将 Session 的 ID 返回到客户端，并存储在浏览器的 Cookie 中（对于 Java 应用来说就是 jsessionid），当下次访问时就可以通过该 ID 获取到相应的会话信息。当使用服务器集群时，可以通过 Session 复制或 Session 粘滞的方法来保障服务器可以获取到相应的 Session 数据。

在微服务架构下，安全解决方案所要解决的不仅是用户与微服务之间的请求，还包括微服务与微服务之间的调用，以上单体架构下的解决方案明显会感到非常吃力。针对微服务架构下的安全新挑战，David Borsos 在 2016 年伦敦的微服务大会上提出了 4 种解决方案，为开发者如何实施微服务架构下的安全提供了重要的指导作用。下面来了解一下这 4 种解决方案。

1．单点登录（SSO）方案

单击登录方案是最常见的解决方案，但单点登录需要每个与用户交互的服务都必须与认证服务进行通信，这不但会造成重复，也会产生大量琐碎的网络流量；

2．分布式会话（Session）方案

通过将用户会话信息存储在共享存储中，如 Redis，并使用用户会话的 ID 作为 key 来实现分布式哈希映射。当用户访问微服务时，会话数据就可以从共享存储中获取。该解决方案在高可用和扩展方面都很好，但是由于会话信息保存在共享存储中，所以需要一定的保护机制保护数据安全，因此在具体的实现中会具有比较高的复杂度。

3．客户端令牌（Token）方案

令牌由客户端生成，并由认证服务器签名。在令牌中会包含足够的信息，客户端在请求时会将令牌附加在请求上，从而为各个微服务提供用户身份数据。此方案解决了分布式会话方案的安全性问题，但如何及时注销用户认证信息则是一个大问题，虽然可以使用短期令牌并频繁地与认证服务器进行校验，但并不可以彻底解决。JWT（JSON Web Tokens）是非常出名的客户端令牌解决方案，它足够简单，并且对各种环境支持程度也比较高。

4．客户端令牌与API网关结合

通过在微服务架构中实施 API 网关，可以将原始的客户端令牌转换为内部会话令牌。一方面可以有效地隐藏微服务，另一方面通过 API 网关的统一入口可以实现令牌的注销处理。

在 David Borsos 的第二个方案：分布式 Session 方案中要求开发者能够将用户会话信息单独拎出来进行集中管理。业界比较成熟的开源项目有 Spring Session，其使用 Redis 数据库或缓存机制来实现 Session 存储，并通过过滤器实现 Session 数据的自动加载。

随着近几年云服务应用的发展，基于令牌（Token）的认证使用范围也越来越广。对于基于令牌认证通常包含下面几层含义：

- 令牌是认证用户信息的集合，而不仅仅是一个无意义的 ID。
- 在令牌中已经包含足够多的信息，验证令牌就可以完成用户身份的校验，从而减轻了因为用户验证需要检索数据库的压力，提升了系统性能。
- 因为令牌是需要服务器进行签名发放的，所以如果令牌通过解码认证，我们就可以认为该令牌所包含的信息是合法有效的。
- 服务器会通过 HTTP 头部中的 Authorization 获取令牌信息并进行检查，并不需要在服务器端存储任何信息。
- 通过服务器对令牌的检查机制，可以将基于令牌的认证使用在基于浏览器的客户端和移动设备的 App 或是第三方应用上。

- 可以支持跨程序调用。基于 Cookie 是不允许垮域访问的，而令牌则不存在这个问题。

综上所述，基于令牌的认证由于会包含认证用户的相关信息，因此可以通过验证令牌来完成用户身份的校验，完全不同于之前基于会话的认证。因此，基于令牌的这个优点，像 T 微信、支付宝、微博及 GitHub 等，都推出了基于令牌的认证服务，用于访问所开放的 API 及单点登录。接下来将重点介绍基于令牌认证方案中的 OAuth 2.0 和 JWT。

10.3　基于 OAuth 2.0 的认证

OAuth 是一个开放的、安全的用户认证协议，允许用户让第三方应用访问该用户在某一网站上存储的私密的资源，而无须将用户名和登录口令提供给第三方应用。授权的第三方应用只能在特定的时段内访问特定的资源，而非所有内容。每次授权的令牌只能针对一个第三方应用，因此可以认为 OAuth 是一个非常安全的用户认证 / 授权协议。

2010 年 4 月 OAuth 发布了 2.0 版本，并在 2012 年 10 月正式发布为 RFC6749。OAuth 2.0 对认证流程进行了简化，更加关注客户端开发者的简易性，并为 Web 应用、桌面应用、手机 App 等提供专门的认证流程。但 OAuth 2.0 并不向下兼容 OAuth 1.0。

基于 OAuth 2.0 的用户认证具有以下优点。

- 简单：不管是 OAuth 2.0 服务的提供商还是应用开发商，都易于理解与使用。
- 安全：用户认证过程中并不涉及用户密钥等信息，使认证方案更安全、更灵活。
- 开放：OAuth 2.0 只是一个用户认证安全协议，所以任何服务提供商都可以基于该协议来实现，任何软件开发商都可以使用该协议完成用户认证流程。

10.3.1　OAuth 2.0 授权流程

OAuth 2.0 的授权流程如图 10-6 所示。

（1）用户打开客户端以后，客户端要求用户给予授权。

（2）用户同意给予客户端授权。

（3）客户端使用上一步获得的授权，向认证服务器申请令牌。

（4）认证服务器对客户端进行认证以，确认无误后同意发放令牌。

（5）客户端使用令牌，向资源服务器申请获取资源。

（6）资源服务器确认令牌无误，同意向客户端开放资源。

从 OAuth 2.0 的授权流程中可以看到基于 OAuth 2.0 的授权涉及下面 4 种角色。

- 资源拥有者：资源拥有者是对资源具有授权能力的人，通常也就是我们所说的用户。
- 客户端/第三方应用：客户端 / 第三方应用代表资源所有者对资源服务器发出访问受保护资源的请求。
- 资源服务器：资源所在的服务器，也就是受安全认证保护的资源。

- 授权服务器：就是通常所说的认证服务器，为客户端应用程序提供不同的访问令牌。授权服务器可以和资源服务器在统一服务器上，也可以独立部署。

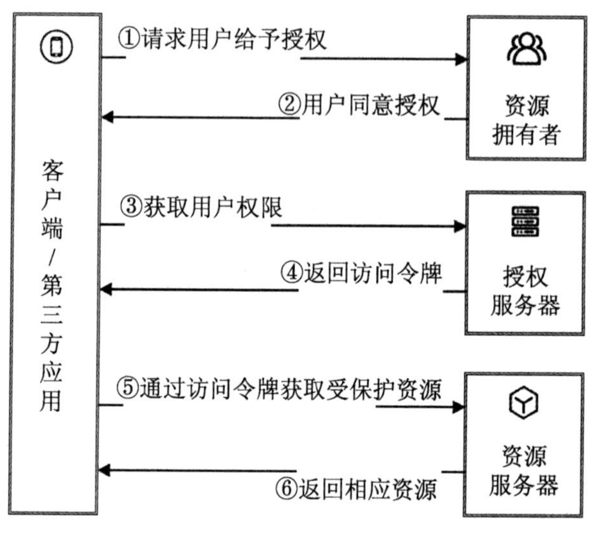

图 10-6　OAuth 2.0 授权流程

10.3.2　客户端授权模式

从前面的授权流程中可以看到，客户端必须得到用户的授权，才能从授权服务器中获得访问令牌。在 OAuth 2.0 中定义了 4 种客户端授权模式，分别是授权码模式（Authorization Code）、简化模式（Implicit）、密码模式（Resource Owner Password Credentials）和客户端模式（Client Credentials）。其中，最后一种客户端模式是指客户端以自己的名义而不是用户的名义向授权服务器进行认证，实际上并不存在用户授权问题，因此下面我们不再讨论该模式。

1. 授权码模式（Authorization Code）

授权码模式是 OAuth 2.0 中功能最完整、流程最严密的授权模式。授权流程如图 10-7 所示。

（1）用户访问客户端，客户端将用户引导到授权服务器上。

（2）用户选择是否同意给客户端授权。

（3）如用户同意授权，授权服务器将重定向到客户端事先指定的地址，同时附加上一个授权码（Token）。

（4）客户端收到授权码后，同时附加上需要重定向的页面（如果有的话），经由客户端后台向授权服务器申请令牌。

（5）授权服务器校验授权码后，向客户端发送访问令牌（Access Token）和更新令牌（Refresh Token）并重新定向到上一步指定的页面。

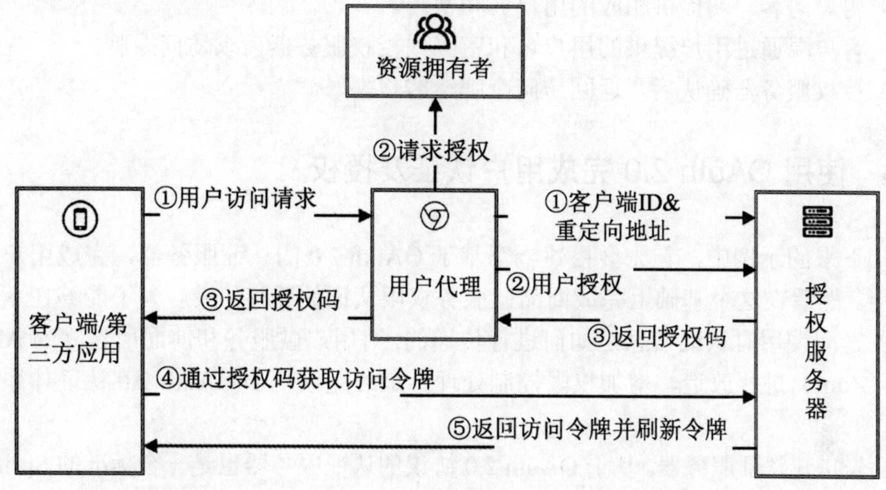

图 10-7　OAuth 2.0 客户端授权模式——授权码流程

2．简化模式（Implicit）

简化模式是指不通过客户端的后台服务器来获取访问令牌，这里的客户端通常是浏览器，客户端直接通过脚本语言（一般是 JavaScript）来完成向授权服务器申请访问令牌的操作。具体流程如下：

（1）用户访问客户端，客户端将用户引导到授权服务器上，并附加认证成功或失败时需要重定向的 URI。

（2）用户选择是否同意给客户端授权。

（3）如用户同意授权，那么授权服务器根据 user-agent 中的数据进行验证，验证通过后将用户重定向到之前所指定的地址，同时在所重定向的地址中附加一个相应访问令牌的值；

（4）浏览器将返回的信息保存在本地，然后向资源服务器发出请求，但不包括访问令牌。

（5）资源服务器返回一个网页，通常在该网页中会包含一段代码，该代码可以获取之前返回的访问令牌。

（6）浏览器执行上一步中获得的脚本，并获取到访问令牌。

（7）浏览器将解析到的访问令牌发送给客户端。

3．密码模式（Resource Owner Password Credentials）

密码模式是指客户端通过用户提供的用户名和密码信息，直接通过授权服务器来获取授权。在这种模式下，用户需要把自己的用户名和密码提供给客户端，但是客户端不得储存这些信息。该模式只有在用户对客户端高度信任的情况下或者同一个产品系列中，在实际生产中应避免使用这种授权模式。该模式的授权流程如下：

（1）用户向客户端提供相应的用户名和密码。

（2）客户端通过用户提供的用户名和密码向授权服务器请求访问令牌。

（3）授权服务器确认后，返回访问令牌给客户端。

10.3.3　使用 OAuth 2.0 完成用户认证及授权

在接下来的示例中，首先会搭建一个基于 OAuth 2.0 的认证服务器，完成用户认证及授权功能。然后在这个基础上完成商品微服务权限认证的迁移。最后为了能够在示例中了解微服务之间调用时认证信息是如何进行传递的，对用户微服务和前面所建立的 API 网关服务器（Zuul）进行改造，增加权限控制处理，最终完成基于 OAuth 2.0 认证体系的整体改造。

下面先搭建认证服务器。基于 OAuth 2.0 协议的认证服务器也是一个标准的 Spring Boot 应用。搭建时只需要在一个空白的 Spring Boot 应用中增加下面两个依赖：

```
<dependency>
    <groupId>org.springframework.cloud</groupId>
    <artifactId>spring-cloud-security</artifactId>
</dependency>
<dependency>
    <groupId>org.springframework.security.oauth</groupId>
    <artifactId>spring-security-oauth2</artifactId>
</dependency>
```

这两个依赖中的 spring-cloud-security 将会给工程中增加安全认证所需要的基础库，而 spring-security-oauth2 则是在上述的基础上增加 OAuth 2.0 认证体系所需要的库。接下来就是编写应用的引导类，代码如下：

```
package com.cd826dong.clouddemo.authserver;
import …
@SpringBootApplication
@EnableAuthorizationServer
public class Application {
    public static void main(String[] args) {
        new
SpringApplicationBuilder(Application.class).web(true).run(args);
    }
}
```

在认证服务器的引导类中，最重要的就是增加@EnableAuthorizationServer 注解。该注解一是将当前应用作为一个 OAuth 认证服务，二是为应用增加了一系列的 REST 端点，从而提供一个标准的 OAuth 2.0 的实现。

认证服务的框架搭建好之后就可以创建 OAuth 客户端的管理了。开发过与 OAuth 集成应用的读者都知道，当需要和第三方认证集成时通常要提供一个 ClientID（或 AppID）

和 ClientSecret（或 AppSecret）用来进行认证。对于我们所要搭建的 OAuth 认证服务器也一样，只有认证后的应用才可以使用所提供的用户认证服务。具体实现方式就是需要扩展 Spring 的 AuthorizationServerConfigurerAdapter，并覆写其中的 configure()方法。具体代码如下：

```
package com.cd826dong.clouddemo.authserver.config;
import …
@Configuration
public class OAuthConfig extends AuthorizationServerConfigurerAdapter {
    @Autowired
    private AuthenticationManager authenticationManager;
    @Autowired
    private UserDetailsService userDetailsService;
    @Override
    public void configure(ClientDetailsServiceConfigurer clients)
        throws Exception {
        // 通过内存方式设置认证的客户端
        clients.inMemory()
          .withClient("springclouddemo")
          .secret("scdsecret")
          .authorizedGrantTypes("refresh_token", "password",
             "client_credentials")
          .scopes("webclient", "mobileclient");
    }
    @Override
    public void configure(AuthorizationServerEndpointsConfigurer end
    points)
        throws Exception {
        // 设置用户及认证的实现
        endpoints
            .authenticationManager(authenticationManager)
            .userDetailsService(userDetailsService);
    }
}
```

在上面的代码中我们使用内存方式直接注册了一个 ClientID 为 springclouddemo，客户端的 secret 为 scdsecret，并且授权该客户端可以使用 refresh_token、password、client_credentials 等的客户端授权方式。当客户端创建完毕后，就可以完成具体用户的认证和权限授权处理了，这个功能的实现和之前商品微服务类似，所以就不再赘述了。具体代码如下：

```
package com.cd826dong.clouddemo.authserver.config;
import …
@Configuration
@Order(org.springframework.boot.autoconfigure.security.SecurityProperti
es.
ACCESS_OVERRIDE_ORDER)
public class OAuthWebSecurityConfigurer extends
WebSecurityConfigurerAdapter {
    @Override
```

```
    @Bean
    public AuthenticationManager authenticationManagerBean() throws
    Exception{
        return super.authenticationManagerBean();
    }
    @Override
    @Bean
    public UserDetailsService userDetailsServiceBean() throws Exception {
        return super.userDetailsServiceBean();
    }
    @Override
    protected void configure(AuthenticationManagerBuilder auth)
        throws Exception {
        // 通过内存方式设置用户信息
        auth.inMemoryAuthentication()
            .withUser("zhangsan")
                .password("password")
                .roles("USER")
            .and()
            .withUser("superAdmin")
                .password("superPwd")
                .roles("USER", "ADMIN");
     }
}
```

和前面一样，这里创建了两个用户，并分别赋予了不同角色。此外，还需要说明的是，这里需要调整 WebSecurityConfigurerAdapter 和 ResourceServerConfigurerAdapter 的拦截顺序。其中，WebSecurityConfigurerAdapter 用于保护 OAuth 相关端点，同时用于用户登录；而 ResourceServerConfigurerAdapter 则用于保护 OAuth 要开放的资源，同时主要作用于客户端及令牌的认证。如果不调整顺序的话，可能会造成没有权限访问的异常。此外，我们也可以通过在上面两个 Adapter 中配置需要开放的权限验证路径来达到目的。

最后还有一个最重要的功能需要实现，就是认证服务器需要提供一个可以根据访问令牌获取认证用户相关信息的端点，通常为/auth/user。这个功能借助 Spring MVC 和 Spring Security 可以轻松完成，具体实现代码如下（另外不要忘记增加@RestController 注解）：

```
@RequestMapping(value = { "/user" }, produces = "application/json")
public Map<String, Object> user(OAuth2Authentication user) {
    Map<String, Object> userInfo = new HashMap<>();
    userInfo.put("user", user.getUserAuthentication().getPrincipal());
    userInfo.put("authorities",
        AuthorityUtils.authorityListToSet(
            user.getUserAuthentication().getAuthorities()));
    return userInfo;
}
```

到这里，基于 OAuth 2.0 协议的认证服务已经搭建完毕了。打包运行后可以借助 Postman 按照图 10-8 和图 10-9 所示的方法，通过请求 http://localhost:8900/auth/oauth/token，就可以获取到一个访问令牌了。

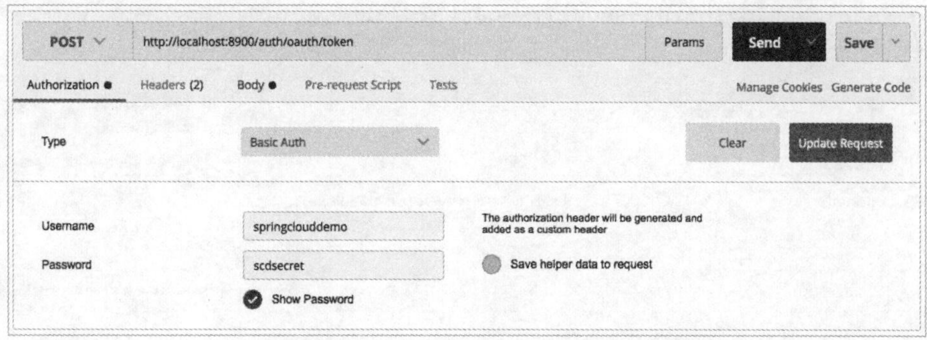

图 10-8　获取访问令牌步骤 1——填写客户端信息

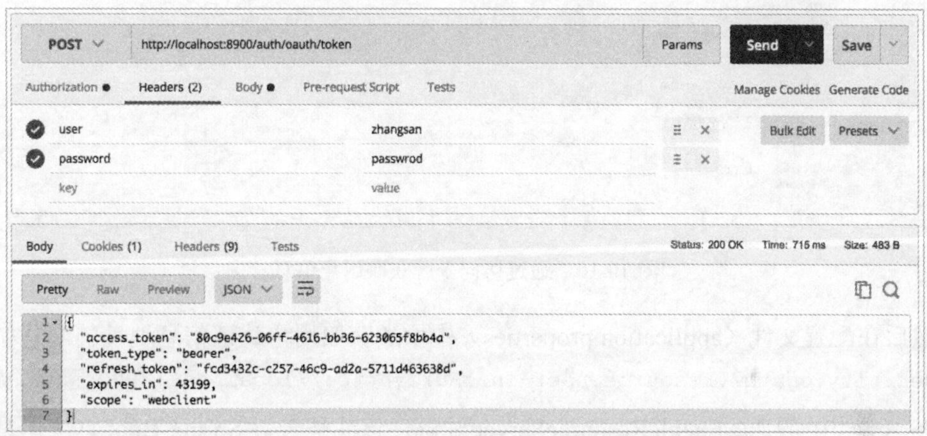

图 10-9　获取访问令牌步骤 2——填写登录用户信息并获取访问令牌

然后就可以使用该访问令牌通过认证服务所提供的用户信息端点 http://localhost:8900/auth/user 获取相关的用户认证信息了，结果如图 10-10 所示。

既然认证服务器已经成功运行，接下来就可以对商品服务和用户服务进行改造了。下面以商品微服务改造为示例。

首先需要在商品微服务中将原来的安全依赖替换成如下依赖：

```
<!-- 删除下面所示的安全依赖 -->
<dependency>
    <groupId>org.springframework.boot</groupId>
    <artifactId>spring-boot-starter-security</artifactId>
</dependency>
<!-- 增加新的安全依赖 -->
<dependency>
    <groupId>org.springframework.cloud</groupId>
    <artifactId>spring-cloud-security</artifactId>
</dependency>
<dependency>
    <groupId>org.springframework.security.oauth</groupId>
```

```
    <artifactId>spring-security-oauth2</artifactId>
</dependency>
```

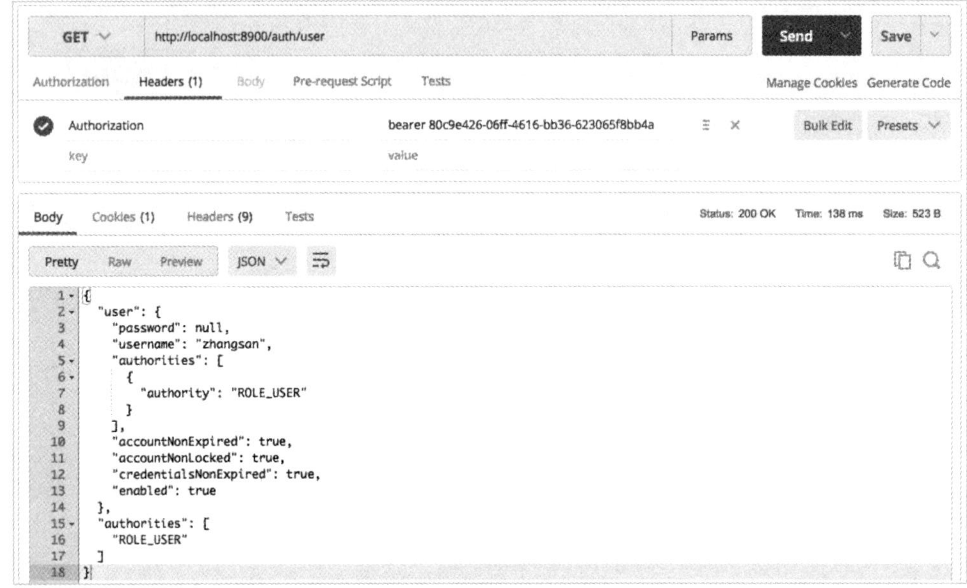

图 10-10　通过访问令牌获取用户信息

然后在配置文件（application.properties）中增加获取用户认证信息地址的配置如下：

```
security.oauth2.resource.user-info-uri=http://localhost:8900/auth/user
```

在引导类中增加@EnableResourceServer 注解，该注解告诉 Spring Boot 这应用是一个 OAuth 保护资源，在访问时 Spring Security 就会从请求信息中检查是否有合法的访问令牌（Access Token），并从该令牌所配置的认证用户信息端点中获取相应的用户信息，获取成功后 Spring Security 就会将用户信息存放到 Spring 安全上下文中，以便后面对用户进行鉴权。

接下来从将原来的安全配置类 SecurityConfig 删除，并替代为下面新的安全配置类：

```
package com.cd826dong.clouddemo.product.config;
import …
@Configuration
public class ResourceServerConfiguration extends
    ResourceServerConfigurerAdapter {
    @Override
    public void configure(HttpSecurity http) throws Exception{
        http.authorizeRequests().anyRequest().authenticated();
    }
}
```

到这里就完成对商品微服务的安全改造了，打包运行，如果此时直接访问就会抛出未认证异常。我们在 Postman 中可以通过图 10-11 所示的方法将上一步在认证服务器所得到的访问令牌设置到 Header 的 Authorization 中，然后再次访问，此时就可以得到正确的结果了。

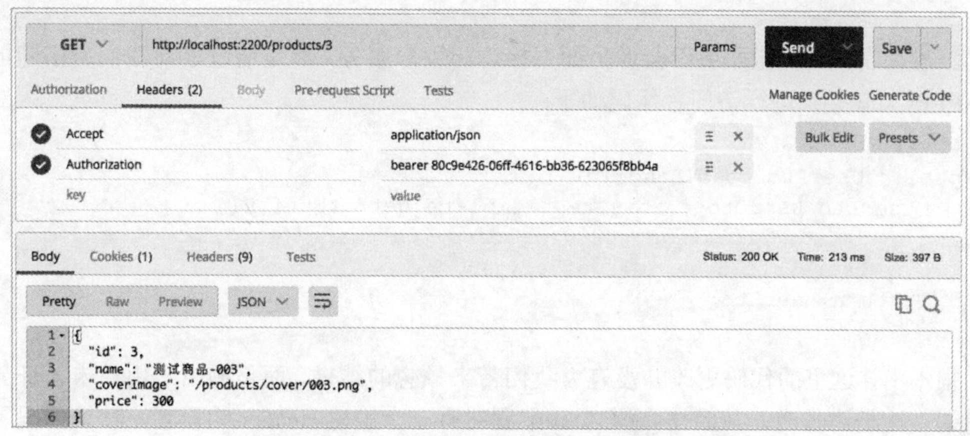

图 10-11　访问商品服务（OAuth2）

对于用户微服务的安全改造和前面的改造一致，这里就不重复了。当改造用户微服务之后如果再访问商品评论服务会发现依然会报未认证异常的错误，这是由于通过商品微服务调用用户服务时，并没有将认证信息传递给用户服务造成的。那么如何传递该认证信息呢？我们平常在调用其他微服务时是通过默认的 RestTemplate 进行调用，该类并不会自动处理 OAuth 认证的相关信息，需要将微服务调用更改成使用 OAuth2RestTemplate 类，该类在发起请求时可以自动将原来请求中所包含的访问令牌进行转发。具体代码如下：

```
// 在 Application.java 中增加 OAuth2RestTemplate 的配置
@Bean
public OAuth2RestTemplate oauth2RestTemplate(
OAuth2ClientContext oauth2ClientContext,
OAuth2ProtectedResourceDetails details) {
return new OAuth2RestTemplate(details, oauth2ClientContext);
}

// 将调用用户服务中的 RestTemplate 更改为 OAuth2RestTemplate
@Component
public class UserServiceImpl implements UserService {
    @Autowired
    private OAuth2RestTemplate restTemplate;
    @Override
    public UserDto load(Long id) {
        UserDto userDto = this.restTemplate.getForEntity(
            "http://localhost:2100/users/{id}", UserDto.class, id).
            getBody();
        return userDto;
    }
}
```

此时，再访问商品评论服务就可以得到正确的结果了。

10.3.4　整合 API 网关服务

一般而言，商品微服务不会像上面直接访问用户服务，而是通过之前我们所搭建的统一 API 网关服务来进行访问。代码如下：

```
@Override
public UserDto load(Long id) {
    UserDto userDto = this.restTemplate.getForEntity(
        "http://localhost:8280/userservice/users/{id}",
        UserDto.class, id).getBody();
    return userDto;
}
```

很不幸，这里的代码更改并没有为我们带来预想的结果，而是抛出了用户未认证异常的错误。这是为什么？前面在介绍 Zuul 配置时有一个敏感 Header 的设置，默认情况下会过滤 Cookie、Set-Cookie 和 Authorization 这 3 个。当商品微服务通过 Zuul 调用用户微服务时就会将 OAuth2RestTemplate 转发的 Authorization 给过滤掉，所以用户微服务将收不到用户访问令牌，从而抛出未认证异常错误。知道原因后就容易改正了，只需要在 Zuul 服务器中重设一下敏感 Header 就可以了：

```
zuul.sensitiveHeaders=Cookie,Set-Cookie
```

重启服务再次访问，结果就正确了。

当我们使用 Zuul 实施了统一的 API 网关服务之后，还有一个更简便的方式来启用 OAuth2 的单点登录，就是在 Zuul 服务器中增加一个@EnableOAuth2Sso 注解，并在配置文件中增加类似如下的配置：

```
spring.oauth2.client.clientId=bd1c0a783ccdd1c9b9e4
spring.oauth2.client.clientSecret=1a9030fbca47a5b2c28e92f19050bb77824b
5ad1
spring.oauth2.client.accessTokenUri=
https://github.com/login/oauth/access_token
spring.oauth2.client.userAuthorizationUri=
https://github.com/login/oauth/authorize
spring.oauth2.client.clientAuthenticationScheme=form
spring.oauth2.resource.userInfoUri=https://api.github.com/user
spring.oauth2.resource.preferTokenInfo=false
```

这样 Zuul 服务器就可以自动登录到单点认证服务器（如上面所设置的 GitHub），并转发到用户登录界面，用户认证后就可以获取到相应的访问令牌，并将令牌传递到下游服务。如果下游的服务在引导类中注解了@EnableResourceServer，那么就会从 Header 中获取该令牌。此时也不需要再在 Zuul 配置文件中指定敏感 Header 设置了。由于篇幅所限，这里不再对这种方式展开详细的介绍，有兴趣的读者可以在 Spring 官方资料中获取相关的说明。

10.4 基于 JWT 的认证

JWT 是基于 JSON 的一个开放标准-RFC7519，其代表的是一种紧凑的、URL 安全的、能够在网络应用间传输的声明。当我们使用在认证场景下时，JWT 可以用来在客户端和资源服务器间传递认证用户的身份信息，以便于从资源服务器获取某个资源。同时，为了资源服务器认证及业务需要，也可以在令牌中增加一些额外信息。一个标准的 JWT 通常看起来如下：


```
eyJhbGciOiJIUzI1NiIsInR5cCI6IkpXVCJ9.eyJ1c2VyX25hbWUiOiJ6aGFuZ3NhbiIsIn
Njb3BlIjpbIndlYmNsaWVudCJdLCJzaG9wSWQiOiJjZDgyNiIsImV4cCI6MTUyMTA1OTkxM
SwiYXV0aG9yaXRpZXMiOlsiUk9MRV9VU0VSIl0sImp0aSI6ImIwOWEwZjRkLWRkMmQtNDI2
OC1hNzk2LTUxODg4MWExZGQzOSIsImNsaWVudF9pZCI6InNwcmluZ2Nsb3VkZGVtbyJ9.sS
3vp4lPHUICJyizZyIFIHc_DGBjrMn7G7wJJSHacsU
```


其由 3 段信息构成，格式为 header.payload.signature。这 3 段信息分别说明如下。

- 头部（header）：头部描述了该 JWT 的最基本信息，如类型、签名算法等。
- 载荷（payload）：载荷存放了令牌有效信息。一个有效信息通常包含 3 个部分。
  - ✧ 标准中注册声明：这部分是对令牌中的一些标准属性信息进行声明，标准规定这是一个建议不强制。常用的属性信息有：

    iss：令牌的签发者；

    sub：令牌所面向的用户；

    aud：接收令牌的一方；

    iat：令牌签发时间；

    exp：令牌过期时间；

    nbf：定义令牌有效起始时间，在该时间之前是不可用的；

    jti：令牌唯一身份标识，主要用来作为一次性令牌，避免重放攻击。
  - ✧ 公共声明：该部分一般是用户相关信息或业务需要的其他信息，对于该部分的信息没有限制，但不建议将敏感信息放在该部分，因为客户端可以对该部分进行解密。
  - ✧ 私有声明：该部分是提供者和消费者所共同定义的声明，也是使用 Base 64 进行加/解密，因此也不建议存放敏感信息。
- 签名（signature）：将头部和载荷使用 Base 64 编码后，通过所使用的加密方法进行签名，签名后的结果放在这部分内容中。

以上 3 段内容都是 JSON 对象，并采用 Base 64 编码，然后将编码后的内容用使用点“.”连接在一起就形成了一个标准的 JWT。

当使用 JWT 用户认证时，客户端与资源服务器及认证服务器之间的交互流程如下：

（1）客户端调用认证服务器的登录接口/获取 Token 接口，传入用户名密码。

（2）认证服务器确认用户名密码，并创建 JWT 返回给客户端；

（3）客户端获取到 JWT 后进行缓存。

（4）客户端请求资源服务器，并在请求的 HTTP 头部中附加 JWT。

（5）资源服务端对 JWT 进行校验，校验通过后，向客户端返回相关的资源和数据。

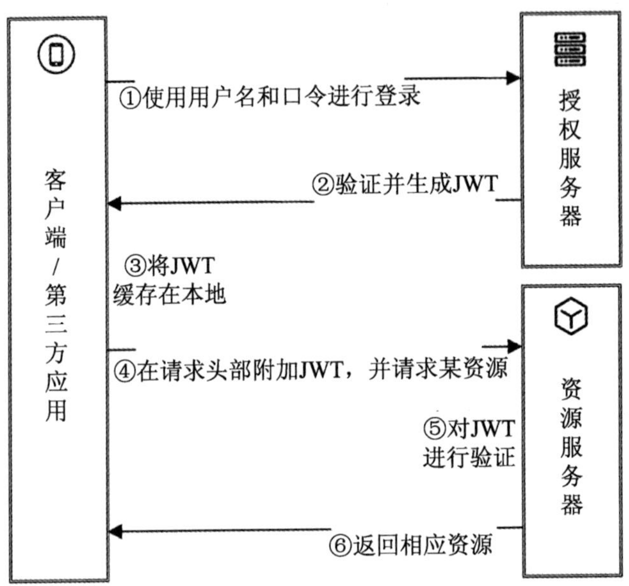

图 10-12　JWT 认证流程

使用 JWT 进行认证处理具有以下优点：

- JWT 是基于令牌的，将用户状态分散到了客户端中，服务器端无状态，减轻了服务器的压力，提升了性能；
- JWT 具有严格的结构化，其自身就包含了关于认证用户的相关消息，一旦校验成功那么资源服务器就无须再去认证服务器验证信息的有效性；
- JWT 中的载荷可以支持定制化，因此开发者可以根据业务需要进行扩展定义，如添加用户是否是管理员、用户所在分桶等信息，从而满足业务需要；
- JWT 体积小，便于传输，并且在传输方式可以支持 URL/POST 参数或者 HTTP 头部等方式传输，因而可以支持多种客户端，不仅仅是 Web；
- JWT 使用 JSON 格式，对跨语言的支持非常好；
- JWT 支持跨域，使单点登录的开发更容易。

10.4.1　改造认证服务支持输出 JWT

Spring Security 在 JWT 上提供了开箱即用的支持。首先需要在认证服务器中引入 spring-security-jwt 的依赖，pom.xml 中配置如下：

```
<dependency>
   <groupId>org.springframework.security</groupId>
   <artifactId>spring-security-jwt</artifactId>
</dependency>
```

此外，对于接下来需要改造的用户微服务和商品微服务都需要增加该依赖，下面就不重复了。配置好上面的依赖之后，就可以告诉认证服务器将所生成的访问令牌转换成 JWT 令牌了。首先需要定义一个令牌转换器，代码如下：

```
package com.cd826dong.clouddemo.authserver.config;
import …
@Configuration
public class JWTTokenConfig {
   @Autowired
   private ServiceConfig serviceConfig;
   @Bean
   public TokenStore tokenStore() {
      return new JwtTokenStore(jwtAccessTokenConverter());
   }
   // 定义默认的令牌处理服务
   @Bean
   @Primary
   public DefaultTokenServices tokenServices() {
      DefaultTokenServices defaultTokenServices =
         new DefaultTokenServices();
      defaultTokenServices.setTokenStore(tokenStore());
      defaultTokenServices.setSupportRefreshToken(true);
      return defaultTokenServices;
   }
   // 定义令牌的转换器
   @Bean
   public JwtAccessTokenConverter jwtAccessTokenConverter() {
      JwtAccessTokenConverter converter = new JwtAccessTokenConverter();
      // 这里采用对称加密方式，并从配置文件中获取密钥
      converter.setSigningKey(serviceConfig.getJwtSigningKey());
      return converter;
   }
   // 定义 JWT 令牌增强器，用来对载荷进行自定义扩展
   @Bean
   public TokenEnhancer jwtTokenEnhancer() {
      return new JWTTokenEnhancer();
   }
}
```

上面的代码中最主要的就是创建了一个 JwtAccessTokenConverter 的 Bean。这里我们设置了一个 JWT 加密所使用的密钥。对于 JWT 的加密，支持对称加密和非对称加密，非对称加密需要在服务端生成一个密钥对（公钥和私钥），每一个需要使用 JWT 的客户端都可以获取到公钥，并可以使用公钥对 JWT 进行解密和认证。对于公钥和私钥的生成需

要一个证书，相对来说比较麻烦，示例中直接采用对称加密的方式进行演示，有兴趣的读者可以使用 JDK 自带的 keytool 工具完成，这里就不再详细介绍了。

对于对称加密，只需要配置一个密钥就可以了，但需要注意的是不论服务器端还是客户端需要使用到 JWT 的项目都需要知道该密钥。作为示例，这里就直接将密钥存放在配置文件中，但在实际生产环境中建议开发者还是将密钥统一存放在配置服务器中，不要在每个项目中进行配置。

```
jwt.signing.key = springcloud-dong
```

该密钥通过 Spring Boot 的自定义扩展属性，通过@Value("${jwt.signing.key}")注解直接将值注入到 ServiceConfig 中。同样，在后续用户微服务、商品微服务及 Zuul 中都需要配置该属性。

当创建了 JwtAccessTokenConverter Bean 之后就可以更改 OAuth 的配置，使其在生成访问令牌时可以使用该转换器进行转换，这个需要调用前面的 OAuthConfig.configure()，具体修改后的代码如下：

```
public void configure(AuthorizationServerEndpointsConfigurer endpoints)
    throws Exception {
    // 增加一个令牌增强配置
    TokenEnhancerChain tokenEnhancerChain = new TokenEnhancerChain();
    tokenEnhancerChain.setTokenEnhancers(
    Arrays.asList(this.jwtTokenEnhancer,
        this.jwtAccessTokenConverter));
    // 定义如何将 OAuth 生成的访问令牌转换成 JWT 令牌
    endpoints.tokenStore(this.tokenStore)
        .accessTokenConverter(this.jwtAccessTokenConverter)
        .tokenEnhancer(tokenEnhancerChain)
        .authenticationManager(authenticationManager)
        .userDetailsService(userDetailsService);
}
```

在上面的代码中我们通过 AuthorizationServerEndpointsConfigurer 将访问令牌的转换器设置为之前所创建的 JwtAccessTokenConverter，这样所生成的令牌就是一个标准的 JWT 令牌了。重新编译运行，当通过 Postman 再次访问 http://localhost:8900/auth/oauth/token 端点时，所生成的访问令牌变化如图 10-13 所示。

当使用上面所获得的令牌并通过访问 http://localhost:8900/auth/user 就可以获取到相应的认证用户及其授权信息，如图 10-14 所示。

或许有的读者会想，上面那么多字符里面是不是真的像之前所说的那样包含了头部、载荷及签名这些数据呢？此时，我们可以借助一个在线工具 https://jwt.io 来对前面的令牌数据进行解码并进行校验，如图 10-15 所示。从截图中可以看到解码后的数据分为了头部、载荷及签名数据，并格式化为 JSON 格式显示，解码出来的载荷部分包含了用户名、用户权限、过期时间等信息。当我们将所使用的密钥 springcloud- dong 输入到 VERIFY SIG NATURE 中的输入框后，在最下面就可以看到签名验证成功的提示。

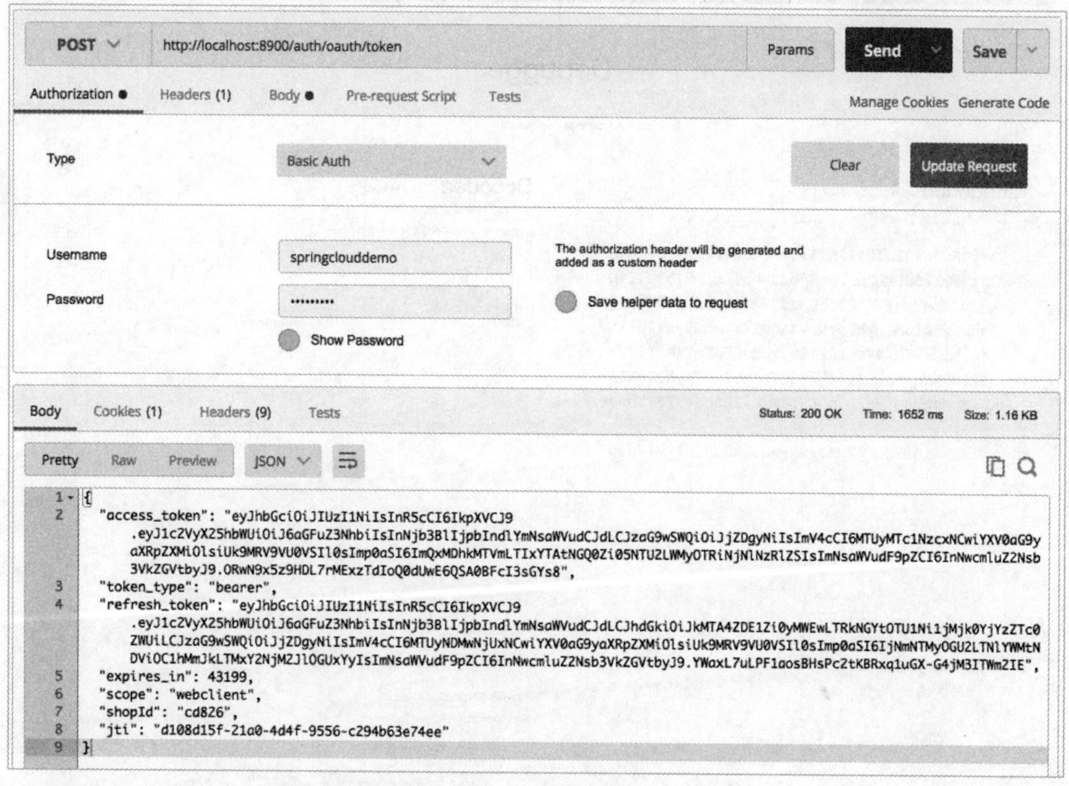

图 10-13　Auth 服务器生成的 JWT 令牌

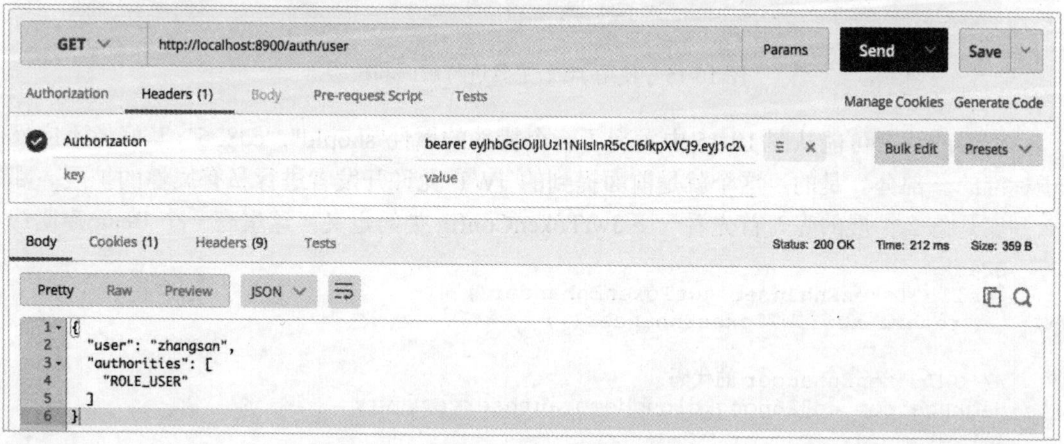

GET http://localhost:8900/auth/user　Params　Send　Save

Authorization　Headers (1)　Body　Pre-request Script　Tests　Manage Cookies　Generate Code

Authorization　bearer eyJhbGciOiJIUzI1NiIsInR5cCI6IkpXVCJ9.eyJ1c2\　Bulk Edit　Presets

key　value

Body　Cookies (1)　Headers (9)　Tests　Status: 200 OK　Time: 212 ms　Size: 359 B

Pretty　Raw　Preview　JSON

```
{
  "user": "zhangsan",
  "authorities": [
    "ROLE_USER"
  ]
}
```

图 10-14　使用 JWT 令牌获取用户信息

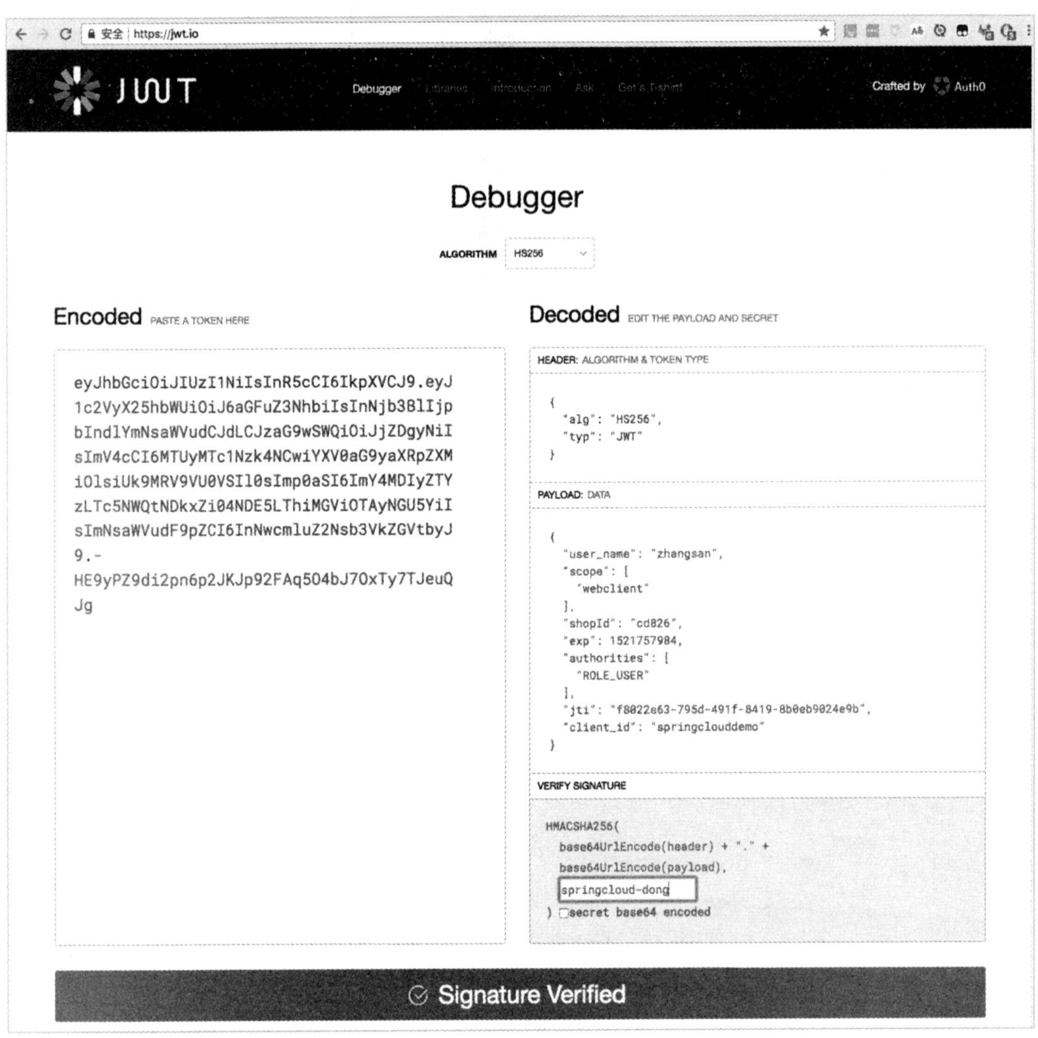

图 10-15　使用 JWT 工具进行解码和校验

细心的读者可能从图 10-15 中发现了一个特殊的属性"shopId": "cd826"，其好像不应属于标准的一部分。是的，这个就是前面提到的 JWT 允许开发者进行私有属性的扩展。那么到底是怎么扩展的呢？首先看一下 JwtTokenConfig 类的定义，这里有一个 Bean 声明：

```
@Bean
public TokenEnhancer jwtTokenEnhancer() {
    return new JWTTokenEnhancer();
}
// JWTTokenEnhancer 的代码
package com.cd826dong.clouddemo.authserver.jwt;
import …
public class JWTTokenEnhancer implements TokenEnhancer {
    @Override
    public OAuth2AccessToken enhance(OAuth2AccessToken accessToken,
```

```
        OAuth2Authentication authentication) {
        Map<String, Object> additionalInfo = new HashMap<>();
        // 这里添加一个 shopId 自定义属性，并将值默认设置为 cd826
        additionalInfo.put("shopId", "cd826");
        ((DefaultOAuth2AccessToken) accessToken)
            .setAdditionalInformation(additionalInfo);
        return accessToken;
    }
}
```

这段代码非常简单，就是实现了令牌增强接口 TokenEnhancer，在令牌中增加一个 shopId 的属性，并将值固定设置为 cd826。然后在 OAuthConfig 中通过下面的代码将该增强器设置到访问令牌增强器链中，这样当生成一个访问令牌时，就会调用以下增强代码对访问令牌中的属性进行扩展了。代码如下：

```
TokenEnhancerChain tokenEnhancerChain = new TokenEnhancerChain();
tokenEnhancerChain.setTokenEnhancers(
Arrays.asList(this.jwtTokenEnhancer,
                    this.jwtAccessTokenConverter));
```

10.4.2　在 Zuul 中对 JWT 进行解析

前面讲过 JWT 具有严格的结构化，其自身包含了关于认证用户相关的消息，一旦校验成功，资源服务器就不需要再次进行认证，可以直接使用这些信息。从前面在线工具的解析中可以看到，从 JWT 中已经可以解析到用户名、用户权限及开发者自己所扩展的店铺 ID 信息，那么当开发者使用时如何获取到这些解析后的数据呢？一个比较好的思路就是通过所搭建的 API 网关，由该网关统一进行解析，解析之后就可以将这些数据转发给下游各微服务之间使用，下面就按照这个思路来一步步实现。

对于 JWT 的解析，我们需要在 Zuul 项目中增加一个工具包。pom.xml 中新增配置如下：

```
<dependency>
    <groupId>io.jsonwebtoken</groupId>
    <artifactId>jjwt</artifactId>
   <version>0.9.0</version>
</dependency>
```

一旦引入上面的依赖之后，我们就可以编写解析代码了。读者是否还记得 Zuul 中的过滤器？这里就是最佳使用的地方。所编写的过滤器代码如下：

```
package com.cd826dong.clouddemo.zuul.filters;
import …
@Component
public class JWTTokenFilter extends ZuulFilter{
    private static final int FILTER_ORDER =  1;
    @Autowired
    private FilterUtils filterUtils;
    @Autowired
    private ServiceConfig serviceConfig;
    // 过滤器类型：pre
```

```
    @Override
    public String filterType() {
        return FilterUtils.PRE_FILTER_TYPE;
    }
    // 过滤器顺序：1
    @Override
    public int filterOrder() {
        return FILTER_ORDER;
    }
    // 始终对请求进行过滤
    @Override
    public boolean shouldFilter() {
        return true;
    }
    public Object run() {
        this.parseJWTToken();
        return null;
    }
    // 使用 JJWT 解析 JWT Token 中的信息
    private void parseJWTToken(){
    if (null == filterUtils.getAuthToken())
        return;
    String authToken = filterUtils.getAuthToken().replace("bearer ","");
        try {
            // 这里不要忘记在配置文件中配置密钥
            Claims claims = Jwts.parser()
                .setSigningKey(serviceConfig.getJwtSigningKey()
                .getBytes("UTF-8"))
                .parseClaimsJws(authToken).getBody();
            // 对 JWT 中包含的信息进行解析
            filterUtils.setShopId((String) claims.get("shopId"));
            filterUtils.setUserId((String) claims.get("user_name"));
        } catch (Exception e) {
            e.printStackTrace();
        }
    }
}
```

这是一个 pre 类型的过滤器，并且始终对所有请求进行过滤。在对 JWT 令牌的解析中，我们判断 HTTP 头部中是否存在 Authorization 属性，如果有那么尝试使用 JJWT 所提供的工具进行解析，解析出来的结果通过 FilterUtils 存放到 Zuul 请求的头部中。这里仅解析出需要的 shopId 和 user_name 两个属性，其他的暂时不必关心。另外，FilterUtils 的代码这里就不详细列出来了，读者可以从本书源码中获取。

注意： 为了保证能够正确解析出来，一定要在配置文件中将密钥配置进去。

10.4.3　改造商品微服务

在单体架构开发时我们常常会创建一个类 UserContext，该类中包含了当前用户的上下文信息，同时会增加一个过滤器对所有请求初始化用户上下文信息。同样的，当开发者使用 Zuul 对 JWT 令牌统一进行解析并转发到下游应用后，就可以在过滤器中获取这些信息。在商品微服务中增加用户上下文处理的代码如下：

```
package com.cd826dong.clouddemo.util;
import …
@Component
public class UserContextFilter implements Filter {
    protected Logger logger = LoggerFactory.getLogger(this.getClass());
    @Override
    public void doFilter(ServletRequest servletRequest,
        ServletResponse servletResponse,
        FilterChain filterChain) throws IOException, ServletException {
        HttpServletRequest request = (HttpServletRequest) servletRequest;
        // 从请求的头部解析出用户 ID、店铺 ID 及访问令牌，并根据这些信息构建用户上下文
        String userId = request.getHeader(UserContext.USER_ID);
        String authToken = request.getHeader(UserContext.AUTH_TOKEN);
        String shopId = request.getHeader(UserContext.SHOP_ID);
        UserContext.setUserId(userId);
        UserContext.setAuthToken(authToken);
        UserContext.setShopId(shopId);
        this.logger.debug("Current shop.id = {}", UserContext.getShopId());
        filterChain.doFilter(request, servletResponse);
    }
}
// 用户上下文类
package com.cd826dong.clouddemo.util;
public class UserContext {
    public static final String AUTH_TOKEN = "Authorization";
    public static final String USER_ID = "scd-user-id";
    public static final String SHOP_ID = "scd-shop-id";
    private static final ThreadLocal<String> authToken=
        new ThreadLocal<String>();
    private static final ThreadLocal<String> userId =
        new ThreadLocal<String>();
    private static final ThreadLocal<String> shopId =
        new ThreadLocal<String>();
    // 这里省略了 getter 和 setter
}
```

编译并重启，然后通过 Postman 访问 http://localhost:8280/productservice/products/3，就会发现在控制台中有如图 10-16 所示的日志输出。另外，如果通过商品微服务的端口直接访问，因为没有进行解析，所以会输出 Current shop.id = null。

```
2018-04-12 21:06:42.741  INFO 16240 --- [nio-2200-exec-1] o.s.web.servlet.DispatcherServlet        : FrameworkServlet 'dispatcherServlet': init
ialization started
2018-04-12 21:06:42.832  INFO 16240 --- [nio-2200-exec-1] o.s.web.servlet.DispatcherServlet        : FrameworkServlet 'dispatcherServlet': init
ialization completed in 91 ms
2018-04-12 21:06:43.132 DEBUG 16240 --- [nio-2200-exec-1] c.c.clouddemo.util.UserContextFilter     : Current shop.id = cd826
2018-04-12 21:07:09.582 DEBUG 16240 --- [nio-2200-exec-2] c.c.clouddemo.util.UserContextFilter     : Current shop.id = cd826
```

图 10-16　使用 JWT 工具进行解码和校验

如果此时通过 Postman 访问 http://localhost:8280/productservice/products/3/comments，

很不幸会得到一个异常信息，这是为什么呢？前面说过，当在商品微服务中使用 OAuth2 RestTemplate 进行微服务请求时，会自动转发 OAuth 认证服务器所生成的访问令牌，但是当将访问令牌转换成 JWT 令牌时，OAuth2RestTemplate 就会拒绝转发。此时需要手工做一些调整才可以。首先需要在商品微服务中增加一个用户请求拦截器用来对 JWT 令牌进行转发。代码如下：

```
package com.cd826dong.clouddemo.util;
import …
public class JWTOAuthTokenInterceptor implements
    ClientHttpRequestInterceptor {
    @Override
    public ClientHttpResponse intercept(HttpRequest request, byte[] body,
        ClientHttpRequestExecution execution) throws IOException {
        HttpHeaders headers = request.getHeaders();
        // 将 JWT 令牌设置到 Header 中
        headers.add(UserContext.AUTH_TOKEN, UserContext.getAuthToken());
        return execution.execute(request, body);
    }
}
```

然后修改调用微服务所使用的 RestTemplate，代码如下：

```
@Bean
@Primary
public RestTemplate getCustomRestTemplate() {
    RestTemplate template = new RestTemplate();
    List interceptors = template.getInterceptors();
    // 在 RestTemplate 拦截器链中增加 JWT 令牌转发拦截器
    if (interceptors == null) {
        template.setInterceptors(
            Collections.singletonList(new JWTOAuthTokenInterceptor()));
    } else {
        interceptors.add(new JWTOAuthTokenInterceptor());
        template.setInterceptors(interceptors);
    }
    return template;
}
```

同时需要先将原来的 OAuthRestTemplate 代码删除，然后修改对用户微服务的访问，将：

```
@Autowired
private OAuth2RestTemplate restTemplate;
```

修改为：

```
@Autowired
private RestTemplate restTemplate;
```

编译并重启，然后再访问商品评论服务，就会发现已经可以正常访问了。

同样，如果在用户微服务中需要使用解析后的 JWT 令牌信息，或者还需要调用其他微服务，那么就需要按照修改商品微服务的方式进行同样的修改，这里就不再赘述了。

从上面的示例来看，在微服务架构下，通过将 OAuth 与 JWT 结合，并通过 API 网关统一进行管控，已经基本上满足微服务及微服务之间访问的用户认证及鉴权需求。此外，

JWT 更加轻巧，客户端也非常容易支撑，而且对服务端基本上没有什么压力。因此，在搭建微服务架构的应用时安全方案可以首先考虑 JWT 方案。

但这并不是说 JWT 方案没有缺点，以下几点是在实施 JWT 安全方案时需要仔细考虑的问题。

- JWT 令牌注销：由于 JWT 令牌存储在客户端，当用户注销时可能由于有效时间还没有到，造成客户端还会存储，这时候需要开发者能够有效防止注销后令牌的访问，开发者可以借助 API 网关来实现。另外，采用短期令牌也是一个不错的解决方案。
- JWT 令牌超长：由于 JWT 允许开发者对令牌进行自定义扩展，如果在 JWT 的载荷中包含的信息过多，就会导致客户端每次的请求头部信息变长，从而影响请求速度。
- 避免成为系统新瓶颈：由于 API 网关服务会对认证服务器进行访问及鉴权处理，有可能会形成系统的新瓶颈。
- 需有效防范 XSS 攻击：由于 JWT 存储在客户端，最有可能引发 XSS 攻击，因此当使用 JWT 时必须做出有效的防范。

第3篇 微服务与 Docker 容器技术

第 11 章　微服务与 Docker

本书到这里即将完成本次微服务开发之旅。在前面的章节中讲述了从单体架构应用到微服务架构应用转变时需要的开发技术及 Spring Cloud 所提供的解决方案。但是还有一点，在单体架构应用开发时系统上线通常是将构建的应用打包成 WAR 文件然后部署到 Web 容器中，当转移到微服务架构下时涉及非常多的微服务实例，总不能像前面章节中那样使用 Java 命令来启动应用吧。因此，在本章中我们将快速了解一下微服务运行所需要的容器技术，以及打造在实际生产环境中如何自动构建发布管道。

11.1　Docker 简介

Docker 诞生于 2013 年初，自发布以来一直备受关注，被认为是有可能改变软件行业系统交付流程现状的最佳工具。短短几年的发展，Docker 已经发展成为世界领先的软件容器虚拟化平台。全世界各大厂商甚至一些小公司都已逐渐利用它来提升软件开发效率。那么 Docker 火爆的背后是什么原因呢？

众所周知，软件行业最繁琐的事情之一就是“环境配置”。软件从开发到发布，都需要对操作系统进行一系列的配置，比如安装软件所需要依赖的库、组件和配置数据等。仅仅一个 Java 应用就需要安装 JDK 库及配置环境变量。而且不同的操作系统平台所需要做的配置也不尽相同。一旦将应用部署到另外一台不同环境的计算机上，那么所有的配置都要重来一次，极其浪费人力、时间和资源。那么有没有办法可以完成一次环境配置后将其完整地迁移到其他计算机上使用呢？答案是肯定的。

虚拟机的出现在一定程度上解决了环境配置所带来的困扰。虚拟机简单说就是指在一个操作系统里运行另外一个操作系统，如在 Windows 系统上运行 Linux 系统。虚拟机对于宿主系统来说就是一个普通的文件，完全可以做到迁移到另外一个新的虚拟机上，这就达到了完成一次环境配置后复制到其他计算机上使用的目的。但虚拟机也有其缺点，若读者有使用过 VMware、VirtualBox 等虚拟机工具的经验则体会更深。对于虚拟机，具有以下缺陷：

- 创建步骤复杂。每次创建新的虚拟机，都需要下载对应操作系统的镜像文件，然后再做一系列如内存、磁盘大小等配置，创建过程几乎与安装一个操作系统的步骤是一样的。
- 资源占用多。每个虚拟机都会独占一部分内存和磁盘空间，在它们运行的时候，其他应用程序不能使用所占用的这部分资源。而且即便虚拟机内部没有任何应用程序在运行，它依然会占用资源，因为它相当于在运行一个操作系统。

- 启动慢。虚拟机本身其实是在运行一个操作系统，所以其启动过程完全就是在启动一个操作系统。启动操作系统需要花多长时间，虚拟机启动完毕就需要花多长时间，等待它启动完毕去运行内部应用程序可能是几分钟之后的事情了。

此外，虚拟机也不能完全解决“环境配置”的问题，于是开发者又开发出了另外一种新的虚拟机技术：Linux 容器。

Linux 容器（Linux Containers，LXC），它不像虚拟机那样模拟运行一个完整的操作系统，而是对进程进行隔离。或者说，Linux 容器就像是一个箱子，里面放了一系列的进程，从而将这些进程与操作系统进行隔离。正因为容器是进程级别的，所以相比虚拟机有很多的优势，像前面提到的虚拟机的缺陷在容器上几乎是不存在的。容器启动相当于启动本机上的一个进程，而不是启动一个操作系统，启动速度非常快；容器启动后才会占用所需要的资源，不会占用额外的资源，而且多个容器间的资源是可以共享的，虚拟机却只能独享；由于容器仅是进程的集合，而且仅包含所需的组件即可，因此体积占用非常小，这方面虚拟机也是无法比拟的。除了启动快、占用资源少、体积小外，容器还有很多的优点，这里就不一一细说了，当读者使用了 Docker 后会有所感受。

Linux 容器是属于系统底层的一种技术，而且使用起来也不方便，所以 Docker 就基于 Linux 容器进行了封装，并提供了简单易用的容器接口。可以说，Docker 是目前最流行的 Linux 容器解决方案。Docker 可以很方便地将软件与所需要依赖的库或组件打包整合到一个镜像文件里，然后运行这个镜像，就生成了一个虚拟容器。同时，配置好的镜像文件可以很容易地通过 Docker 的接口进行备份导出，上传到仓库，从而达到复用的目的，而不需要每台计算机都重新配置一遍。

Docker 的出现很好地解决了前面所提到的问题，这也是其快速发展的重要原因之一，因为它解决了软件行业中的几大“痛点”。作为一种新兴的虚拟化技术，Docker 相比传统虚拟技术具有以下优势：

- 占用资源极少；
- 更快的启动速度；
- 更轻量的体积；
- 更好的复用性。

到此，相信大家对 Docker 应该有所了解了，接下来就来讲讲它到底能为我们解决什么问题呢？

11.2　Docker 的使用

在传统开发过程中，通常是开发人员将已开发好的软件打包好，然后交付给运维人员部署到服务器上。若是新服务器，还需要进行一系列配置，部署好后由测试人员进行测试。测试过程可能会产生一些 bug，开发人员修复 bug 后重新打包、交付，其过程十分烦琐，如图 11-1 所示。

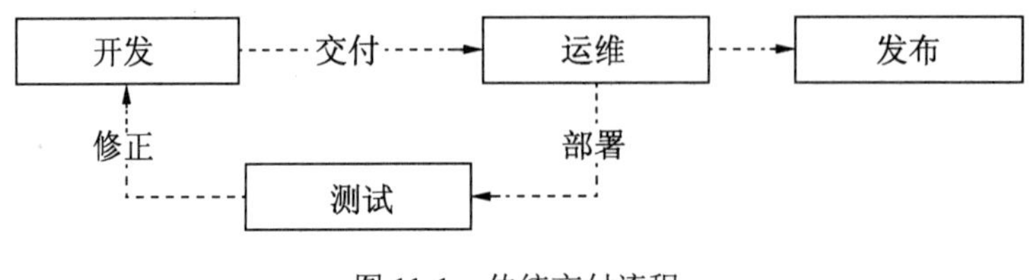

图 11-1　传统交付流程

在软件真正发布到生产环境之前，可能不知道要重复经历多少遍的交付、部署、测试这样的流程。

Docker 的出现可以说将 DevOps（开发运维一体化）过程变得更加自动化、便捷，加速了软件和服务的交付。通过自动化持续构建工具，开发人员提交代码后，就会检测代码的变动，然后自动将新的代码构建成 Docker 镜像并进行部署，部署成功后直接通知测试人员进行测试，这中间省去了运维人员的工作，自动化构建工具代替了运维人员原来所做的工作，减轻了运维人员不少的工作压力。并且由于 Docker 镜像提供了一致的运行环境，使得 DevOps 过程变得更加可靠、快速，不容易产生因为环境问题而出现的一些部署问题。

Docker 适用于以下场景：

- 持续构建与持续交付；
- 更加自动、轻量、快捷的 DevOps 流程；
- 弹性云服务的动态扩容与缩容；
- 搭建微服务架构。

使用 Docker 可以轻松做到以前软件行业做不到或很难做的一些事情。比如，发布 Java Web 应用，以前需要在服务器安装 Tomcat 和 JDK，然后上传打包的 WAR 文件，最后才能够启动应用。当使用了 Docker 后，可以基于 Tomcat 镜像将 WAR 包复制到自定义构建的镜像中，然后直接在服务器中运行镜像即可。这中间节省的可不是一个或两个步骤这么简单，所以说这就是技术发展带来的便利。

接下来让我们先来简单学习 Docker 的基础知识。

11.2.1　安装

随着 Docker 不断流行与发展，规模也日益壮大，Docker 公司也开启了商业化之路。Docker 从 17.03 版本后分为社区版（CE）和企业版（EE），社区版免费，企业版收费。两者的区别在于企业版除了能够得到 Docker 公司的服务支持外，还提供了一些社区版没有的高级功能，如 LDAP/AD 用户集成、基于角色的访问控制和安全扫描等。

除非需要 Docker 的某些高级功能，否则对于一般用户来说，Docker CE 版本的功能基本可以满足日常需要，所以接下来将采用 Docker CE 版本来完成本书中的示例。

Docker 是跨平台的，在主流的操作系统上基本都可以安装，但也有一些前提条件，主要体现在体系架构和内核的支持上，因此官网针对每个支持的操作系统都有详细的安装说明。随着 Docker 的不断升级，未来的版本安装步骤可能会有所不同，因此这里将不对安装部分做详细讲解，读者可以到 Docker 官网（https://www.docker.com）查阅具体的安装说明。

在满足了前提条件下，安装 Docker 就非常简单了，通常只需要一条命令即可完成安装。比如在 Ubuntu 下（后面演示例子也都将在 Ubuntu 上完成），可以使用如下命令安装：

```
$ sudo apt-get install docker-ce
```

安装结束后，如果需要验证 Docker CE 是否已正确安装，可使用如下命令运行一个 hello world 镜像：

```
$ sudo docker run hello-world
```

该命令将下载一个测试镜像（hello world）并在容器中运行。如果容器运行成功，将在控制台输出一条参考消息并退出，运行截图如图 11-2 所示。

```
root@Ubuntu:~# sudo docker run hello-world

Hello from Docker!
This message shows that your installation appears to be working correctly.

To generate this message, Docker took the following steps:
 1. The Docker client contacted the Docker daemon.
 2. The Docker daemon pulled the "hello-world" image from the Docker Hub.
    (amd64)
 3. The Docker daemon created a new container from that image which runs the
    executable that produces the output you are currently reading.
 4. The Docker daemon streamed that output to the Docker client, which sent it
    to your terminal.

To try something more ambitious, you can run an Ubuntu container with:
 $ docker run -it ubuntu bash

Share images, automate workflows, and more with a free Docker ID:
 https://cloud.docker.com/

For more examples and ideas, visit:
 https://docs.docker.com/engine/userguide/
```

图 11-2　验证 Docker 是否安装成功

在 Linux 操作系统上，由于 Docker 守护进程始终以 root 用户身份运行，普通用户若需要使用 Docker 命令时则需要先添加 sudo，若不想每次都使用 sudo，则可以将用户添加到 Docker 分组中，Docker 分组将授予等同于 root 用户的特权。

```
//（1）添加 Docker 分组
$ sudo groupadd docker
//（2）添加指定用户到分组
$ sudo usermod -aG docker $USER
```

添加到分组后需要注销并重新登录，以便用户权限起效，如果是 SSH 远程用户，直接退出然后再重新登录即可。运行以下命令看是否还需要 sudo：

```
$ docker run hello-world
```

对于 Docker 的使用，涉及命令、细节和技巧等方方面面的知识，这里我们不全部介绍了，仅讲一下最基本的入门知识。而对于入门，官方网站文档提供了最好的入门途径

（https://docs.docker.com/），建议刚接触 Docker 的读者都去试读并研究一下。Docker 提供了一套完整的命令体系，因此可以通过命令直接查看和了解如何使用。要想用好 Docker，必须熟练掌握 Docker 命令。

1．查看Docker所支持的所有命令

通过在控制台直接运行 docker 命令，可以列出 Docker 所支持的所有命令和通用的参数信息，如图 11-3 所示。

```
root@Ubuntu:~#  docker

Usage:  docker COMMAND

A self-sufficient runtime for containers

Options:
      --config string      Location of client config files (default "/root/.docker")
  -D, --debug              Enable debug mode
      --help               Print usage
  -H, --host list          Daemon socket(s) to connect to
  -l, --log-level string   Set the logging level ("debug"|"info"|"warn"|"error"|"fatal") (default "info")
      --tls                Use TLS; implied by --tlsverify
      --tlscacert string   Trust certs signed only by this CA (default "/root/.docker/ca.pem")
      --tlscert string     Path to TLS certificate file (default "/root/.docker/cert.pem")
      --tlskey string      Path to TLS key file (default "/root/.docker/key.pem")
      --tlsverify          Use TLS and verify the remote
  -v, --version            Print version information and quit

Management Commands:
  container   Manage containers
  image       Manage images
  network     Manage networks
  node        Manage Swarm nodes
  plugin      Manage plugins
  secret      Manage Docker secrets
  service     Manage services
  stack       Manage Docker stacks
  swarm       Manage Swarm
  system      Manage Docker
  volume      Manage volumes

Commands:
  attach      Attach local standard input, output, and error streams to a running container
  build       Build an image from a Dockerfile
  commit      Create a new image from a container's changes
  cp          Copy files/folders between a container and the local filesystem
  create      Create a new container
  diff        Inspect changes to files or directories on a container's filesystem
  events      Get real time events from the server
  exec        Run a command in a running container
  export      Export a container's filesystem as a tar archive
  history     Show the history of an image
  images      List images
  import      Import the contents from a tarball to create a filesystem image
  info        Display system-wide information
  inspect     Return low-level information on Docker objects
  kill        Kill one or more running containers
  load        Load an image from a tar archive or STDIN
  login       Log in to a Docker registry
  logout      Log out from a Docker registry
  logs        Fetch the logs of a container
  pause       Pause all processes within one or more containers
  port        List port mappings or a specific mapping for the container
  ps          List containers
  pull        Pull an image or a repository from a registry
  push        Push an image or a repository to a registry
  rename      Rename a container
  restart     Restart one or more containers
  rm          Remove one or more containers
  rmi         Remove one or more images
  run         Run a command in a new container
  save        Save one or more images to a tar archive (streamed to STDOUT by default)
  search      Search the Docker Hub for images
  start       Start one or more stopped containers
  stats       Display a live stream of container(s) resource usage statistics
  stop        Stop one or more running containers
  tag         Create a tag TARGET_IMAGE that refers to SOURCE_IMAGE
  top         Display the running processes of a container
  unpause     Unpause all processes within one or more containers
  update      Update configuration of one or more containers
  version     Show the Docker version information
  wait        Block until one or more containers stop, then print their exit codes

Run 'docker COMMAND --help' for more information on a command.
```

图 11-3　查看 Docker 支持的所有命令

2. 查看Docker命令帮助

在控制台执行 docker COMMAND --help 格式指令，可以列出对应命令的相关帮助信息，该指令在不熟悉 Docker 命令时十分有用。例如，执行 docker image --help 命令，结果如图 11-4 所示。

```
root@Ubuntu:~# docker image --help

Usage:  docker image COMMAND

Manage images

Options:
      --help   Print usage

Commands:
  build       Build an image from a Dockerfile
  history     Show the history of an image
  import      Import the contents from a tarball to create a filesystem image
  inspect     Display detailed information on one or more images
  load        Load an image from a tar archive or STDIN
  ls          List images
  prune       Remove unused images
  pull        Pull an image or a repository from a registry
  push        Push an image or a repository to a registry
  rm          Remove one or more images
  save        Save one or more images to a tar archive (streamed to STDOUT by default)
  tag         Create a tag TARGET_IMAGE that refers to SOURCE_IMAGE

Run 'docker image COMMAND --help' for more information on a command.
```

图 11-4　查看 Docker 命令的帮助信息

11.2.2　镜像

在 Docker 中有 3 个重要的概念：**仓库**、**镜像**和**容器**。

Docker 将应用程序及其依赖的库等打包到同一个文件里从而形成镜像，镜像可以包含完整的操作系统，也可以仅包含 Tomcat 或 JDK 运行环境。镜像被创建后，可以保存在本地，也可以上传到仓库，所以 Docker 仓库就是用于存放镜像的地方。Docker 官方仓库里包含非常多的镜像。我们日常应用基本都是基于仓库里某个镜像来创建适合自己使用的镜像，如基于 Ubuntu 系统的镜像。

容器是基于镜像运行的虚拟实例，类似前面所提到的虚拟机，但又与虚拟机有所区别。因为它仅是一系列进程的集合，所以有着虚拟机不可比拟的速度，资源占用小且体积小，而且每个容器之间是相互隔离，互不影响的。当然每个容器之间也可以进行连接从而达到资源共享。基于一个镜像，在服务器允许的情况下，可以无限创建容器。

如上文所说，镜像可以包含单个应用甚至整个操作系统，若是以普通的方式来存储，其体积必然是庞大的，因此 Docker 在设计时利用 Union File System（联合文件系统）技术来存储镜像。Union File System 是一种轻量级高性能分层文件系统，它支持对文件系统的修改作为一次提交来一层层地叠加，同时可以将不同目录挂载到同一个虚拟文件系统下。

Union File System 是镜像的基础，镜像可以通过分层来实现继承。得益于这种技术，使镜像的复用、定制变得更容易，基于基础镜像可以制作各种各样的镜像。由于镜像是通过分层存储的，在构建镜像时会一层层叠加，后一层会叠加在前一层上，因此通过 Dockerfile 来构建镜像时，尽量减少构建层数，每一层仅包含该层需要的东西即可。

Docker 内嵌了一系列命令来制作、管理、上传和下载镜像。镜像的管理操作相对比较简单，本节将重点介绍的是使用 Dockerfile 来构建镜像。

1. 列出本机镜像

通过 docker images 命令，可以列出本机已经存在的镜像信息，如图 11-5 所示。

```
root@Ubuntu:~# docker images
REPOSITORY           TAG          IMAGE ID       CREATED         SIZE
hucw/tomcat          0.0.1        3d9f43fe3841   3 days ago      560MB
hucw/openjdk         0.0.1        d4a3d80695fb   3 days ago      275MB
microserv/openjdk    1.0.0        8362c63f24a8   7 days ago      275MB
hello-world          latest       f2a91732366c   4 months ago    1.85kB
xohaa/openjdk        1.5          b2e72e7a71fe   4 months ago    275MB
hucw/openjdk         1.0.0        708452fab959   4 months ago    310MB
xohaa/openjdk        1.0          278d1c3e16e7   5 months ago    295MB
iotnginx             latest       353533565ee8   7 months ago    107MB
nginx                latest       b8efb18f159b   8 months ago    107MB
tomcat               8.5-jre8     b8dfe9ade316   9 months ago    334MB
redis                latest       4e482b286430   9 months ago    99MB
openjdk              8u131-jre    2a38b44f72bf   9 months ago    310MB
mysql                5.7          44a8e1a5c0b2   9 months ago    407MB
```

图 11-5　列出本机中已安装的 Docker 镜像列表

得到镜像信息后，可以通过下面的命令来查看指定镜像的详细信息：

```
$ docker image inspect [IMAGE ID]
```

2. 从仓库拉取镜像

在 Docker 官方仓库中存在各种各样的镜像，在构建镜像的时候，基本都是从仓库中选取某个镜像作为基础镜像，然后通过继承这个基础镜像来定义出适合自己使用的镜像。拉取镜像的命令格式如下：

```
$ docker pull NAME[:TAG]
```

其中，TAG 为镜像的标签，也可以理解为版本，一个镜像可以存在多个标签，每次构建镜像可能都会重新定义新标签。若不指定 TAG，则 TAG 默认为 latest。

对于 Java 应用来说最需要依赖的库就是 JDK，如果在本地计算机上安装 JDK，可能需要进行一些额外的配置，如环境变量，但使用 Docker 镜像则不需要，因为镜像已经帮我们做好了这些事。此外，在 Docker 中最常使用的 JDK 镜像是 openjdk 镜像，该镜像在官方仓库拥有众多的标签，我们可以从中选择一个适合的拉取下来，比如 openjdk:8u131-jre。执行拉取命令后，控制台输出如图 11-6 所示的镜像。

拉取成功后，可以通过 docker images 命令查看本地镜像列表，确认镜像是否拉取成功。

```
root@Ubuntu:~# docker pull openjdk:8u131-jre
8u131-jre: Pulling from library/openjdk
06b22ddb1913: Already exists
336c28b408ed: Already exists
1f3e6b8d80c3: Already exists
aeac59510475: Already exists
b01db8bd8540: Already exists
f7f398af5fea: Already exists
2e542fdaf109: Pull complete
c2f213d11280: Pull complete
Digest: sha256:72f28954f0c8538c73f721ad5ba7dac64676046b5ffdd3f26b7313001 8fcf227
Status: Downloaded newer image for openjdk:8u131-jre
```

图 11-6　拉取 openjdk:8u131-jre 镜像

3. Dockerfile文件

有时候从仓库中所拉取的镜像可能并不适合我们使用，如前面所拉取的 openjdk 镜像，在实际应用中可能需要配置镜像内部时区、UTF-8 编码及运行内存等。这时通常使用 Dockerfile 文件对镜像进行自定义，利用 Dockerfile 文件定义好配置信息之后，就可以通过命令来构建属于自己的镜像。

Dockerfile 是一个文本文件，其中包含了指令（Instruction）信息，每一条指令构建一层。因此每一条指令的内容就是描述该层应当如何构建。下面基于前面拉取的镜像 openjdk:8u131-jre 增加一些配置来构建我们所需要的 JDK 镜像。在指定目录内创建名为 Dockerfile 的文件，并增加如下内容：

```
# 基于 openjdk 的 8u131-jre 版本构建
FROM openjdk:8u131-jre
# 维护者
MAINTAINER microserv-usr
# Java 环境变量
ENV JAVA_OPTS="-server -Xmx1G -Xms1G -Xmn200M -Duser.timezone=GMT+08"
# 容器运行执行命令
# 默认运行 /jar/app.jar
ENTRYPOINT [ "sh", "-c", "java $JAVA_OPTS -jar /jar/app.jar" ]
```

保存后，在 Dockerfile 文件所在的目录下，通过下面的命令来构建：

```
$ docker pull microserv/openjdk:1.0.0
```

终端结果输出如图 11-7 所示。从构建过程日志输出来看，定制镜像就是定制每一层所需要的配置、文件，而每一条指令则会将构建增加一层，而层数的多少会直接影响镜像的体积、构建速度，所以应尽量减小指令条数。

除了以上 Dockerfile 文件中的 FROM、ENTRYPOINT 和 ENV 这几个指令外，还有一些指令，下面逐一介绍。

- FROM：指定基于哪个基础镜像构建，这个指令是必须有的。
- COPY：将构建目录上下文中的文件或目录复制到镜像内。
- ADD：和 COPY 性质基本一致，但比 COPY 更高级，比如可以指定通过网络 URL 进行下载。若从本地复制文件到镜像中，则推荐使用 COPY。

- ENV：设置环境变量。
- ARG：效果和使用 ENV 命令的效果是一样的，区别是，ARG 命令设置的环境在未来运行的容器中是不存在的。
- EXPOSE：暴露镜像所占用的端口，未来容器运行时所提供的服务端口。若容器中所运行的应用，如 Tomcat 有特定端口，建议都设置此参数，这样可以明确告诉使用者服务端口是哪个。
- RUN：执行命令行。此指令特别有用，尤其是镜像需要安装依赖、创建用户等操作，通过 RUN 可以很简单的向镜像内添加这些东西。但有一点需要注意，如果执行多个命令时，则尽量拼接在一层中去处理，如 apt-get update && apt-get install nano。
- WORKDIR：指定工作目录。
- USER：指定容器运行所使用的用户。例如，运行 Tomcat 容器，可以将 Tomcat 指定为特定用户才允许运行。
- CMD：容器启动命令。若容器运行时需要启动某个脚本或应用，可以通过该参数进行设置，如打印字符串 CMD ["sh", "-c", "echo hello cmd"]。
- ENTRYPOINT：和 CMD 目的一样，都是在指定容器中启动程序及参数。CMD 的参数设置更像是指定了默认值，容器运行时可以覆盖参数值，而 ENTRYPOINT 则表示容器运行时所需要的初始参数，这些参数不可被重写覆盖。

```
root@Ubuntu:~/docker/microsev# docker build -t microserv/openjdk:1.0.0 .
Sending build context to Docker daemon  2.048kB
Step 1/4 : FROM openjdk:8u131-jre
 ---> 02d99451775e
Step 2/4 : MAINTAINER microserv-usr
 ---> Running in f01dc67c8882
 ---> 2757b7f45d42
Removing intermediate container f01dc67c8882
Step 3/4 : ENV JAVA_OPTS "-server -Xmx1G -Xms1G -Xmn200M -Duser.timezone=GMT+08"
 ---> Running in 0496847550da
 ---> 00b3398f7dec
Removing intermediate container 0496847550da
Step 4/4 : ENTRYPOINT sh -c java $JAVA_OPTS -jar /jar/app.jar
 ---> Running in cfe3a375859f
 ---> 0da565a5f603
Removing intermediate container cfe3a375859f
Successfully built 0da565a5f603
Successfully tagged microserv/openjdk:1.0.0
```

图 11-7　通过 Dockerfile 文件构建自己的镜像

以上是在使用 Dockerfile 文件时一些常用的指令介绍。若想更深入了解，可参考官方文档：https://docs.docker.com/engine/reference/builder/。

4．上传镜像

在本地构建完基础镜像后，若要使用的话，还需要将镜像上传到仓库中，这样才能在其他环境下拉取到镜像。上传镜像到仓库前，需要先到镜像仓库中申请账号密码，账号申请、镜像上传和下载都是免费的。

账号申请好以后还需要创建一个仓库组织，如图 11-8 所示，示例中我们设置为 microserv。如果没有申请组织，则无法正常上传镜像文件。

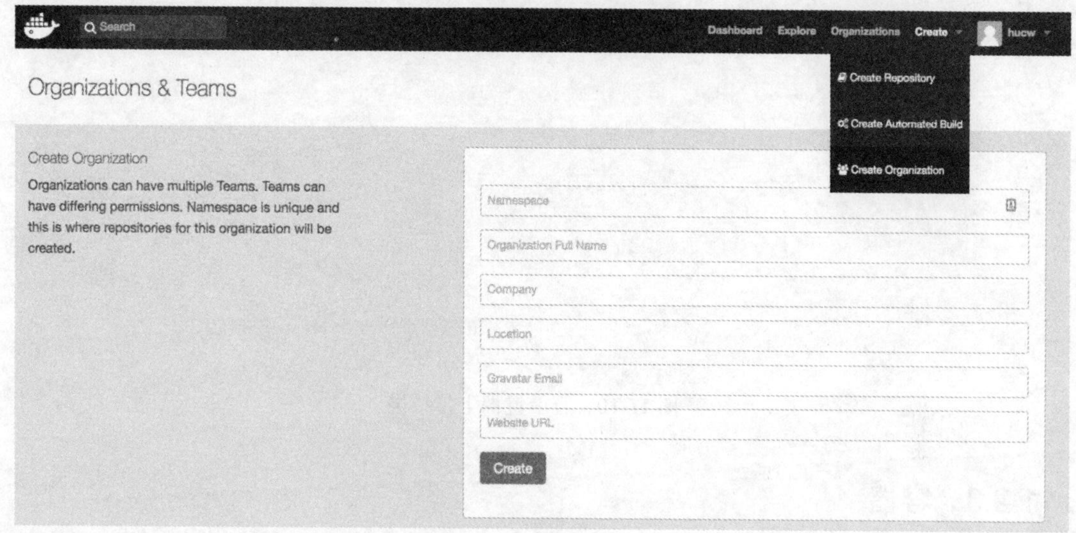

图 11-8　创建仓库组织

创建好仓库组织后就可以在本地使用命令来上传镜像了，如图 11-9 所示。

```
root@Ubuntu:~# docker login
Login with your Docker ID to push and pull images from Docker Hub. If you don't have a Docker ID, head over to https://hub.docker.com to create one.
Username: hucw
Password:
Login Succeeded
root@Ubuntu:~# docker push microserv/openjdk:1.0.0
The push refers to a repository [docker.io/microserv/openjdk]
454c5cce8882: Layer already exists
4a81f5696583: Layer already exists
3c24c63114ae: Layer already exists
2dd32f40dedd: Layer already exists
6327a1518771: Layer already exists
995042ba10ad: Layer already exists
fe40be59465f: Layer already exists
cf4ecb492384: Layer already exists
1.0.0: digest: sha256:047c0a4d9efd33f824736edf47e7872ed2e77bc642de2cbec6697efb86259909 size: 1998
```

图 11-9　上传镜像

因为笔者之前上传过该镜像，所以 Docker 检测镜像已经存在不用再重复上传。上传完毕后可以到 Docker 仓库页面确认镜像是否上传成功了，如果在如图 11-10 所示的界面中出现了我们所定制的镜像 openjdk，说明镜像已经上传成功。

Docker 镜像的其他常用操作还有两个。

- 删除指定镜像：docker rm [REPOSITORY | IMAGE ID]
- 批量删除未被使用的镜像：docker rmidocker images –aq

技巧： 有时下载镜像可能会遇到下载不完整而出现 None 这样的一些镜像，可以通过命令 docker images --no-trunc| grep none | awk '{print $3}' | xargs -r docker rmi 进行批量清理。

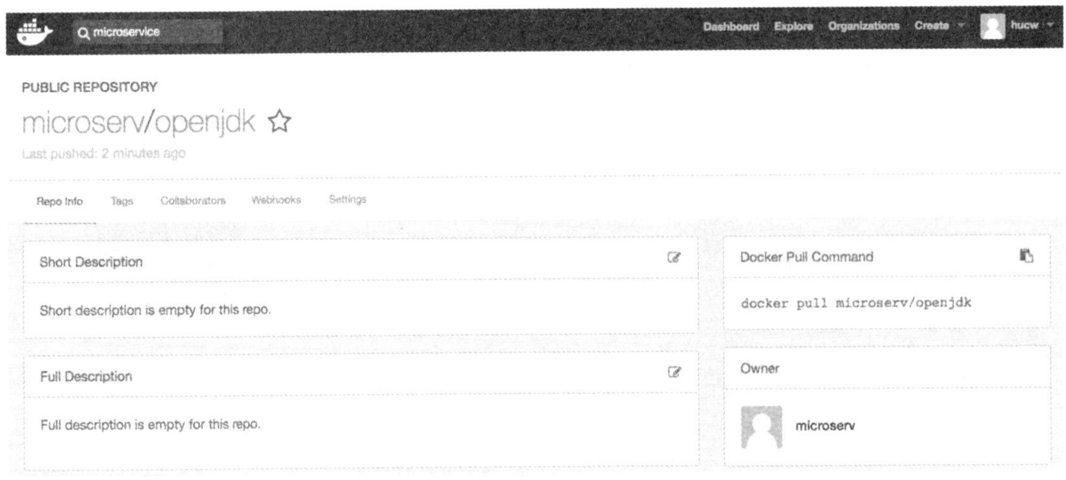

图 11-10　查看镜像上传结果

11.2.3　容器

容器是 Docker 的核心内容，相对于传统的虚拟化，其在性能上为 Docker 带来了极大的优势。Docker 容器都是基于镜像来创建运行的。基于某个镜像，可以创建多个容器，而且容器之间是相互隔离互不影响的，它们各自拥有唯一的 ID 和名字，这样能够更有效地保护各个容器能够正常运行而不受其他容器的影响。

我们可以将应用程序复制到容器内运行，也可以通过挂载宿主机上的应用程序文件来运行。通过挂载宿主机的文件到容器内部有很多好处，其中之一就是停止删除容器后所挂载的文件不会丢失，它们依然会被保留在宿主机内部，这对于运行 MySQL 等数据库需要保留数据文件的容器来说特别有用。这种挂载的行为被称为数据卷，运行容器时通过-v 参数将宿主机上的某个文件或目录挂载到容器内部指定的文件或目录下，这样在容器内部就可以对挂载的文件或目录进行操作。若使用 Docker 部署应用到生产环境中，都推荐将相关文件目录挂载到宿主机上，如日志文件和数据文件等，避免删除容器后造成文件丢失。下面将介绍 Docker 针对容器的一些常用操作。

1．列出容器

通过 docker ps 命令可以列出本机正在运行的所有容器，如图 11-11 所示。

```
root@Ubuntu:~# docker ps
CONTAINER ID        IMAGE               COMMAND                  CREATED             STATUS              PORTS                    NAMES
a1465f6cf059        redis               "docker-entrypoint..."   8 months ago        Up 41 seconds       0.0.0.0:6379->6379/tcp   redis
77146e3731ac        mysql:5.7           "docker-entrypoint..."   8 months ago        Up 47 seconds       0.0.0.0:3306->3306/tcp   mysqldev
root@Ubuntu:~# docker ps -a
CONTAINER ID        IMAGE               COMMAND                  CREATED             STATUS                      PORTS                    NAMES
0ef2428a4d93        8362c63f24a8        "sh -c 'java $JAVA..."   7 days ago          Exited (137) 7 days ago                              productservice
619d283ed603        8362c63f24a8        "sh -c 'java $JAVA..."   7 days ago          Exited (137) 7 days ago                              userservice
702d5c60f10b        8362c63f24a8        "sh -c 'java $JAVA..."   7 days ago          Exited (137) 7 days ago                              servdiscovery
daf724110ebe        iotnginx:latest     "nginx -g 'daemon ..."   7 months ago        Exited (0) 3 months ago                              iotnginx
a1465f6cf059        redis               "docker-entrypoint..."   8 months ago        Up 44 seconds               0.0.0.0:6379->6379/tcp   redis
77146e3731ac        mysql:5.7           "docker-entrypoint..."   8 months ago        Up 50 seconds               0.0.0.0:3306->3306/tcp   mysqldev
```

图 11-11　列出所有正在运行的容器

docker ps 命令是列出正在运行的容器，若查看所有（包括已停止的容器），可在后面加上参数-a，状态（STATUS）列中带有 Exited 关键字的表示该容器已退出。

2．启动和重启容器

- 启动容器命令：docker start [image…]
- 重启容器命令：docker restart [image…]

其中，image…表示容器名或者容器 ID，可以一次性启动多个容器。重启命令可作用于正在运行或已停止的容器，而启动命令则仅可启动已停止的容器。

3．停止和删除容器

若需要删除某个容器，则需要先停止该容器。停止容器和删除容器的命令如下。

- 停止容器：docker stop [images …]
- 删除容器：docker rm [images …]

通常情况下，容器被删除后，除非内部文件被挂载到宿主机上，否则在容器内部修改或添加的东西都将会丢失。所以若使用容器运行比较重要的应用，如数据库，建议将相关目录挂载存储到宿主机的目录上。

4．新建并运行容器

新建并运行容器的命令主要是 docker run [options]，其中，options 是启动容器所需要的一系列参数，具体可以通过—help 命令查看。在前面示例中可以通过下面的命令启动 hello-world 容器：

```
$ docker run hello-world
```

这是基于 hello-world 镜像运行的一个简单例子，没有任何参数设置，也不能在后台以守护方式运行，运行完后即停止退出了，在实际应用中肯定不能如此简单。若要真正部署运行我们所构建的微服务应用，还需要做一些参数配置，如指定后台运行模式、容器名称、数据卷挂载等。

11.2.4　容器实战：MySQL

接下来我们将一起搭建一个可用于生产环境的 MySQL 容器。在 Docker 仓库中提供一系列不同版本的 MySQL 镜像，但要想在国内使用，则需要对原始镜像做一系列的配置更改，如设置 UTF-8 编码，支持 emoji 表情符号，支持东八区时区等，如果不做这些配置，则会出现中文乱码和时间不正确等问题。

首先从仓库中选取适合的 MySQL 版本镜像，比如下面选择 mysql:5.7，并使用以下命令拉取该镜像：

```
$ docker pull mysql:5.7
```

然后创建 MySQL 数据文件存储目录，增加相应的自定义配置文件，最终的目录文件结构如图 11-12 所示。

```
root@Ubuntu:/usr/local/springcloud# tree

└── mysql
    ├── conf.d
    │   └── my.cnf
    ├── data
    └── dumps

4 directories, 1 file
```

图 11-12　MySQL 容器数据卷目录

其中，MySQL 需要的配置文件 my.cnf 的内容如下：

```
# 设置 UTF-8，避免查询乱码
[client]
default-character-set=utf8mb4
[mysql]
default-character-set=utf8mb4
[mysqld]
# 增加对 emoji 表情存储的支持
collation-server=utf8mb4_unicode_ci
character-set-server=utf8mb4
default_password_lifetime=0
# 将时区设置为东八区
default-time-zone='+8:00'
```

镜像、存储目录和配置准备妥当后，就可以新建并运行 MySQL 容器。所要执行的命令如下：

```
$ docker run --name mysqldb -d \
-p 3306:3306 \
-e MYSQL_ROOT_PASSWORD=rootPwd2175 \
-e MYSQL_USER=mysqlusr \
-e MYSQL_PASSWORD=mysqlUsr6335 \
-e LANG=C.UTF-8 \
-v /etc/localtime:/etc/localtime \
-v /usr/local/springcloud/docker/mysql/conf.d:/etc/mysql/conf.d \
-v /usr/local/springcloud/docker/mysql/data:/var/lib/mysql \
-v /usr/local/springcloud/docker/mysql/dumps:/var/lib/dumps \
mysql:5.7
```

这里将所要运行容器的名称设置为 mysqldb，通过-p 参数暴露占用了宿主机的端口 3306，然后设置了用户密码、UTF-8 编码、本地时区及挂载宿主机的目录到容器内部以便 MySQL 读取配置文件，并将数据文件、备份文件保存到宿主机本地目录上。-e 参数是 MySQL 镜像本身提供的设置参数。类似于 MySQL，基本上官方（具体应用的厂商）所提供的镜像都会有各种相应参数设置，如 Nginx、Gitlab、Redis 等。参数-d 则表示指定该容器在后台运行。

最后把这段命令复制到命令终端运行，如无意外，MySQL 容器将会在后台运行起来，成功后将在终端打印出容器的唯一 ID。而 MySQL 所生成的相关数据文件、日志等，则存储在所指定的目录/usr/local/springcloud/docker/mysql/data 下。

真正的、可运行于生产环境的容器通过上面的简单几步就构建完成了。另外，我们可以结合前面的知识使用 Dockerfile 将上面 MySQL 相关的配置构建成一个适合自己的基础镜像，这样以后在使用时可以免去这些配置，当然，如数据挂载目录这些配置还是不可以避免的。

运行容器命令中常用选项的说明如下。

- --name：指定容器的名称。
- -d：在后台运行容器并打印容器 ID，若不设置则默认在前台运行，终端退出后，容器也会跟着退出。
- -p：将镜像中暴露的端口号映射到宿主机上，这个配置很重要，若镜像有特定端口而容器不映射出来，那么外网将访问不到该容器。
- -e：设置环境变量。
- -v：挂载宿主机文件目录到容器内部。
- --link：连接某个容器，如—link mysql:mysql 会在当前容器的 host 文件内加入名为 mysql 的主机，这样容器可以无须知道 MySQL 容器的 IP 就能通过别名 MySQL 进行连接。但有个缺点：一旦 MySQL 重建或重启，则容器也必须重新启动才可重新连接到 MySQL 上，所以当需要连接容器时一般推荐通过 IP+端口的方式进行访问。

11.3　Docker 与 Spring Cloud 微服务

了解了 Docker 基础知识之后，我们就可以将前面章节中所构建的微服务应用通过 Docker 容器进行发布和运行。在这里提示一下，在生产环境中使用 Docker 时，强烈建议使用 Linux 操作系统，除了足够安全之外，Docker 在 Linux 操作系统上也是最成熟、稳定的，基本不会出现什么问题。因此，接下来的例子都是基于 Ubuntu 16.04 系统来演示的。

针对通过 Maven 管理依赖的 Java 项目，Maven 本身提供集成到 Docker 的插件，利用该插件可以构建出 Java 项目的镜像，但是通过这种方式所构建出来的镜像文件一般都比较大。如果在本地运行则是一个不错的选择，但如果应用在云端，那么在上传宽带有限的情况下，要将所构建的镜像推送到仓库中是非常耗时的。所以这里将介绍另外一种方式，即 Linux Shell 脚本方式。使用 Linux Shell 脚本的发布流程如下：

（1）预先构建好基础镜像，并推送到仓库中，发布的时候可直接复用，不用再次构建。

（2）本地对所要发布的微服务应用进行编译打包，得到 JAR 包或 WAR 包。

（3）使用 Linux 工具 scp，将 JAR 包或 WAR 包上传到 Docker 宿主服务器上。

（4）备份正在运行的项目，包括 JAR 包或 WAR 包、日志文件等（这一步可省略）。

（5）使用基础镜像通过挂载数据卷方式，启动并运行微服务应用。

通过 Linux Shell 脚本方式来构建发布应用有以下优势：

- 无须修改源码或配置。
- 可直接复用构建好的基础镜像来运行应用。
- 应用文件如 JAR 包或 WAR 包独立，不用打包到镜像中，也不用推送到仓库中。
- 通过集成 Jenkins 工具可以直接复用 shell 脚本来实现自动化部署。
- 通过 Linux Shell 脚本可以将应用的备份、发布动作在同一个任务内完成。

11.3.1　部署 Eureka 服务

接下来以服务治理服务器的发布为例，详细讲解如何将应用发布到 Docker 中运行。首先，在项目目录内创建 shells 目录，并在该目录下创建下面两个文件。

- release-docker.sh：发布脚本，运行 Docker 应用，需要上传到服务器。
- build.sh：用于应用的编译打包，上传到服务器，最后执行发布脚本。

release-docker.sh 脚本的具体内容如下：

```
#!/bin/bash

# Docker 容器基本信息
dockerName="servdiscovery"
dockerPort="8260"
# 挂载路径建议为绝对路径
dockerJarVolumn="/home/hucw/springcloud/${dockerName}"

# 停止删除现有容器
echo "停止删除容器：${dockerName}"
docker stop ${dockerName} && docker rm ${dockerName}

# Docker 容器运行命令
echo ""
docker run --name=${dockerName} -d \
-p ${dockerPort}:${dockerPort} \
-v ${dockerJarVolumn}/jar:/jar \
microserv/openjdk:1.0.0

echo "${dockerName}容器已启动，使用命令查看启动日志：docker logs --tail=500
${dockerName}"
```

release-docker.sh 发布脚本是要上传到服务器上执行的，主要用来运行 Docker 容器。如果需要备份，则在该脚本中直接编写相关命令即可。运行的容器是基于前面所构建的基础镜像 microserv/openjdk:1.0.0，在这个镜像的 Dockerfile 文件中定义了默认运行文件 /jar/app.jar。因此我们需要将服务治理应用打包后的文件名称更改为 app.jar，并通过-v 参数将该文件挂载到容器中，这样容器在启动时就可以直接运行服务治理应用。另外，在该脚本中将容器所暴露的端口设置为 8260，也就是服务治理应用的端口。

build.sh 脚本的具体内容如下：

```
#!/bin/bash

# 进入脚本所在目录，然后返回项目根目录
scriptPath="$( cd "$( dirname "${BASH_SOURCE[0]}" )" && pwd )"
cd $scriptPath
cd ..

# 服务器 SSH 配置
sshIP=yourserverIP
```

```
sshUsr=yourUser
sshPwd=yourpass
sshPort=22

# Docker 容器基本信息
dockerName="servdiscovery"

# 编译打包
mvn clean package

# 复制 JAR 包到目录下
outputPath="${scriptPath}/${dockerName}";
if [ -d ${outputPath} ]; then
  rm -rf ${outputPath}
fi
mkdir ${outputPath} && mkdir ${outputPath}/jar

cp ./target/*.jar ${outputPath}/jar/app.jar
cp ${scriptPath}/release-docker.sh ${outputPath}/release-docker.sh

# 删除服务器中已存在的目录
cd ${scriptPath}
appPath="~/springcloud"
ssh -p ${sshPort} ${sshUsr}@${sshIP} "[-d ${appPath}]||mkdir -p $
{appPath}"
ssh -p ${sshPort} ${sshUsr}@${sshIP} "[-d ${appPath}/${dockerName}]&&
rm -rf ${appPath}/${dockerName}"
ssh -p ${sshPort} ${sshUsr}@${sshIP} "[-d ${appPath}/${dockerName}]||
mkdir -p ${appPath}/${dockerName}"

# 将整个目录上传到服务器上
scp -r -P ${sshPort} ./${dockerName} ${sshUsr}@${sshIP}:${appPath}

# 远程执行发布命令
ssh -p ${sshPort} ${sshUsr}@${sshIP} "sh ${appPath}/${dockerName}/release-
docker.sh"
```

在 build.sh 脚本中先定义了编译发布所需要的相关变量值，如 SSH 配置，然后通过 Maven 命令对微服务应用进行编译打包。打包成功之后，将所生成的微服务应用 JAR 文件复制到指定目录下，并上传到服务器上，最后再远程调用执行发布脚本 release-docker.sh 发布应用。在该脚本中涉及较多的 SSH 命令操作，SSH 是一种加密的网络传输协议，基本上每个 Linux 系统中都会有这些命令，稍加学习就可以掌握。

脚本编写好之后，就可以通过下面的命令来部署服务治理服务器了。

```
$ sh ./shells/build.sh
```

终端输出结果如图 11-13 所示。

当出现容器已启动输出之后，可以登录到宿主服务器中通过命令 docker logs --tail=500 servdiscovery 来查看服务日志信息，在输出的日志中可以看到类似下面的输出：

```
Started Application in 9.989 seconds (JVM running for 10.77)
```

说明服务治理服务器已经成功部署并启动成功了，接下来让我们完成其他微服务的部署吧。

```
[INFO]
[INFO] ------------------------------------------------------------------------
[INFO] Building SpringCloud Demo Projects(Eureka) -- Eureka Server 0.0.1-SNAPSHOT
[INFO] ------------------------------------------------------------------------
[INFO]
[INFO] --- maven-clean-plugin:2.6.1:clean (default-clean) @ service-discovery ---
[INFO] Deleting /Users/hucw/github/springcloud-demo/service-discovery/target
[INFO]
[INFO] --- maven-resources-plugin:2.6:resources (default-resources) @ service-discovery ---
[INFO] Using 'UTF-8' encoding to copy filtered resources.
[INFO] Copying 4 resources
[INFO] Copying 1 resource
[INFO]
[INFO] --- maven-compiler-plugin:3.5.1:compile (default-compile) @ service-discovery ---
[INFO] Changes detected - recompiling the module!
[INFO] Compiling 1 source file to /Users/hucw/github/springcloud-demo/service-discovery/target/classes
[INFO]
[INFO] --- maven-resources-plugin:2.6:testResources (default-testResources) @ service-discovery ---
[INFO] Using 'UTF-8' encoding to copy filtered resources.
[INFO] skip non existing resourceDirectory /Users/hucw/github/springcloud-demo/service-discovery/src/test/r
esources
[INFO]
[INFO] --- maven-compiler-plugin:3.5.1:testCompile (default-testCompile) @ service-discovery ---
[INFO] Nothing to compile - all classes are up to date
[INFO]
[INFO] --- maven-surefire-plugin:2.18.1:test (default-test) @ service-discovery ---
[INFO] No tests to run.
[INFO]
[INFO] --- maven-jar-plugin:2.6:jar (default-jar) @ service-discovery ---
[INFO] Building jar: /Users/hucw/github/springcloud-demo/service-discovery/target/service-discovery-0.0.1-S
NAPSHOT.jar
[INFO]
[INFO] --- spring-boot-maven-plugin:1.5.2.RELEASE:repackage (default) @ service-discovery ---
[INFO] ------------------------------------------------------------------------
[INFO] BUILD SUCCESS
[INFO] ------------------------------------------------------------------------
[INFO] Total time: 3.986 s
[INFO] Finished at: 2018-04-03T22:40:48+08:00
[INFO] Final Memory: 42M/298M
[INFO] ------------------------------------------------------------------------
app.jar                                              100%   38MB 129.2MB/s   00:00
release-docker.sh                                    100%  571     2.1MB/s   00:00
停止删除容器： servdiscovery
servdiscovery
servdiscovery

604c1cd318548609c9259164081fa8438a44e0fc4f21c3d400634b1ade5e27c1
servdiscovery容器已启动，使用命令查看启动日志： docker logs --tail=500 servdiscovery
```

图 11-13 通过 Linux Shell 部署服务治理服务器

11.3.2 部署应用微服务

下面我们把用户微服务和商品微服务也部署上去。首先把 service-discovery 项目中的 shells 目录分别复制到 user-service 和 product-service 目录下，然后分别将 build.sh 和 release-docker.sh 脚本中的容器名称和端口号修改如下。

- user-service：将 dockerName 修改为 userservice，将 dockerPort 修改为 2100。
- product-service：将 dockerName 修改为 productservice，将 dockerPort 修改为 2200。

修改完毕后，分别执行微服务的 build.sh 脚本，如无意外，用户微服务和商品微服务都可以部署成功，启动后则会注册到 Eureka 服务器中。此时可以到服务器中查看 service-discovery 服务的 Docker 日志进行确认：

```
$ docker logs --tail=500 servdiscovery
```

日志结果如图 11-14 所示。

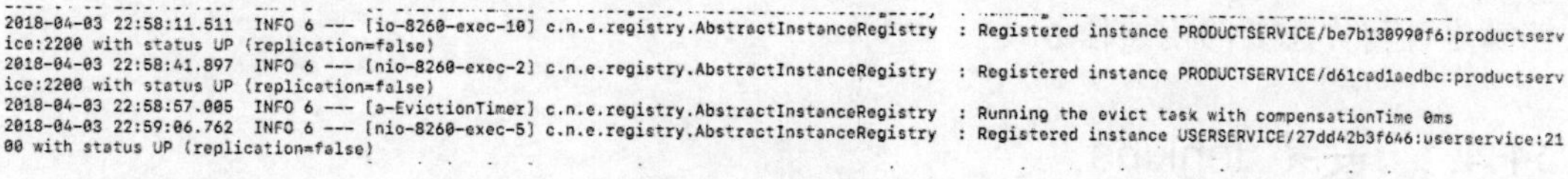

```
2018-04-03 22:58:11.511  INFO 6 --- [io-8260-exec-10] c.n.e.registry.AbstractInstanceRegistry  : Registered instance PRODUCTSERVICE/be7b130990f6:productserv
ice:2200 with status UP (replication=false)
2018-04-03 22:58:41.897  INFO 6 --- [nio-8260-exec-2] c.n.e.registry.AbstractInstanceRegistry  : Registered instance PRODUCTSERVICE/d61cad1aedbc:productserv
ice:2200 with status UP (replication=false)
2018-04-03 22:58:57.005  INFO 6 --- [a-EvictionTimer] c.n.e.registry.AbstractInstanceRegistry  : Running the evict task with compensationTime 0ms
2018-04-03 22:59:06.762  INFO 6 --- [nio-8260-exec-5] c.n.e.registry.AbstractInstanceRegistry  : Registered instance USERSERVICE/27dd42b3f646:userservice:21
00 with status UP (replication=false)
```

图 11-14　查看服务治理服务器 Docker 日志

从日志输出中可以看到，用户微服务和商品微服务都已成功注册，那么可以尝试使用 Postman 访问这两个微服务，商品微服务访问结果如图 11-15 所示，说明微服务功能运行正常。

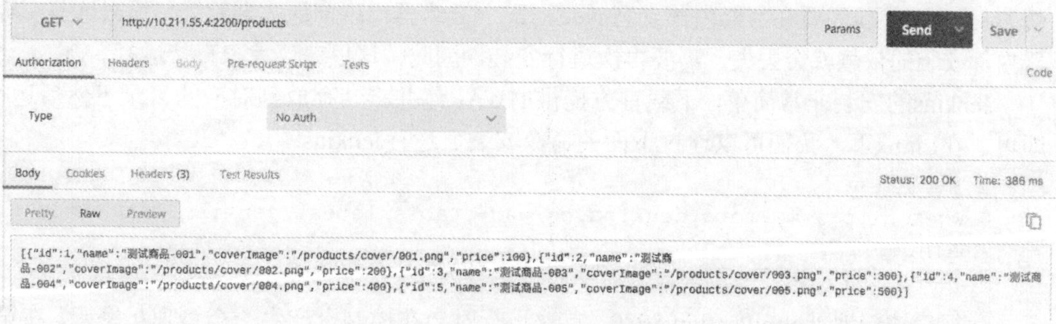

```
GET  http://10.211.55.4:2200/products
Status: 200 OK  Time: 386 ms

[{"id":1,"name":"测试商品-001","coverImage":"/products/cover/001.png","price":100},{"id":2,"name":"测试商品-002","coverImage":"/products/cover/002.png","price":200},{"id":3,"name":"测试商品-003","coverImage":"/products/cover/003.png","price":300},{"id":4,"name":"测试商品-004","coverImage":"/products/cover/004.png","price":400},{"id":5,"name":"测试商品-005","coverImage":"/products/cover/005.png","price":500}]
```

图 11-15　访问商品微服务

到这里为止，我们已经成功地将微服务通过 Docker 容器来运行了。但是通过手工执行发布对微服务架构应用来说不是很好的选择，下面来看看如何借助工具实现自动进行构建和部署。

11.4　微服务与 Jenkins

微服务的优势相信大家都已经知道了，但它也有缺点。如果微服务的数量一旦多起来，那么不论部署到开发环境、测试环境或生产环境都是麻烦的事情。大家可能会说用 Shell 脚本一键部署，虽然 Shell 脚本很方便，但是对于微服务来说，有时可能一天需要部署多次，而重复执行一项任务最好的方式就是交给计算机来处理。那么，有没有一种解决方案可以检测到微服务源码的变化，然后自动构建部署，从而以达到持续集成发布的目的呢？答案是肯定的。业界中自动构建部署工具非常多，这里介绍一款轻量级开源的工具——Jenkins。

Jenkins 是一个用 Java 编写的开源的持续集成工具，它提供了软件开发的持续集成服务，可用于自动执行、构建、测试、交付或部署相关任务。Jenkins 可以执行基于 Apache Ant

和 Apache Maven 所构建的项目，以及任意的 Shell 脚本和 Windows 批处理命令。同时，Jenkins 也是一个高度可扩展的产品，提供了强大的插件生态环境，通过安装插件几乎能够满足任何你想要的构建任务。

11.4.1　安装 Jenkins

Jenkins 可以直接通过 Docker 安装、运行，也可以通过任何安装了 Java 运行时环境（JRE）的计算机独立运行。这里推荐在已安装了 JDK 环境的计算机上安装使用，如果通过 Docker 来运行 Jenkins 的话，在使用过程中会产生一些问题，一方面是由于 Jenkins 本身的配置问题，另外一方面是在构建任务时需要依赖。比如，当所构建的前端项目需要依赖 Node.js 时，就需要在容器内部安装 Node.js，一旦容器出现问题需要移除，那么这些在容器内部安装的依赖就会丢失，需要再次进行安装。因此，这里建议大家直接运行。

Jenkins的安装非常简单，下载官方提供的WAR包并将其存放到对应的目录下然后运行即可。在Linux下，我们可以通过下面的命令安装、运行Jenkins：

```
# 下载 WAR 包
$ wget http://mirrors.jenkins.io/war-stable/latest/jenkins.war
# 运行 Jenkins
$ java -jar jenkins.war --httpPort=8080
```

运行后访问地址http://servip:8080。首次运行时会在控制台产生一个管理员密码，在第一次登录访问时需要使用该密码，输入密码后按照提示继续把Jenkins安装配置完成即可。图11-16就是配置完成后的Jenkins管理界面。

图 11-16　Jenkins 管理界面

11.4.2　Jenkins 配置

前面已经将 Jenkins 安装并正常运行起来了。但要想真正使用它，还需要进行一些配置。因为 Jenkins 自带中文语言，而且针对每一项配置都有帮助说明，所以进行配置时也很简单，这也是 Jenkins 易于使用的一大优点。

前面所构建的微服务项目是基于 Maven 管理的，因此首先需要在 Jenkins 中配置 JDK 和 Maven 这两个工具。通过“系统管理”|“全局工具配置”命令进入配置界面，如图 11-17 和图 11-18 所示。

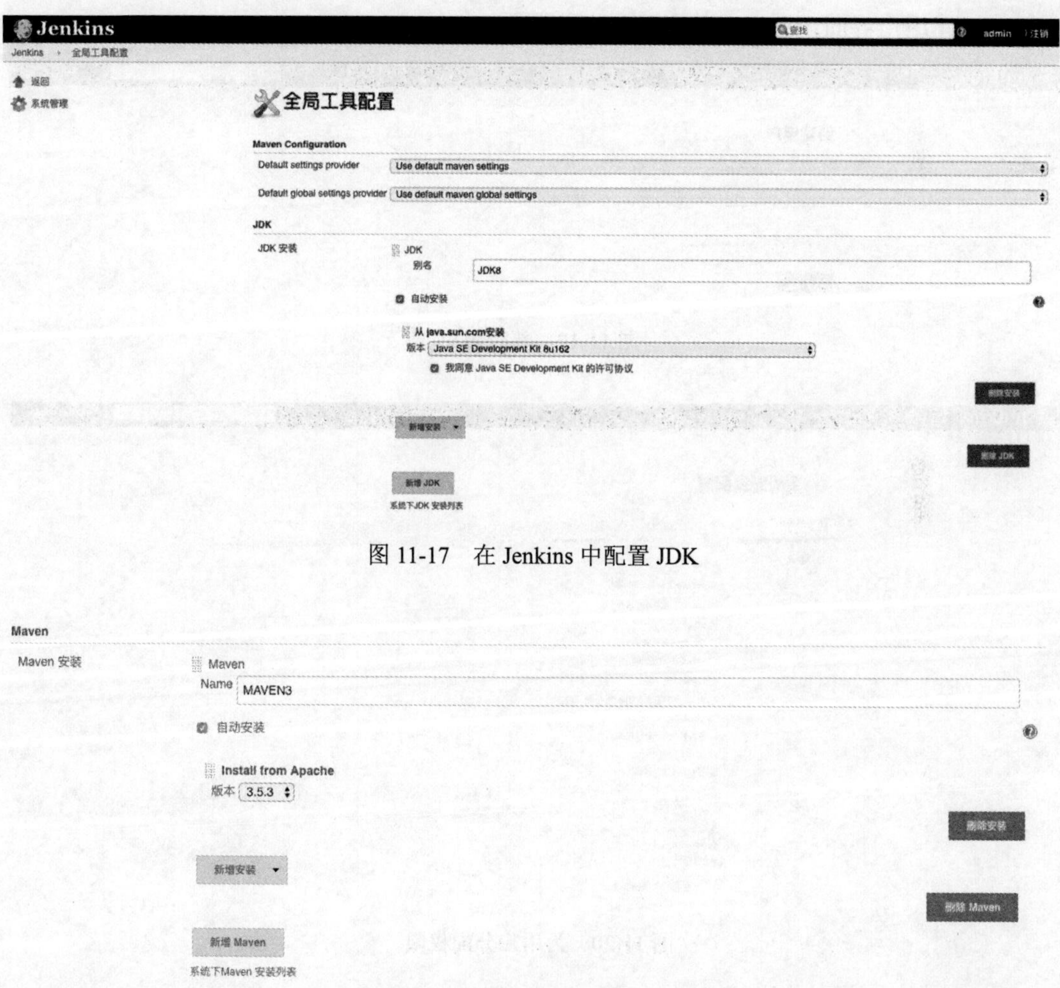

图 11-17　在 Jenkins 中配置 JDK

图 11-18　在 Jenkins 中配置 Maven

Jenkins 中的全局工具提供了两种安装方式：一种是自动安装，通过指定名称和版本，

Jenkins 会自动下载并安装，但安装 JDK 需要提供 Oracle 官网的账号及密码；另一种是自定义安装（在安装界面中取消勾选自动安装选项），但需要开发者先自行下载对应的工具，然后选择工具所在目录即可安装。为了方便，这里选择自动安装，单击“保存”按钮后，Jenkins 就开始自动安装了，此时只需静待 Jenkins 安装完毕即可。如果项目中还需要 Git、Gradle、Docker 等配置，可以自行完成。

此外，Jenkins 还提供了本身的自定义配置，如工作目录、邮件通知配置等，都可以在系统管理下看到相关配置。若需要进行权限控制，比如某个用户只能看到某些任务，Jenkins 也提供了完整的权限控制配置，在系统管理下的“管理用户”中就可以完成配置，配置步骤首先新建一个用户，然后转到“全局安全配置”页面进行权限分配。如图 11-19 所示为新建用户界面，图 11-20 是权限分配界面。

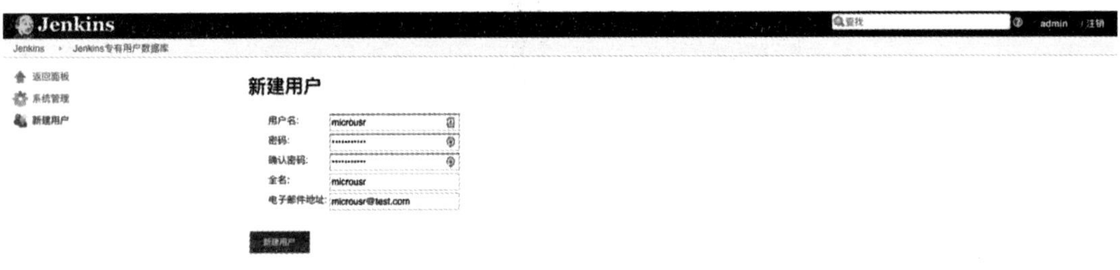

图 11-19　新建用户

图 11-20　为用户分配权限

Jenkins 权限配置主要是授权策略，可以根据不同的授权策略控制赋予用户权限，但这种配置方式略显复杂，可以使用 Role Strategy Plugin 插件简化配置。具体如何进行权限配置，这里就不深入讲解了，读者可以查询官网上的相关文档。

11.4.3　构建任务

在新增构建任务前，需要先将所构建的微服务项目源码上传到 Git 服务器中，如 GitHub。当然也可以使用其他版本的管理服务器，如 SVN。然后还需要增加一个 Maven Integration 插件，用于构建 Maven 风格的项目。安装方式非常简单，在插件管理页面中，选择 Maven Integration 选项，如图 11-21 所示，直接安装即可，然后在弹出的安装界面中选择“安装完成后重启 Jenkins”选项，等待 Jenkins 安装完成后重启即可。

安装完重启之后就可以正式创建任务了。接下来我们以构建商品微服务为例，在首页单击“新建任务”按钮，填写任务名称 build-productservice，并选择“构建一个 maven 项目”选项，如图 11-22 所示。

单击“确定”按钮后进入项目配置界面，如图 11-23 所示。在该界面中填写微服务源码的 GitHub 地址，如果使用的是 SVN 版本管理，可以在“源码管理”项中进行配置，如图 11-23 所示。

然后对构建触发器进行配置，所谓构建触发器是指由 Jenkins 主动去检测微服务源码是否有变化，一旦检测到有变化，就可以执行自动构建并部署。在该配置中有一个 Poll SCM 选项，意思是通过定时检查源码是否有变化，检测的标准则是 SCM 软件中的相应版本号，若有更新则拉取最新代码然后执行构建任务，单击该选项右侧的问号图标，会有详细说明，读者可以详细了解一下。例如，在如图 11-24 所示界面中配置每过 5 分钟就检查一次源码是否有所变更。

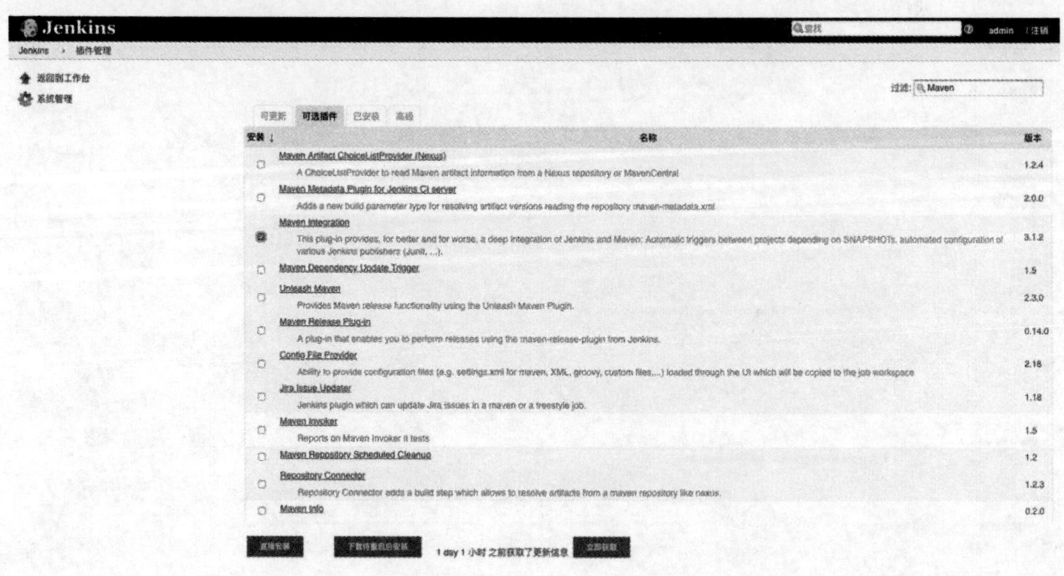

图 11-21　安装 Maven 插件

图 11-22　创建 Jenkins 任务

General　源码管理　构建触发器　构建环境　Pre Steps　Build　Post Steps　构建设置　构建后操作

项目名称　build-productservice

描述

[纯文本] 预览

- 启用项目安全
- GitHub project
- Throttle builds
- 丢弃旧的构建
- 参数化构建过程
- 关闭构建
- 在必要的时候并发构建

高级...

源码管理

- None
- Git

Repositories

Repository URL　https://github.com/hcw2175/springcloud-demo.git

Credentials　- none -　Add

高级...　Add Repository

Branches to build

Branch Specifier (blank for 'any')　*/master

Add Branch

源码库浏览器　(自动)

图 11-23　配置商品微服务源码地址

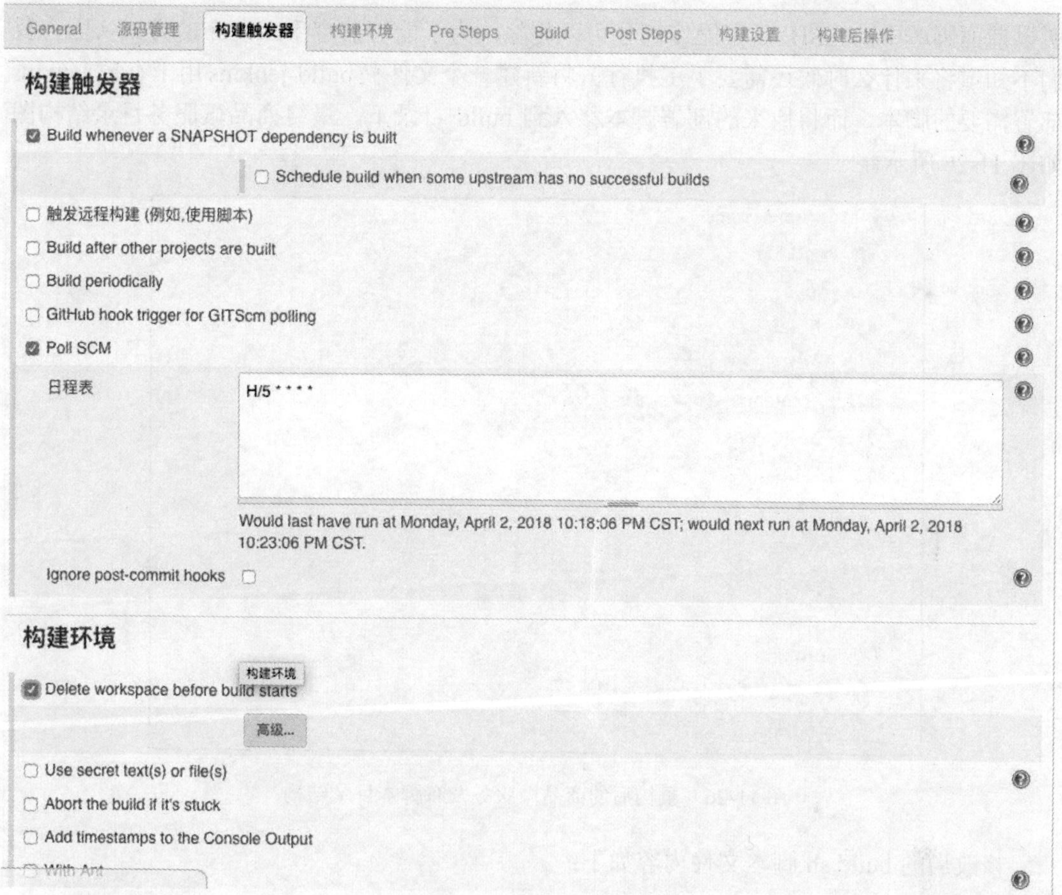

图 11-24　配置构建触发器

在进入正式构建前，还可以增加 Maven 命令来检测项目源码是否可正常编译成功，只有编译成功后才可以继续往下执行具体的构建。配置如图 11-25 所示。

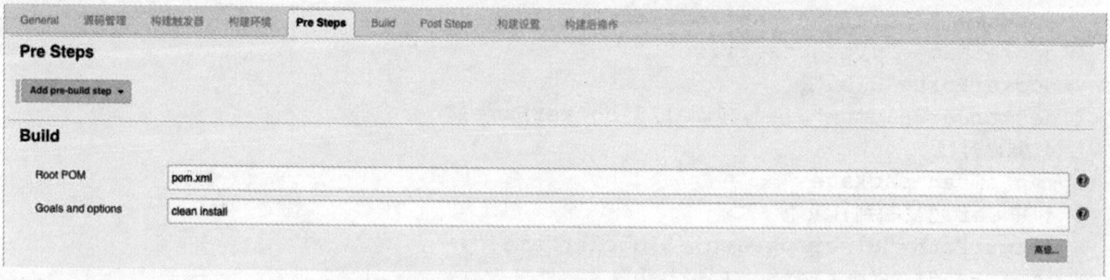

图 11-25　为构建任务配置构建前的处理

我们前面已经使用 Shell 编写了发布脚本，因此这里可以直接进行复用。不过需要进行一些改动，因为在本示例中构建的任务是直接发布微服务到 Jenkins 所在的服务器上，所以前面脚本中的 SSH 远程操作部分可以删除。为了能够兼容手工发布的方式（因为我们不知道将来什么时候还需要手工执行），将新建一个文件夹 build-jenkins 用于存放 Jenkins 部署需要的脚本，而将原来的部署脚本移入到 build 目录下，最终商品微服务目录结构图如图 11-26 所示。

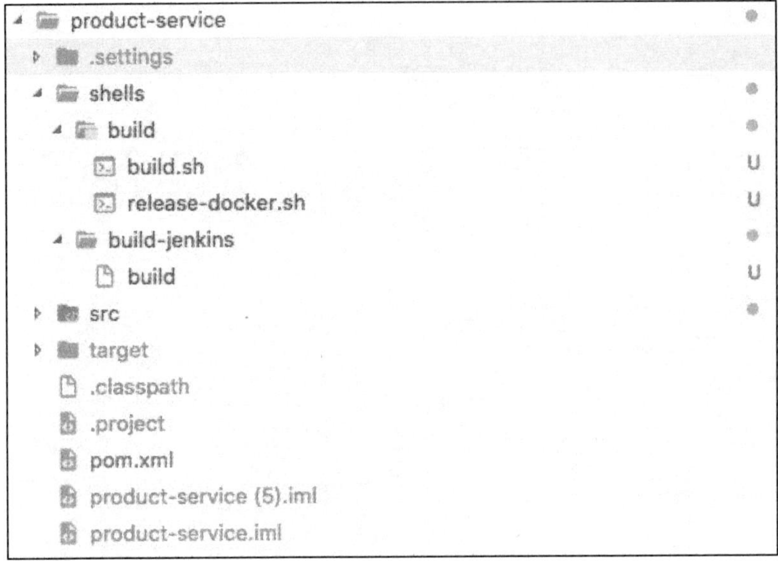

图 11-26　重构后的商品微服务发布脚本目录结构

修改后的 build.sh 脚本文件内容如下：

```
#!/bin/bash
# 进入脚本所在目录，然后返回项目根目录
scriptPath="$( cd "$( dirname "${BASH_SOURCE[0]}" )" && pwd )"
cd $scriptPath
cd ../../
# Docker 容器基本信息
appHome="/home/hucw/springcloud"
dockerName="productservice"
dockerPort="2200"
dockerJarVolumn="${appHome}/${dockerName}"
# 编译打包
mvn clean package
# 将 Jar 包复制到目录下
outputPath="${scriptPath}/${dockerName}";
if [ -d ${outputPath} ]; then
  rm -rf ${outputPath}
fi
mkdir ${outputPath} && mkdir ${outputPath}/jar
cp ./target/*.jar ${outputPath}/jar/app.jar
# 将整个目录复制到应用目录中
```

```
cd ${scriptPath}
cp -rf ${outputPath} ${appHome}/
# 停止删除现有容器
echo "停止删除容器: ${dockerName}"
docker stop ${dockerName} && docker rm ${dockerName}
# Docker 容器运行命令
echo "运行容器"
docker run --name=${dockerName} -d \
-p ${dockerPort}:${dockerPort} \
-v ${dockerJarVolumn}/jar:/jar \
microserv/openjdk:1.0.0
```

然后在 Jenkins 的 Post Steps 配置中使用 Execute shell 方式执行构建任务，其配置如图 11-27 所示。

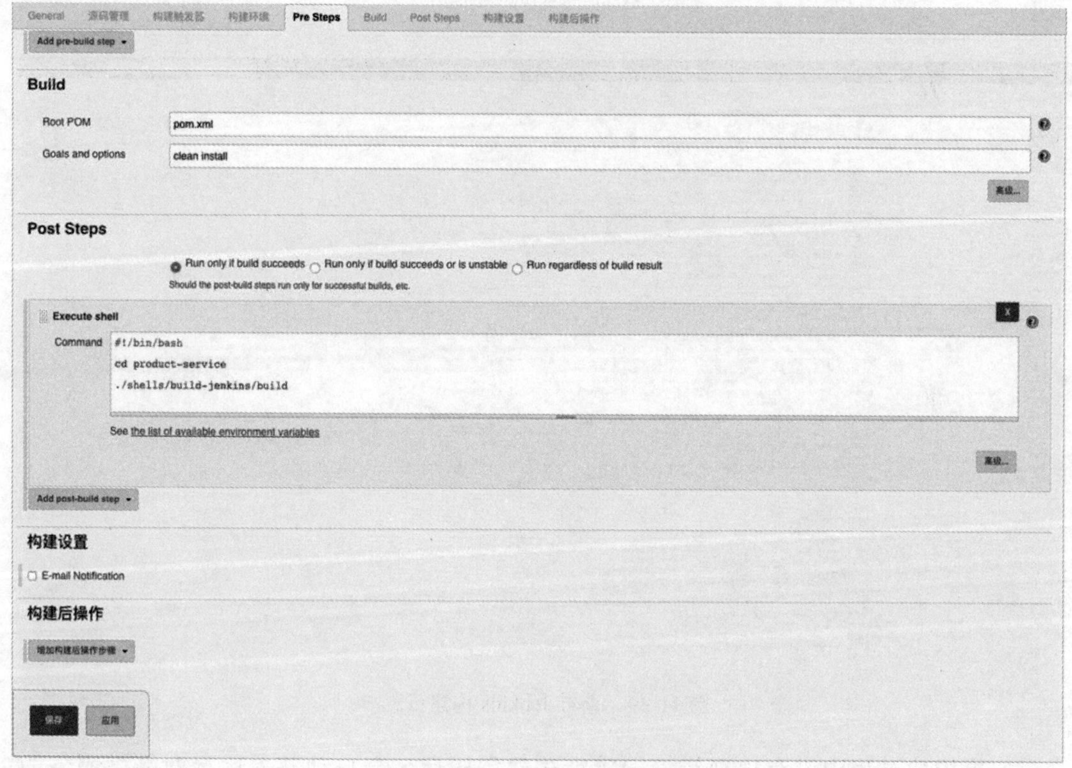

图 11-27　配置具体的构建任务

到这里，商品微服务的 Jenkins 构建任务已经全部配置完成。单击“保存”按钮创建任务，回到任务页面后单击左侧的“立即构建”链接，将会在构建历史列表中出现构建任务进度，如图 11-28 所示。

通过单击构建的进度条，进入控制台输出界面，在该界面中可以查看构建日志输出，如图 11-29 所示。

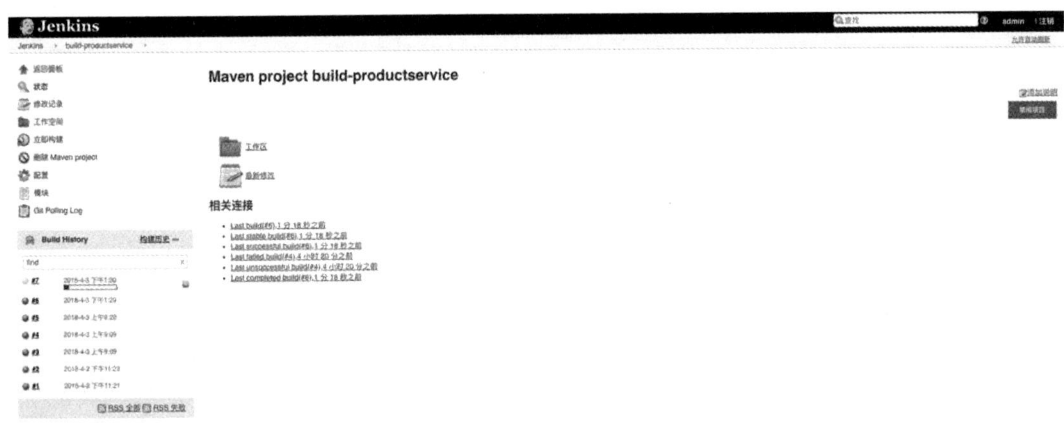

图 11-28　运行构建任务

图 11-29　查看 Jenkins 构建日志

如果构建过程中没有出现错误，等待构建完毕后，会自动部署运行商品微服务的 Docker 容器。之后 Jenkins 会每隔 5 分钟检测一次源码是否有变化，如果有变化则自动执行该任务。

Jenkins 除了用来实现持续构建外，还有其他很多的应用场景，如 iOS/Android 打包平台、自动化测试持续集成等。对于我们的微服务架构应用，通过 Jenkins 自动构建可以节省大量的时间，当新的功能开发完毕并提交到源码管理器之后，Jenkins 就会执行更新部署，从而测试人员可以基于最新的代码进行测试。

11.5　微服务编排

在本章的最后，再介绍一下微服务编排的相关知识。有分布式开发经验的读者可能已经发现，前面章节中的示例都是针对一个微服务进行构建发布的，但在实际的生产环境中，所需要部署的微服务不仅仅是一个，而是多个，而这必然会暴露出服务器硬件设施、服务之间的联调、保证服务访问健壮性等一系列的问题。硬件设施问题一般较容易解决，但如何才能够保证微服务架构的健壮性呢？因此微服务的集群部署始终会成为其中最先考虑的方案之一。

集群部署方案其实就是将同一个微服务部署到不同的机器上，通过负载均衡方式来调度，不同用户请求可能会分发到不同的目标服务中，如果某个服务宕机，那就略过此服务而转发请求到其他正常的服务中，这就是传统集群部署，若在 Docker 微服务架构上使用集群部署，那么要考虑的不但是负载均衡，还需要包含以下几个问题：

- 容器编排；
- 服务调度；
- 容器集群管理；
- 容器健康检查。

前面讲过可以通过 Dockerfile 创建一个属于自己的镜像，然后使用该镜像来运行一个单独的应用容器。但在实际生产中，通常一个应用需要多个微服务相互配合才能提供完整的功能。如果不进行容器间的编排，通过 docker run 命令方式直接启动多个容器是比较烦琐的，如果有几十个、上百个微服务节点需要启动的话，相信再熟练的运维人员也有出错的时候。

单独使用 Docker 进行微服务的集群部署是无法做到的，必须与其他工具一起配合才能够打造出高可用的集群服务。下面让我们简单了解一下这些工具。

1. Docker Compose工具

Docker Compose 是 Docker 官方的开源项目，负责实现对 Docker 容器集群的快速编排，允许用户通过一个单独的 docker-compose.yml 文件将一组相关联的应用容器定义为一个项目。示例如下：

```
version: "2"
services:
   mysqldb:
      image: mysql:5.7
      ports:
         - "3306:3306"
   web:
      image: tomcat:8.5-jre8
      volumes:
```

```
        - ./webapps:/usr/local/tomcat/webapps
    links:
        - mysqldb
```

然后就可以通过 docker-compose up 命令来整合、启动相关的容器。

2. Docker Swarm工具

Docker Swarm 和 Docker Compose 同样都是 Docker 官方的开源项目，是一套较为简单的工具。Docker Swarm 负责提供 Docker 容器集群服务，是官方提供给云生态支持的核心方案。通过 Docker Swarm 项目可以将一群 Docker 宿主机变成一个单一的虚拟主机，从而让使用者感觉是一台容器。

Docker Swarm 可以通过标准的 Docker 镜像来安装，而无须外部其他依赖。安装完后可通过命令创建集群并启动 Swarm，然后再将其他正在运行的 Docker 主机逐步加入到集群中。

3. Kubernetes（K8s）工具

最后介绍的一个工具就是大名鼎鼎的 Kubernetes，简称 K8s。Kubernetes 是 Google 十多年大规模容器管理技术 Borg 的开源版本，用于容器集群管理，可以实现容器集群的自动化部署、扩容、缩容、维护等处理。其所提供的功能基本涵盖了 Docker Compose 和 Docker Swarm 的大部分功能。相比这两个工具，无论从技术功能的成熟度，还是社区活跃度看，Kubernetes 都是稳稳占据了头把交椅。而且 Docker 官方也即将原生支持 Kubernetes，这足以说明 Kubernetes 在容器集群管理方面非常优秀。使用 Kubernetes 可以轻松做到：

- 自动化容器的部署和复制；
- 随时扩展或收缩容器规模；
- 将容器组织成组，并且提供容器间的负载均衡；
- 很容易地升级应用程序容器的新版本；
- 提供容器弹性，如果容器失效就替换它。

但是 Kubernetes 入门门槛稍高，首先需要理解它的一些概念，如 Pod、Label、Service 和 Node 等，然后需要学习其所提供的一套指令和配置文件，虽然有难度，但对于微服务架构和运维来说还是非常值得的，因此这里推荐读者使用 Kubernetes 对容器进行集群管理。

推荐阅读

React Native移动开发实战

作者：袁林　　书号：978-7-111-57179-7　　定价：69.00元

详解React Native应用从创建、开发到发布的全过程，展示各组件和API的用法

实战为王，通过典型项目案例，让读者快速掌握React Native应用开发

本书以实战开发为主旨，以React Native应用开发为主线，以iOS和Android双平台开发为副线，通过完整的电商类App项目案例，详细地介绍了React Native应用开发所涉及的知识，让读者全面、深入、透彻地理解React Native的主流开发方法，从而提升实战开发水平和项目开发能力。

本书共12章，分为4篇，涵盖的主要内容有搭建开发环境、Nuclide、各种命令行工具（Git、Node.js）、布局与调试、组件、API、第三方组件、基于Node.js的服务器、fetch API、AsyncStorage/SQLite/Realm数据库存储、原生平台接口开发、redux开发框架、应用打包与发布、热更新与CodePush等。

本书适合iOS和Android原生平台应用开发者，以及有兴趣加入移动平台开发的JavaScript开发者阅读。当然，本书也适合相关院校和社会培训学校作为移动开发的教材使用。

推荐阅读

Docker从入门到实战

作者：黄靖钧　　书号：978-7-111-57328-9　　定价：69.00元

深度剖析Docker的核心概念、实现原理、应用技巧和生态系统
结合实际生产环境，通过实战案例提供有价值的应用参考

本书从Docker的相关概念与基础知识讲起，结合实际应用，通过不同开发环境的实战例子，详细介绍了Docker的基础知识与进阶实战的相关内容，以引领读者快速入门并提高。

本书共19章，分为3篇。第1篇容器技术与Docker概念，涵盖的主要内容有容器技术、Docker简介、安装Docker等。第2篇Docker基础知识，涵盖的内容有Docker基础、Docker镜像、Dockerfile文件、Docker仓库、Docker容器、数据卷、网络管理等。第3篇Docker进阶实战，涵盖的内容有操作系统、编排工具Compose、Web服务器与应用、数据库、编程语言、Docker API、私有仓库、集群网络、Docker安全等。

本书非常适合所有对Docker感兴趣的入门新手阅读。不管是开发人员还是运维人员，都可以通过本书学习Docker的基本知识。即使不是程序员的读者，本书同样适合。普通用户完全可以把Docker作为一个“好玩的工具”来使用，以体验Docker带来的便捷。